大学文科物理

胡承正 编著

WUHAN UNIVERSITY PRESS
武汉大学出版社

图书在版编目(CIP)数据

大学文科物理/胡承正编著. —武汉:武汉大学出版社,2016.8
 ISBN 978-7-307-18356-8

Ⅰ.大… Ⅱ.胡… Ⅲ.物理学—高等学校—教材 Ⅳ.O4

中国版本图书馆 CIP 数据核字(2016)第 181752 号

责任编辑:任仕元 责任校对:李孟潇 版式设计:马 佳

出版发行:**武汉大学出版社** (430072 武昌 珞珈山)
 (电子邮件:cbs22@whu.edu.cn 网址:www.wdp.com.cn)
印刷:武汉中科兴业印务有限公司
开本:720×1000 1/16 印张:19.75 字数:397 千字 插页:1
版次:2016 年 8 月第 1 版 2016 年 8 月第 1 次印刷
ISBN 978-7-307-18356-8 定价:40.00 元

前　　言

　　物理学是一门重要的自然科学，它加深了人类对自然界的认识，推动了人类社会的发展，对技术进步和人类文明产生了重大影响。它广泛地应用于工程技术和生产诸多部门。学习和了解物理学知识，不仅对理工科学生是必须的，而且对文科学生也是应该的。编写《大学文科物理》这本书的目的正是为了培养文科学生的科学素质，使之能更好地适应当今科学技术和经济、社会发展的需要。本书可作为大专院校文科类学生物理课程的教材，也可作为非物理类理工科学生物理课程的辅助用书，同时还可作为一般读者了解物理学基础知识、发展简史及其应用的参考读物。

　　全书共 11 章，包括：1. 力学概论；2. 热学简介；3. 电磁学基础；4. 光学初步；5. 相对论浅说；6. 量子力学入门；7. 新材料掠影；8. 信息与信息化社会；9. 能源漫谈；10. 微观世界；11. 万有引力与天体。

　　(1)本书在编写中始终注意不把它写成一本理工科物理教材的简单压缩，而是一本兼有物理知识和人文精神的文科用书。

　　(2)本书在讲解基本理论的同时，注意介绍物理学的新发展和它在高新技术中的应用，以及与国民经济和人民生活密切相关的课题，如新材料、信息技术、能源科学等。

　　(3)考虑到文科学生的特点，本书尽量避免繁复的数学推导，而将侧重点放在物理概念、物理规律及其内涵上。

　　(4)为了增强可读性，本书在讲授物理知识的同时，还添加了各相关学科发展史简介，并穿插有在这方面作过重大贡献的科学家的生平事迹。

　　(5)为了检测学生的学习效果，在各章后面都附有一定量的思考题以供选用。

　　物理学在自然科学中的重要地位以及在技术进步中的巨大作用都是毋庸置疑的，但要想学好它却并非易事。为了帮助学生理解物理学知识，激发学生学习物理学的兴趣，本书力求深入浅出、通俗易懂，注意其知识性、趣味性和可读性。当然，最重要的还是学习者的主动性和自觉性。其实，任何一种知识，不经过自己认真学习、独立思考、消化理解，都不会有真切的感受，更谈不上掌握应用。

　　本书的出版是与武汉大学出版社、武汉大学物理科学与技术学院的支持分不开的。在此，作者对为本书能得以出版作过帮助的领导和同仁致以衷心的谢意。

　　由于作者水平有限，书中难免有不当或疏漏之处，恳请读者批评指正。

胡承正

2016 年 8 月于武昌珞珈山

目　　录

第1章 力 学 概 论

1.1 力学简史

实验是物理学的基础，在实验中经常需要对各种物理量进行测量。对一个物理量测量的结果一般包括所得到的数值和所用的单位。为了国际贸易、工业和科学技术交往的需要，1875 年 17 国外长在巴黎签署了米制公约。公约规定：长度单位为米，质量单位为千克（公斤），时间单位为秒，这种单位制叫做米·千克·秒制（MKS 制）。

时间、长度和质量（重量）是物理学计量中最基本的单位①。远在公元前 7 至公元前 6 世纪，古巴比伦人就将 1 星期定义为 7 天，将昼、夜各自划分为 12 小时，并学会了采用六十进位法。他们把圆分为 360 度，1 度分为 60 弧分，1 弧分分为 60 弧秒。同样地，他们把 1 小时分为 60 分钟，1 分钟分为 60 秒钟。古埃及人则学会了用天平（beam-balance）称药品和贵重物品。

古代记时多采用日影测时，埃及有"日晷碑"，中国有圭臬。用太阳光下的影子测时受天气的影响。为了弥补这一缺陷，又有了水钟和沙漏等。摆钟的出现得益于伽利略发现的摆的等时性规律。1656 年，荷兰科学家惠更斯根据这一规律制成了一座摆钟。从此以后，摆钟便逐步取代日晷、水钟等成了计时的工具。摆钟一般都比较笨重。为了能制造小型钟表，人们用摆轮游丝装置取代了单摆。用这种装置制作的最先是怀表。怀表做工精细，价格贵，且携带不便。19 世纪初，开始了手表的研制。19 世纪末，实用的手表便能成批生产。为了手表能走时精准，人们在手表的转轴上安上了宝石轴承。比如，常见的"17 钻"手表，它的转轴上就安了 17 颗人造宝石。为了手表能抗震耐磨，又出现了全钢防震表。这些表都是用发条做动力，到一定时间需要上紧发条，属于机械表。1955 年，人们对机械表进行了一次

---

① 随着电磁学、热力学、光辐射学和微观物理的发展，基本单位由 3 个扩大到 7 个，又增添了温度单位、电流强度单位、物质量的单位和发光强度单位。在此基础上发展起来的单位制叫做国际单位制，用符号 SI 表示。国际单位制中的单位可分为：基本单位、导出单位和辅助单位（或组合单位）。详见附录。

改革，用电池代替发条，这便是电手表。随后，在电手表的基础上，增添了一些电子元件，这便是电子表。不过，这些表仍然使用摆轮游丝来计量时间。人们常说，时间就是金钱，时间就是生命。1970 年 4 月 11 日，"阿波罗 13 号"进行第三次登月飞行。当飞船离地球 33 万千米的 4 月 13 日晚，有个油箱突然爆炸，危及宇航员生命安全。美国宇航局的科学家们当即运用计算机快速计算飞行轨道，确定 4 月 14 日凌晨宇航员开动发动机 35 秒钟，让飞船绕过月球返回地球。这 35 秒钟可与宇航员生死攸关：一旦错过，飞船将偏离预定轨道而一去不复返。可喜的是，宇航员赢得了生的机会。4 月 16 日午夜，科学家又发出指令，要宇航员再次按时开动发动机，这次若弄错时间，则飞船只能在地球大气层边缘擦过，而永远消失在太空中。宇航员沉着冷静，再次赢得了生的机会。在科学家和宇航员共同努力下，飞船终于安全返回了地球。为了制造更精确的钟表，人们在发现石英晶体的压电效应和逆压电效应①，便开始利用石英晶体来做钟表的"摆"，这就有了石英钟和石英电子表。这种石英钟表走 1 年误差在 3 秒之内。原子中电子的跃迁规律被发现后，科学家们又造出了原子钟。用原子钟来计时可以做到丝毫不差。比如，铯原子钟运行 30 万年误差不超过 1 秒钟。正因为如此，1967 年国际计量大会决定，采用铯原子钟导出的时间作为时间的计量标准，这就是"原子时"。大会还规定，秒是铯-133 原子基态两个超精细能级间跃迁所对应的辐射，在 9 192 631 770 个周期内持续的时间。

古代测量长度所用的尺子就是人体的某部分，比如手，还比如脚②。无疑，这种尺子具有很大的随意性。随着生产的发展，人员的交往密切了，人们需要一个共同的标准来测量长度。中国隋朝有个叫刘焯的天文学家提出，用不变的天文学常数或测地学常数来定义长度单位。后来各国都进行了经纬线的测量。1791 年，法国科学院建议采用子午线作长度单位。他们将通过巴黎子午圈的四千万分之一长度作单位，并取名为米(metre)。1799 年，法国人制造了一根长 1 米的白金(铂)尺子，作为法国国家长度单位。金属铂虽然贵重，但存在热胀冷缩等缺点。后来人们改用铂铱合金制作标准尺，这种标准尺称为米原器。铂铱合金制作的尺子具有耐腐蚀、刚性强、尺寸稳定等优点，被 1889 年第一届国际计量大会确定为国际长度基准。大会规定，1 米就是米原器在 0℃ 时两端刻线间的距离。为了保证米原器的精确度，它被安放在恒温、洁净的地方。米原器的精度可达 0.1 微米。随着科学技术的进步，20 世纪 50 年代，加工精度也提高到 0.1 微米。显然，用米原器作国际长度基准已不再适用。于是，1960 年第 11 届国际计量大会决定废除米原器，并采用 Kr^{86}

---

① 压电效应是当晶体受到外加应力作用时，晶体会有极化电场产生的现象。逆压电效应指与压电效应相反的效应，即晶体表面受到外加电场作用时会产生应力和应变的现象。

② 众所周知，在英语中脚和英尺对应同一个单词，foot。

（氪同位素）灯在规定条件下发出的橙黄色光在真空中的波长作为长度基准。用 Kr^{86} 发出的橙黄色光当尺子，精度可达到 0.001 微米。激光出现后，由于激光颜色单纯、波长稳定，用它当尺子估计要比氪同位素灯精准 100 万倍左右。随后各种激光尺相继出现，它们成了长度测量中的标准尺。有鉴于此，1983 年第 17 届国际计量大会对米作了最新定义：一个标准米等于光在真空中 1/299 792 458 秒内所走过的路程的长度。

物体的质量（或重量）是由天平称量的。天平两边各有一个盘，左盘放待测物体，右盘放砝码。天平平衡时，砝码的质量（或重量）即物体的质量（或重量）。可见天平的砝码就是计量质量的标准。1889 年第一届国际计量大会确定以国际千克原器为质量单位，国际千克原器用铂铱合金制成，至今保存在国际计量局。

古希腊人虽然在数学、逻辑学、形而上学、文学和艺术等方面成就卓越，但他们在物理科学上收获却并不多。这是因为他们太热衷于观察、思辨而轻视实验，比如著名古希腊学者苏格拉底、柏拉图、亚里士多德等人。直到阿基米德才开始了对力学这门学科的真正研究。阿基米德的名言"给我一个可依靠的支点，我就可以把地球挪动"，以及阿基米德洗澡时，突然想到了检验亥尼洛国王的王冠是否由纯金制成的办法，这都是人们耳熟能详的。阿基米德的《浮体》一书则是一部论述流体静力学的专著。有名的阿基米德浮力定律：浸没在水中物体重量的减少等于物体排开水的重量，便刊载在这本书中。

当专制制度横行的时候，思想受到禁锢，即使偶尔有点零星火花也会立即遭到强力扑灭。中世纪的欧洲便是明证，那时在科技界亚里士多德的著作拥有至高无上的权威，人们都深信无疑，而不敢怀有半点他想。久受钳制的思想开始解放，发生在 16 世纪的文艺复兴时期。这个时期天文学上推翻了托勒密体系建立了哥白尼体系，一个全新的宇宙体系。物理学上开始了摒弃经院哲学的思辨方法而代之以实验的语言来研究自然。力学上，自阿基米德时代以后就几乎停滞了的静力学，首先在比利时人史特芬推动下发展完善起来。史特芬当时是一个颇具独立思想、极少个人崇拜的科学家。他准确测定了使一个置于斜面上的物体平衡时所需的力；研究了滑轮组的平衡；学会了用平行四边形法则进行力的合成和分解。可以说，史特芬实际上已掌握了研究物体平衡的静力学的要点。

动力学的创建无疑应当归功于伽利略。伽利略（Galileo Galilei，1564—1642）出生于意大利比萨，17 岁考入比萨大学，1589—1592 年受聘于比萨大学任数学讲座教授。这段时间由于他在科学上所持的新观点而遭受敌视和排斥，1593—1610 年改到威尼斯的帕多瓦大学任教授。伽利略热心宣传哥白尼学说引起教会的不满，1616 年受到宗教裁判所的谴责和警告。不过，他并未停止他的研究。1632 年伽利略出版了轰动一时的《关于托勒密和哥白尼两大世界体系的对话》，尖锐批判了旧宇宙体系，从而招致他再次受到宗教裁判所审判，并被判终身监禁。1937 年伽利略双目失明后才被准许有稍多一点的自由。直至 300 多年后，即 1979 年 11 月 20 日，教皇约翰·保罗才公开宣布为伽利略平反。

伽利略在物理学的发展史上占有重要地位。他是经典力学的先驱，是近代实验物理学的奠基人。相传伽利略在比萨大学任教期间，曾登上比萨斜塔抛下不同重量的铁球，证明了自由下落的这些铁球会同时落地。这就是著名的自由落体实验，这一实验推翻了古希腊学者亚里士多德"物体下落速度和重量成比例"的断言，纠正了这个持续了 1900 年之久的错误。1609 年，伽利略利用自制的天文望远镜，观察到月球表面的凹凸不平，并亲手绘制了第一幅月面图。1610 年 1 月 7 日，伽利略发现了木星的四颗卫星，为哥白尼学说找到了确凿的证据。另外，伽利略解释了自由落体运动和抛体运动，提出了伽利略相对性原理，并初步发现了惯性定律。

伽利略所创立的采用数学作为描述物理现象的主要手段，实验作为检验理论的最重要依据的方法，开辟了科学研究的新道路。伽利略在探索真理过程中所表现出来的勇气和牺牲精神使他成为科学工作者的典范。爱因斯坦在《物理学的进化》一书中曾这样评价伽利略："伽利略的发现以及他所用的科学推理方法是人类思想史上最伟大的成绩之一，而且标志着物理学的真正开端。"

在伟人伽利略去世的同年诞生了另一位伟人牛顿。牛顿(Isaac Newton，1642—1727)出生在英国林肯郡的伍尔索普，1660 年进入剑桥大学三一学院学习，1664 年牛顿有机会参加一个著名的卢卡锡数学讲座，认识了主持人巴罗教授，在他的引导下走上了研究自然科学的道路。1669 年牛顿接替巴罗教授担任卢卡锡数学讲座教授，1672 年成为英国皇家学会会员，1696 年任皇家造币局监督，1699 年升为造币局局长，1703 年当选为英国皇家学会主席，1705 年被英国女皇授予爵士称号。

从中学开始，人们就听说牛顿这个名字；而有关万有引力定律发现经过的苹果落地的故事，更是脍炙人口、广为流传。牛顿是他那个时代的智力巨人，在众多领域都作出了巨大贡献，牛顿的物理思想和物理方法对物理学的发展影响深远。在物理学上，牛顿在伽利略等前人工作的基础上，提出了三条运动基本定律，称为牛顿定律，创立了经典力学，即牛顿力学；在天文学方面，牛顿制作了反射望远镜，解释了潮汐的成因，特别是发现了万有引力定律，创立了科学的天文学；在数学上，牛顿论证了"牛顿二项式定理"，并和莱布尼兹几乎同时发明了微积分。此外，在光学上，牛顿提出了光的"微粒说"，应用三棱镜分解，发现白色日光由不同颜色的光构成。

1687 年，牛顿的代表作《自然哲学的数学原理》出版，这是一部划时代的巨著。《原理》一书一经问世，立即产生了巨大的影响，它标志一个新时代和新科学文明的到来。法国物理学家拉普拉斯曾如此评价："《原理》将成为一座永垂不朽的深邃智慧的纪念碑，它向我们揭示了最伟大的宇宙定律。"《自然哲学的数学原理》由一个序言、一个导论、三篇正文和一个总释组成。牛顿在这部巨著中提出了力学三大定律和万有引力定律，对宏观物体的运动给出了精确的描写，总结了他的物理发现，概括了他的自然哲学观和科学方法。牛顿的四条"哲学的推理法则"：简单性规则、因果性规则、普遍性规则、正确性规则和公理化方法、归纳-演绎法、分析-综合法、数学-物理方法、实验-抽象方法构成了一个完整的科学方法论体系，它长期被后世科学家奉为楷模，对后来的自然哲学和科学的发展产生了极为深远的影响。

　　1727 年，85 岁高龄的牛顿与世长辞，留在他墓碑上碑文的最后一句话是："让人类为曾经生存过这样伟大的一位给各种族增光的人而高兴吧！"

　　牛顿创立经典力学后，由于数学的迅速发展，数学被更广泛、更深入地引入物理学中。当时一些伟大的科学家相信利用若干被称为"原理"的定律可以处理全部的力学(静力学和动力学)问题。这些科学家对这些原理的发展作出了重大的贡献，以致人们可以用一种新的观点来研究力学问题。这种力学现在被称为分析力学。

　　分析力学是经典力学理论的发展与完善，它的建立经历了三次大的飞跃。第一次飞跃表现为牛顿力学的对象从质点发展到刚体和流体，特别是欧拉(Leonhard Euler，1707—1783，瑞士数学家和物理学家)提出的运动学和动力学方程。第二次飞跃表现为拉格朗日理论的建立。1788 年，拉格朗日(Joseph-Louis Lagrange，1736—1813，法国数学家、物理学家)将伯努利提出的虚功原理和达朗贝尔提出的达朗贝尔原理结合在一起，建立了拉格朗日方程，从而奠定了分析力学的基础。第三次飞跃表现为哈密顿理论的建立。哈密顿(William Rowan Hamilton，1805—1865，爱尔兰皇家科学院院长，美国科学院外国院士)作为公设所提出的哈密顿原理是分析力学达到顶峰的标志，使分析力学发展成一个完整的体系。而哈密顿正则方程、哈密顿量则是现代物理学中极为重要的概念。

1.2　物体的运动

1.2.1　机械运动

　　力学研究的具体对象称为物体，该物体外的其他物体统称外界。天上飞的飞机，地上跑的火车、汽车，水中开的轮船，随时都在将乘客带至四面八方。这些运动物体的一个共同点就是从地球的某处移到了另一处。物理上把物体的位置从某一处变到另一处，称为机械运动，简称运动。机械运动是自然界最简单、最普遍的一种运动形式，而力学则是研究机械运动的学科。

　　物体的运动总是相对另一物体而言的，对于不同的参照物体，物体运动不一定相同。比如，坐在运动火车车厢座位上的乘客相对火车是静止的，但相对地面观察者则是在随火车一起运动。这种用作物体运动参照物的物体(比如火车或地面)称为**参考系**。为了精确描写物体的运动，通常在参考系中选择某一适当的坐标系，称为**参考坐标系**，简称**坐标系**。运动物体在某时刻 t 的位置与原点的距离叫做该时刻的位矢(位置矢量)。物体的位矢是一个同时具有大小和方向的物理量。这样的量称为**矢量**①，用加黑的斜体或白斜体上加箭头表示。位矢通常是时间的函数，即与 t 有关，记为 $r = r(t)$。物体位置的变化除了可以用它的位矢的改变来表示外，还可以用它走过的路程来表示。路程是指物体运动轨迹上的一段长度。路程是一个标量，常用字母 s 或 l 表示。

　　力学研究中对物体通常采用两种理想模型②，即**质点**和**刚体**。质点是指只有质量而无大小和形状的物体(即数学上的几何点)，刚体是指其上任意两点距离始终不变的物体。实际物体严格地说来当然既不是质点也不是刚体，但只要物体本身的大小与它运动所涉及的空间大小相比可以忽略，则物体便可以视为质点；反之，如果物体本身形状大小的变化可以忽略，则物体便可以视为刚体。比如，地球本身的大小与日地间距离相比非常小，所以研究地球绕日运动，我们可以把地球当作质点处理，而地球大小形状随时间的变化非常小，所以研究地球自转时，我们又可以把地球当作刚体处理。(以下讨论，除特别声明外，物体一般就是指质点。)

1.2.2　速度与加速度

　　物体的运动有快慢之分，有方向之别，描写物体运动快慢和方向的物理量便是**速度**。速度是矢量，通常记为 v，在国际单位(SI)中，它的单位是米/秒(m/s 或 $m \cdot s^{-1}$)。

　　设物体在时刻 t_1 的位置矢量(位矢)为 r_1，t_2 时刻的位矢为 r_2，那么物体在这段时间间隔 $\Delta t = t_2 - t_1$ 内，位矢的变化为

$$\Delta r = r_2 - r_1 \tag{1.2.1}$$

这个物理量叫做**位移**。位移也是一个矢量，它表示物体位置变化的情况，即位置变化的多少和位置变化的方向，可以用一根由初位置指向末位置的有向线段表示。在直角坐标系中表示式为

$$\Delta r = \Delta x i + \Delta y j + \Delta z k \tag{1.2.2}$$

式中，$\Delta x = x_2 - x_1$，$\Delta y = y_2 - y_1$，$\Delta z = z_2 - z_1$，而 i，j，k 则分别表示三个坐标轴

---

　　①　只具有大小的量称为标量，如温度、时间等。

　　②　科学研究中，由于实际对象往往并不简单且与外界的联系又很复杂，因此常常会根据研究的具体内容和目的提出各种理想模型。比如，为了研究物体的机械运动而提出的理想模型——质点和刚体；为了研究气体的性质而提出的理想气体模型；为了研究热现象过程而提出的理想模型——准静态过程；为了研究热辐射而提出的理想模型——黑体辐射。

上的单位矢量。

Δt 时间内，位移的变化率称为这段时间内物体运动的**平均速度**，记为

$$\bar{\boldsymbol{v}} = \frac{\Delta \boldsymbol{r}}{\Delta t} \tag{1.2.3}$$

平均速度只能衡量物体在该时间段运动的平均快慢与方向的最终变化，而不能表明每个时刻物体运动的快慢与方向(图 1.1)。平均速度虽然只是物体运动快慢的粗略描述，但在日常生活中却是十分有用的。通常说的汽车、火车、飞机等的速度都是指的平均速度。当然，这里的平均速度只考虑了它们的大小，而忽略了它们的方向，严格地说，它们应该是平均速率。

为了精确描述物体运动快慢与运动方向，力学中引入了**瞬时速度**的概念。瞬时速度是运动物体在某一时刻，或者运动物体通过其运动轨迹上某一位置时的速度。瞬时速度又简称**速度**。为了得到运动物体的瞬时速度，必须将 Δt 逐渐减小，以至无限接近于零，这时的极限值即是该时刻物体运动的瞬时速度，在数学上称为位移对时间的(一次)微商(或导数)，记为

$$\boldsymbol{v} = \lim_{\Delta t \to 0} \frac{\Delta \boldsymbol{r}}{\Delta t} = \frac{\mathrm{d}\boldsymbol{r}}{\mathrm{d}t} = \dot{\boldsymbol{r}} \tag{1.2.4}$$

这种运算方法叫做**求导**。它在直角坐标系中的分量表示为

$$\boldsymbol{v} = v_x \boldsymbol{i} + v_y \boldsymbol{j} + v_z \boldsymbol{k} \tag{1.2.5}$$

$$v_x = \frac{\mathrm{d}x}{\mathrm{d}t}, \qquad v_y = \frac{\mathrm{d}y}{\mathrm{d}t}, \qquad v_z = \frac{\mathrm{d}z}{\mathrm{d}t}$$

速度的大小称为**速率**，记为

$$v = |\boldsymbol{v}| = \sqrt{v_x^2 + v_y^2 + v_z^2} = \left| \frac{\mathrm{d}\boldsymbol{r}}{\mathrm{d}t} \right| = \frac{\mathrm{d}s}{\mathrm{d}t} \tag{1.2.6}$$

式中 $\mathrm{d}s$ 是物体在 $\mathrm{d}t$ 时间内走过的路程。

类似地，设物体在时刻 t_1 的速度为 $\boldsymbol{v}_1$，在时刻 t_2 的速度为 $\boldsymbol{v}_2$，那么在时间间隔 $\Delta t = t_2 - t_1$ 内，物体速度的改变 $\Delta \boldsymbol{v} = \boldsymbol{v}_2 - \boldsymbol{v}_1$。在 Δt 时间内，速度的变化率称为该时间内物体的**平均加速度**，如图 1.2 所示。

$$\bar{\boldsymbol{a}} = \frac{\Delta \boldsymbol{v}}{\Delta t} \tag{1.2.7}$$

当 $\Delta t \to 0$ 时，它的极限值即是该时刻物体的瞬时加速度，简称**加速度**，在数学上表现为位移对时间的二次微商，记为

$$\boldsymbol{a} = \lim_{\Delta t \to 0} \frac{\Delta \boldsymbol{v}}{\Delta t} = \frac{\mathrm{d}\boldsymbol{v}}{\mathrm{d}t} = \dot{\boldsymbol{v}} = \frac{\mathrm{d}^2 \boldsymbol{r}}{\mathrm{d}t^2} = \ddot{\boldsymbol{r}} \tag{1.2.8}$$

加速度也是一个矢量，它的单位在 SI 中是米/秒²($\mathrm{m/s^2}$ 或 $\mathrm{m \cdot s^{-2}}$)。

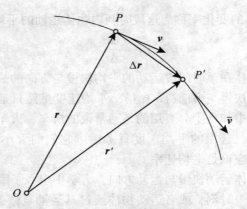

图 1.1 速度示意图

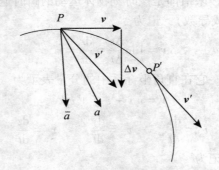

图 1.2 加速度示意图

1.2.3 直线运动与曲线运动

如果物体运动的轨迹是一条直线，则叫做**直线运动**；否则，叫做**曲线运动**。速率保持不变的直线运动叫做**匀速直线运动**。加速度保持不变的直线运动叫做**匀加速直线运动**。

轨迹不是一直线的运动为曲线运动，圆运动是一种典型的曲线运动。如果物体运动的轨迹是一个圆周，则叫做**圆(周)运动**。速率保持不变的圆运动叫做**匀速圆周运动**。描写圆运动的物理量，除了上面提到的线量外，还可以用角量(角位移、角速度、角加速度等)描写。若时刻 t_1，物体极角为 θ_1，时刻 t_2，物体极角为 θ_2，则物体的角位移

$$\Delta\theta = \theta_2 - \theta_1$$

某时刻 t，角位移的变化率叫做该时刻的**角速度**，角速度的变化率叫做**角加速度**，

记为

$$\omega = \frac{\mathrm{d}\theta}{\mathrm{d}t}, \qquad \alpha = \frac{\mathrm{d}\omega}{\mathrm{d}t} = \frac{\mathrm{d}^2\theta}{\mathrm{d}t^2} \qquad (1.2.9)$$

它们的单位分别是弧度/秒(rad/s)和弧度/秒²(rad/s²)

显然,角量和线量的关系是

$$\Delta s = r\Delta\theta, \quad v = r\omega, \quad a = r\alpha \qquad (1.2.10)$$

式中,r 是圆的半径。对匀速圆周运动,还成立

$$a = r\omega^2 \qquad (1.2.11)$$

1.3 物体的平衡

1.3.1 力

古希腊的亚里士多德认为,力是维持物体运动的原因。这个观点影响了数百年,直到伽利略时才得以纠正。伽利略从大量实验事实认识到,维持物体运动并不需要力,而改变物体的运动才需要力。比如,一个光滑的小球在同样光滑的平面上运动,没有力的作用,它的运动可以持续下去;如果有力的作用,那么它的速度将会变快或变慢,即运动状态发生改变。因此,正确的说法应是:**力是使物体产生加速度的原因**。

力除了大小和方向外,还与其作用点有关。比如,用力开门,力的作用点如果落在门轴上,那么无论用多大力都不能将门打开,而力的作用点离门轴越远则所需用力越小。人们把力的大小、方向和作用点统称**力的三要素**。力一般用符号 **F** 标记,单位在 SI 中是牛顿①(N),通常人们所说的 1 公斤重物体,其重量相当于 9.8 牛顿。

1.3.2 一些常见的力

1. 重力

地球上的宏观物体均受到地球的吸引,因而具有重量,称为**重力**,其大小为

$$f = mg \qquad (1.3.1)$$

式中,m 是物体的质量,g 是重力加速度②,f 是物体的重量。

---

① $1\mathrm{N} = 1\mathrm{kg} \cdot \mathrm{m} \cdot \mathrm{s}^{-2}$

② 一般 $g = 9.8\mathrm{m/s}^2$,粗略计算可取 $g = 10\mathrm{m/s}^2$。

2. 弹力

物体在外力作用下形状或体积会发生改变,这种变化叫做**形变**。按照物体能否恢复原状来分类,形变可以分为**弹性形变**和**塑性形变**。撤去外力后,可以完全恢复原状的形变叫做**弹性形变**,这种物体叫做**弹性体**。撤去外力后,不能完全恢复原状的形变叫做**塑性形变**(或范性形变),这种物体叫做**塑性体**(或范性体)。物体发生形变后,去掉外力能够恢复原状的性质,叫做**弹性**。发生形变的物体,由于要恢复原状,必然对与之接触的物体产生力的作用,这种力称为**弹力**(或张力)。当弹性体的形变超过某一限度时,即使撤去外力也不能恢复原状,这个限度称为**弹性限度**。

弹簧伸长或压缩时产生的反抗力是一种典型的弹(性)力。在弹性限度内,弹簧弹力与其伸长(压缩)成正比,即

$$f = -kx \qquad (1.3.2)$$

式中,x 表示弹簧形变后的长度与自由状态(无伸长或压缩)时的长度之差,k 是弹簧劲度系数,单位是 N/m,负号表示弹力与形变方向相反。这个规律叫做**胡克定律**。

3. 压力与浮力

(1)压力与压强

垂直于物体表面且指向物体内部的力叫**压力**。物体单位面积上受到的压力叫**压强**,即

$$p = \frac{F}{S} \qquad (1.3.3)$$

式中,F 表示压力,S 表示受力面积,p 表示压强。在国际单位制中,压强的单位是帕斯卡,简称帕,符号为 Pa,$1Pa = 1N/m^2$。

由于液体具有重力和流动性,因此液体内部向各个方向都存在压强。液体内部由于自身重力产生的压强

$$p = \rho gh \qquad (1.3.4)$$

式中,ρ 是液体密度,h 是液体自由液面到液体内部被研究点之间的竖直深度。由此可见,液体内部的压强只与液体的密度和深度有关,而与液体的质量、体积、容器的形状等无关。将液体的压强公式应用到连通器(上端开口、下端连通的容器)便可推知,如果连通器只盛有一种液体,那么液体静止时连通器各容器中液面保持相平。这就是**连通器原理**。连通器原理应用很广,如茶壶、水塔、船闸等都是根据连通器原理来工作的。

液体所受的压强能够向各方传递。为此,法国物理学家帕斯卡设计了实验:将一个表面有许多小孔的空心球(俗称帕斯卡球)与一个圆筒相连,圆筒内装有活塞,把水注入球内,用力压活塞,水便从小孔内喷射出来,就像一支多孔水枪。帕斯卡

仔细研究了液体传递压强的规律，总结出：加在密闭液体上的压强，能够按照原来的大小通过液体向各个方向传递。这就是**帕斯卡定律**。液压机就是根据这一定律设计的。

大气对浸在它里面的物体的压强叫做大气压强，简称**大气压**或气压。著名的马德堡半球实验证明了大气压的存在。相当于76cm 高水银柱压强的大气压叫做1个**标准大气压**，1标准大气压 = 1.013×10⁵Pa。

液体和气体均具有流动性，它们统称为**流体**。对于流体，流速越大的地方压强越小，流速越小的地方压强越大。

（2）浮力

浸在液体（或气体）中的物体所受液体（或气体）向上托起的力叫做**浮力**。其方向竖直向上，其大小等于它所排开的液体（或气体）所受的重力，这一结论称为**阿基米德原理**。

4. 摩擦力

一个物体相对另一个物体滑动或有滑动趋势时，在其接触面会产生阻碍这一滑动或滑动趋势的力，这一阻力叫**摩擦力**。当滑动并未实际发生而只是有滑动趋势时，摩擦力叫**静摩擦力**；当滑动摩擦刚好能发生，这时的摩擦力叫**最大静摩擦力**；当滑动摩擦已经发生，这时的摩擦力叫**滑动摩擦力**。实验表明，最大静摩擦力 F_m 和滑动摩擦力 F 均与接触面所受正压力 N（垂直接触面的压力）成正比，即

$$F_m = f_m N, \qquad F = fN \tag{1.3.5}$$

式中，比例系数 f_m 和 f 分别叫做**最大静摩擦因数**和**动摩擦因数**，它们都只与作相对滑动的两物体材质有关。

当物体在其接触面上滚动时，亦会受到一个阻碍物体滚动的滚阻力矩作用。不过，滚动因数比动摩擦因数要小得多。这也是载货车辆装有车轮的原因。

1.3.3 力矩

物体的运动除了移动外，还可以绕某点转动（定点转动）或绕某轴转动（定轴转动）。转动的快慢用角速度 ω 量度，角速度的变化用角加速度 α 量度。它们与（线）速度和（线）加速度的关系是①

$$v = \omega \times r, \qquad a = \alpha \times r \tag{1.3.6}$$

物体的转动不仅与物体所受的力有关，还与转轴（点）到力的距离即**力矩**有关。

---

① $C = A \times B$ 称为矢量 A 和 B 的矢积（或叉积），它是一个矢量，其大小 $C = |C| = AB\sin\theta$，θ 是 A，B 间的夹角；其方向由右手螺旋定则确定，即伸展右手，大拇指与四指垂直，四指指向由 $A \rightarrow B$，大拇指指向便是 C 的方向。$C = A \cdot B$ 称为矢量 A 和 B 的标积（或点积），它是一个标量，其大小 $C = AB\cos\theta$。参见附录 C。

力矩 M 的定义是

$$M = r \times F \tag{1.3.7}$$

1.3.4　力的合成

1. 分力、合力与共点力

当一个物体受到几个力的共同作用时，如果存在这样一个力，这个力产生的效果与原来几个力的共同效果相同，那么这个力就叫做原来那几个力的**合力**，而原来那几个力则叫做这个力的**分力**。如果几个力都作用在物体的同一点上，或者它们的作用线相交于同一点，那么这几个力就叫做**共点力**。

2. 共点力的合成

力的合成遵守矢量合成法则，即平行四边形法则，如图 1.3 所示。设两个力为 F_1 和 F_2，以它们为边长作一个平行四边形，此平行四边形中 F_1 和 F_2 所夹的对角线即是两力合成后的**合力**：$F = F_1 + F_2$。合力的大小等于此对角线长度，方向即对角线方向。反之，以 F 为对角线作任意一个平行四边形，则此平行四边形的两邻边均为 F 分解后的**分力**。由此可见，力的合成所得到的合力是唯一的；但力的分解所得到的分力却并非唯一的。

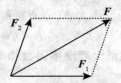

图 1.3　力的合成的平行四边形法则

1.3.5　物体的平衡

物体虽受外界作用却仍处于静止时，这种状态叫做**物体的平衡**。物体平衡一般有随意平衡、稳定平衡和不稳定平衡三种。

①物体在各个不同位置都能处于平衡，这种平衡叫做随意平衡；

②物体受到外界扰动仍能保持平衡，这种平衡叫做稳定平衡；

③物体一旦受到外界扰动便失去平衡，这种平衡叫做不稳定平衡。

物体达到平衡时，必须满足：

①加在物体上的合力等于零；

②施加在物体上的合力矩等于零。

这便是物体平衡的条件①。

1.4 牛顿三定律

牛顿在总结前人特别是伽利略在力学研究上所获成果的基础上建立了著名的牛顿三定律。

牛顿第一定律：物体在不受外力作用时将保持原来的运动状态不变，即原来静止的恒静止，原来运动的恒保持做匀速直线运动。物体这种保持原来运动状态不变的性质叫做**惯性**②。

牛顿第二定律：物体的加速度 a 与物体所受的外力 F 成正比，方向沿外力方向，即 $a \propto F$。

牛顿第三定律：一个物体对另一个物体施以作用力 F，另一个物体对该物体必施以反作用力 F'。作用力与反作用力大小相等，方向相反，且施加在不同物体上，即 $F' = -F$。

值得注意的是，牛顿第一定律或惯性定律并非对一切参考系均正确。能够使惯性定律成立的参考系叫做**惯性参考系**，否则叫做**非惯性参考系**。比如，坐在列车车厢里的乘客，当列车加速（或减速）运行时，会发现自身将向后仰（或前倾），但这时乘客并未受到外力作用。可见，选取加速运行的列车作参考系，这种参考系不是惯性参考系。如果选取地面作参考系，那么这一现象便可以合理解释。当列车加速运行时，速度增加，但乘客仍保留原来较小的速度，因此会向后仰；而当列车减速运行时，速度减小，但乘客仍保留原来较大的速度，因此会向前倾。可见，地面参考系是惯性参考系。当然，如果一个参考系是惯性参考系，那么相对它静止或做匀速直线运动的其他参考系也是惯性参考系。严格地说，由于地球绕日运行和自身的转动，选取地球作参照物的参考系也不是惯性参考系，只是这种影响很小，在实际应用中，仍可以把它当作惯性参考系。更精确的惯性参考系是选择太阳或恒星作参照物的参考系。

如果把牛顿第二定律中的比例式改成等式，并记其比例系数为 $1/m$，那么

$$a = \frac{1}{m}F, \qquad F = ma \tag{1.4.1}$$

式中，m 称为惯性质量，它与出现在万有引力定律中的引力质量并无本质区别，它们只是同一物理量（统称质量）的两种表现形式。

我们知道，力是产生加速度的原因，因此，如果一个物体做加速运动，那么

---

① 对于共点力，只需满足条件①。
② 牛顿第一定律又叫惯性定律。

作用在该物体上的力不等于零。物体做加速运动,可以是它的速度大小发生了改变,也可以是它的速度方向发生了改变。前者如自由落体运动,它是一个匀加速直线运动,加速度即重力加速度 g。后者如匀速圆周运动,它的加速度 $a = v^2/r$,称为向心加速度,提供向心加速度的力叫向心力,$f = ma = m\,v^2/r$,式中 m 是物体质量,v 是圆运动速度,r 是圆半径。当然,在更一般情况下,速度大小和方向都可以发生改变,如变速圆周运动。

1.5 动量和动量矩

1.5.1 动量和动量定理

物体的质量(m)与其速度(v)的乘积(mv)叫做物体的**动量**,常记为 p。根据牛顿第二定律可以推得①

$$f\Delta t = \Delta p = \Delta(mv) \tag{1.5.1}$$

等式左边的量 $f\Delta t$ 称为冲量。式(1.5.1)表明,物体动量的改变等于施于其上的冲量。这个结论叫**动量定理**②。

1.5.2 动量守恒定律

相互作用的若干物体可以看做一个力学系统,简称系统。系统内部各物体之间的相互作用力称为内力;系统外部物体对系统内部物体的相互作用力称为外力。如果一个系统不受外力,或所受到的合外力等于零,则根据式(1.5.1),等式左边等于零,因此等式右边亦为零,物体的动量不改变,动量守恒,即

$$p = mv = 常数 \tag{1.5.2}$$

这个结论叫做**动量守恒定律**。

1.5.3 动量矩和动量矩守恒定律

类似地,我们称

$$L = r \times p \tag{1.5.3}$$

为动量矩(或角动量),常记为 L。可以证明,物体的动量矩的变化率等于施于其上的力矩③,这个结论叫**动量矩定理**。

---

① 符号 Δ 表示一个量的变化,即它的后来值与原先值的差。比如 $\Delta t = t_2 - t_1$,$\Delta p = p_2 - p_1$,$\Delta(mv) = mv_2 - mv_1$,这里,下标 2 表示该量的后来值,下标 1 表示它的原先值。

② 这里的力指物体所受的所有外力,即合外力。

③ 这里的力矩指物体所受的所有外力矩,即合外力矩。

若加在物体上的合力矩等于零，则物体的动量矩守恒，即

$$M = 0, \qquad L = r \times p = 恒矢量 \qquad (1.5.4)$$

这个结论叫**动量矩守恒定律**。

1.6　功和能

1.6.1　功和功率

登山是一项深受人们喜爱的户外活动。登山的人都知道，登山所付出的辛劳不仅与所费力气的多少有关，而且与所走路程的长短有关。物理上把力与物体沿该力的方向所移动的距离的乘积定义为**功**(W)，即

$$W = fl\cos\theta \qquad (1.6.1)$$

式中，f 是作用力，l 是位移，θ 是 f 与 l 间的夹角。(1.6.1)式①在数学上又可以表示为 $W = f \cdot l$。可见功是一个标量。功的单位在 SI 中是焦耳(J)。功在数值上可以有正负和零。正功代表动力做功，它向物体提供能量，加快物体运动；负功代表阻力做功，它向物体索取能量，阻碍物体运动。当 $\theta = 90°$ 时，$W = 0$，这时力做功为零。比如，在匀速圆周运动中，向心力对物体即做零功。

如果一个物体受到力的作用，并且在力的方向上移动了一段距离，我们就说这个力对该物体做了功。因此，力所做的功不仅与力本身的大小有关，而且与在力的方向上移动距离的多少有关。如果物体所受的力不是恒力，那么我们必须把移动的距离分成许多小段；在每一小段上，力可以看做恒力，故各小段上力所做的功可以计算出来；再把它们全部加起来，这样便得到了力在整段路上所做的(总)功。分成的小段数目越多，计算得到的总功就越精确。当小段数目无限多，或小段的长度无限小时，计算得到的便是总功的精确值。这种处理方法数学上称为**积分**，即

$$W = \int f \cdot \mathrm{d}l \qquad (1.6.2)$$

力在单位时间所做的功叫做**功率**(P)，即

$$P = \frac{\Delta W}{\Delta t} \qquad (1.6.3)$$

功率的单位在 SI 中是瓦特。上式中，如果 Δt 表示一段时间，那么计算得到的是对应这段时间的**平均功率**。它表示这段时间内力做功的平均快慢程度。如果 Δt 无限接近于零，那么计算得到的是对应该时刻的瞬时功率，它表示该时刻力做功的快慢程度。对一台机器还有额定功率和实际功率之分。额定功率指机器长时间正常

---

①　参见式(1.3.6)的脚注。

工作时的最大输出功率，是机器的重要性能指标。一个机器的额定功率是一定的，通常都标明在它的铭牌上。实际功率是机器工作时实际的输出功率，即发动机产生的牵引力做功的功率。实际功率可以小于或等于额定功率，有时也会略大于额定功率，但不允许长时间超过额定功率，否则将损坏机器。

1.6.2 能、动能、势能和机械能

物体做功的本领叫做**能**。能的数值叫做**能量**，能量的单位与功相同。物体由于运动而具有的能量叫做**动能**，其定义式为

$$E = \frac{1}{2}mv^2 \qquad (1.6.4)$$

从力对物体做功的观点看，力可以分成两类：保守力与耗散力。如果一个力对物体做功的大小只与物体原来的状态(初态)和后来状态(末态)有关，而与物体由初态变到末态的过程无关，那么这个力便叫做保守力；否则叫做耗散力。比如，重力就是一种保守力。因为物体在重力作用下由高处落到低处，重力所做的功仅与物体的高低位置有关，而与物体是经直线、经曲线，或既经直线又经曲线，由高处落至低处的路径无关。同样，弹力也是保守力；但摩擦力却是耗散力。

由于保守力做功的大小只与物体的初态和末态有关，因此可以引进一个取值只与物体运动状态有关的函数，使得保守力对物体做功的大小恰等于此函数在初态和末态取值之差。这个函数称之为**势能**，常记以 V。若物体初态势能为 V_1，末态势能为 V_2，则根据式(1.6.2)可以写成①

$$\Delta V = V_2 - V_1 = W = -\int_{r_1}^{r_2} \boldsymbol{F} \cdot \mathrm{d}\boldsymbol{r} \qquad (1.6.5)$$

式中，$\boldsymbol{F}$ 是所涉及的保守力，r_1 和 r_2 分别是物体初态和末态位置，负号表示物体势能增加是克服保守力 $\boldsymbol{F}$ 做功的结果。值得指出的是，上式给出的只是势能的相对值，要确定势能绝对值需要选定势能的参考点，即势能为零的位置。下面介绍两种常见的势能。

1. 重力势能

重力是保守力，物体由于地球引力(重力)作用而具有的能量叫做**重力势能**。根据牛顿第二定律，重力 $F = mg$，g 是重力加速度。设物体在高度 h_1 时的重力势能为 V_1，在高度 h_2 时的重力势能为 V_2。由式(1.6.5)可以推知②

---

① $\boldsymbol{F} \cdot \mathrm{d}\boldsymbol{r}$ 称为力 $\boldsymbol{F}$ 所做的元功。数学和物理上的"元"意指小、微小。比如微小长度叫线元，微小面积叫面(积)元，微小体积叫体(积)元。

② 取铅直向上为 z 轴正方向，重力与 z 轴夹角 $\theta = \pi$，$\cos \theta = -1$，因此式(1.6.5)右边为正号。

$$V_2 - V_1 = mgh_2 - mgh_1 \qquad (1.6.6)$$

通常选取地面为重力势能的参考点，那么离地面任意高度 h 处物体的重力势能为

$$V = mgh \qquad (1.6.7)$$

2. 弹性势能

弹力是保守力。物体由于形变而具有的能量叫做**弹性势能**。在弹性限度内，根据胡克定律(见式(1.3.2))，弹簧弹力 $F = -kx$。设弹簧在伸长为 x_1 时的弹性势能为 V_1，伸长为 x_2 时弹性势能为 V_2，利用式(1.6.5)可以求出

$$V_2 - V_1 = \frac{1}{2}k(x_2^2 - x_1^2)$$

通常选取弹簧在自由状态 ($x_1 = 0$) 时，$V_1 = 0$。故当弹簧伸长(或缩短) x 时，其弹性势能

$$V = \frac{1}{2}kx^2 \qquad (1.6.8)$$

物体动能和势能之和称为物体的**机械能**。

1.6.3 动能定理

根据动量定理和功的定义可以推得

$$W = \frac{1}{2}mv_2^2 - \frac{1}{2}mv_1^2 = E_2 - E_1 \qquad (1.6.9)$$

上式表明，作用在物体上所有力做功的结果等于物体动能的增加。这个结论叫**动能定理**。

1.6.4 机械能守恒定律

对于保守力 $\boldsymbol{F}$，我们知道，物体势能的增加是克服保守力 $\boldsymbol{F}$ 做功的结果，因此

$$V_1 - V_2 = W$$

代入式(1.6.9)即得

$$E_2 + V_2 = E_1 + V_1 \qquad (1.6.10)$$

上式表明，在只有保守力做功的情况下，物体的机械能保持不变，这个结论叫做**机械能守恒定律**。机械能守恒定律是更广泛的能量守恒与转换定律在力学现象中的具体体现。

动量守恒定律、角动量守恒定律、能量守恒定律是自然界更基本、更普遍的规律。它不仅适用于牛顿力学所研究的宏观、低速领域，而且经适当扩展和修正后也适用于微观、高速领域。从这个意义上说来，这三条守恒定律是比牛顿定律更为普适的物理定律。

1.7　简单机械

1.7.1　杠杆

在力的作用下能绕一个固定点转动的硬棒叫**杠杆**，如撬棒、跷跷板等。杠杆绕其转动的固定点叫支点(O)；使杠杆转动的力叫动力(F_1)，阻碍杠杆转动的力叫阻力(F_2)；从支点到动力作用线的垂直距离叫动力臂(L_1)；从支点到阻力作用线的垂直距离叫阻力臂(L_2)。杠杆达到平衡时成立

$$F_1 \times L_1 = F_2 \times L_2 \tag{1.7.1}$$

由上式可见，若 $L_1 > L_2$，则 $F_1 < F_2$，这类杠杆用较小的动力可以克服较大的阻力，称为**省力杠杆**。若 $L_1 < L_2$，则 $F_1 > F_2$，这类杠杆费了力，但省了距离，称为**费力杠杆**。若 $L_1 = L_2$，则 $F_1 = F_2$，这类杠杆称为**等臂杠杆**，它不省力也不费力，不省距离也不费距离，但可以改变动力的方向，使工作更方便。

1.7.2　滑轮

滑轮有定滑轮、动滑轮和滑轮组(图 1.4)。

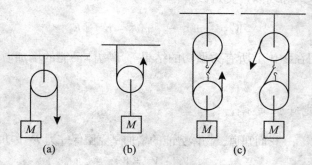

(a)　　　　(b)　　　　(c)

图 1.4　定滑轮、动滑轮和滑轮组

工作时轴固定不动的滑轮叫**定滑轮**。定滑轮实际上是个等臂杠杆，用它可以改变作用力的方向。

工作时轴随重物一起移动的滑轮叫**动滑轮**。动滑轮实际上是一个省力杠杆，用它可以省一半的力，但动力移动的距离是重物移动距离的 2 倍，且不能改变力的方向。

由若干个定滑轮和动滑轮组成的装置叫**滑轮组**。用滑轮组既能改变力的大小，又能改变力的方向。

1.7.3 轮轴

由一个轮和一个轴组成且都绕固定轴转动的装置叫**轮轴**(图1.5)。使用轮轴时,若动力作用在轮上则省力;若动力作用在轴上则费力,但省距离。

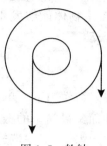

图1.5 轮轴

1.7.4 斜面

利用斜面可以省力,但必须多移动距离。

1.7.5 机械效率

任何机械都不能省功;有的可以省力,但必须多移动距离;有的减少了移动距离,但费力;有的不省力也不费力,不省距离也不费距离,但可以改变动力的方向。

在使用机械做功的过程中,由于机械自身或做功过程中存在摩擦等原因,机械所做的功中除了包括对人们有用的功(有用功)W外,还不得不包括对人们并没有用的额外功(无用功)W',因此机械实际所做的总功W_T是二者之和,即$W_T = W + W'$。有用功与总功的比值叫做机械的**机械效率**,即

$$\eta = \frac{W}{W_T}$$

(1.7.2)

机械效率是标志机械做功性能好坏的物理量。

1.8 振动和波

1.8.1 振动

挤压弹簧并松开后,弹簧会围绕其平衡位置来回运动。上紧发条,钟摆会

围绕其铅垂线来回摆动。两者有个共同的特点，那就是：物体在某一位置(平衡位置)附近做来回往复的周期运动。这样的运动叫做机械振动，简称**振动**。振动物体偏离平衡位置的最大距离叫做**振幅**，来回往复运动一次(振动一次)所需时间叫做**周期**，单位为秒(s)，单位时间振动的次数叫做**频率**，单位为赫兹(Hz)。振动物体要回到平衡位置必然会受到指向平衡位置的力的作用，这个力叫做**恢复力**。恢复力的存在是物体能够发生振动的原因。物体在只受恢复力作用下发生的振动称为自由振动。

1.8.2 简谐振动

在受到与其形变成正比的恢复力作用下，单自由度物体①所产生的振动叫做**简谐振动**，它是一种最具代表性而又最简单的振动。

考虑一水平放置的弹簧，一端固定，另一端连一重物 m。取过弹簧的水平线为 x 轴，弹簧自由端的位置为坐标原点 O。开始时将弹簧拉长一小量 A，松开后重物便围绕 O 点来回往复运动。重物的这一振动便是简谐振动。下面讨论它的特点。

(1)恢复力：由式(1.3.2)知，物体所受的恢复力

$$F = -kx \tag{1.8.1}$$

(2)微分方程：由式(1.2.8)和式(1.4.1)知，$F = m\dfrac{d^2x}{dt^2}$，从而简谐振动的微分方程为②

$$\frac{d^2x}{dt^2} + \omega^2 x = 0, \qquad \omega^2 = \frac{k}{m} \tag{1.8.2}$$

(3)运动方程：由数学中的常微分方程理论知上式的解为③

$$x = A\sin(\omega t + \varphi) \tag{1.8.3}$$

式中，ω 称为简谐振动的圆频率，它的频率 $\nu = \dfrac{2\pi}{\omega}$，周期 $T = \dfrac{1}{\nu} = \dfrac{\omega}{2\pi}$，$\omega t + \varphi$ 称为简谐振动的位相，φ 为初位相，A 是振幅。每秒振动一次叫 1 赫兹(Hz)。简谐振动也可定义为满足式(1.8.1)、式(1.8.2)、式(1.8.3)所给出的任意一个条件的振动。如果开始时，重物处在位置 A，那么初始条件便是 $t = 0$，$x = A$，由式(1.8.3)推得

---

① 自由度指描写物体运动状态所需的独立坐标的个数。比如，做直线运动的物体自由度为 1；做平面运动的物体自由度为 2。

② 联系自变量、未知函数及其导数的关系式叫做微分方程。如果未知函数是一元的，那么微分方程称为常微分方程，否则称为偏微分方程。

③ 简谐振动也可以用余弦表示，即 $x = A\cos(\omega t + \varphi)$。

$$\varphi = \frac{\pi}{2}, \qquad x = A\sin\left(\omega t + \frac{\pi}{2}\right) = A\cos\omega t$$

（4）简谐振动的能量

利用重物在任意位置 x 的速度 $v = \dfrac{\mathrm{d}x}{\mathrm{d}t} = A\omega\cos(\omega t + \varphi)$，可以得到它在该处相应的动能

$$E = \frac{1}{2}mv^2 = \frac{1}{2}m\omega^2 A^2\cos^2(\omega t + \varphi) = \frac{1}{2}kA^2\cos^2(\omega t + \varphi) \qquad (1.8.4)$$

及势能

$$V = \frac{1}{2}kx^2 = \frac{1}{2}kA^2\sin^2(\omega t + \varphi) \qquad (1.8.5)$$

因此，重物在位置 x 的机械能

$$E + V = \frac{1}{2}kA^2 \qquad (1.8.6)$$

由简谐振动的特征可以知道，恢复力（或回复力）与加速度总是指向平衡位置；在位移最大的地方，加速度最大而速度为零；在位移最小的地方（即平衡位置处），速度最大而加速度为零。

在一根伸缩和质量均可忽略不计的细线下端悬挂一小球，若小球的直径远小于细线的长度，则此装置称为**单摆**。在摆角很小时，单摆的振动可以看做简谐振动。这时，单摆的周期可以表示成

$$T = 2\pi\sqrt{\frac{l}{g}} \qquad (1.8.7)$$

式中，l 是悬挂点到摆球球心的距离，g 是单摆所处位置的重力加速度。

1.8.3 阻尼振动、受迫振动和共振

物体在振动时若振幅保持不变，则此振动叫做无阻尼振动（或等幅振动）。若振幅逐渐减少，则此振动叫做阻尼振动。实际的振动或多或少都会遇到阻力，因此一般是**阻尼振动**。

物体振动时若只受恢复力作用，这种振动称为**自由振动**，物体做自由振动时所具有的频率称为固有频率。

物体在振动时除了受恢复力，还受到其他周期性外力（激励力）的作用，这样的振动叫做**受迫振动**。物体做受迫振动时所具有的频率称为受迫频率。

受迫振动的频率会趋向于激励力的频率，当它与振动物体的固有频率相等或接近相等时，振幅达到极大值，这种现象叫做**共振**。共振对生产、生活既有利又有害。比如，收音机调谐利用的便是共振现象：调整收音机内接收线路的固有频率使

它与所选定电台的外来频率一致,从而能收听到清晰悦耳的该电台广播。而大量车辆通过桥梁产生的振动频率若与桥梁本身固有频率一致时,则会给桥梁造成损坏从而带来安全隐患甚至事故。可见在实际中应利用共振现象的有利一面,而避免它有害的一面。

1.8.4　机械波

1. 机械波

当我们荡起双桨时会发现平静的水面出现一圈圈波纹,敲击音叉会听到传来的声响。这是振动在介质中传播的结果。这一传播过程称为**波**。

机械波就是机械振动在弹性介质中传播的过程。介质中某一质点若偏离平衡位置,那么它便会受到邻近点的弹性恢复力作用而在平衡位置振动起来。根据牛顿第三定律,该点又会对其他邻近点施以作用力使得它们在各自平衡位置振动起来。这样,介质中某一部分发生振动(称为波源)时,由于各部分间的弹性力存在,其他部分也会相继振动;结果振动便由波源处由近及远地传播开来而形成了波。这时,就介质中每一质点而言,它们只是在各自平衡位置附近做振动;而就整个介质而言,振动却在其中传播开来形成了波。

机械波有两种基本类型,一种是振动方向与传播方向垂直的波,称为**横波**;另一种是振动方向与传播方向一致的波,称为**纵波**。横波有**波峰**和**波谷**,纵波有**密部**和**疏部**。介质振动的周期即波的**周期**。一个周期(T)内波在介质中传播的距离叫做**波长**(λ)。单位时间波所走过的距离叫**波速**(u)。一个周期内波前进了一个波长,所以

$$u = \frac{\lambda}{T} = \lambda\nu = \frac{\lambda\omega}{2\pi} \tag{1.8.8}$$

2. 平面单色波

波传播的路程中具有相等位相点的集合叫做等相面,也称**波面**。波传播的某一时刻,振动所能达到的各点的集合叫做**波前**。波前也是一个波面。每一个方向是波传播的一条路径,称为**波射线**。由一个点波源发出的,在一个各向同性的空间中向四面八方传播的波,其波面呈球形,称为**球面波**。这时波射线沿球半径,与波面正交。如果波源在很远处,那么球面波波面的一小部分,可以看做平面,这样的波叫做**平面波**。显然,平面波波射线是一束与波平面垂直的平行直线。太阳光便是平面波的最好例子。

由简谐振动产生的平面波叫做**平面单色波**或平面简谐波。若波传播的方向为 x 轴,波源所在位置为坐标原点($x=0$),则波源的振动方程(设振动方向沿 y 轴)为

$$y_0 = A\cos(\omega t + \varphi) \tag{1.8.9}$$

这一振动传到 x 点所需的时间是 x/u,因此 x 点振动比波源的振动要滞后 x/u,即

$$y = A\cos\left[\omega(t - \frac{x}{u}) + \varphi\right] \qquad (1.8.10)$$

令 $k = \dfrac{2\pi}{\lambda} = \dfrac{\omega}{u}$ 称为波数，上式可写成①

$$y = A\cos(\omega t - kx + \varphi) \qquad (1.8.11)$$

式(1.8.10)和式(1.8.11)描写了平面单色波传播过程中任意点 x 和任意时刻 t 的振动状态，称为平面单色波的**波动方程**（y 叫做波函数）。

3. 波的叠加原理

多个波源激发的波在传播过程中相遇时，各个波的波长、频率、振动方向、传播方向等皆不因其他波的存在而发生改变；或者说，各个波之间互不影响，它们的传播是彼此独立的。当两列（或更多列）波在介质中某点相遇时，该点的合振动是各列波单独存在时在该点引起振动的矢量和，这称为**波的叠加原理**。

4. 波的干涉和衍射

惠更斯-费涅耳原理：

在波的传播过程中，波面上每点均可看做一个新的振动中心（独立子波源），发射子波；要确定空间某点的波动，只需将汇集于该点的所有子波叠加即可。

波的干涉：

如果两个波源振动方向一致，振动频率相同，位相差为常数，那么这两个波源称为**相干波源**，由这两个相干波源激发的两列波则称为**相干波**。在相干波交叠的区域内，某些点的振动始终加强，而某些点的振动始终减弱，这种现象叫做波的**干涉**。

波的衍射：

波可以绕过障碍物而传播的现象，称为波的**衍射**。

1.9 声现象

1.9.1 声音的产生与传播

发声体振动经介质传到人或动物的听觉器官便是声音。产生声音的物体叫做发声体。声音在介质中以波的形式传播，这种波称为**声波**。正常人能够听到声音的频率范围为 20~20 000Hz。频率高于 20 000Hz 的声波称为**超声波**，频率低于 20Hz 的声波称为**次声波**。

声波传播的速度叫做声速。气体中的声速可以利用下式计算

---

① 式中，A 是振幅，$\omega t - kx + \varphi$ 是位相（或相位）。

$$v = \sqrt{\frac{\gamma p}{\rho}} \qquad (1.9.1)$$

对理想气体

$$\rho = \frac{M}{V} = \frac{\mu p}{RT}, \qquad v = \sqrt{\frac{\gamma RT}{\mu}} \qquad (1.9.2)$$

式中，γ 是气体定压热容与定容热容之比，p 是气体压强，ρ 是气体密度，M 是气体质量，V 是气体体积，T 是气体温度，R 是普适气体常数，μ 是气体摩尔质量。

声波传播的速度与传播介质及其温度有关，一般情况下，$v_s > v_1 > v_g$，这里，v_s 表示固体中的声速，v_1 表示液体中的声速，v_g 表示气体中的声速。表 1.1 给出了一些常见介质在通常温度下的声速。

表 1.1　　　　　　　　　　一些常见介质中的声速 v（m·s^{-1}）

介质	空气	煤油	水	冰	铜	铝	铁
v	340	1 324	1 500	3 230	3 750	5 000	5 200

注：真空不能传声。

声音在传播过程中遇到障碍物会被反射回来，这种反射后再传到人耳的声音叫做**回声**。回声与原声到达人耳的时间差只有等于或大于 0.1 秒时，人耳才能加以区分。北京的天坛公园有个回音壁就是利用回声原理建成的。回音壁是一个圆形的围墙，直径 65 米，高 6 米，整个围墙表面修建得十分光滑。一个人在甲处轻声细语，站在丙处的人可以听到他的声音，但总感觉声音是从乙处传来的。这种声反射现象是声音经过回音壁多次反射的结果。利用回声也可以测量距离，称为**回声测距**。由于水吸收光和电磁波本领强，因此通过光波和电磁波发现水下目标会比较困难。但声波（包括超声波和次声波）却能够在水中远距离传播，**声呐**（sonar）便是在回声探测仪的基础上发展起来的，利用声波和超声波探测水下情况的仪器。声呐可分为被动声呐和主动声呐。被动声呐只能被动接收水下目标自身发出的声波；而主动声呐则能主动发出超声波，然后接收各种回声，通过计算机分析进而发现水下目标。

1.9.2　声音的特征

乐音的三要素是音调、响度和音色。声音的高低叫做**音调**。音调的高低取决于发声体振动频率的大小。频率大，则音调高；频率小，则音调低。声音的强弱叫做**响度**。响度的大小与发声体的振幅及其距离有关。振幅大，则响度大；振幅小，则响度小。音色反映了声音的品质与特性。音色取决于发声体本身，它是我们分辨各种声音的依据，它与声波的波形有关。比如，演奏同一旋律的小提琴和二胡，由于它们的音色不同，我们仍然可以将它们区分开来。

噪声是指发声体做无规则振动时发出的声音。噪声污染、水污染、大气污染、固体废弃物污染已成为当今社会四大污染。噪声不仅妨碍人们正常的生活，严重的还会损伤人的听力，因此生产、生活中应尽量避免噪声。常用的避免噪声的方法有采用吸声材料吸声和采用隔声设备隔声等。

声波的能流密度（单位时间流经单位面积的能量）叫做**声强**（度），记为 I，单位是瓦特/米^2（W/m^2）。对频率为 1 000Hz 的声波，一般人听觉的最高声强是 $1W/m^2$，最低声强是 $10^{-12}\ W/m^2$。声音的强弱通常用声强级（响度）L 来分类，它的定义是

$$L = 10\lg\frac{I}{I_0} \tag{1.9.3}$$

单位是分贝（dB）。式中 I_0 是正常人听觉的最低声强，一般取 $I_0 = 10^{-12}\ W/m^2$。表 1.2 给出了一些声音的响度对人耳的影响。

表 1.2　　　　　　　　　　**声音强弱的等级（单位 dB）**

等级	人的感觉	等级	人的感觉
0	刚能听到的最弱声音	>70	干扰日常生活，影响工作效率
10	相当于微风吹拂声	>90	听力受到伤害
30~40	较理想的安静环境	150	有可能失去听力
>50	影响睡眠和休息		

1.9.3　多普勒效应

站在月台上的旅客听到火车进站的鸣笛声会变高变尖，而听到火车出站时的鸣笛声会变低变宽。这种由于波源与观察者之间存在相对运动而导致观测到的频率发生变化的现象叫做**多普勒效应**，它是奥地利物理学家多普勒（C. Doppler）于 1842 年发现的。可以证明多普勒效应中的频率改变可用下式表示：

$$\nu' = \frac{u + V_0}{u - V_s}\nu \tag{1.9.4}$$

式中，ν 是波振动原来频率，ν' 是变化后频率，u 是波速，V_0 是观察者相对介质运动的速度（面向波源运动为正，背离波源运动为负），V_s 是波源相对介质运动的速度（面向观察者为正，背离观察者为负）。

思考题 1

1. 下列判断是否正确？

①研究北京至上海的一列火车运动时，可以把火车看做质点；

②参考系必须是固定不动的物体；

③汽车驾驶员前方仪表所显示的车速是汽车运行的速度，里程是汽车运行的路程。

2. 下面两种说法中哪一种正确？理由何在？

①做匀速直线运动时，速度相同的物体在相等的时间内走过相等的路程；

②做匀加速直线运动时，加速度相同的物体在相等的时间内走过相等的路程。

3. 亚里士多德认为：从同一高度自由下落的重量不等的物体，较重的物体先落地。伽利略认为：从同一高度自由下落的重量不等的物体会同时落地。这两位著名学者，他们看法不同，各自的理由何在？由此给你的启示是什么？

4. 单位体积的质量叫密度。下面有关质量和密度的说法是否正确？

①密度大的物体质量一定大；

②一块冰完全融化成水，这时质量和密度都会发生变化；

③两个同体积的铅球，一个空心，一个实心，两球的密度相等但质量不等。

5. 下面关于力的认识，哪一种不正确？

①力是维持物体运动的原因；

②力是物体产生加速度的原因；

③力是物体对物体的作用；

④物体间力的作用都是相互的。

6. 使物体处于平衡状态（静止或匀速直线运动）的两个力（或多个力）叫平衡力。下面有关平衡和平衡力的说法是否正确？

①物体只受两个力作用，若这两个力大小相等，方向相反，则物体一定处于平衡状态；

②在平直公路上匀速行驶的汽车所受的阻力与自身的牵引力是一对平衡力；

③在平直公路上匀速行驶的汽车对地面的压力与地面的支承力是一对平衡力。

7. 利用阿基米德浮力定律判断下列情况中所受浮力的变化：

①从水深处走向岸边的游泳者；

②从江河驶入大海的轮船；

③海面下正在下沉的潜水艇；

④在码头正在装货的船只。

8. 为什么在海水中游泳比在河水中游泳容易？

9. 试判断下面陈述是否正确：

①马德堡半球实验是第一个证实大气压存在的实验；

②托里拆利实验是第一个测出大气压值的实验；

③用吸管吸取饮料瓶中的饮料是利用大气压的存在;

④打开水龙头,水会哗哗往外流是利用了大气压的存在。

10. 当物体的重量因运动状态而减少时,称为失重;因运动状态而增加时,称为超重。当垂直运行的电梯加速上升或下降时,乘坐电梯的人处在何种状态,为什么?

11. 桌子上放着一个装满水的桶,一根装满水的软管,一端插入桶内,一端挂在桶外边。这时水会从挂在桶外边软管的端口源源不断地流出,这种现象叫做虹吸现象,软管叫做虹吸管。人工喷泉通常就利用了虹吸现象。你知道发生虹吸现象的缘由吗?

12. 下面有关惯性的论述是否正确?

①物体运动的速度大,惯性就大,速度小,惯性就小;

②惯性是物体的固有属性;

③质量是物体惯性大小的量度。

13. 现在小汽车的拥有量正日益增多。为了安全起见,在小汽车就座的人必须系好安全带。以下列举的理由是否正确?

①系好安全带可以减小惯性;

②系好安全带可以防止因车的惯性而造成的对人的伤害;

③系好安全带可以防止因人的惯性而造成的对人的伤害。

14. 叙述牛顿三定律。

15. 说明以下做法的理由:

①火车转弯处铁路外轨略高于内轨,公路转弯处外侧路面略高于内侧路面;

②车辆在冰冻路面转弯时,为了安全,一是要降低速度,二是要增大转弯半径。

16. 什么是动量守恒定律、动量矩守恒定律和机械能守恒定律?

17. 下列工具(杠杆)中哪一种不省力? ①撬重物的撬棒; ②拔钉子的羊角锤; ③紧螺帽的扳手; ④夹食物的食品夹。

18. 解释下列现象:

①汽车开动时,乘客会后仰,汽车刹车时,乘客会前倾;

②划船时,桨向后划,船向前行;

③花样滑冰运动员原地旋转,两臂伸展时转速慢,两臂抱紧时转速快;

④刀的刀刃制作得非常薄。

19. 下面几种说法中哪一种不正确?

①机械可以省力;

②机械可以省距离;

③机械可以改变力的方向；

④机械可以省功。

20. 下面关于机械能的认识，哪一种不正确？

①在地面上行驶的汽车只具有动能；

②在天上飞行的飞机只具有动能；

③被拦河坝拦住的河水只具有势能；

④被推开的弹簧门只具有势能。

21. 指出下列判断是否正确：

①起重机吊起重物，起重机做了功；

②有人用力推一块很大的石头，但石头未动，这人做了功；

③进山的公路常修成环绕山坡的盘山路是为了使汽车少做功；

④功率大的发动机必定做功多。

22. 有人说，重力势能可以有正负值，但弹性势能只有正值，而引力势能只有负值。你认为这种说法正确吗？理由何在？

23. 下面说法是否正确？

①若物体所受到的合外力为零，则其机械能守恒；

②若物体的合外力所做的功为零，则其机械能守恒；

③若物体只受保守力作用，则其机械能守恒。

24. 叙述力学中的一些基本概念：位移、速度、加速度、力、动量、动量矩、动能、势能和机械能。

25. 匀速圆周运动是加速运动吗？为什么？

26. 下面关于简谐振动的说法正确与否？

①恢复力与加速度方向总是相同；

②速度与加速度方向总是相同；

③平衡位置处，由于恢复力为零，故加速度也为零，但速度最大。

27. 什么是无阻尼振动、阻尼振动、受迫振动和共振？

28. 机械波是机械振动在弹性介质中传播的过程。下面关于机械振动和机械波关系的说法是否正确？

①有机械波必有机械振动；

②波源振动时的运动速度和波的传播速度始终相同；

③机械振动与其所激起的机械波频率始终相同；

④一旦波源停止振动，由其所激起的机械波也立即停止传播。

29. 说明下列声现象中哪些与声音的频率有关，哪些与声强有关，哪些与音色有关：①八度音程；②强弱音；③尖叫声；④震耳欲聋；⑤分辨弦乐合奏中各种乐器。

30. 大雪过后，人们会觉得户外特别安静。你认为下面哪项列举的缘由合理？

①来往车辆少，噪声少；

②雪后气温低，噪声传播慢；

③大雪蓬松多孔，噪声被吸收。

第2章 热学简介

2.1 从热学到热力学与统计物理学

温度是热学中一个最重要，也是最基本的概念，而温度计则是应用极为广泛的物理仪器。在温度计发明前，温度被理解为物体冷热的程度，这一概念含有很大不确定性。比如，冬天户外的铁器和木器处在相同的温度中，但用手去触摸时感觉却不一样，你会认为铁器要比木器凉。一样的温度却有不一样的感觉，这是因为铁是热的良导体，手接触铁器，手上的热量很快便被传走了，因而感到凉。可见测量温度应该有个客观标准，这就是温度计。有人认为1593年伽利略制作了第一个温度计。伽利略的温度计由一个带玻璃泡的长玻璃管构成。测水温时，将玻璃管浸入水中，观察管内水面的变化，便可知温度的变化。第一个对伽利略的温度计作出改进的是法国物理学家让·雷。他将水注入玻璃泡内而将空气留在玻璃管，这时水成了测温物质。由于技术上的原因，让·雷的温度计玻璃管的上端不是封闭的。这种早期的温度计都含有空气，刻度也很随意，因此极不准确。1632年让·雷对这种温度计进行了改进，使之更为完善。二三十年后，佛罗伦萨西门图科学院的成员在此基础上更进了一步。他们改用酒精装入玻璃泡，将玻璃管端口封闭，并选择冬冷和夏热之时的温度作固定点，在其间以相等的间距刻上相应读数。

佛罗伦萨的温度计先由波义耳引进到英国，接着经波兰传入法国，随后开始在欧洲大陆流行。1659年法国天文学家布利奥制作了第一支用水银作测温物质的温度计。1665年惠更斯提议用冰融化时和水沸腾时的温度作固定点，但这个提议直到18世纪方被广泛采用。经过多次改进，当时实际使用的温标已达十几种，但留存至今的主要是其中两种。一种是华伦海特制作的温度计，俗称**华氏温标**。1724年华伦海特在《哲学会报》上发表了5篇有关温度计的文章。华氏温标将冰点记为32度，将水的沸点记为212度，其间180等分，每等分为1度。华氏温标至今仍在英、美等国使用。另一种是林耐、摄尔西斯和施勒默尔制作的温度计，俗称**摄氏温标**。1742年，瑞典人摄尔西斯提出了一种确定温标的方法。他规定，在一个标准大气压下，水结冰的温度(冰点)为0度，水沸腾时的温度(沸点)为100度，中间100等分，每等分为1度。这便是摄氏温标。这种百度温标广泛被其他大多数国家采用。不过，华氏温标和摄氏温标都属于经验温标，即它们均与用来测量温度的物质和物质随温度变化的性质等有关。科学上严格的温度概念是建立在热平衡定律基础上的，它所使用的温标是从理论上严格推导出的"绝对热力学温标"，又叫开尔文温标。这种温标只需一个固定点，那就是水的三相点。

在物态变化上，人们早已认识到物质存在三态，其中研究得最多、最广的无疑当数气体。从古希腊开始，人们对空气和真空的概念一直是含糊不清的，并且认为自然界是"厌恶"真空的，因此，它总是让其周围任何东西来填满被弄空了空间，以阻止真空的形成。直到伽利略才认识到，空气有重量，大气有压强。但在当时这还只是一个猜想，并没有得到实验验证。伽利略的继承人托里拆利设计了一个实验，用来证明伽利略的猜想。托里拆利将水银灌满一根长约 1 米一端封闭的玻璃管，然后把它倒插在水银槽中。这时管内的水银面开始下降，但水银面降到一定高度后就不再下降。这便是著名的**托里拆利实验**。当时测出的管内外水银面高度差约为 33/14 英尺。托里拆利实验表明大气有压强，即大气压。托里拆利实验传到法国，法国物理学家帕斯卡用红葡萄酒代替水银做了同样的实验，得到了类似的结果。意大利和法国科学家的实验研究推翻了自然界"厌恶真空"的臆想。为了解除当时人们对大气压存在的怀疑，马德堡市市长盖里克特地设计了一个实验。盖里克是一位热心实验的科学家。他定做了两个直径 37 厘米的空心铜半球，两个半球可以密闭成一个整球而不会漏气。一个半球上装有活门，可以由此把球内的空气抽出来。一切准备就绪后，1654 年的一天，盖里克在国王和民众面前表演了他的实验：他把半球合成一个球，将球内空气抽空，然后关闭活门，球差不多变成了真空球。这时，盖里克让人在每个半球的环上各拴上 8 匹壮马，令它们各奔东西，把球分开。球虽然不大，但 16 匹壮马却拉得非常费劲，经过艰苦努力，终于听到"啪"的一声巨响，两个半球才被分开。随后，盖里克把两个半球重新合上，但活门被打开，外面的空气进入球内，球不再是真空球。这次，毫不费力，用手轻轻一掰，球便分成了两半。这就是著名的**马德堡半球实验**。马德堡半球实验以无可辩驳的事实证明了大气压的存在。1672 年盖里克出版了他的著作《论真空》，文章进一步澄清了两千年来哲学家关于真空的许多含糊的思辨。1660 年英国物理学家波义耳发表了关于空气弹力的文章，文章指出气体压力和它的膨胀成反比。14 年后，法国物理学家马略特也独立地发现了这条定律，并在 1676 年他的一篇论文《论空气的性质》中更清楚地表明，人们可以把空气的压缩正比于它所负荷的重量作为一个确定的自然法则或定律。现在物理学上统称为波义耳-马略特定律，并且更严格地表述为，在一定温度下，理想气体的压强与其所占体积成反比。

19 世纪，对气体的研究更加深入细致。19 世纪初，查理和盖-吕萨克各自发现了以他们名字命名的定律，这两条定律与波义耳定律一道成为著名的三条气体实验定律。在此基础上建立了理想气体的状态方程。

我们知道，凡是与温度有关的现象都称为热现象，而热学则是研究热现象的一门学问。那么什么是热呢，或者说热的本质是什么呢？在 18 世纪的物理学界，人们普遍认为，热是一种不可称量的物质，即热的质料，这就是热质说。首先推翻热质说的是物理学家本杰明·汤普森，即伦福德伯爵。在他所做的各种实验中，最有意义的是摩擦生热的实验。他发现，钢钻工作时摩擦所产生的热能使一定量的水温度升高，经过足够长的时间观察到水会沸腾。汤普森由此得出热不是产生于热质而是来自运动的结论。汤普森还根据他的摩擦生热的实验估算出 1 卡的热相当于 1034 英尺磅的功。这一转换关系被称为**热功当量**。热功当量是自然界一个基本常数，它在能量转化与守恒定律中起着重要作用。对热功当量的发现作出巨大贡献的是英国物理学家焦耳。

焦耳(James Prescott Joule，1818—1889)出生于英国曼彻斯特一个酿酒商家庭。焦耳自幼跟父亲参加酿酒劳动，利用空闲自学化学和物理，16 岁曾受教于著名化学家道尔顿，20 岁时开始他辉煌的科学研究生涯。1850 年焦耳被选为英国皇家学会会员。

焦耳最伟大的贡献当属他对热功当量的实验测定。热功当量是自然界中一个极为重要的数值，焦耳为了测定热功当量的值，前后用了近 40 年，做了 400 多次实验。焦耳通过实验得出结论：热功当量是一个普适常量，与做功方式无关。焦耳的实验工作为热力学第一定律的建立奠定了实验基础，由此能量守恒定律被牢固地确立了起来。

焦耳是一位靠自学而成才的科学家，其科学研究的道路很不平坦。焦耳一生中建树不少，在电磁学、热学、气体分子动理论诸方面研究中都作出过卓越贡献。物理学上有许多与焦耳相连的名称，如：焦耳-楞次定律、焦耳自由膨胀实验、焦耳-汤姆孙效应、焦耳热等。为了纪念焦耳对科学发展的贡献，国际计量大会还将能量、热量和功的单位命名为焦耳。

蒸汽机的发明开启了工业革命的旅程。1705 年英国达特默思的铁匠纽科曼在卡利的协助下，首次建造了一种利用蒸汽做功的发动机。这种机器利用加热锅炉生成的蒸汽进入气缸，克服外部大气压力使活塞上移，然后喷水让蒸汽冷却凝聚，这时活塞在外部大气压力作用下下移，活塞移动过程中对外做功。纽科曼的蒸汽机本质上是利用大气压力来对外做功，因此是一种"大气蒸汽机"。1736 年赫尔斯对纽科曼的装置进行了首次改进，他用飞轮不间断运转代替了人工对活塞上下移动的控制。第二个重大改进是瓦特作出的。吉姆斯·瓦特 1736 年生于苏格兰的格林纳克，从小爱思考，爱读书。十几岁时因家境贫寒，流落到伦敦当了一名学徒，工作之余常去一位著名机械师家学习机械学。由于学习机械出色，1763 年被推荐到格拉斯哥大学当修理工。在一次修理纽科曼蒸汽机时，想出了用冷凝器代替喷水冷却的方法。这种经过如此改良后的蒸汽机被称为**瓦特单动机**。瓦特并未就此止步，他决心造一台直接利用蒸汽产生的压力去推动机器的新式蒸汽机。1784 年，一台比较完善的往复式蒸汽机终于建造成功。这台蒸汽机主要由气缸、活塞、汽室、曲柄、飞轮等组成。蒸汽在气缸中反复膨胀和压缩使活塞来回移动，气缸上有一个汽室，汽室里有 4 根汽管，两根与气缸相通，另外两根，一个用来进汽，一个用来排汽。这些装置通过连杆带动飞轮不断运转，从而对外做功。这就是瓦特发明的**往复式蒸汽机**。

蒸汽机的发明和使用是第一次工业革命的重要标志，对蒸汽机的改进促成了热力学理论的建立。热力学三定律是热力学理论的重要组成部分。简单地说，它就是有关热现象能量守恒的热力学第一定律，有关热过程进行方向的热力学第二定律和有关绝对零度达不到的热力学第三定律。

热力学是从宏观角度研究热现象及其规律的学科，而统计物理学则是从微观角度研究热现象及其规律的学科。统计物理学的建立涵盖气体分子动理论、涨落理论、统计力学三大部分。

2.1.1 分子动理论

关于气体分子动理论的思想早在伯努利和俄国科学家罗蒙诺索夫等人的著作中就有表述，瑞士物理学家丹尼尔·伯努利（Daniel Bernoulli，1700—1782）在 1738 年他的《流体动力学》一文中指出气体对容器壁的压力是由大量分子单个碰撞的累积作用，并对波义耳定律作出推导。意大利化学家阿伏伽德罗（A. Avogadro，1776—1856）引入了与原子概念相区别的"分子"概念，得出有名的基本物理常数之一的**阿伏伽德罗常数**。不过，这些工作在当时并未得到应有的重视。

直到 19 世纪 50 年代，经过许多科学家不懈的努力，分子动理论才得以真正发展。三位物理学家：克劳修斯、麦克斯韦、玻耳兹曼在这方面作出了巨大贡献，被认为是气体分子动理论的奠基人。

克劳修斯在研究热力学第二定律的同时，也对分子动理论进行了探讨。他从分子对器壁的碰撞计算导出了压强公式；引入了分子平均自由程概念；提出了对推导真实气体的状态方程有用的维理定理。麦克斯韦确立了著名的麦克斯韦速度分布律。

玻耳兹曼（Ludwig Boltzmann，1844—1906），奥地利物理学家。1868—1871 年玻耳兹曼把麦克斯韦速度分布律推广到有外力场存在的情况，得出了粒子按能量大小分布的规律，称为**玻耳兹曼分布**。1877 年玻耳兹曼用统计的方法，导出了有关熵的公式。1900 年普朗克在关于"热辐射"的讲义中明确给出 $S = k\ln W$（其中 W 是热力学几率，k 是玻耳兹曼常数）。它被镌刻在维也纳玻耳兹曼没有墓志铭的墓碑上，这就是著名的玻耳兹曼关系式。它已成为物理学中最重要的公式之一。

2.1.2 涨落理论

涨落现象在光的散射中很容易观察到，瑞利(Rayleigh，1842—1919)用分子散射解释了天空呈蓝色的原因。他证明分子散射是一种涨落现象，后来把这种散射称为**瑞利散射**。英国植物学家布朗(Robert Brown，1773—1858)用显微镜观察到水中的花粉或其他微小粒子在不停地做无规则运动，这种运动后来被称做**布朗运动**。爱因斯坦和斯莫路霍夫斯基(M. V. Smoluhowski，1872—1917)发表了对布朗运动理论研究的结果，证明了布朗粒子的运动是由于液体分子从四面八方撞击引起的。所以，布朗运动与不可见的分子运动是紧密相关的。

2.1.3 统计力学的创立

统计力学的创立与麦克斯韦、玻耳兹曼和吉布斯等人的工作是密不可分的。麦克斯韦和玻耳兹曼的统计思想，后来在美国物理学家吉布斯的工作中得到发展，他在统计力学的建立与发展中起了巨大作用。

吉布斯(Josiah Willard Gibbs，1839—1903)1839 年 2 月 11 日生于康涅狄格州的纽黑文，美国物理学家和化学家。父亲是耶鲁学院教授。1854—1858 年吉布斯在耶鲁学院学习，1863 年获耶鲁学院哲学博士学位，留校任助教。1870 年后任耶鲁学院的数学物理教授。曾获得伦敦皇家学会的科普勒奖章。

1902 年，吉布斯在《统计力学的基本原理》中将玻尔兹曼和麦克斯韦所创立的统计理论推广和发展成为系综理论，从而创立了**统计力学**。此外，他在天文学、光的电磁理论、傅里叶级数等方面多有建树。他的科学成就是美国自然科学崛起的重要标志，被誉为美国理论科学的第一人。

吉布斯在科学上成就非凡，且人格高尚，从不张扬，也从不借助名人的声望来抬高自己。他一生淡泊名利，是一个献身事业且耐得住寂寞的罕见伟人。遗憾的是，他的美国同事直到他的晚年也没有察觉到他工作的意义。1903 年 4 月 28 日吉布斯在纽黑文逝世。他毫无疑问可以获得诺贝尔奖，但他在世时从未被提名。直到他逝世近半个世纪，才被选入纽约大学的美国名人馆，并且立半身像。

2.2 热平衡与温度

2.2.1 热学、热力学与统计物理学

远在钻石取火的年代，人类就与热打上了交道。而冷热则是人类对外界最重要的生理感知。通常人们把物体冷热的程度叫做温度。凡和温度有关的物理现象统称为热现象，**热学**就是研究热现象及其规律的学科。更细致地分，热学包含**热力学**与

统计物理学，热力学是从宏观角度研究热现象及其规律的学科，统计物理学是从微观角度研究热现象及其规律的学科。

2.2.2 热力学系统与热力学平衡态

热学中把所研究的对象称为**热力学系统**(或系统)，系统以外的其他物体统称外界，不过，一般外界都是指与系统密切相关的物体(或物体系)。为了描写系统的状态需要选定一组适当的量，这些量称为系统的**状态参量**。比如描写系统大小的量，体积(V)；描写系统对外界作用强弱的量，压强(p)。一个不受外界影响的热力学系统经过相当长的时间后，描写它的状态参量不会再随时间变化。系统的这种状态叫做**热力学平衡态**，简称平衡态。比如，一个绝热的刚性容器，中间装有一个可活动隔板，两边填充不同气体。经过相当长时间后，两边气体的压强和温度相同，系统达到平衡态。特别地，两边气体压强相等称为力学平衡；两边气体温度相同称为热平衡。又比如，一个密闭的容器中装有水和水蒸气，经过相当长时间后，水和水蒸气的温度相同，水和水蒸气的密度不再发生变化，系统达到平衡态。特别地，水和水蒸气的密度不再发生变化称为相平衡，而它们的温度相同则是热平衡。

2.2.3 热力学第零定律

物体相互接触时，如果热量可以透过接触面，那么这样的接触称为**热接触**，其接触面称为透热面；如果热量不能透过接触面，则接触面称为绝热面，而物体是彼此绝热的。两个热接触的物体经过相当长时间后各处的冷热程度会变得一致，这时这两个物体被称为处于**热平衡**。

实验表明，同时与第三个物体处于热平衡的两个物体彼此间也达到热平衡。这称为热平衡定律。

热平衡定律在热力学基本规律中是最早为人所知的，但它的重要性却长久未引起注意，直到热力学第一、第二定律被发现后，人们才认识到这点。由于热平衡定律是确立温度科学定义的基础，而温度与热现象密不可分，因此人们又称热平衡定律为**热力学第零定律**，以彰显它在热力学中的重要性。

2.2.4 温度

用物体的冷热程度来定义温度会因人而异，即使对同一个人也会因时而异。比如，一个人将手从热水放入温水中感到水是凉的，而从冷水中放入同一温水中又感到水是暖的。这种随意性当然与温度的科学定义相违。

温度的严格科学定义是建立在热平衡定律基础上的。热平衡定律告诉我们：第一，达到热平衡的所有物体具有某个共同的特性，这个共同的特性可以用一个物理量刻画，我们把它起名为**温度**。第二，在所有处于热平衡的物体中可以选取某个物体作标准来检测任意其他物体是否与之达到热平衡，即具有相同温度，这个作为标准的物体便叫做**温度计**。

这样定义的温度要应用到实际中还必须将它定量化，即用数字表示出来。温度的数值表示法叫做**温标**。一个温标的建立应该包含如下三点：①选择某一材料（测温物质）的某一随温度变化的属性（测温属性）作测温计；②确定某些标准点作测温参考基点；③规定适当的刻度记录温度高低。这三点称为**温标三要素**。

日常生活中常用的温标即摄氏温标（单位为度，用℃标记）。它是利用某一材料（比如水银）的某一随温度变化的属性（比如物质的热胀冷缩）作测温计（比如水银温度计）。它的测温标准点有两个：水的冰点和沸点。选取 1 个大气压下，水结冰时的温度（冰点）为 0℃，水沸腾时的温度（沸点）为 100℃。将测温计在 0℃ 和 100℃ 时的所在位置之间 100 等分，每等分的长度即表示温度上升（或下降）1℃。用这种办法制作的温度计采用的即摄氏温标。另外一种温标是华氏温标（单位用 °F 标记），它与摄氏温标的换算关系是 $t_F = \dfrac{9}{5} t + 32$，$t$ 为摄氏温度，t_F 为华氏温度。

具体的温度计都与它所选取的材料及其属性有关，因此，测量同一个温度，不同温度计给出的结果并不尽然相同，这当然不利于温度的精确测量。更为严格的温标是理想气体温标，它是根据理想气体的性质制作的。我们知道，一定量的理想气体，在压强不变的情况下，它的体积与温度成正比，在体积不变的情况下，它的压强与温度成正比。利用前者可制作定压气体温度计，利用后者可制作定容气体温度计。理想气体温标只需一个测温基点，这就是水的三相点，它描写水、冰和水蒸气共存的状态。规定三相点的温度 $T_{tri} = 273.16 \text{K}$（这时温度单位是开尔文，记为 K）。利用正比例关系，对定压气体温度计测量其体积变化即可确定待测温度 T。对定容气体温度计测量其压强变化即可确定待测温度 T。理想气体温标虽与各种气体的个性无关，但与气体的共性有关。

最为严格的温标是根据热力学理论制作的不依赖任何具体物质和它的具体属性的绝对温标，称为**绝对热力学温标**，简称**热力学温标**（记为 T）。绝对热力学温标是一种理想温标，不过可以证明在理想气体温标适用范围内绝对热力学温标与理想气体温标完全一致，而在其范围外则可利用外推法确定。热力学温标与摄氏温标的换算关系为 $t = T - 273.15$。

2.3 热力学三定律

2.3.1 热力学第一定律

热力学系统从一个状态变到另一个状态叫做**热力学过程**，简称过程。如果过程的每一步系统都可以看做处于平衡态(即具有确定的状态参量值),则这样的过程叫做**准静态过程**,否则叫做**非准静态过程**。准静态过程是一种理想过程。一个实际的过程只要过程进行的时间远大于系统的弛豫时间(从非平衡态到平衡态过渡的时间)便可以看做准静态过程。以下提到的过程除特别声明外通常就指准静态过程。

系统状态的改变可以通过做功和传热来实现,做功和传热是两种不同的能量传递形式。一个过程中,通过传热所传递的能量叫做热量。历史上,热量的单位曾以卡(cal)表示。1 卡规定为 1 克纯水在 1 个大气压下,温度从 14.5℃上升到 15.5℃时所吸收的热量。现在卡已废弃不用,国际单位制规定热量的单位是焦耳。热量的传递有三种形式:传导、对流和辐射。热量从物体的高温端传到低温端的传热方式叫做热传导。流体从某处吸收热量再流动到别处释放的传热方式叫做对流。任何物体都会向周围辐射电磁波,而电磁波携带有能量,这种以电磁波传递热量的方式叫做辐射。

从微观角度来看,宏观物体都是由分子(原子)组成的。分子(原子)在不停地运动因而具有动能,分子(原子)间存在相互作用因而具有势能。物体内所有分子(原子)的动能、势能之和通常称为它的内能 U。正如重物的重力势能只与其高度有关一样,系统的内能也只与它的状态有关。这种只与状态有关的函数叫做**态函数**。内能是态函数。系统从某一状态变到另一状态,它的内能也由某一确定值变到另一确定值。系统内能的改变既可以通过做功也可以通过传热来实现。比如,要使容器中气体温度升高,即内能增加,既可以通过绝热压缩气体(做功)实现,也可以通过直接供给气体热量(传热)实现。若系统初态时内能为 U_1,末态时内能为 U_2,那么根据能量守恒定律,系统内能的增加 $\Delta U = U_2 - U_1$ 应该等于系统从初态变到末态时外界对它所做的功(W)和所传递的热量(Q)之和,即

$$\Delta U = U_2 - U_1 = W + Q \tag{2.3.1}$$

这个规律称为**热力学第一定律**。它是能量守恒定律在涉及热现象过程中的具体体现。由式(2.3.1)还可以看出,对一个确定的过程,虽然 $W + Q$ 是确定的,但 W 和 Q 本身却并不确定,因此 W 和 Q 不是态函数,而是与过程有关的量。

在蒸汽机发明前后,一些人曾试图制造一种不消耗任何能量而可以对外做功的机器,这类机器被称为第一类永动机。热力学第一定律的建立宣告了这一幻想的破灭。因此,热力学第一定律也可以表述成:第一类永动机是不可能的。

2.3.2 热力学第二定律

热力学过程可以分两种:可逆过程和不可逆过程。热力学系统经某一过程由初态变到末态,如果存在另一个与之相反的过程使系统从末态原路返回到初态且能消除原过程对外界引起的一切影响,那么这一过程便叫做**可逆过程**,否则叫做**不可逆过程**。

　　日常生活中人们观察到，热量可以自发地从高温物体传到低温物体，但从未观察到与它相反的过程：热量自发地从低温物体传到高温物体。可见热传导过程具有方向性，是不可逆过程。又比如，安有可抽取隔板的密闭容器中一边充有气体，另一边是真空，当隔板抽去后气体会自发地进入真空中使整个容器为之均匀填充，这样的过程叫做气体自由膨胀过程。但人们从未观察到，充满整个容器的气体会自发地聚集到容器某一部分而让余下的部分空着。可见气体自由膨胀过程也具有方向性，也是不可逆过程。

　　可逆过程仅在无摩擦的准静态过程中才有可能实现。自然界任何自发进行的过程都是不可逆过程。另外，一切不可逆过程都是彼此关联的，由一个过程的不可逆性可以导出另一个过程的不可逆性。比如，气体自由膨胀过程是不可逆的，如果等温压缩气体使它回到原来的状态，那么外界必须对它做功，而所做的功又将以热的形式向外辐射出去，这样便引出另一个不可逆过程：功变成热。

　　热力学第一定律指明了任何热力学过程都必须遵守能量守恒定律，但并没有限定过程进行的方向。不可逆过程并不违背热力学第一定律，但却具有明显的方向性。这说明有必要建立一条独立于热力学第一定律的新规律用来解释这类现象和成为判断它们发生的准则，这便是**热力学第二定律**。热力学第二定律通常有两种表述方式(或说法)，即

　　第一，克劳修斯表述：

　　热量不可能自发地从低温物体传到高温物体而不引起其他变化。

　　第二，开尔文表述：

　　不可能从单一热源吸热使之变成有用功而不引起其他变化。

　　克劳修斯说法指明了热传导过程的不可逆性；开尔文说法指明了功变热过程的不可逆性。可以证明这两种说法是等价的。

　　制作第一类永动机失败后，一些人又企图设计另一类机器，它们不违背热力学第一定律，但却是利用单一热源来做功。这类机器被称为第二类永动机。热力学第二定律的建立同样宣告了它们的破产。因此开尔文说法又可以表述成：第二类永动机是不可能的。

2.3.3　热力学第三定律

　　在现代科学与技术中，低温已成为不可或缺的领域，而气体的液化则是获得低温的重要途径。18 世纪末荷兰人马伦(Marum)利用高压压缩方法首次将氨液化。随后又有一些气体相继被液化。但在 19 世纪上半叶前人们一直未找到能使氧、氮、氢、氦等气体液化的办法，因而它们在当时被称为"永久气体"。1869 年英国物理学家安德鲁斯(Andrews)指出，气体具有临界温度，任何气体在其临界温度以上时都不可能液化。认识到这一事实后，人们努力提高低温技术，结果在 19 世纪末和

20 世纪初便将所有气体成功液化。最后一个被液化的气体是氦，它是由荷兰物理学家昂内斯(Onnes)于 1908 年率先完成的，由此可获得 4K 的低温。人们自然会问：温度存在下限吗？或者说，自然界是否存在一个最低温度值？法国物理学家阿蒙顿于 1702 年最先提出绝对零度的概念。1848 年，开尔文引入热力学温标时，将绝对零度定义为温度刻度上这样一点——"不管温度降低到多低都无法达到这点"。可见，当时物理学家已意识到绝对零度不可能达到，但直到 1912 年才被能斯特(Nernat)作为一条新规律提出来，这就是**热力学第三定律**。它的表述是：不可能通过有限步骤使系统的温度达到绝对零度(0K)。

2.4 热机

2.4.1 蒸汽机与内燃机

蒸汽机是将蒸汽的能量转换为机械功的动力机械，它的出现曾引起了 18 世纪的工业革命。蒸汽机作为世界上应用广、输出功率大的原动机，一直沿用到 20 世纪初，后来才逐渐为性能更好的内燃机和汽轮机所取代。

人们从煮沸的水产生的蒸汽压力大中意识到，蒸汽可作为一种动力而加以应用。1698 年英国工程师萨弗里发明了可用于矿井排水的蒸汽泵，这是第一台投入使用的蒸汽机。1705 年纽可门与卡利在此基础上发明了大气式蒸汽机。这种蒸汽机是利用蒸汽冷凝造成的近似真空而让大气压力去做功的，因此效率很低。1785 年经瓦特改良的蒸汽机出现，瓦特蒸汽机直接利用蒸汽产生的压力来推动机器做功，使蒸汽机的效率成倍提高。这种新式蒸汽机一经出现就被广泛应用于纺织、采矿和冶金中。随后，1807 年富尔顿制成了蒸汽机船，1829 年斯蒂芬森制成了蒸汽机车。19 世纪末，电力应用兴起，蒸汽机又成了发电站的主要动力。20 世纪初蒸汽机的发展达到顶峰。蒸汽机的普及和应用极大地提高了劳动生产率，促进了社会进步与发展。可以说蒸汽机是人类第一次技术革命的标志性产物。

蒸汽机在工业生产上曾经发挥过巨大作用，但蒸汽机体积庞大，热效率低，安全性差，使用不方便。于是人们试图设计制造一种效率高，不需要燃烧室和锅炉的安全热能机械。经过莱诺、奥托、狄塞尔等人的努力，这一想法终于得以实现，这种新型的热能机械便是**内燃机**。

内燃机是一种燃料在气缸内燃烧的热机。与蒸汽机相比，内燃机燃料燃烧更充分，热损失更小，热效率较高，内能利用率较大。目前应用的内燃机按气缸的个数有单缸、双缸、多缸等，按燃料种类有汽油机、柴油机等。活塞在气缸内往复运动，从气缸的一端运动到另一端，称为一个冲程。通常内燃机包括 4 个冲程，即吸气、压缩、做功、排气 4 个冲程，这样的内燃机称为四冲程内燃机。吸气冲程中，可燃气体和空气被吸入气缸；压缩冲程中，混合气体在气缸内被压缩；做功冲程中，电火花点火引燃混合气体，气体膨胀做功；排气冲程中，废气排出气缸。4 个冲程组成一个工作循环，在一个工作循环中，活塞往复两次，曲轴转动两周。4 个冲程中，只有做功冲程燃气对外做功，其他三个冲程靠飞轮的惯性完成。

　　1860 年法国人莱诺制成了第一台实用内燃机。1876 年德国人奥托发明第一台往复活塞式单缸四冲程内燃机。奥托内燃机体积小、质量轻、效率高，被誉为"瓦特以来动力机方面最大的成就"。当时的内燃机均以煤气作燃料，又称为煤气机。19 世纪下半叶，随着石油产品的出现，燃料工业发生了一场巨大变革。由于汽油比煤气热值高、比功率大、转速快，因而逐渐取代煤气成为内燃机的主要燃料。1883 年德国人戴姆勒研制成第一台立式汽油内燃机。与此同时，本茨设计了以汽油内燃机作引擎的三轮和四轮汽车，引发了陆路交通运输的一场革命。1892 年德国工程师狄塞尔发明用柴油作燃料的高压缩型自动点火式内燃机，其效率可达 26%。压缩点火式柴油机的问世，引起了世界机械业的极大兴趣，获得广泛、迅速的应用。1898 年，柴油机首先用作固定式发电机组，1903 年用作船舶动力，1913 年以柴油机为动力的内燃机车制成，1920 年开始用于汽车和农业机械。内燃机由于具有效率高、结构紧凑、机动性强、维修方便等优点，因而最终取代蒸汽机成为用量最大、使用最广的热能机械。

　　还有一种热机可以将热能直接转化为轴的转动动能，这种热机称为**汽轮机**。使用蒸汽作动力的叫蒸汽轮机，使用燃汽作动力的叫燃汽轮机。燃汽轮机由于具有效率高、功率大、质量轻、成本低、寿命长等优点，因而被广泛用作发电、飞机、船舶、机车等的动力机械。

2.4.2　热机及其效率

　　热机是将热能转换为机械能装置的统称，热机的种类有：蒸汽机、内燃机、汽轮机、喷气发动机、火箭发动机等。工作在热机中的物质称为工作物质，简称工质。要持续不断地把热能转换成机械能，工作物质在热机内进行的过程应该是循环过程。所谓循环过程指的是物质从某一状态出发，经过一系列变化后又回到原来状态的过程。工作物质的一个循环过程通常由多个单独一种变化的过程组成。下面介绍理想气体的几种典型变化过程。

1. 等容过程

体积保持不变的过程称为**等容过程**。等容过程中，气体对外不做功，$W = 0$。根据热力学第一定律（式(2.3.1)）

$$Q = \Delta U \tag{2.4.1}$$

从微观角度来看，理想气体中的分子(原子)间不存在相互作用，因此它的内能只是所有分子(原子)动能之和。分子(原子)的动能只与其速度大小有关，与其间的距离无关。而分子(原子)的运动是无规则的,大量分子(原子)这种无规则运动称为热运动。其热运动速度是温度的函数。温度越高,分子(原子)速度越快,动能越大;反之亦反。故理想气体的内能只是温度的函数,与体积无关,即

$$U = U(T) \tag{2.4.2}$$

系统的内能可以通过它的热容(或比热)得到。物质在某一过程中,温度升高(或降低)1K吸收(或放出)的热量称为它在该过程中的**热容**(C),单位质量的热容叫做**比热容**,或比热(c),即

$$C = \frac{Q}{\Delta T}, \qquad c = \frac{Q}{m\Delta T} \tag{2.4.3}$$

式中,$\Delta T = T_2 - T_1$,T_2是系统在末态时的温度,T_1是系统在初态时的温度,m是系统质量。对等容过程,上式可以写成

$$Q = C_V \Delta T, \qquad Q = c_V m \Delta T \tag{2.4.4}$$

式中,C_V是定容热容,c_V是定容比热,下标V表示过程是等容过程。定容热容和定容比热的表示式为

$$C_V = \lim_{\substack{\Delta T \to 0 \\ \Delta V \to 0}} \frac{Q}{\Delta T} = \lim_{\substack{\Delta T \to 0 \\ \Delta V \to 0}} \frac{\Delta U}{\Delta T} = \left(\frac{\partial U}{\partial T}\right)_V, \qquad c_V = \frac{1}{m} C_V = \frac{1}{m}\left(\frac{\partial U}{\partial T}\right)_V \tag{2.4.5}$$

推导中利用了式(2.4.1)及偏微商的概念①。对理想气体,其内能只是温度的函数,故

$$C_V = \left(\frac{\partial U}{\partial T}\right)_V = \frac{dU}{dT} \tag{2.4.6}$$

由此即可以确定理想气体在等容过程中内能的变化和所吸收的热量。

2. 等压过程

压强保持不变的过程称为**等压过程**。对等压过程,p=常数,气体对外做功②

$$W = p\Delta V = p(V_2 - V_1) \tag{2.4.7}$$

---

① 同第1章速度的概念相似,式(2.4.3)定义的热容和比热只是某段温度变化中的平均热容和平均比热。为了精确给出物质在某一温度附近的热容和比热,必须将ΔT逐渐减小,以至无限接近于零,这时的极限值才是该温度附近物质的热容和比热。由于热容和比热都是与热力学过程有关的物理量,因此温度的变化ΔT必须在这一过程中趋近于零。比如,定容热容是体积不变时的热容,故$\Delta T \to 0$时,必须保持体积不变,即$\Delta V = 0$。当某一过程中温度的变化对应某一态函数的变化时,所求的极限值便可以用数学上的偏微商表示。像式(2.4.5)第一式就表示,物质的定容热容等于体积不变时物质内能对温度的偏微商。

② 式(2.4.7)的成立可如下推出:在一个带有可移动活塞的圆柱体内装有热气体,气体膨胀推动活塞对外做功。设圆柱体底面积为S,活塞移动的距离为x,那么气体加在活塞上的压力为pS。由此可知,气体对外做功$W = (pS) \cdot x = p \cdot (Sx)$。由于圆柱体体积的变化$\Delta V = V_2 - V_1 = Sx$,故$W = p\Delta V$。

式中，V_1 表示气体在过程初态所占体积，V_2 表示末态体积。根据牛顿第三定律，外界对气体所做的功则为

$$- W = p(V_1 - V_2) \tag{2.4.8}$$

将热力学第一定律应用到等压过程便有

$$\Delta U = U_2 - U_1 = p(V_1 - V_2) + Q$$
$$Q = (U_2 + pV_2) - (U_1 + pV_1) \tag{2.4.9}$$

记 $H = U + pV$，称为系统的焓，于是等压过程中外界传给系统的热量

$$Q = \Delta H = H_2 - H_1 \tag{2.4.10}$$

理想气体遵守波义耳定律，故理想气体的焓同样只是温度的函数。根据定压热容（C_p）的定义①

$$C_p = \lim_{\Delta T \to 0} \frac{Q}{\Delta T} = \lim_{\substack{\Delta T \to 0 \\ \Delta p \to 0}} \frac{\Delta H}{\Delta T} = \left(\frac{\partial H}{\partial T} \right)_p \tag{2.4.11}$$

对理想气体成立

$$C_p = \left(\frac{\partial H}{\partial T} \right)_p = \frac{dH}{dT} \tag{2.4.12}$$

由上式和式（2.3.1）就可以推出理想气体在等压过程中所吸收的热量及内能的变化。

3. 等温过程

温度保持不变的过程称为**等温过程**。我们知道，理想气体是严格遵守状态方程

$$pV = nRT = \frac{M}{\mu} RT \tag{2.4.13}$$

的气体。此方程称为理想气体状态方程，其中 p 是气体压强，T 是气体温度，M 是气体质量，μ 是 1 摩尔（mol）气体的质量（摩尔质量），n 是气体的摩尔数，V 是气体所占体积，R 是普适气体常数。可以证明理想气体在等温过程中对外所做的功

$$W = nRT \ln \frac{V_2}{V_1} \tag{2.4.14}$$

外界对气体所做的功则为

$$- W = nRT \ln \frac{V_1}{V_2} \tag{2.4.15}$$

因为理想气体的内能只是温度的函数，所以理想气体在等温过程中内能无变化，$\Delta U = 0$。根据热力学第一定律有

$$Q = W = nRT \ln \frac{V_2}{V_1} \tag{2.4.16}$$

---

① 参见式（2.4.5）的脚注。

4. 绝热过程

不与外界交换热量的过程称为绝热过程，这时 $Q=0$。可以证明，理想气体的绝热过程满足

$$pV^\gamma = C \qquad (2.4.17)$$

式中，C 是常数，$\gamma = C_p/C_V$。上式称为理想气体的绝热过程方程①。

5. 热机的效率

根据热力学第二定律(开尔文说法)，一部热机至少要有两个热源：一个高温热源，一个低温热源。工作物质在高温热源吸收热量(Q_1)，在低温热源放出热量(Q_2)，两者之差即工作物质对外所做的净功

$$W = Q_1 - Q_2 \qquad (2.4.18)$$

热机的效率(η)定义为热机对外所做的功 W 与它从高温热源所吸收的热量 Q_1 之比，即

$$\eta = \frac{W}{Q_1} = 1 - \frac{Q_2}{Q_1} \qquad (2.4.19)$$

表 2.1 便是几种实际热机效率的参考值。

表 2.1　　　　　　　　　　**几种实际热机效率的参考值**

热机	燃汽轮机	柴油机	汽油机	蒸汽机
η	40%	37%	25%	8%

上面所讲的热机是名副其实的制热机。还有一种热机，它的工作物质进行与制热机相反的循环过程，此逆循环使工作物质从低温热源吸收热量 Q_2，外界对它做功 W，向高温热源放热 Q_1。这一类型的热机称为**制冷机**。电冰箱就是一种典型的制冷机。制冷机的工作效率用制冷系数 e 表示。它等于一次循环过程中，工作物质从低温热源吸收的热量 Q_2 与外界对它所做功 W 之比，即

$$e = \frac{Q_2}{W} = \frac{Q_2}{Q_1 - Q_2} \qquad (2.4.20)$$

2.4.3　卡诺热机

蒸汽机在实际中被广泛应用后，人们自然会问：如何提高热机的效率？热机的效率是否有上限？为了回答这两个问题，卡诺设计了一种理想热机，人们称之为**卡诺热机**，或卡诺机。这种热机只有两个热源。工作物质与热源相接触，进行的是等

---

① 式(2.4.17)还可以等价地写成 $TV^{\gamma-1} = C'$，$p^{\gamma-1}T^{-\gamma} = C''$。

温过程，与热源相脱离，进行的是绝热过程。这种由两个等温的准静态过程和两个绝热的准静态过程组成的循环过程，叫做**卡诺循环**。工作物质进行卡诺循环的热机即卡诺热机。图 2.1 是理想气体卡诺循环示意图。图中，$1 \to 2$ 是等温膨胀过程(吸热)，$2 \to 3$ 是绝热膨胀过程，$3 \to 4$ 是等温压缩过程(放热)，$4 \to 1$ 是绝热压缩过程。对工作物质是理想气体的热机，由式(2.4.16)知，它在高温热源吸收的热量

$$Q_1 = nRT_1 \ln \frac{V_2}{V_1} \tag{2.4.21}$$

它在低温热源放出的热量

$$Q_2 = nRT_2 \ln \frac{V_3}{V_4} \tag{2.4.22}$$

这里，T_1 是高温热源温度，T_2 是低温热源温度，V_1，V_2，V_3，V_4 分别是状态 1，2，3，4 时气体的体积。

由式(2.4.19)有

$$\eta = \frac{Q_1 - Q_2}{Q_1} = \frac{T_1 \ln V_2/V_1 - T_2 \ln V_3/V_4}{T_1 \ln V_2/V_1} \tag{2.4.23}$$

利用绝热过程方程可以证明

$$\frac{V_2}{V_1} = \frac{V_3}{V_4}$$

从而卡诺机效率

$$\eta = \frac{T_1 - T_2}{T_1} = 1 - \frac{T_2}{T_1} \tag{2.4.24}$$

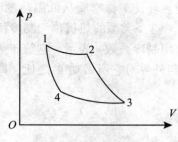

图 2.1　理想气体卡诺循环

随后卡诺又证明了两条定理，人们称之为**卡诺定理**，即

（1）工作在同一高温热源和同一低温热源之间的所有卡诺机效率均相等；

（2）工作在同一高温热源和同一低温热源之间的任何热机的效率以卡诺热机的效率为最大。

由卡诺定理知，任何卡诺机都和工作在与之具有相同温度的热源之间的工作物质是理想气体的卡诺热机效率相等；而任何实际热机的效率都不能超过卡诺机的效率。因此，卡诺定理既给出了热机效率的上限不能大于式(2.4.24)的确定值，又指明了提高热机效率的途径，即尽可能提高高温热源温度和尽可能降低低温热源温度。

类似地可以得到卡诺制冷机的制冷系数

$$e = \frac{T_2}{T_1 - T_2} \qquad (2.4.25)$$

2.5 熵

2.5.1 熵函数

为了能从数学上表述热力学第二定律，克劳修斯引入了**熵**的概念。熵是热力学系统的一个状态函数，记为 S。克劳修斯证明了，系统在一个元过程中熵的变化①

$$\Delta S \geqslant \frac{\Delta Q}{T} \qquad (2.5.1)$$

式中，T 是元过程的温度，ΔQ 是系统在此过程中吸收的热量(规定吸热为正，放热为负)，等号仅对可逆过程成立。

2.5.2 熵增加原理

由式(2.5.1)知，对绝热过程，$\Delta Q = 0$，$\Delta S \geqslant 0$。它表明，在绝热过程中系统的熵永不减少；对可逆过程，系统的熵不变；对不可逆过程，系统的熵增加。这个结论叫做**熵增加原理**。

熵增加原理揭示了不可逆过程的本质。一个不可逆过程就是系统由非平衡态运动到平衡态的过程。系统处在非平衡态时，熵较小，随着系统由非平衡态向平衡态过渡，熵逐渐增大，当系统达到平衡态时，系统的熵达到极大值，这时系统不再发生宏观上的变化。比如，热传导过程是不可逆过程。起初，系统各处温度不同，处于非平衡态，熵较小；随着热量由温度高的地方传到温度低的地方，系统温度逐渐趋于一致，熵逐渐增大；当系统达到平衡态时，各处温度相同，系统的熵达到极大值，这时系统的宏观性质(温度)不再发生变化。又比如，气体自由膨胀过程是不可逆过程。起初容器中各处气体密度不同，处于非平衡态，熵较小；随着质量由密度大的地方移到密度小的地方，各处密度逐渐趋于一致，熵逐渐增大；当气体达到

---

① 物理学上通常将微小过程，即此过程经历的时间非常短，称为元过程。

平衡态时，各处密度相等，熵达到极大值，这时气体的宏观性质（密度）不再发生变化。

物理学上，一个孤立系统是指与外界没有任何联系的系统，因此发生在孤立系统内的一切热力学过程都是绝热过程。由上面分析便知，发生在孤立系统内的与热现象有关的宏观过程都向着熵增加的方向进行，最后达到熵取极大值的平衡态而不再有宏观上的变化。可见，熵增加原理既为判定过程是否可逆提供了一个通用准则，又指出了不可逆过程的进行方向。

2.5.3 玻尔兹曼关系及熵的微观意义

一个宏观态可能有多个微观态与之对应，微观态在其中出现的次数称为热力学几率，记做 Ω。系统处在非平衡态，出现的机会小，热力学几率小；处在平衡态，出现的机会大，热力学几率最大。从微观上讲，系统从非平衡态过渡到平衡态的过程也就是从热力学几率小的态过渡到热力学几率大的态的过程，达到平衡态时，其热力学几率最大。因此，热力学平衡态又称为**最可几态**（几率最大的态）。

比如，一个封闭容器被一隔板隔开，一边充有气体，另一边为真空。隔板抽去后，气体分子将向真空运动逐渐填充另一边，最后达到分子均匀分布在整个容器中，这就是气体的扩散。显然，气体分子全部出现在容器一边的机会小，热力学几率小，这时系统处在非平衡态；气体分子均匀分布在整个容器中出现的机会大，热力学几率大，系统处在平衡态。气体的扩散过程是由非平衡态运动到平衡态的过程，这个过程是不可逆的。

从确定一个气体分子是否处在容器某部分来看，若气体分子全体集中在容器某部分，则确定度最高，毫无悬念可言，这时我们说系统是完全有序的；若分子大部分集中在某部分而小部分集中在余下部分，则确定度降低，这时我们说系统是部分有序、部分无序的；若分子均匀分布在整个容器中，则确定度最低，因分子在这部分和那部分的机会各半，无法加以判断，这时我们说系统是完全无序的。由此可见，热力学几率越大，有序性就越低，无序性就越大。另一方面，根据熵增加原理，一个孤立系统总是由熵取值小的非平衡态运动到熵取值最大的平衡态。显然，气体分子全体集中在容器一边时，系统处在非平衡态；而气体分子均匀分布在整个容器中时，系统处在平衡态。

由此可以归纳出，系统处在非平衡态时，熵值小，热力学几率小，无序度小；随着系统逐渐趋向平衡态，熵增加，热力学几率变大，无序度增加；达到平衡态时，熵和热力学几率取极大值，无序度最高。从这个意义上来说，熵和热力学几率都是系统内部分子运动无序性的量度①，熵和热力学几率是密切相关的。波尔兹曼

---

① 系统内部分子的无规则运动又叫做热运动。

在 1877 年提出，它们之间的关系可以用数学式表示为

$$S = k \ln \Omega \qquad (2.5.2)$$

这就是著名的**玻尔兹曼关系式**，式中，$k = 1.38 \times 10^{-23} \text{J} \cdot \text{K}^{-1}$ 是玻尔兹曼常数。可以证明，玻尔兹曼定义的熵(式(2.5.2))和克劳修斯定义的熵(式(2.5.1))除相差一个常数外是完全一致的。

玻尔兹曼关系式将宏观量 S 和微观状态数 Ω 相联系，在宏观与微观之间铺设起了一座桥梁。它既表明了热力学几率的物理含义，又给出了熵函数的统计诠释(微观意义)，即系统的熵是组成系统的微观粒子热运动所引起的无序性的定量量度。

2.6 理想气体

2.6.1 分子运动论

物体皆由分子组成，分子之间存在一定的间隙。像气体容易被压缩，水和酒精混合后的体积小于两者原有体积之和，这些事实都表明分子间空隙的存在。分子在不停地无规则运动，这种运动的剧烈程度与其温度有关，因此又称为**热运动**。分子热运动的存在可以通过扩散现象表现出来①。比如，把几滴蓝色墨水滴入清水中，一段时间后清水会染上蓝色。这是发生在液体中的扩散现象，它表明液体分子在不停地运动。分子不停地无规则运动也可以通过布朗运动间接地观察到。1827年，英国植物学家布朗发现，像花粉这样的小颗粒悬浮在液体中时，会不停地无规则运动。这种小颗粒被称为**布朗粒子**，它们的无规则运动称为布朗运动。布朗运动之所以产生是因为，液体内无规则运动的分子不断从四面八方撞击布朗粒子，布朗粒子在这些不平衡力作用下，向着它们的合力方向运动，液体分子运动的无规则性导致了布朗运动。分子之间存在相互作用力(分子力)。从固体和液体不容易压缩知，分子间存在排斥力；从固体很难被拉断知，分子间存在吸引力。可见，分子间相互作用力包括排斥力和吸引力。分子由于热运动而具有动能，由于相互作用而具有势能。系统内所有分子动能与势能之和构成系统的内能。

1811 年意大利物理学家阿伏伽德罗提出一个假设，即等温等压条件下，体积相同的任何气体含有相同的分子数。这一结论叫做**阿伏伽德罗定律**。1 摩尔物质所含的分子数称为**阿伏伽德罗常数**，记为 N_A。$N_A = 6.022\,136\,7 \times 10^{23}/\text{mol}$。阿伏伽德

---

① 系统内分子数密度不均匀时，分子会自发地由数密度较大的地方运动到数密度较小的地方，这种现象叫做扩散现象。

罗定律也可以表述为：当气体压强趋于零时，在相同温度和压强下，1 摩尔任何气体都占有相同体积。特别地，1 摩尔理想气体在冰点及 1 个大气压下的体积 $V_0 =$ 22.414 1×10^{-3} m³ · mol⁻¹。利用上述数据①便可以计算出普适气体常数 R 和玻尔兹曼常数 k：

$$R = \frac{p_0 V_0}{T_0} = \frac{101\ 325 \times 22.414\ 1}{273.15} = 8.314\ 5 \text{J} \cdot \text{K}^{-1} \cdot \text{mol}^{-1} \qquad (2.6.1)$$

$$k = \frac{R}{N_A} = \frac{8.314\ 5}{6.022\ 136\ 7 \times 10^{23}} = 1.380\ 66 \times 10^{-23} \text{J} \cdot \text{K}^{-1} \qquad (2.6.2)$$

阿伏伽德罗常数、普适气体常数和玻尔兹曼常数是热学中的基本常数，它们之间的关系如上所示。

2.6.2 理想气体的微观模型

理想气体是实际气体的极限情形。理想气体的微观模型具有如下特点：

(1)气体分子本身的线度与它们之间的平均距离相比可以忽略不计；

(2)除了分子与分子或分子与容器壁碰撞的瞬间外，分子的运动是自由的，即不受力的作用；

(3)分子与分子或分子与容器壁的碰撞是完全弹性碰撞。

在实际情形中，气体越稀薄就越接近理想气体。

2.6.3 气体的实验定律

从大量的实验事实中人们总结出了下述三条气体实验定律：

1. 波义耳-马略特定律

一定质量的气体，在温度不变的情况下，其压强与体积成反比，即

$$pV = C_1 \qquad (2.6.3)$$

式中，常数 C_1 只与温度有关。

2. 查理定律

一定质量的气体，在体积不变的情况下，其压强与温度成正比，即

$$\frac{p}{T} = C_2 \qquad (2.6.4)$$

式中，常数 C_2 只与体积有关。

3. 盖·吕萨克定律

一定质量的气体，在压强不变的情况下，其体积与温度成正比，即

---

① 参见式(2.6.6)普适气体常数的定义和式(2.8.3)玻尔兹曼常数的定义。

$$\frac{V}{T} = C_3 \tag{2.6.5}$$

式中，常数 C_3 只与压强有关。

对实际气体，只要它的压强不太高，温度不太低，上述三条实验定律均适用。

2.6.4　理想气体状态方程

理想气体的状态可用如下方程描写，即

$$pV = nRT \tag{2.6.6}$$

式中，p，V，T 分别是理想气体的压强、体积、温度，n 是它的摩尔数，对 1 摩尔气体 $n=1$。式(2.6.6)称为理想气体状态方程，它的推得建立在三条实验定律的基础之上，反之，由它亦可得到这三条定理，比如，当温度一定时，(2.6.6)可以写成

$$pV = 常数$$

这便是波义耳-马略特定律。在宏观描写上，理想气体也可以定义为严格遵守状态方程(2.6.6)的气体。

2.7　物态的变化与相变

2.7.1　固态、液态、气态

固态、液态、气态是人们熟知的物质存在的三种状态①。处在固态的物质叫固体，固体可分为晶体和非晶体两类②。处在液态的物质叫液体，处在气态的物质叫气体。

从微观上看，宏观物体都是由大量微观粒子、分子或原子组成。分子(或原子)之间存在一定的间隙。物体内的分子(或原子)都在不停地做无规则运动。分子(或原子)无规则运动与物体的温度有关。温度越高，分子(或原子)无规则运动越剧烈；温度越低，分子(或原子)无规则运动越缓慢。分子(或原子)之间存在作用力，称为**分子(或原子)力**。分子(或原子)力包括吸引力和排斥力。通常情况下，当物体温度较低时，分子(或原子)无规则运动不剧烈，分子(或原子)间作用力强，组成物体的分子(或原子)只能在各自的平衡位置附近做微小振动，物体处在固体

---

①　现在知道，物质有可能存在另外一种聚集态，即等离子体，它是一个由大量正离子和等量负离子组成的集合体，人们又把它称为物质的第四态。

②　现在也知道，在固体和液体之间还存在另一种物质形态。这种物质形态即具有液体的流动性，又具有晶体的各向异性，人们把它叫做液态晶体，简称液晶。详见第 7 章。

状态。随着温度升高，分子(或原子)无规则运动剧烈到某一程度时，分子(或原子)之间的作用力已不足以将它们束缚在一个固定的平衡位置附近做微小振动，但仍能在某一平衡位置附近维系一段时间，这时物体处在液体状态。温度继续升高，分子(或原子)无规则运动愈加剧烈，到某一限度，分子(或原子)完全失去了它们的平衡位置，分子(或原子)互相分散远离，以至分子(或原子)的运动可以近似看做自由的，这时物体便处在气体状态。可见，物体在不同温度下通常会以固体、液体和气体三种不同的聚集态形式存在。

物质的三种状态间可以互相转变。物质从液态变成气态叫做**汽化**。汽化是一个吸热过程。1 千克液体汽化时所需要吸收的热量叫**汽化热**。液体的汽化有两种形式：**蒸发**和**沸腾**。蒸发是发生在液体表面的汽化现象，它在任何温度下都可以发生。影响蒸发快慢的因素有：液体温度高低，液体表面积大小以及液面上方气体流动的快慢或通风程度。沸腾是在某一确定温度下，液体内部和表面同时发生的汽化现象。这一确定温度称为液体的沸点。物质从气态变成液态叫做**液化**。液化是汽化的逆过程，这个过程要放出热量。

装在密闭容器里液体发生的蒸发，由于液面上方其蒸气分子不能向远处扩散，情况与液面敞开时有所不同。开始时，液面上方蒸气分子较少，返回液体的分子数也较少。随着时间的推移，液面上方蒸气密度增大，返回液体的分子数也增多。直到单位时间内跑出液体的分子数与返回液体的分子数相等，蒸气密度不再发生变化，宏观上看蒸发现象停止了。此时，液面上方的蒸气与液体达到动态平衡，这种蒸气叫做**饱和蒸气**，它的压强叫做**饱和蒸气压**。饱和蒸气压与温度、液体本身和液面形状都有关。

由于液体分子间存在吸引力，这使得分子逸出凹液面时所做的功比其逸出平液面时大，因此，单位时间内逸出凹液面的分子数比其逸出平液面时少，从而导致凹液面上方的饱和蒸气压比平液面时小。同理，分子逸出凸液面时所做的功比其逸出平液面时小，因此，单位时间内逸出凸液面的分子数比其逸出平液面时多，从而导致凸液面上方的饱和蒸气压比平液面时大。这种弯曲液面与平液面上方饱和蒸气压之间的差别，有可能产生由于所形成的液滴(凸液面情形)过小时蒸气压超过平面上饱和蒸气压数倍以上也不凝结，此现象称为**过饱和**，这时的蒸汽称为**过饱和蒸气**，相应的蒸气压称为过饱和蒸气压。同样，久经煮沸的液体，由于缺乏气泡(凹液面情形)，有可能加热到沸点以上也不沸腾，这种液体称为过热液体。

物质从固态变成液态叫做**熔化**。熔化是一个吸热过程。晶体的熔化必须达到某个确定的温度才能发生，这个确定的温度称为晶体的**熔点**。温度达到熔点后，晶体开始熔化；继续吸热，晶体熔液增多，但温度始终保持在熔点不变，这时固液共存，直到晶体全部熔化成液体。物质从液态变成固态叫做**凝固**。凝固是一个放热过程。晶体熔液凝固也要达到某个确定温度才能发生，这个温度称为晶体的**凝固定**。

在相同压强下，同一种晶体的熔点即是它的凝固点。非晶体没有确定的熔点(凝固点)。非晶体在熔化过程中不断从外界吸收热量，温度不断升高；非晶体在凝固放热时，温度不断降低。

物质由固态直接变成气态叫做**升华**，由气态直接变成固态叫做**凝华**。物质在升华时吸收热量，在凝华时放出热量。

2.7.2 相与相变

物质的气-液-固三态变化是自然界十分普遍的现象，也最早为人类所认识。但物质状态的变化却远不止这三态，它的内容要丰富得多。比如，许多金属和合金当温度下降到特定值以下时会突然失去电阻，从正常导电状态转变成超导态。这是两个电磁性质完全不同的状态。为了描写物质的各种状态及其转变，物理上引入了相的概念。所谓相就是指系统中一个性质完全一样的均匀部分，它与其他部分之间有一定的分界面隔开。如果系统由一个均匀部分组成，叫做**均匀系**或**单相系**，否则叫做**复相系**。系统中每种化学成分叫做组元。如果系统只含一种化学成分，叫做**单元系**，否则叫做**多元系**。比如，水是单元单相系，水和冰组成的系统是单元复相系，水和酒精的混合物是二元单相系。系统内不同相之间的互相转变叫做**相变**。在单元复相系中可以发生相变；而在多元系中既可以发生相变，也可以发生化学反应。

气-液-固三态间的相变有两个明显的特点，即相变时体积会发生变化，并且要吸收(或放出)大量热量，这种热量称为**相变潜热**。凡具有这两个特点的相变叫做一级相变，比如，水结成冰。此外，还有一类相变，它们没有体积变化和相变潜热，只是其热容量、热膨胀系数等物理量会发生突变。这类相变叫做二级相变。比如，温度降低时超导物质由正常相转变成超导相就属于这类相变。

2.8 玻尔兹曼统计与麦克斯韦速率分布律

2.8.1 宏观物体的统计规律

统计物理学是从物质的微观结构出发，即从组成它们的原子、分子等微观粒子的运动及其相互作用出发，去研究宏观物体热性质的科学。力学上研究粒子和粒子组的运动，可以根据初始条件求解其运动方程来进行。但一个宏观物体是由大量微观粒子组成的。比如，一摩尔气体就含有大约 6×10^{23} 个分子。理论上求解数目如此巨大的粒子的运动方程和实验上确定这么多粒子的初始条件都是不可能的。然而，尽管从物质微观结构的角度来看，宏观物体是相当复杂的；但经验和事实均告诉我们，宏观物体的热性质却遵从确定而简单的规律。这种规律虽然是以宏观物体存在大量微观粒子为先决条件，但又绝非其个别运动的简单机械的累积。它们是由于大量自由度的出现而导致的性质上全新的规律性。比如，气体对容器壁的压强是气体分子对器壁碰撞的结果。单个分子在碰撞瞬间动量发生改变而对器壁产生冲力。单位时间、单位面积器壁所受到的大量气体分子的平均冲量便是气体对容器壁的压强。虽然单个分子施与器壁的压力由于其运动的无规则性是涨落不定的，但大量分子对器壁碰撞的平均效果，即气体的压强却是完全确定的，遵守理想气体的状态方程。

统计物理学认为，系统宏观状态与微观状态之间的联系具有统计性质，在一定宏观条件下，虽然某一微观状态的出现具有偶然性，但它出现的几率却是确定的。所有宏观上可观测的物理量都是相应微观量的统计平均值。比如，一摩尔氦气的热力学能就是所有组成一摩尔氦气的氦原子运动总能量的统计平均值。虽然单个氦原子的运动是无规则的，但是在一定温度下，运动处在一定速度区间的氦原子数目却是确定的。因此，一定温度下一摩尔氦气的热力学能也是确定的。宏观上可观测的物理量与相应微观量的关系，在数学上可以表述为：若一个系统有 n 个微观状态，每个微观状态出现的几率是 ρ_i，那么一个微观量 u 的统计平均值①

$$\bar{u} = \sum_{i=1}^{n} \rho_i u_i \tag{2.8.1}$$

此即宏观上所测量到的值。可见，微观量是一个随机变量，相应的宏观量则是它的统计平均值。而统计物理学的一个基本任务就是确定任何依赖于热力学系统微观状态的物理量取不同值的几率(或统计权重)。

2.8.2 理想气体压强和温度的统计诠释

气体对容器壁的压强是大量气体分子对器壁碰撞的平均效果。气体分子在无规则运动中与器壁不断相撞，虽然某一个分子对器壁的某一次碰撞是随机的，即它碰在什么地方，给器壁多大冲量都带有偶然性，但大量气体分子对器壁碰撞的平均效果却具有确定值，这就是气体对容器壁的压强。

利用统计物理学的这一观点便可以求得理想气体对容器器壁的压强为

$$p = \frac{2}{3} n \bar{\varepsilon} \tag{2.8.2}$$

式中，$\bar{\varepsilon} = \frac{1}{2} m \overline{v^2}$ 是气体分子的平均平动能，n 是分子数密度。上式叫做理想气体的压强公式，它将宏观量 p 和微观量 $\bar{\varepsilon}$ 联系起来。在式(2.8.2)的推导中不止运用了力学原理，还运用了统计的概念和方法(平均的概念和求平均的方法)。它表明式

---

① 对于连续变量，式中求和变成求积分，这时统计权重又称分布(函数)。

(2.8.2)所反映的不是一个力学规律，而是一个统计规律。压强 p 是一个统计平均量，含有统计的意义。

利用理想气体的压强公式

$$p = \frac{2}{3} n \bar{\varepsilon}$$

和理想气体的状态方程

$$pV = \frac{M}{\mu} RT$$

两式消去 p 得

$$\bar{\varepsilon} = \frac{3}{2} \frac{1}{n} \frac{M}{\mu} \frac{RT}{V} = \frac{3}{2} \frac{1}{N/V} \frac{M}{\mu} \frac{RT}{V} = \frac{3}{2} \frac{R}{N_A} T = \frac{3}{2} kT \tag{2.8.3}$$

式中，M 是气体质量，μ 是摩尔质量，$N = (M/\mu) N_A$ 是气体中分子总数，N_A 是 1 摩尔物质分子数，即阿伏伽德罗常数，$k = R/N_A$ 是玻尔兹曼常数。式(2.8.3)将宏观量 T 和微观量 ε 联系起来，它表明温度与分子平均平动能相关。可见，温度是大量分子热运动的集体表现，同样只具有统计的意义。对于单个分子，谈论它的温度是没有意义的。

2.8.3 玻尔兹曼分布

为了确定一定宏观条件下各种可能的微观状态出现的几率，玻尔兹曼提出了著名的**等几率原理**：处于平衡态下的孤立系统，其各种可能的微观状态出现的几率都相等。等几率原理是平衡态统计理论的一个最基本假设。它虽不能从更基本的原理或定律导出，但基于等几率原理所建立的平衡态统计理论及其一切推论均为实验事实所证实。也可以设想，既然一个确定系统的各个微观态具有相同的宏观条件，那就没有理由认为哪一个微观态更占优势，出现的几率更大，它们彼此一样，几率相等。从这个意义上说来，等几率原理是一个十分合理的假设。

不同的宏观态或它的几率分布对应有不同的微观态数（热力学几率）。根据等几率原理，一个热力学系统实际呈现的状态应该是包含微观态数最多、热力学几率最大的宏观态，即出现的几率最高的宏观态。这种宏观态称为**最可几态**。从玻尔兹曼关系可知，平衡时系统的熵和热力学几率都取极大值。因此，平衡态是**最可几态**。利用平衡时系统的熵和热力学几率都取极大值这一条件，便可以确定系统的平衡态分布。所以，这一分布又称**最可几分布**。这种方法称为**最可几方法**。它是由玻尔兹曼最先提出的。

2.8.4 能量均分定理

1871 年，玻尔兹曼根据经典统计理论推导出一个重要定理——**能量均分定理**。

它的内容是：处在温度为 T 的热平衡状态下的系统，其粒子能量表示式中每一个平方项的平均值都等于 $\frac{1}{2}kT$。

利用能量均分定理可以计算系统的内能和热容量。比如单原子分子气体①，像惰性气体，它的分子只有 3 个自由度②，分子的能量即平动能

$$\varepsilon = \frac{p^2}{2m} = \frac{1}{2}mv^2 = \frac{1}{2}m(v_x^2 + v_y^2 + v_z^2) \tag{2.8.4}$$

根据能量均分定理，每个分子的平均能量

$$\bar{\varepsilon} = \frac{1}{2}kT + \frac{1}{2}kT + \frac{1}{2}kT = \frac{3}{2}kT \tag{2.8.5}$$

1 摩尔(mol)气体共有 N_0 个分子，所以 1 摩尔单原子分子气体的内能

$$U = \bar{E} = N_0\bar{\varepsilon} = \frac{3}{2}N_0kT = \frac{3}{2}RT \tag{2.8.6}$$

式中，N_0 是阿伏伽德罗常数，k 是玻尔兹曼常数，R 是普适气体常数。进而它的定容摩尔热容

$$C_V = \frac{d\bar{E}}{dT} = \frac{3}{2}R \tag{2.8.7}$$

利用能量均分定理同样可以确定双原子分子和多原子分子气体的内能和热容量，只是计算要复杂些。

2.8.5 麦克斯韦速率分布律

从微观上看，气体中各个分子热运动的速度大小和方向是杂乱无章的，并且不断随时间改变。也就是说，在任意特定时刻，个别分子热运动的速度具有怎样的大小和方向完全是偶然的。不过，无论气体中各个分子的运动状态如何变化，其整体却始终保持一个稳定的分布，即达到平衡时，速度处在某一间隔内的分子数比例是确定的，因此气体的宏观性质也具有确定性。对于理想气体，这个规律最先由麦克斯韦推得，称为**麦克斯韦速率分布律**③，其表示式为

$$\frac{dN}{N} = 4\pi \left(\frac{m}{2\pi kT}\right)^{3/2} e^{-\frac{mv^2}{2kT}} v^2 dv \tag{2.8.8}$$

式中，N 为气体所含分子总数，dN 为速率处在 $v \sim v + dv$ 范围内的分子数，m 是分

---

① 气体分子可以由 1 个原子组成，称为单原子分子气体；可以由 2 个原子组成，称为双原子分子气体；也可以由 3 个或 3 个以上原子组成，称为多原子分子气体。

② 粒子自由度指描写粒子运动状态所需的最少独立变量个数。

③ 如果除了考虑速度的大小，还考虑它的方向，那么理想气体分子按速度的分布则由麦克斯韦速度分布律给出。

子质量，k 是玻尔兹曼常数，T 是气体温度。其中被积函数

$$f(v) = 4\pi \left(\frac{m}{2\pi kT}\right)^{3/2} e^{-\frac{mv^2}{2kT}} v^2 \tag{2.8.9}$$

称为**速率分布函数**。

利用麦克斯韦速率分布律可以确定分子的 3 种典型速率，它们是：

（1）平均速率（平均速率是分子速率的平均值）

$$\bar{v} = \sqrt{\frac{8kT}{\pi m}} = \sqrt{\frac{8RT}{\pi \mu}} \tag{2.8.10}$$

式中，m 是分子质量，μ 是摩尔质量（数值上等于以克为单位的气体分子量）。

（2）方均根速率（方均根速率是分子速率平方平均值的平方根）

$$\sqrt{\overline{v^2}} = \sqrt{\frac{3kT}{m}} = \sqrt{\frac{3RT}{\mu}} \tag{2.8.11}$$

（3）最可几速率（最可几速率是速率分布函数取极大值时对应的速率）

$$v_p = \sqrt{\frac{2kT}{m}} = \sqrt{\frac{2RT}{\mu}} \tag{2.8.12}$$

对一个实际的热力学系统，组成此系统的微观粒子通常都存在相互作用，当粒子间相互作用能与粒子本身的能量相比不可忽略时，玻尔兹曼分布不再适用。有鉴于此，吉布斯提出了另一种方法，即**系综方法**。这是一种更加完整、严密，应用更为普遍广泛的方法。利用系综理论，原则上可以确定各类系统的平衡态分布。

由麦克斯韦、玻尔兹曼、吉布斯等人建立的统计理论依旧局限在牛顿力学的框架内，称为**经典统计**。量子论创立后，普朗克、爱因斯坦、狄拉克等人将统计力学推广到量子领域，这样的统计称为**量子统计**。

思考题 2

1. 什么是热力学系统的平衡态？

2. 什么是热运动？它与机械运动有何不同？

3. 冬天手冷时，人们常用搓手或接触暖水袋的方式来获取热量，从物理学的观点看，这两种取暖方式有何不同？

4. 关于温度计，下列说法是否正确？

①体温计也可以当做寒暑表测室温；

②体温计使用前要甩几下，使水银全部退回玻璃中；

③摄氏温度计把冰的温度规定为 0℃，把沸水的温度规定为 100℃；

④常用温度计是根据液体的热胀冷缩性质制成的。

5. 建立温标的三要素是什么？

6. 判断下列过程，哪些可逆，哪些不可逆：

①气体的扩散；

②不同液体的混合；

③冰熔化成水；

④准静态、无摩擦等温压缩气体。

7. 指出下列判断是否正确：

①温度高的物体，内能一定大；

②物体温度升高必定是吸收了热量的结果；

③物体吸收了热量必定温度升高；

④物体温度升高，内能一定增加。

8. 什么是内能、热量和功？它们之间有何关系？

9. 判断下列说法正确与否：

①热量不可能从低温物体传向高温物体；

②不可能从单一热源吸收热量使之完全变成功；

③宏观中一切与热现象有关的自发过程，总是向着分子热运动的无序性增大的方向进行；

④功转变为热的实际宏观过程是不可逆过程。

10. 为什么气体容易被压缩，但不能被无限压缩？

11. 理想气体模型包括哪些内容？试根据这个模型说明理想气体的内能只是温度的函数，而与其体积无关。

12. 下面各项给出的数据不同，根据哪组数据可以计算阿伏伽德罗常数？

①水的摩尔质量和水的密度；

②水的摩尔质量和水分子体积；

③水分子体积和水分子质量；

④水的摩尔质量和水分子质量。

13. 说明蒸发和沸腾的异同。

14. 以下判断是否正确？

①扩散现象、布朗运动都是指分子的运动；

②布朗运动反映了液体内部分子无规则的运动；

③相同质量的两种物体升高相同的温度，内能增量必相同；

④相同质量的两个钢球，一个运动，一个静止，前者内能必大于后者。

15. 热现象在一年四季中也可以观察到，试利用物态变化说明下列现象：

①春天的早晨常出现雾；

②夏天吃冰棒时，剥开包装纸看到冰棒冒"白汽"；

③秋天早晨花草上会出现小露珠；

④冬天的"冰挂"和"雾凇"。

16. 一杯水放在低于 0℃ 的环境下，会逐渐结为冰，这是一个放出热量的自然过程，在这一过程中水的熵减少了，这与熵增加原理相矛盾吗？

17. 夏天时，池塘、湖泊、江河等处水的温度总比周围空气的温度低，道理何在？

18. 洗涤后的湿衣服，如何让它干得快？

19. 冰壶比赛中，有两名运动员在冰壶前方"刷冰"。运动员为什么可以通过刷冰来调节冰壶的运动快慢和方向？

20. 冰雪天气，为了使公路畅通，常在路面上撒盐，这样做的目的是什么？

21. 冬天烧火做饭时经常看到锅盖上方冒出大量"白汽"，试解释这一现象发生的原因。

22. 下面是对云的形成的一段扼要解释：地面的水汽化后，在高空遇到冷空气，会液化成小水滴或凝华成小冰晶，这就形成了云。你认为以上解释对吗？

23. 什么是饱和蒸气和饱和蒸气压？饱和蒸气压与哪些因素有关？

24. 对一定质量的理想气体，下列说法正确与否？

①它吸收热量后温度必定升高；

②它体积增大时内能必定减小；

③不存在热交换时，外界对它做功，其内能必定增大。

25. 什么是平均速率、方均根速率和最可几速率？

26. 空气中含有氮分子和氧分子，平均来说，哪种分子速率较大？

27. 将能量均分定理应用到分子振动所具有的能量时，对应的平均能量是多少？

第 3 章 电磁学基础

3.1 电磁学的发展进程

远在古代，人们就从天然磁石可以吸引铁类物质，以及摩擦后的琥珀会吸引轻微物体的现象中，认识了磁与电。公元前 600 年，希腊哲学家和数学家泰利斯在摩擦琥珀时发现，琥珀附近的羽毛及细小物体都能被它吸引。在中国，西汉末年的《春秋读考异邮》一书中，也有关于摩擦生电的记录。东汉时代的学者王充在他的著作《论衡》中指出："顿牟掇芥、磁石引针……不能掇取者，何也？气性异殊，不能相感动也。"就是试图对电和磁能吸引细小物体这类现象加以理论解释。他认为，这是因为气性的缘故，与电或磁气性相近的物体就能被吸引，气性相异的物体便不能被吸引。古代人说的"气性"相当于现在所说的物理性质。可惜此后很长一段时间，再没有人对此做进一步的研究。

直到欧洲文艺复兴时期，才重新有人开始注意这类问题。其中杰出的工作是英格兰人威廉·吉尔伯特作出的。吉尔伯特是英国女王伊丽莎白一世的御医。吉尔伯特虽然是一个出色的医生，但他更喜欢研究电磁学。他在女王面前表演了泰利斯的摩擦生电的实验，引起了女王的兴趣，也为自己赢得了做研究工作的时间。吉尔伯特花了 18 年左右的时间从事电磁方面的研究，并于 1600 年出版了他的巨著《论磁》。吉尔伯特是第一个使用"电吸引"、"磁极"、"带电体"和"不带电体"等术语的人，也是他首次提出地球是一个大磁体。吉尔伯特开创性的工作为电磁学研究打下了基础，因此被后人尊称为"电学之父"。17 世纪，摩擦起电具有吸引力的实验被多次反复进行过，像波义耳、牛顿、豪克斯比等都做过这方面实验。当时人们用摩擦起电得到的电荷实在太少，是否有办法把它储存起来以收集较多的电荷呢？1745 年，有个叫克莱斯托的牧师首先找到了一种方法。他把水倒进瓶子，再把一枚钉子插入水中，然后通过钉子与多个带电体接触，将电储存在盛有水的瓶子中。克莱斯托通过这一装置获得了人体触电的感觉。没过多久，荷兰莱顿大学教授凡·木申布略克也找到了类似的方法。他们的实验结果引起了人们的注意，被公认为十分不错的方法。为了增强储电效果，随后有人用铁链替代了钉子，并在瓶子内外都贴上了一层金属箔。这个改进后的装置就叫做莱顿瓶。莱顿瓶发明后，曾在欧美大陆风靡一时，不少人用它作道具以表演电学实验为生。随着科学的进步，莱顿瓶的构造也起了很大的变化，最终演变成了今天的电容器。18 世纪的电学研究主要集中在静电学方面。1730 年英国人斯蒂芬·格雷发现人体是导体。法国人杜费发现有两种电存在，他把它们叫做"玻璃电"和"松香电"，当它们结合时会彼此中和。美国人富兰克林甚至组织了一个小小的研究团体，专门研究电现象。富兰克林提出了"正电"和"负电"的概念，解释了莱顿瓶的充电和放电现象。特别是，富兰克林首先提出以电的原理解释闪电现象。富兰克林在乌云密布的时候放风筝，在风筝捻线末端观察到强烈电火花，这种电火花可以把一个莱顿瓶充电。富兰克林的实验证明了闪电是一种电现象。为了预防闪电袭击，富兰克林还提议用避雷针保护建筑物，并于 1760 年在费城一座大楼上立起了一根避雷针。

18 世纪下半叶，人们在静电测量方面迈出了最初的重要几步。这些研究者中最著名的就是卡文迪许和库仑。卡文迪许研究了电容器的电容，并测量了几种物质的电容率。库仑发明了扭转静电计，并由此证明牛顿关于万有引力的反平方定律也适用于电或磁的吸引与排斥作用。这个规律现在被称为库仑定律。1729 年，英国人格雷最先实现使电荷沿一根长 270 米的导线传输。1780 年，意大利动物学家伽伐尼做解剖青蛙实验时，发现电能使蛙腿抽搐。1800 年，伏特在伽伐尼实验的基础上研制成功了伏特电池。伏特电池由浸在稀硫酸溶液中的铜板和锌板组成，铜板为正极，锌板为负极。伏特电池的出现[①]，使人类第一次获得了持续的电流。为了纪念伏特对电学的贡献，1881 年国际电力学代表大会将电压的单位命名为"伏特"。1830 年斯特金利用锌的混汞法最先对伏特电池加以改进。随后，伦敦国王学院的化学教授丹尼尔设计了一种更加稳定的电池，丹尼尔电池。1840 年伦敦学院实验哲学教授格罗夫对丹尼尔电池进一步改进，制作了格罗夫电池。格罗夫电池中采用了昂贵的金属铂作原材料，为此本森等人建议用碳来代替铂，这就是本森电池。1873 年拉蒂默·克拉克设计了一种比丹尼尔电池的电动势还要稳定的电池，这种电池曾一度被当作国际电动势的标准。与此同时，储电本领更强的蓄电池（或蓄电池组）的研制工作也在进行中。1803 年李特首次描述了这种电池的储电方式，1843 年格罗夫进一步研究了这一课题。1859 年，普朗忒在此基础上设计了一种蓄电池，但由于普朗忒的电池蓄电成形的过程过长，因而一直未能引起人们的注意。1881 年福尔改用将红铅镀在铅板上，回避了普朗忒蓄电池漫长的"成形"工序，得到了比原电池容量大得多的蓄电池。福尔蓄电池的研制成功立刻引起了商业界的兴趣，

---

①　常用的干电池和伏特电池的基本原理相近。干电池外壳是用锌板压成的圆筒，作电池的负极。碳棒不与锌筒接触，放在筒中央，作电池的正极。中间用氯化铵溶液浸透了的炭屑和二氧化锰填充，并放入一些像糨糊样的混合物。此外还要用沥青封顶以防止蒸发。现代电池更是门类繁多，有小到供电子手表用的银锌电池和汞锌电池，大到供电瓶车用的大型蓄电池。

几经改进，畜电池组最终在汽车和无线电设备上获得广泛应用。

在电路研究上，英国科学家法拉第发现了测量电量的法拉第电解定律。1820年施魏格尔和波根多夫发明了电流计。当时的电流计是将电线在罗盘上绕几百圈制成的装置。今天的电流计已改用可动线圈和磁铁制成，灵敏度和应用范围都大为提高。将电流计略加改装可以制成安培计测量电流强度，也可以改装成伏特计测量电压，或欧姆表测量电阻。电阻更为精确的测量通常都利用惠斯通发明的惠斯通电桥。电流、电压和电阻的关系式是欧姆最先发现的。欧姆是德国一所中学的老师，但他勤于学习、勇于创新，终于在科学上作出了卓越的贡献。1826年欧姆发表了他多年在电路研究上的论文，文中给出了电动势、电流强度和电阻的精确定义，以及用实验方法所建立的电路中的欧姆定律。第二年欧姆出版了《电路、数学研究》一书，书中包括欧姆定律的理论推导。鉴于欧姆在这方面的杰出成就，1841年英国皇家学会决定授予他科普利金质奖章。

19世纪初，英国科学家戴维在研究液体的导电性质时，发现水能电解成氢与氧。戴维的实验表明电能可以转化成化学能，这就是电流的化学效应。随后戴维又发现，电流能使导体温度升高，这就是电流的热效应。1808年，戴维用两根碳棒做实验，无意中发现，两根碳棒在分离的瞬间，出现一道极强的白光，犹如闪电划破长空。戴维反复实验，终于找到使这道亮光持续不断的方法。这道亮光就是电弧光。电弧光不仅亮度强，而且温度高。利用电弧制成的电弧灯可以照明，利用电弧制成的电弧炉可以炼钢，利用电弧还可以进行电焊。1841年，《哲学杂志》发表了焦耳题为《关于金属导体和电池在电解时放出的热》一文，文章介绍了他所做的实验。实验结果表明，电流通过导体放出的热量，与电流强度的平方、导体电阻和通电时间成正比。这便是**焦耳定律**。

电磁学起源于1819年著名的"奥斯特实验"。当时，奥斯特任哥本哈根大学教授。在一次演示实验中，他"偶尔"发现放在通电导线周围的磁针会发生转动。随后，奥斯特本人和其他人都重复做了类似的实验得到类似的结果。奥斯特实验显示了电流对磁体的作用(电流的磁效应)，引起了物理学界的广泛关注。1822年安培进一步发现电流与电流之间也存在相互作用。安培1775年生于法国里昂，青年时期迁居巴黎，在巴黎工业学校担任教员。得知奥斯特实验后，安培猜测，如果将两根通电导线并放在一起，那么它们各自产生的磁场就会相互作用，导致两根导线或者互相吸引，或者互相排斥。安培设计了一个实验证明他的想法正确。在此基础上，安培推出了计算这种作用力的数学公式，后人称之为**安培定律**；并给出了判定长直导线通电电流周围磁场方向的安培**右手螺旋定则**。安培进一步设想，如果将直导线绕成螺旋形(螺线管)，那么由于磁场的叠加将大大增强螺线管的磁性。安培做了一个螺线管验证了他的想法。安培还发现，通电螺线管犹如一个条形磁铁，一端呈现N极，另一端呈现S极。如果再把一根铁棒插入螺线管中，螺线管磁性更强。这就是电磁铁的雏形，电磁铁在现代工业中可谓应用广泛。据此，安培大胆地假设，分子内有环形电流流过(分子电流)，这使得一个分子就像一个独立的螺线管，因而具有磁性(分子磁体)。分子磁体无序排列时，物体不显磁性；分子磁体有序排列时，物体显示磁性。在原子结构理论还远未建立之时，安培就能提出如此设想，可见他的远见卓识。

在电磁学的发展史上，特别值得一提的是法拉第与麦克斯韦两人，他们的贡献尤为突出。法拉第对电磁现象进行了广泛深入的实验研究，是电磁场理论的创始者和奠基者，他的工作为麦克斯韦建立电磁场理论奠定了基础。麦克斯韦提出了电磁场方程组，建立了电磁场理论和光的电磁理论，完成了他毕生对物理学的最重要的贡献。法拉第和麦克斯韦一起当之无愧地被誉为19世纪最伟大的物理学家。

法拉第(Michael Faraday，1791—1867)，英国物理学家和化学家。

法拉第出生于伦敦一个贫困的铁匠家庭，从小生活困难，只读了几年小学。1804年起到书店做学徒，在长达8年学徒生涯中，利用职务之便，法拉第阅读了大量书籍。1812年法拉第有幸聆听到著名化学家戴维在皇家研究院的四次演讲。1813年法拉第在皇家研究院当上戴维的助手，从此开始了长达50多年的献身科学的光辉历程。法拉第的研究工作以化学为起点，随后扩展到电学、光学等方面，且都作出了许多重要贡献。1824年法拉第当选为英国皇家学会会员，1825年任皇家研究院院长，1829年升为教授，法拉第曾两度获得英国皇家学会的最高奖——Copley奖。

1821年法拉第重复了奥斯特的实验，发现小磁针有环绕电流转动的倾向。法拉第的这一"电磁旋转"实验，加深了对电流磁效应的认识，据此法拉第制作了世界上第一台电动机模型。1831年8月29日法拉第发现了电磁感应现象，完成了他毕生最重要的贡献之一。随后，法拉第利用电磁感应现象还曾制作了一个模型发电机。此外，法拉第通过电的效应(静电的效应，电流的效应)证明各种来源的电具有同一性。电的同一性的研究导致法拉第发现了**电解定律**。法拉第电解定律揭示了电现象与化学现象的联系，是电化学中的重要定律，在电解和电镀工业中有广泛应用。1843年法拉第著名的冰桶实验，从实验上令人满意地证实了电荷守恒定律。1845年法拉第发现磁致旋光效应，也称法拉第效应。法拉第磁致旋光效应在历史上第一次发现光与磁现象之间的联系，具有重要的开创意义。

除了科学研究之外，法拉第还热心于科学成果的交流和科学知识的传播、普及工作。法拉第出身贫寒，没有受过正规教育，但他坚持不懈、自学成才，终于攀登上科学高峰。法拉第一生过着简单的生活，他为人质朴，待人诚恳，多次谢绝升官发财的机会，把毕生的精力和智慧都奉献给了科学研究事业。

麦克斯韦(James Clerk Maxwell，1831—1879)，英国物理学家、数学家。

麦克斯韦1831年11月13日生于英国苏格兰首府爱丁堡。麦克斯韦的父亲是个律师，但非常热爱科学，且知识渊博、兴趣广泛。麦克斯韦 8 岁丧母，教育麦克斯韦的责任落到他父亲肩上。1841 年，麦克斯韦被父亲送入爱丁堡公学求学。1847 年，麦克斯韦进入爱丁堡大学学习，时年 16 岁。麦克斯韦在三年内学完了四年的课程，他钻研数学，写诗，如饥似渴地阅读，积累了极丰富的知识。1850 年，麦克斯韦升入剑桥大学深造，1854 年麦克斯韦在剑桥大学毕业，1856 年担任 Aberdeen 大学 Marischal 学院的自然哲学教授。1858 年，麦克斯韦与 Marischal 学院院长的女儿结婚，妻子比他大 7 岁。1860 年，麦克斯韦辞去 Aberdeen 大学的教授职务，受聘为伦敦国王学院教授。

1855—1856 年麦克斯韦发表《论法拉第力线》论文。文中采用数学推理和类比的方法表述了法拉第的力线概念，对电磁感应作了理论解释。1861—1863 年麦克斯韦发表《论物理力线》论文。文中采用相关模型和假设，提出了位移电流和涡旋电场概念，预言了电磁波的存在。1865 年麦克斯韦发表《电磁场的动力学理论》论文。文中提出了电磁场的普遍方程组，即**麦克斯韦方程组**，论述了光与电磁现象的同一性。1873 年麦克斯韦的巨著《电磁通论》问世，全面、系统和严密地论述了电磁场理论和光的电磁理论。此外，麦克斯韦在光学、热力学与统计物理学等方面也作出了卓越的贡献。麦克斯韦不仅是一位天才的理论物理学家，同时也是一位杰出的实验物理学家。麦克斯韦先后制作了色旋转板、混色陀螺，实像体视镜等。1871 年麦克斯韦成为剑桥大学第一位实验物理学教授。

麦克斯韦在他短暂的一生中对科学却作出了巨大的贡献。在纪念麦克斯韦诞生 100 周年时，爱因斯坦评价他所建立的电磁场理论是"自牛顿时代以来，物理学所经历的最深刻、最有成效的变化"。

3.2　静电场

3.2.1　电荷、电荷守恒定律

电和磁也是人类认识较早的自然现象之一。从摩擦带电和吸铁石（磁石）吸铁到今天千家万户中的家用电器，这一发展阶段见证了人类从对电磁现象的认识、理解到广为应用的过程。

某些物体互相摩擦后能吸引小的物体，这时我们称它们带有电荷。电荷的多少用电量来衡量。在国际单位中，电量的单位是库仑（C）。自然界中，电量的最小值是电子所带电量的绝对值①，记为 e，$e = 1.602\ 177\ 33 \times 10^{-19} C$。

实验发现，电荷有两类：正电荷和负电荷，同性电荷间互相排斥，异性电荷间

---

① 电子是组成物质的一种基本粒子。

互相吸引。一个物体在正常状态下，它含有的正电荷和负电荷在数量上相等，整体显中性。如果由于某种原因，正（负）电荷发生迁移，那么迁移来电荷的物体或物体部分，便带有与之同性的电荷，而迁移出电荷的物体或物体部分便带与之相异的电荷。对于一个孤立系统，不管电荷如何迁移，此系统所带电荷的总电量始终保持不变[①]。这个规律叫做**电荷守恒定律**。

3.2.2 库仑定律

电荷之间存在相互作用。若电荷体积很小，则它可以看做点电荷。实验表明，处在真空中的两个点电荷之间的相互作用力，其大小与它们所带的电量 q_1，q_2 成正比，而与它们间的距离 r 的平方成反比；其方向沿两点电荷连线，且同性相斥，异性相引。这个规律最先由法国工程师库仑（C. A. de Coulomb）给出，叫做**库仑定律**。电荷间的相互作用力又叫**库仑力**。库仑定律可以用数学公式表示为

$$F_{12} = \frac{1}{4\pi\varepsilon_0}\frac{q_1 q_2}{r^3} r \qquad (3.2.1)$$

式中，常数 $\varepsilon_0 = 8.854\ 2 \times 10^{-12}\ \mathrm{C}^2 \cdot \mathrm{m}^{-2}$ 是真空介电常数，F_{12} 表示点电荷 1 对点电荷 2 的库仑力，r 是点电荷 1 到点电荷 2 的径矢。对同性电荷，q_1，q_2 同号，F_{12} 与 r 同向，表示排斥力；对异性电荷，q_1，q_2 反号，F_{12} 与 r 反向，表示吸引力。

3.2.3 静电场[②]

电荷间的相互作用是通过某种物质来传递的，这种特殊的物质称为**电场**。任何电荷周围都存在电场，静止电荷周围的电场叫做**静电场**。

电场的强弱用电场强度 E 来度量。在电荷周围（或电场中）放入一个带微小电量的正电荷（$q_0 > 0$），称为试验电符，试验电荷将受到电荷对它的库仑力，等价地可以说电场对它的作用力，即电场力（F）的作用。电荷周围（或电场中）某点的电场强度（有时又简称电场）规定为单位试验电荷在该点所受的电场力，即

$$E = \frac{F}{q_0} \qquad (3.2.2)$$

特别地，对点电荷

$$E = \frac{1}{4\pi\varepsilon_0}\frac{q}{r^3} r \qquad (3.2.3)$$

式中，q 是点电荷电量，r 是电场中某点到点电荷距离。在国际单位中，电场强度

---

① 正电荷电量为+，负电荷电量为-。

② 静，或稳恒，意指不随时间变化。如静电场指电场强度不随时间变化的场；稳恒电流指电流强度不随时间变化的电流；静磁场（或稳恒磁场）指磁感应强度不随时间变化的磁场。

的单位是每库仑牛顿(N·C⁻¹)或每米伏特(V·m⁻¹)。

实验表明，电场力也是保守力，等价地说，静电场是保守力场。如同重力是保守力，物体在重力场中具有重力势能①，带电体(或电荷)在电场中具有电势能。根据功能原理，带电体电势能的减少等于电场力所做的功②，即

$$W_A - W_B = \int_A^B \boldsymbol{F} \cdot \mathrm{d}\boldsymbol{r} \tag{3.2.4}$$

式中，W_A，W_B 分别是电荷在起点 A、终点 B 所具有的电势能。显然，电荷具有的电势能的大小不仅与它所在电场有关，而且与它的电量有关。为了描述电场本身的性质，需要引入一个新的物理量，称为**电势**(U)。它规定为：电场中某点的电势等于单位正电荷在该点所具有的电势能，即

$$U = \frac{W}{q} \tag{3.2.5}$$

利用式(3.2.2)和式(3.2.4)有

$$-\Delta U = U_A - U_B = \int_A^B \frac{\boldsymbol{F}}{q} \cdot \mathrm{d}\boldsymbol{r} = \int_A^B \boldsymbol{E} \cdot \mathrm{d}\boldsymbol{r} \tag{3.2.6}$$

上式左边是 A，B 两点间势差(又称电压，记为 V)，右边是电场力将单位正电荷从 A 移到 B 所做的功。若选取无穷远处的电势为零，$U_B = U_\infty = 0$，那么电场中任意 r 处的电势 $U_A = U$。利用式(3.2.3)和式(3.2.6)可以得到点电荷周围任意 r 处的电势

$$U = U - 0 = \frac{1}{4\pi\varepsilon_0} \frac{q}{r} \tag{3.2.7}$$

3.2.4　高斯定理和静电场环路定理

为了形象地描写电场，通常在电场中引入一些曲线，使得任一曲线在电场中某点的切线方向即是该点电场强度的方向；而曲线的密度则表示电场的强弱。这种曲线称作**电场线**(电力线)。由于电场线上任一点的切线方向即该点电场强度方向，而电场强度方向总是由正电荷指向负电荷，因此电场线不是封闭曲线，它总是由正电荷开始，到负电荷结束。又由于电场中任意一点的电场强度都是确定的，因此任意两条电场线均不可能相交。图 3.1 是正、负点电荷电场线的示意图。

电场中通过某点处面元 ΔS 的电场线条数，称为该点处面元 ΔS 的**电场强度通量**，简称**电通量**(φ)。高斯证明了，电场中通过任一封闭曲面的电通量等于该封闭

① 与电荷周围存在电场相似，具有质量的物体周围存在引力场。地球周围的引力场常称为重力场。
② 参见第 1 章式(1.6.2)。

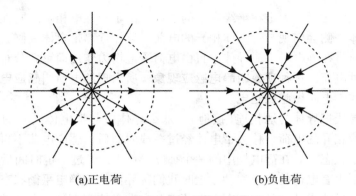

(a)正电荷   (b)负电荷

图 3.1   点电荷电场线和等势面

曲面所包围的所有电荷电量的代数和与 ε_0 之比，即

$$\phi = \frac{Q}{\varepsilon_0} \qquad (3.2.8)$$

这个结论叫**高斯定理**。

　　静电场是保守力场。利用式(3.2.2)和式(3.2.4)可以证明

$$\oint E \cdot \mathrm{d}r = 0 \qquad (3.2.9)$$

式中，$\oint$ 表示沿某一闭合路径的曲线积分①，称为**环路积分**。上式表明，在静电场中，电场强度沿任意闭合路径的曲线积分(此积分常称为 **E** 的环流)恒为零。这个结论叫做**静电场环路定理**②。

3.2.5 静电场中的导体和电介质

　　如果电荷在物质中可以移动宏观距离，那么该电荷叫做**自由电荷**。含有自由电荷的物体叫**导体**。比如，金属原子的最外层电子容易摆脱原子核的束缚，而在金属内自由移动。因此，金属中的电子被称为自由电子，而金属则是导(电)体。如果物质中的电荷被紧密地束缚在某局域位置上而不能移动宏观距离，只能在原子范围内运动，那么该电荷叫做**束缚电荷**。没有自由电荷只有束缚电荷的物体叫**绝缘体**，又叫**电介质**。实际电介质总存在少量自由电荷，这也是电介质漏电的原因。导体和绝缘体是物体导电本领的两个极端情形。在这两个极端之间还有一类物质，称为**半**

---

　　①   通常线积分是沿直线(一般沿 x 轴)进行的。如果沿曲线进行，则称为曲线积分；如果积分起点与终点重合(闭曲线)，则称为封闭曲线积分(或环路积分)。

　　②   需要指出的是，式(3.2.9)仅对静电场成立，对变化的电场，它的环流并不等于零。

导体，比如锗和硅。

将一带电体靠近一固定在绝缘座上的导体，由于异性电相引，同性电相斥，导体近临带电体一侧会出现与带电体相异的电荷，导体远离带电体一侧会出现与带电体相同的电荷。在静电场中，导体中自由电荷受电场力作用而重新分布，其两端将出现等量异种电荷，这种现象叫**静电感应现象**，所出现的电荷叫**感应电荷**。利用静电感应使物体带电叫做**感应起电**。

如果用导线把导体与地相连（接地），那么导体中与带电体同号的电荷将流向地面，而保留相异的电荷。移去带电体经过一段时间后，感应电荷不再发生宏观移动而达到稳定状态。处在静电场中的一个孤立导体①，经过一定时间后，导体的内部和表面都不再有电荷的定向移动，这时我们称导体处于**静电平衡**状态。导体达到静电平衡时，导体内部处处不带电，电荷仅分布在导体表面。导体内部电场强度处处为零，导体表面任一点处的电场强度，方向与该表面垂直，大小与该处表面电荷密度（单位表面所带的电量）成正比。处于静电平衡状态的导体，其各处电势都相等（等势体），其表面是一个等势面。

处在静电场中的空腔导体达到静电平衡时，无论外电场大小及其变化如何，空腔内各处的场强总是为零。结果是，空腔导体将外电场"遮挡住"（即起屏蔽作用），使腔内物体不会受外电场影响，这种现象称为**静电屏蔽**。如果腔内物体带有电荷，这时可将腔壳接地，则仍可起到对外界的屏蔽作用。静电屏蔽在实际中有广泛的应用。比如，一些电子设备常带有金属外壳就是为了利用静电屏蔽效应排除和抑制外电场的干扰。

与导体不同，电介质主要是以极化方式而非传导方式来传递电的作用和影响的。在不存在外电场的情况下，电介质中的正、负束缚电荷，其平均效果处处互相抵消，电介质不显电性。加上外电场，电介质中的正、负束缚电荷在电场力作用发生相对移动，正电荷顺着电场方向移动，负电荷逆着电场方向移动，从而在电介质表面出现净的束缚电荷，电介质在宏观上显示出电性。这种现象称为**电介质的极化**，出现的净束缚电荷称为**极化电荷**。温度过高或电场强度过大有可能使电介质失去其介电性而转变成导体，这称为电介质的**击穿**。

3.2.6　电容器、电容

电容器是一种能储存电荷和电能（容电）的元件。电容器的容电本领用电容（C）表示，它的定义式为

$$C = \frac{Q}{U} \tag{3.2.10}$$

---

①　孤立导体指没有电荷从表面层逸出的有限广延的导体。

式中，Q 是电容器所带电量，U 是它的电势。在国际单位中制中，电容的单位是法拉（F），较小的单位是微法（μF）、皮法（pF）。它们的关系是：$1F = 1C \cdot V^{-1} = 10^6$ μF $= 10^{12}$ pF。

平行板电容器是一种最典型的电容器，它由两个互相平行的板面组成，两板面间一般充有电介质。将一个板面与电源正极相接，称为正极板，一个板面与电源负极相接，称为负极板。这时，电流流向正极板，使正极板带正电；由于静电感应，电流流出负极板，使负极板带负电。使电容器带电的过程叫电容器的**充电**。充电后两极板带有等量异种电荷。电容器充电后再失去电荷的过程叫电容器的**放电**。放电时，电流流出正极板，流向负极板。对平行板电容器，它的电容

$$C = \frac{\varepsilon S}{4\pi k d} \qquad (3.2.11)$$

式中，$k = 9 \times 10^9 N \cdot m^2 \cdot C^{-2}$，是静电力常数，$\varepsilon$ 是电介质介电常数，S 是两极板正对面积，d 是两极板间的距离。

3.3 稳恒电流

3.3.1 电流

我们知道，通常导线都是金属做的。金属中原子的最外层电子容易脱离原子核的束缚而在金属内自由运动。此外，电解液、电离气体中的正、负离子也能够在这些物质内部自由运动。这些能够在物质内部自由运动，且带有电荷的粒子，如正、负离子和电子，通称为**载流子**。这些载流子如果处在电场中，在电场力作用下便会发生定向运动。电荷的定向移动形成**电流**。形成电流的电荷可以是正电荷，也可以是负电荷。物理学上规定，正电荷定向移动的方向为电流的方向。当金属导线两端加上电压时，金属中的自由电子便从电压低的一端朝向电压高的一端运动，自由电子的这种定向运动便形成了导线中的电流，这也是金属能导电的原因。可见，金属导线中的电流方向与其自由电子的定向移动方向相反。而在各种酸、碱、盐的水溶液（电解液）中存在被电解后的正、负离子。在电场作用下，正离子沿电场方向运动；负离子逆电场方向运动。正、负离子的定向运动同样会形成电流，这也是电解液导电的原因。所有能够导电的物体称为导体。显然，物体中存在电流的条件，一是其中要有能够自由移动的电荷，二是物体两端存在电势差（电压）。

电流所流经的路径称为**电路**。电路一般由电源、用电器、导线和开关等部分组成。电源是维持电路中有持久不断电流的必要条件，它是将热能、化学能等其他形式的能量转化为电能的装置。如电池、发电机。用电器是利用电流进行工作的设备，它将电能转化为其他形式的能量，如照明灯、电动机等。开关用来接通或断开

电路，控制用电器工作。导线用来连接电源、用电器和开关，使电流形成通路，起传输电能的作用。电源、用电器、开关和导线各部分都叫做电路元件(图 3.2)。电路可以用图形来形象地表示，这种图形叫**电路图**。处处连通的电路叫**通路**。只有通路中才会有电流。某处断开的电路叫**开路**或断路。开路时，电路中无电流。电路中如果用一根导线代替用电器，就会发生**短路**。短路时，电路中电流很大，可能烧坏电源或引发危险，这是不允许的。

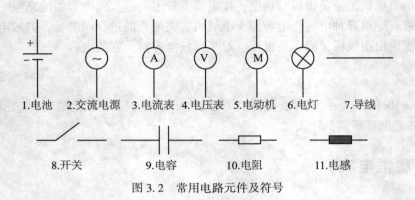

1.电池　2.交流电源　3.电流表　4.电压表　5.电动机　6.电灯　7.导线

8.开关　9.电容　10.电阻　11.电感

图 3.2　常用电路元件及符号

　　串联电路和**并联电路**是用电器在电路中的两种基本连接方式。串联电路指将用电器依次首尾相连而成的电路；并联电路指将两个或多个用电器并列连接而成的电路。电路中，既有串联也有并联的电路叫**混联电路**。图 3.3 给出了最简单的电阻串联、并联和混联。

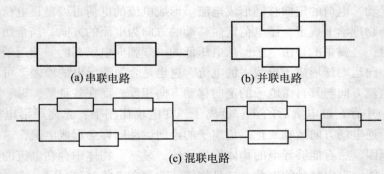

(a)串联电路　　　　　　(b)并联电路

(c)混联电路

图 3.3　简单电路示意图

　　电流的强弱用电流强度来度量，也简称电流，记以 I。它规定为：单位时间通过导体横截面的电量，即

$$I = \frac{\Delta Q}{\Delta t} \qquad (3.3.1)$$

式中, ΔQ 是时间 Δt 内通过导体横截面的电量。对随时间变化的电流, 则应取 $\Delta t \rightarrow 0$ 时的极限值, 这时

$$I = \lim_{\Delta t \to 0} \frac{\Delta Q}{\Delta t} = \frac{\mathrm{d}Q}{\mathrm{d}t} \qquad (3.3.2)$$

电流强度的单位是安培①, 简称安, 符号是 A。

确定了电流强度, 只是知道单位时间通过导体横截面上的电量多少, 但并不了解载流子在横截面上各点的运动情况。这就像知道了河流的流量, 并不一定了解该河流各点的流速一样。为了细致描写电流分布状况, 即导体中各点电荷流动的特征, 人们又引入了**电流密度**的概念。电流密度 (j) 是一个**矢量**。在导体中任一点处, 电流密度的大小等于通过该点并与电流方向垂直的单位面积上的电流强度, 电流密度的方向即正电荷在该点运动的方向。电流密度的单位是 $\mathrm{A \cdot m^{-2}}$, 它与电流强度的关系是

$$I = \int \boldsymbol{j} \cdot \mathrm{d}\boldsymbol{S} \qquad (3.3.3)$$

如果导体中流过各点的电流密度均不随时间变化, 那么这样的电流称为**稳恒电流**。

3.3.2 电阻、欧姆定律

电流在导体中流动时会受到导体的阻碍, 这种导体对电流的阻碍作用叫做**电阻**。在国际单位制中, 电阻的单位是欧姆, 简称欧, 记为 Ω。物体的电阻是物体本身的一种属性, 与其是否有电流通过无关。只不过当有电流通过时, 物体的这种属性才会明显地表现出来。实验表明, 在一定温度下, 导体的电阻 R 与导体的长度 l 成正比, 与其横截面积 S 成反比, 即

$$R = \rho \frac{l}{S} \qquad (3.3.4)$$

式中, 比例系数 ρ 称为导体(或材料)的电阻率, 其国际单位是欧·米($\Omega \cdot \mathrm{m}$)。在不考虑温度影响的条件下, 电阻率仅决定于材料本身, 因此, 电阻率是一个描写材料导电性能强弱的物理量。按电阻率相对大小可以将材料区分为导体、半导体和绝缘体②(见表 3.1)。电阻率小的材料叫导体; 电阻率大的材料叫绝缘体; 电阻率

---

① 在国际单位制中, 电流的单位是基本单位, 而电量的单位是导出单位, 即 1 库仑 = 1 安培·秒或 1C = 1A·s。

② 1911 年荷兰科学家卡曼林·昂尼斯在实验中发现, 当绝对温度 $T < 4.15\mathrm{K}$ 时水银的电阻率近似为零。之后人们把这种材料称为超导体, 它们的一个重要特征就是, 当温度降至某一特定温度(临界温度)之下时, 其电阻趋近于零。详见第 7 章。

介于其间的材料叫半导体。各种材料的电阻率，一般还会随温度的变化而变化。通常，金属的电阻率随温度升高而增大；半导体材料电阻率随温度升高而减小；而像锰铜合金和镍铜合金这一类材料的电阻率随温度变化却很小，常用来制作标准电阻。

表 3.1　　　　　　　　　　　　　一些常见材料 0℃时的电阻率

材　料	铁	铝	铜	银	硅(纯)	陶瓷	玻璃	橡胶
电阻率 ($\Omega \cdot m$)	$8.6\times$ 10^{-8}	$2.5\times$ 10^{-8}	$1.55\times$ 10^{-8}	$1.49\times$ 10^{-8}	$6.3\times$ 10^{2}	$10^{13}\sim$ 10^{14}	$10^{10}\sim$ 10^{14}	$10^{14}\sim$ 10^{17}

电流、电阻与电压间的关系满足**欧姆定律**：通过导体的电流(I)与加在导体两端上的电压(V)成正比，而与导体的电阻(R)成反比①。用公式表示为

$$I = \frac{V}{R} \tag{3.3.5}$$

在一个闭合的电路中，电源以外的电路，叫**外电路**，外电路的电阻叫**外电阻**(R)；电源以内的电路叫**内电路**，内电路的电阻叫**内电阻**，即电源的内阻(r)。电流在外电路上由电源的正极流向电源的负极，而在内电路上则由电源的负极流向电源的正极。电源这种可使正电荷在电源内部从负极移动到正极(或负电荷由正极移动到负极)的能力叫做电源的**电动势**(ε)，它表征电源将其他形式的能量转化为电能的本领。欧姆定律在闭合电路中的表达式为

$$I = \frac{\varepsilon}{r + R} \tag{3.3.6}$$

它说明，闭合电流中的电流跟电源的电动势成正比，跟内、外电路电阻之和成反比。电源的电动势仅由电源本身的性质决定，其大小等于电源未接入电路时两极间的电压。

3.3.3　电功、电功率

电流所做的功，或等价地，电路中电场力所做的功叫**电功**(W)。在国际单位中，电功的单位是焦耳(J)。生活中人们常说的电功单位"度"，在物理学中指千瓦(小)时($kW \cdot h$)，即

$$1kW \cdot h = 3.6 \times 10^{6} J$$

单位时间电流所做的功叫**电功率**(P)。在国际单位制中，电功率的单位是瓦特

---

① 具有这一特征的电学元件叫做线性元件；否则叫做非线性元件。

（W），而 1 千瓦（kW）= 1000 瓦特（W）。

如果电路两端电压为 V，流过的电流为 I，则在时间 t 内，电功

$$W = IVt \qquad (3.3.7)$$

相应电功率

$$P = IV \qquad (3.3.8)$$

对于纯电阻电路①，电流通过电路做功的结果将所消耗的电能全部转化为热能。这时 $W=Q$，$V=IR$，所以

$$Q = I^2Rt, \qquad P = I^2R \qquad (3.3.9)$$

在国际单位制中，Q，I，R，t 的单位分别为焦耳（J）、安培（A）、欧姆（Ω）、秒（s）。上式表明，电流通过导体所产生的热量跟电流的二次方成正比，跟导体电阻与通电时间成正比。这一结论叫**做焦耳定律**。

不同的用电器将电能转换成其他形式能量的本领不同，在电路中能承受的电压也不尽相同，它们取决于用电器本身，分别称为**额定功率**和**额定电压**。这些数值在出产前已被标明在用电器外壳上。把用电器接入实际电路，由于整个电路负载可能发生变化，加在用电器两端的电压会与额定电压有所偏离。这时的电压称为**实际电压**，相应的功率称为**实际功率**。如果实际电压或实际功率等于额定电压或额定功率，那么用电器将正常稳定地工作；如果实际电压或实际功率小于额定电压或额定功率，用电器虽仍能工作，但效率未能很好发挥；如果实际电压或实际功率大于额定电压或额定功率，那就会伤害用电器，用电器长期处于这种状态，使用寿命将变短以致不能工作。

3.4　静磁场

3.4.1　磁感应强度

早在古代人们就从磁体吸铁中接触到磁现象，知道磁体能吸引铁类物质而具有磁性，磁体有两极：南极（S）和北极（N），同性磁极相斥，异性磁极相引，并据此制成指路的**罗盘**（指南针）。与电荷周围存在电场相似，磁体周围也存在一种特殊物质，称为**磁场**。但与正负电荷可以独立存在不同，磁体的两极是不能独立存在的，任何磁体不管把它分割得多小，每一小块磁体仍然具有南北两极。

1820 年丹麦物理学家奥斯特（H. C. Oersted）发现，导体通电后附近的小磁针会发生偏转。这一现象称为**电流的磁效应**。随后法国物理学家安培发现，磁场对电

---

① 若用电器是一个将电能全部转换成热能的设备，如电炉、电烙铁、白炽灯等，这种用电器便叫做纯电阻元件，只含纯电阻元件的电路叫做纯电阻电路。

流，如同对磁极一样，存在作用力；而电流与电流之间，如同磁极与磁极之间一样，也存在作用力。电磁学理论进一步说明，一切磁现象的根源都是电流或运动的电荷。同样，磁体的磁性来自内部电流的磁效应。磁体的磁场与稳恒电流周围的磁场相同，都不随时间改变，称为**静磁场**。一个磁体通过磁场对其他磁体、运动电荷、载流导线（通电导线）产生作用，这种作用力称为**磁（场）力**。磁力的大小在一定条件下反映了磁场的强弱。

磁场强弱的客观描写是**磁感应强度 _B_**。磁感应强度是一个矢量。它的大小规定为以单位速度运动的单位电荷受到的最大磁力，即

$$B = \frac{F_{max}}{qv} \tag{3.4.1}$$

方向为小磁针平衡时其北极的指向。在国际单位制中，B 的单位是特拉斯，简称特（T）。$1T = 1N \cdot A^{-1} \cdot m^{-1}$。常见单位还有高斯（G），$1G = 10^{-4}T$。表 3.2 列举了几种物体磁感应强度的数量级。

表 3.2　　　　　　　　　　　　　几种物体磁感应强度

	地磁场	永磁体	大型磁铁	超导材料	原子核	脉冲星
B（T）	0.5×10^{-4}	1×10^{-2}	2	10^3	1×10^4	1×10^8

3.4.2　毕奥-萨伐尔定律

法国物理学家毕奥（J. B. Biot）和萨伐尔（F. Savart）认为，任意形状的载流导线在其周围磁场中某点 P 处产生的磁场，可以将此导线分成许多小段然后将所有小段的贡献相加（求积分）得到。而任意小段电流元 Idl（I 是流经此小段的电流强度，dl 是小段长，方向沿电流方向）在 P 处产生的磁感应强度

$$d\boldsymbol{B} = \frac{\mu_0}{4\pi} \frac{Id\boldsymbol{l} \times \boldsymbol{r}}{r^3} \tag{3.4.2}$$

式中，$d\boldsymbol{l} \times \boldsymbol{r}$ 称为矢量积（或叉积），其大小为 $|d\boldsymbol{l} \times \boldsymbol{r}| = rdl\sin\theta$，$\theta$ 是 $\boldsymbol{r}$ 与 $d\boldsymbol{l}$ 间的夹角。相应地，$d\boldsymbol{B}$ 的大小为

$$dB = |d\boldsymbol{B}| = \frac{\mu_0}{4\pi} \frac{Idl\sin\theta}{r^2} \tag{3.4.3}$$

式中，r 是 P 点到电流元的距离，$\mu_0 = 4\pi \times 10^{-7} N \cdot A^{-2}$ 是真空磁导率。$d\boldsymbol{B}$ 的方向遵守矢量积的右手螺旋法则，即将右手大拇指与四指垂直，4 个手指的指向由 $d\boldsymbol{l} \rightarrow \boldsymbol{r}$，大姆指指向则是 $d\boldsymbol{B}$ 的方向。以上所述的规律叫做**毕奥-萨伐尔定律**。利用上式可以求得无限长载流直导线在距其 R 处的磁场大小

$$B = \frac{\mu_0 I}{2\pi R} \tag{3.4.4}$$

由右手定则不难看出，无限长载流直导线的磁场是以导线为轴，在与导线垂直的平面内的同心圆。

3.4.3 磁场中的高斯定理和安培环路定理

与电场相似，在磁场中也可以引入一些曲线，称为**磁感应线**（或**磁感线**）。磁感线上任意一点的切线方向即为该点磁感应强度 $\boldsymbol{B}$ 的方向，该点处磁感线密度（通过单位面积的磁感线条数）在数值上即等于该点 $\boldsymbol{B}$ 的大小。任意两条磁感线也互不相交。但与电力线不同，磁感线都是封闭曲线。这是因为自然界存在单个正电荷和负电荷，但不存在单个磁极（磁单极），因此磁感线不可能像电力线那样有起点、有终点，而只能是从一点出发又回到该点，即是一条封闭的曲线。

磁场中通过某点处面元 ΔS 的磁感线条数，称为该点处面元 ΔS 的**磁通量**（ϕ）。磁通量的单位是韦伯，简称韦（Wb），$1\mathrm{Wb} = 1\mathrm{T} \cdot \mathrm{m}^2$。如果 S 是磁场中一个封闭曲面，那么由于磁感线是封闭曲线，因此有多少条磁感线进入封闭曲面所包范围的 V，就必有同样数目的磁感线离开 V，它们的代数和为零，即

$$\phi = 0 \tag{3.4.5}$$

上式说明，通过任意封闭曲面的磁通量恒等于零，此即磁场中的**高斯定理**，又称为**磁通量连续性原理**[①]。

与静电场 $\boldsymbol{E}$ 的环流恒等于零不同，静磁场 $\boldsymbol{B}$ 的环流一般不等于零。可以证明，磁感应强度 $\boldsymbol{B}$ 沿任意闭合路径 L 的积分值（$\boldsymbol{B}$ 的环流）等于穿过 L 所围面 S 的所有稳恒电流 I_j 代数和的 μ_0 倍，即

$$\oint_L \boldsymbol{B} \cdot \mathrm{d}\boldsymbol{l} = \mu_0 \sum_j I_j \tag{3.4.6}$$

这便是**安培环路定理**[②]。

3.4.4 磁场作用力

运动电荷和载流导线在磁场中会受到磁场的作用力。通常将前者所受到的磁力叫做**洛伦兹力**，而将后者所受到的磁力叫做**安培力**，以分别纪念发现这两种力的两位科学家：洛伦兹（H. A. Lorentz）与安培（A. M. Ampere）。

---

① 具有式(3.4.5)所示性质的场叫做无源场，不具有这种性质的场叫做有源场。可见，磁场是无源场而电场是有源场。

② 场量环流等于零的场叫做无旋场，场量环流不等于零的场叫做有旋场。可见，静电场是无旋场而静磁场是有旋场。

实验表明，一个电量为 q，运动速度为 v 的电荷在磁感应强度为 B 的磁场中受到的洛伦兹力

$$F = qv \times B \tag{3.4.7}$$

如果同时存在电场，那么电荷还应受到电场力 qE 的作用。因此，在电磁场中电荷受到的洛伦兹力

$$F = q(v \times B + E) \tag{3.4.8}$$

上式称为**洛伦兹公式**。

对于置于均匀磁场 B 中长度为 l 的长直导线，其所受的安培力为

$$F = Il \times B \tag{3.4.9}$$

根据矢量积的定义可知：当电流方向与磁场方向成 θ 角时，$F = IB\sin\theta$；当电流方向与磁场方向垂直时，$F = IB$；当电流方向与磁场方向平行时，$F = 0$。安培力的方向可由左手定则判断，即伸开左手，使大拇指与其余四指垂直且和手掌在同一平面内，让磁感线通过手心，4 个手指指向电流方向，那么大拇指所指的方向则为安培力的方向。

3.4.5　磁介质

物质在磁场中会显示不同的磁性，因此，它们又叫做**磁介质**。磁介质的磁性主要表现为**逆磁性**（或抗磁性）、**顺磁性**、**铁磁性**。物质分子（原子）中的电子由于其自旋和轨道运动因而具有分子磁矩，称为内禀磁矩或固有磁矩。在没有外磁场时，这些磁矩的取向是混乱的（取向无序），宏观上不显示磁性。加上外磁场后，这些磁矩趋向于顺着磁场取向，这样产生的磁场叫附加磁场，它使原有的外磁场得到加强。这种性质称为顺磁性，具有顺磁性的物质**称为顺磁（介）质**。有些物质的分子（原子）不具有内禀磁矩即固有磁矩为零，它们在外磁场中会绕磁场方向转动，常称进动。分子（原子）进动所产生电流的磁场总是与原磁场方向相反，附加磁场使原磁场有所减弱。这种性质称为逆磁性，具有逆磁性的物质称为**逆磁（介）质**。还有一类物质，比如铁、钴、镍，内部可以分成几部分，称为磁畴。在一个磁畴中，分子（原子）磁矩有大致相同的取向，在外磁场中产生的附加磁场大，从而极大地加强了原磁场。这种性质称为铁磁性，具有铁磁性的物质称为**铁磁（介）质**。

磁介质在磁场中显示不同磁性的现象叫做磁介质的**磁化**。磁介质在磁场中磁化使之具有附加磁场。这时，总的磁感应强度是外磁场与附加磁场磁感应强度之和。实验表明，总的磁感应强度 B_T 与原有的外磁场磁感应强度 B 成正比，即

$$B_T = \mu_r B \tag{3.4.10}$$

式中，μ_r 是磁介质的相对磁导率。对逆磁质，$\mu_r < 1$；对顺磁质，$\mu_r > 1$；对铁磁质，$\mu_r \gg 1$。将上式代入式（3.4.6）可得

$$\oint \boldsymbol{H} \cdot \mathrm{d}\boldsymbol{l} = \sum_j I_j, \quad \boldsymbol{H} = \frac{\boldsymbol{B}}{\mu_r \mu_0} \qquad (3.4.11)$$

式中，$\boldsymbol{H}$ 称为**磁场强度**①。

铁磁质是一类相对磁导率非常大（$\mu_r \gg 1$）的磁介质。铁磁质的磁化与温度有关，温度升高到某个值时，铁磁性会消失而退化成顺磁性。物质具有铁磁性时，磁畴中分子磁矩取向大致相同，因而是有序的；物质具有顺磁性时，分子磁矩是混乱的，因而是无序的。物理上称这种由于物体内分子（原子）不同行为而表现出的不同宏观状态为**物质的相**。因此，物质具有铁磁性时，称它处于铁磁相，铁磁相是一种有序相；物质具有顺磁性时，称它处于顺磁相（或正常相），相应无序相。物质由铁磁质变成顺磁质时的相变温度又称居里温度。铁磁质具有自发磁化现象，即当外磁场 $\boldsymbol{B} = 0$ 时，铁磁质还留有剩磁 $\boldsymbol{H} \neq 0$。实用的铁磁质，可按其矫顽力（消除剩磁所需的外部作用）大小分为**硬磁材料**和**软磁材料**两类。软磁材料矫顽力和剩磁较小，容易磁化，也容易退磁，适合作变压器铁芯、继电器、电动机转子及定子等。硬磁材料矫顽力和剩磁较大，磁滞特性显著，不易退磁，适合作永久磁铁，可用在磁电式电表、扬声器、耳机及磁控管中。还有一类磁性材料称为**铁氧体**，它由二价金属的氧化物和三价铁的氧化物组成，具有高磁导率、高电阻率等特点，因而涡流损失小，常用于高频技术中。

3.5 电磁感应

3.5.1 电磁感应定律

电流的磁效应告诉人们，电流可以产生磁场。人们自然联想到磁也可能产生电流，即"磁的电流效应"。英国物理学家法拉第（M. Faraday）经过大量实验研究，于1831年最先发现了这一现象。法拉第的实验表明：当穿过闭合导体回路所围面积上的磁通量发生变化时，回路中必有电流产生，这一现象称为**电磁感应现象**。这

---

① 从电磁学理论的角度来看，与电荷周围存在电场对应的是电流周围存在磁场。因此，与电场强度 $\boldsymbol{E}$ 对应的应该是磁感应强度 $\boldsymbol{B}$。电介质在电场中极化会产生附加电场，附加电场与原有外电场叠加而成的合电场用物理量电位移矢量 $\boldsymbol{D}$ 来描写。与之相似，磁介质在磁场中磁化会产生附加磁场，附加磁场与原有外磁场叠加而成的合电场用物理量磁场强度 $\boldsymbol{H}$ 来描写。从这个意义上说，$\boldsymbol{E}$ 和 $\boldsymbol{B}$ 是基本物理量，而 $\boldsymbol{D}$ 和 $\boldsymbol{H}$ 是导出物理量。不过，历史上人们研究物质的磁性是从永磁体开始的，而测量这类铁磁质强度实际得到的是物理量 $\boldsymbol{H}$ 而非 $\boldsymbol{B}$，故将磁场强度的称谓给了 $\boldsymbol{H}$。但从电场、磁场的对称性看，磁场强度应指 $\boldsymbol{B}$。后来人们也认识到这一点，只是由于书刊文献中沿袭此习惯已久，并无刻意加以更正的必要，方才使用至今。在此，特提请读者加以留意。

时，回路所产生的电流称为**感生电流**，所产生的电动势称为**感生电动势**。法拉第进一步指出，感生电动势 ε 的大小与通过回路的磁通量 ϕ 的变化率成正比①，即

$$\varepsilon = -\frac{d\phi}{dt} \tag{3.5.1}$$

这个规律称为**法拉第电磁感应定律**。式中负号的出现是楞次定律的要求。楞次定律是说：闭合回路中感生电流（或感生电动势）的方向总是使得它所激发的磁场阻碍原来磁场的变化。闭合导体回路中产生感生电流说明存在迫使电荷做定向移动的电场。据此，麦克斯韦（J. C. Maxwell）认为，变化的磁场在其周围空间会激发一种新的电场。这种电场不同于静电场，称为**感生电场**。与静电场的环流恒等于零不同，感生电场的环流一般不等于零。进而，静电场是保守场，感生电场不是保守场；静电场线始于正电荷，止于负电荷，是无旋的；感生电场线是闭合曲线，是有旋的。因此，感生电场又叫做**涡旋电场**。

当大块导体处于变化的磁场中或在磁场中运动时②，在导体内部会产生感生电流，这种电流呈涡旋状，故称**涡电流**，简称**涡流**。导体中的涡电流会释放大量的焦耳热，这就是涡流的热效应。利用涡流的热效应可以制成高频感应炉来冶炼金属。放置在炉内的金属会因涡电流产生的大量热而熔化，这种加热方法叫做**感应加热**。它被广泛应用于金属材料热处理以及真空技术等方面。在磁场中运动的导体产生涡电流时，除了热效应外还有机械效应。涡流的机械效应可作为电磁驱动或电磁阻尼，被广泛应用于各种仪表和测量系统中。比如，指针式电表中有一个带金属片的指针，金属片可在表内电磁铁两极间摆动，而指针的摆幅给出应有读数。测量时电表接入待测电路，电磁铁通电，金属片受磁场阻力（电磁阻尼）会迅速停下来，从而使指针尽快稳定以得到正确结果。电气火车使用的电磁制动也是根据电磁阻尼原理制成的。

涡流的存在在一些情况下也会带来危害，必须设法使之减小。例如，变压器和电机的铁芯，如果是块状的，那么在交变磁场中工作时，铁芯内会产生强大的涡流而发热。这样，一方面将有大量电能转变成热能造成能量损失（涡流损耗），另一方面随着线圈温度升高，导线间绝缘材料性能降低，甚至使线圈烧坏。为了减少涡流，变压器和电机的铁芯，常采用电阻率高的硅钢片一片一片叠合而成，各片间还用绝缘材料隔开。对高频交变磁场，则用铁氧体做铁芯。

---

① 磁通量 ϕ 的变化率指单位时间磁通量的改变，在数学上，它可以用磁通量对时间的微商来表示。

② 导体回路相对磁场运动时，同样有感生电流产生。这种情况下产生的电动势称为**动生电动势**。

3.5.2 自感和互感

当一个回路的电流发生变化时，穿过该回路的磁通量也会随之发生变化，从而在其自身回路上产生出感生电动势，这一现象叫做**自感**（现象），自感产生的感生电动势叫做**自感电动势**。实验表明，自感电动势大小 ε_L 与电流变化率成正比，即

$$\varepsilon_L = -L\frac{\mathrm{d}I}{\mathrm{d}t} \tag{3.5.2}$$

式中出现的负号同样来自楞次定律，比例系数 L 叫做**自感系数**简称自感。自感系数的单位为亨利，简称亨（H），常用的单位还有微亨（μH）和毫亨（mH），$1\mu H = 10^{-6}$ H，$1mH = 10^{-3}H$。

当存在一个以上相近的载流回路时，其中一个回路所产生的磁感应线当中有一部分可能穿过其他回路，因此前一个回路（原电路）上电流发生变化时，会在后一个回路（副电路）上激发起感生电动势，这一现象叫做**互感**（现象），互感产生的电动势叫做**互感电动势**。互感电动势也与电流变化率成正比，即

$$\varepsilon_2 = -M\frac{\mathrm{d}I_1}{\mathrm{d}t} \tag{3.5.3}$$

式中，ε_2 是副线圈中互感电动势，I_1 是原线圈中的电流，M 是互感系数，单位也是亨利（H）。

自感和互感现象有着广泛应用。各种电源变压器、中周变压器、输入或输出变压器、电压互感器以及电流互感器等都是利用互感现象制成的。日光灯是自感现象在日常生活中应用的一个典型例子（图3.4）。日光灯主要由灯管（图3.4中 B）、镇流器（图3.4中 C）和启动器（图3.4中 A）组成。灯管两端各有一个灯丝，管内充有微量氩和稀薄汞蒸气，管壁涂有荧光粉。镇流器是一个自感系数很大的带铁芯线圈。启动器是一个充有氖气的小玻璃泡，里面有两个电极，一个是固定的接触片，另一个是用双金属片制成的 U 形动触片。闭合开关后，电源电压加在启动器两极间，使氖气放电发出辉光。辉光产生的热量使动触片膨胀与静触片相连，电路接通，电流流过镇流器线圈和灯管灯丝。这时启动器中氖气停止放电，动触片冷却收缩，使两触片分离，电路断开。电流的瞬变在镇流器中产生与原电压方向相同的强自感电动势，两者叠加后的瞬时高电压加在灯管两端，使灯管内气体放电形成电流通路而使荧光发光。灯管发光后，镇流器起降压限流作用，保证日光灯正常工作。

回路中的自感还具有使回路电流保持不变的性质，这与力学中物体的惯性相似，因此可以把自感系数看作回路自身"电磁惯性"的量度。高频扼流圈便是利用这一性质制作的。通过回路的电流频率很高时，回路的"电磁惯性"也很大使回路电流的变化很小，起到阻高频、通低频的扼流作用。自感线圈（L）和电容器（C）组成的 LC 电路则在无线电接收和发射中起着重要作用。

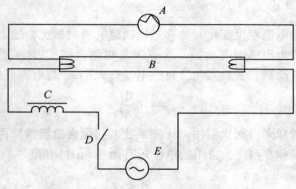

图 3.4 日光灯的自感现象

　　有些情况下，自感和互感现象也是有害的，必须加以避免。例如，有线电话往往会由于两路电话间的互感而引起串音。无线电设备中由于导线间或器件间的互感而互相干扰影响正常工作。含有自感系数很大的线圈的电路，在断开时会产生很大的自感电动势，以致将线圈本身的绝缘保护击穿，或者使电闸产生强烈电弧，烧坏电闸开关。这些都是要设法防止的。

3.6　交变电流

　　交变电流是指大小和方向都随时间做周期性变化的电流。它的最基本形式是电流随时间的变化为正弦(或余弦)函数，这种交变电流称为正弦(或余弦)交变电流。它也是生活中常说的电站供给用户的交流电。

3.6.1　交变电流的产生

　　根据法拉第电磁感应定律，导体在磁场中做切割磁感应线运动时，导体中将产生感应电动势；对于闭合导体，便会有电流产生，称为感应电流。交流发电机便是基于这一原理制成的。它包括两个主要的部分：线圈(又称电枢)和磁极，其中一个部分转动称为**转子**，另一个部分不动，称为**定子**。若线圈转动，磁极不动，发电机称为旋转电枢式的；若线圈不动，磁极转动，则称为旋转磁极式的。旋转电枢式发电机提供的功率较小，电压较低，而旋转磁极式发电机提供的功率大、电压高，因此大型电站均采用这种形式的发电机。

　　图 3.5 是旋转电枢式交流发电机工作原理示意图。设发电机线圈平面垂直于纸面，磁极磁场平行于纸面，线圈以匀角速度 ω 逆时针转动。图中矩形 abcd 表示电枢中的一个线圈，射线表示磁感应线。当矩形平面与磁感应线垂直时，各边都不切

割磁感应线，磁通量变化率为零，矩形内没有感应电动势，这样的位置叫**中性面**。当矩形平面与磁感应线平行时，磁通量变化最大，矩形内感应电动势大小达到最大值。当矩形平面处在其他位置时，感应电动势大小介于两者之间。若当矩形线圈处在中性面时开始计时，即 $t = 0$，则任意时刻 t，线圈与中性面夹角为 ωt。此时穿过线圈的磁通量

$$\phi = BS \cos \omega t \tag{3.6.1}$$

式中，B 是磁极磁感应强度，S 是线圈面积。由式(3.5.1)和式(3.6.1)推得线圈内感应电动势

$$\varepsilon = -\frac{\mathrm{d}\phi}{\mathrm{d}t} = BS\omega \sin \omega t = \varepsilon_{\mathrm{m}} \sin \omega t \quad (\varepsilon_{\mathrm{m}} = BS\omega) \tag{3.6.2}$$

相应地，电流强度

$$I = I_{\mathrm{m}} \sin \omega t \tag{3.6.3}$$

电路中某两点间电压

$$V = V_{\mathrm{m}} \sin \omega t \tag{3.6.4}$$

上面式子中，ε，I，V 分别是感应电动势、电流强度和电压的瞬时值，而 ε_{m}，I_{m}，V_{m} 分别是它们的最大值。可见线圈在匀强磁场中匀速转动产生的感应电动势以及电路中电流和电压都呈正弦(或余弦)函数形式，称为**正弦(或余弦)式交流电**。

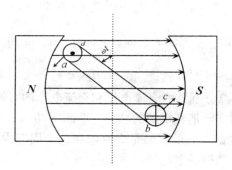

图 3.5 交流发电机工作原理示意图

3.6.2 交流电路中的阻抗

交变电流通过电路时，除了电阻性元件产生的阻碍作用(电阻)外，还有电感性元件(如线圈)和电容性元件(如电容器)对交变电流的阻碍作用。交变电流通过线圈时在其内产生一个自感电动势，这个自感电动势总是阻碍电流的变化。线圈对交变电流的这种阻碍作用称为**感抗**，记为 X_L。交变电流加在电容器上将在两极板间形成一个与电源极性相反的电压而对交变电流产生阻碍作用。电容器的这种阻碍

作用称为**容抗**，记为 X_C。线圈的感抗与自感系数(L)和交流电的频率(f)有关，其表达式为

$$X_L = 2\pi f L \tag{3.6.5}$$

电容器的容抗与电容器的电容(C)和交流电频率有关，其表达式为

$$X_C = \frac{1}{2\pi f C} \tag{3.6.6}$$

电阻、感抗和容抗统称为电路的**阻抗**(或电抗)。

3.6.3　交流电的功率

交流电在电路中某一元件或某一段电路上某一时刻所消耗的功率，称为交流电的**瞬时功率**($p(t)$)。

$$p(t) = u(t)i(t) \tag{3.6.7}$$

式中，$u(t)$，$i(t)$ 分别是相应的瞬时电压和瞬时电流。一般情况下，交流电压和交流电流间存在一定的相位差，它们可以表示为

$$i(t) = I_0 \sin(\omega t), \qquad u(t) = U_0 \sin(\omega t + \varphi) \tag{3.6.8}$$

将式(3.6.8)代入式(3.6.7)并利用三角函数的性质得

$$p(t) = u(t)i(t) = U_0 \sin(\omega t + \varphi) I_0 \sin(\omega t)$$

$$= -\frac{1}{2} U_0 I_0 [\cos(2\omega t + \varphi) - \cos\varphi]$$

$$= \frac{1}{\sqrt{2}} U_0 \frac{1}{\sqrt{2}} I_0 [\cos\varphi - \cos(2\omega t + \varphi)]$$

$$= UI[\cos\varphi - \cos(2\omega t + \varphi)] \tag{3.6.9}$$

式中 $U = U_0/\sqrt{2}$，$I = I_0/\sqrt{2}$ 分别称为交流电压和交流电流的有效值[①]。

交流电路上用电器实际消耗电源的功率并非瞬时功率，而是用平均功率或有功功率(简称功率)来衡量的。它的定义是交流电在一个周期内所完成功率的平均值。根据这一定义可以求得功率的平均值

$$P = UI\cos\varphi \tag{3.6.10}$$

式中，$\cos\varphi$ 叫做功率因数，记为 λ。式(3.6.10)表明，交流电的功率等于其电压有效值、电流有效值与功率因数的乘积。

交流电的功率因数在研究交流电的功率问题中极为重要。这种重要性表现在，输电线上消耗的功率、电路(或用电器)吸收(或获得)的功率以及电力系统所输出的功率都与功率因数密切相关。提高用电器的功率因数，不仅可以提高用电器的功率，而且可以减少输电线路上的焦耳热功率消耗。

---

① 提到交变电流，在没有特别说明时都是指其有效值。

3.6.4 交流电的输送

交流电从电站输送到用户的途中不可避免地会消耗能量。由于输电线存在电阻而在输电过程中损失的电功率 $\Delta P = IV = I^2 R$，因此要减小电功率的损失，一种方法是减小输电线的电阻，如采用电阻率低的材料和加大导线的横截面积。但截面积加大会增加导线重量从而增加架设电线成本和工程难度，因此实际意义不大。另一种方法是减小输电线上的电流，或等价地提高输电电压，一般都采用这一方法。输电电压的改变可以用变压器装置实现。交流电从电站出来经过升压变压器将输出电压升高，然后由输电线输送到用户住处前再经过降压变压器将交流电电压降至用户所需的电压。这就是平时所说的**高压输电**。这种输电方式可以大大减小输电导线上电功率损失。

变压器是用来改变交流电电压和电流的装置(见图 3.6)。它由一个闭合的铁芯和两组绕在铁芯上的线圈组成。交变电流(或电压)从一组线圈输入，称为**原线圈**(初级线圈)；从另一组线圈输出，称为**副线圈**(次级线圈)。

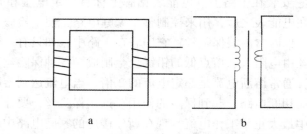

图 3.6　变压器及其在电路中的符号

今以下标 1 表示与原线圈关联的物理量，以下标 2 表示与副线圈关联的物理量。当交流电通过原线圈时，在铁芯中引起交变的磁通量，继而在原、副线圈中产生感应电动势 ε_1，ε_2。由于两组线圈绕在同一闭合铁芯上，因此穿过它们的磁通量(ϕ)相同。于是

$$\varepsilon_1 = n_1 \frac{\mathrm{d}\phi}{\mathrm{d}t}, \qquad \varepsilon_2 = n_2 \frac{\mathrm{d}\phi}{\mathrm{d}t} \tag{3.6.11}$$

两式相除得

$$\frac{\varepsilon_1}{\varepsilon_2} = \frac{n_1}{n_2} \tag{3.6.12}$$

式中，n_1，n_2 分别是变压器原、副线圈匝数。如果两线圈的电阻很小，那么线圈两端的电压与其感应电动势相等，即 $V_1 = \varepsilon_1$，$V_2 = \varepsilon_2$，从而

$$\frac{V_1}{V_2} = \frac{n_1}{n_2} \qquad (3.6.13)$$

这种忽略原、副线圈的电阻和各种电磁能量损失的变压器，称为**理想变压器**。显然，理想变压器原、副线圈的端电压与它们的匝数成正比。对于理想变压器，原线圈中的输入功率等于副线圈的输出功率，$P_1 = P_2$，即 $I_1 V_1 = I_2 V_2$，故

$$\frac{I_2}{I_1} = \frac{V_1}{V_2} = \frac{n_1}{n_2} \qquad (3.6.14)$$

可见，理想变压器原、副线圈中的电流与它们的匝数成反比。

3.6.5　家庭电路与安全用电常识

家庭电路是最常见最基本的实用电路。家庭电路主要由进户线、电能表、总开关、保险盒、(分)开关、用电器和插座等组成。家庭电路进户线由两根导线组成，一根火线，它能使试电笔发光；一根零线，它不会使试电笔发光。火线带电，零线在户外就已经接地，不带电，火线与零线间电压为220V。电能表显示用户使用的电能(耗电量)，它安装在干路上。电能表铭牌上标有额定电压和允许通过的最大电流。总开关安在电能表之后，用来控制整个家庭电路，便于检修和更换设备。总开关后接保险盒，保险盒内装保险丝，它串联在干路中，如只有一根保险丝则应接在火线上。保险丝由电阻大、熔点低的铅锑合金制成。各种保险丝都有相应的额定电流和熔断电流，通常熔断电流是额定电流的 2 倍。当电流达到熔断电流时保险丝会自行熔断，从而切断电路，起到保险的作用。选用保险丝，要让它的额定电流等于或稍大于电路中最大正常工作电流。现在新建楼房的家庭电路中已不再使用保险丝，而用一种新型的保险装置空气开关代替。空气开关是利用电磁铁的磁性来切断电路的。每个空气开关都有自己的额定电流，当电路中的电流小于或等于其额定电流时，空气开关正常工作；而当电路中的电流大于额定电流时，空气开关会切断电路(俗称跳闸)，以保护用电器和人身安全。分开关用来控制各支路的通断，与相应的用电器串联，应接在火线上。用电器是用电的各种装置，对整个电路而言，它又叫负载。常用的插座有两孔插座和三孔插座。两孔插座中一孔接零线，一孔接火线。三孔插座中的三孔接线通常是左零右火中间接地。家庭电路最常见的故障就是短路和断路(又称开路)。短路时，保险丝会熔断。不过负载过大使家庭电路中电流过大也会引起保险丝熔断。开路可用试电笔检测。这时处在断点与火线之间，试电笔会发光；而处在断点与零线之间，试电笔不会发光。据此可以判定断路的位置。

电给我们的生活带来了极大的便利，但触电和雷击事故也时有发生，它危及人身的安全，因此普及安全用电常识是十分必要的。

电对人体造成的伤害程度与通过人体电流的大小及持续时间有关。当有 6×

10^{-4}A 电流通过时，人体会有麻木的感觉；通过 0.02A 电流会感到剧痛和呼吸困难；通过 0.05A 电流，就有生命危险；通过 0.1A 以上的电流，会产生心脏麻痹以致心跳停止而危及生命。这是因为人体是导体，一般情况下人体电阻为 $10^4 \sim 10^5 \Omega$，皮肤潮湿时，人体电阻可降到 $10^3 \Omega$。利用欧姆定律可以估算出对人体安全的电压不高于 36V。我国家庭电路上的电压是 220V，工业用动力电路上的电压是 380V，高压输电线路上的电压可高达 10kV ~ 500kV。为了区别，通常将不高于 1 000V 的电压称为低压，高于 1 000V 的电压称为高压。上述电压都远远超过安全电压，接触它们都有可能发生触电事故。

要防止触电，就必须注意安全用电。这就要求做到：不接触低压带电体，不靠近高压带电体；更换或移动用电器前应断开电源开关；不弄湿电器，不损坏绝缘层；保险装置、插座、导线、用电器超过使用寿命应注意更换。一旦有人触电，应先切断电源，或用绝缘棍棒将电线挑开，再对触电者尽力施救，施救中也应注意自身保护，防止触电。如遇雷雨，人在平原开阔处又无避雨场所，则应先选低洼处，双脚并拢蹲下，人在山区，则应进入山洞避雨；人在旅途中，则应待在旅游车厢内。

3.7 电磁波

3.7.1 麦克斯韦方程组

基于前人研究所得到的电场、磁场的性质以及它们之间的关系，麦克斯韦提出了一组方程式①，它包括 4 个数学公式，并于 1864 年公诸于世。这组方程式被称为**麦克斯韦方程组**。麦克斯韦方程组是经典电动力学的基础，根据这一方程组，麦克斯韦预言了电磁波的存在，给出了电磁波的传播速度即光速，揭示了光不过是波长在某一范围内的电磁波，十几年后德国物理学家赫兹用实验证实了这一预言。

3.7.2 电磁波

根据麦克斯韦电磁场理论，变化的电场将产生磁场，而变化的磁场又将产生电场。这种交替变化的电磁场在空间中传播便形成了波，这就是**电磁波**。根据麦克斯韦电磁场理论可以严格地给出电磁波的存在及其传播速度。1888 年德国物理学家赫兹(H. R. Hertz)利用振荡电偶极子产生了电磁波，利用偶极子共振接收了电磁波，从而在实验上验证了电磁波的存在。随后，赫兹还做了其他一些实验，它们都

---

① 麦克斯韦方程组是在式(3.2.8)、式(3.2.9)、式(3.4.5)、式(3.4.6)的基础上加以推广和完善得到的。

证明电磁波也可以产生反射、折射、干涉、衍射等现象，表现出一切波动现象所具有的特征。

理论和实验还表明：①电磁波是横波，即电矢量 E 和磁矢量 B 都与传播方向（波矢 k 的方向）垂直；②电矢量 E 和磁矢量 B 互相垂直，且与波矢 k 满足右手螺旋关系；③电矢量 E 和磁矢量 B 分别在各自平面内振动，它们的振动同频、同相，并且振动振幅成比例。

3.7.3　电磁波谱

通常所说的光是指波长在 $400\sim760\text{nm}$ 的可见光，它能为人眼所见。可见光中不同的波长具有不同的颜色，其波长由长到短分别对应红、橙、黄、绿、青、蓝、紫。波长比紫光更短，范围在 $5\sim400\text{nm}$ 的电磁波称为紫外线。紫外线不能为人眼所见。温度很高的物体会辐射大量紫外线。紫外线具有较强的消毒杀菌作用。波长在 $10^{-2}\sim5\text{nm}$ 的电磁波称为 X 射线，又称伦琴射线，它是 1895 年伦琴用高速电子轰击金属靶时得到的。X 射线能量高，穿透力强，可使照相底片感光，使荧光屏发光。医学上可用做透视、摄片，工业上可用做金属探伤和结构分析。比 X 射线波长更短的是 γ 射线，它是贝格勒尔在 1896 年发现的。γ 射线比 X 射线穿透力更强，可用做金属探伤或研究原子结构。波长比可见光长，范围在 $760\text{nm}\sim400\mu\text{m}$ 的电磁波为红外线。红外线有显著的热效应，通常热辐射指的就是红外线。红外线可用做红外追踪、红外探测、红外摄影，也可用来制作红外烘箱等。电磁波中频率最低，波长最长的是无线电波。无线电波通常由电磁振荡电路产生后通过天线发射，波长范围在 $10^{-3}\sim10^{4}\text{m}$，其中波长大于 3km 的为长波，波长在 $3\text{km}\sim50\text{m}$ 的为中波，波长在 $50\sim10\text{m}$ 的为短波，波长小于 10m 的为超短波（或微波）。长波可用于导航，中、短波用于无线电广播和通讯，微波用于调频无线电广播、电视、通讯和雷达。

电磁波按其频率（或波长）的顺序排列形成了电磁波谱，表 3.3 给出了电磁波谱的不同频段。

表 3.3　　　　　　　　　　　　　　　　**电 磁 波 谱**

	无线电波	微波	红外线	可见光	紫外线	X 射线	γ 射线
频率（Hz）	$10\sim10^{9}$	$10^{9}\sim$ 3×10^{11}	$3\times10^{11}\sim$ 4×10^{14}	$3.84\times10^{14}\sim$ 7.69×10^{14}	$8\times10^{14}\sim$ 3×10^{17}	$3\times10^{17}\sim$ 5×10^{19}	$10^{18}\sim$ 10^{22}

3.7.4　电磁振荡与电磁波的发射

一个大小和方向都随时间迅速地做周期性变化的电流叫**振荡电流**，能够产生振荡电流的电路叫**振荡电路**。最简单的振荡电路是由电容 C 和线圈 L 串联而成的闭合电路，又叫做 **LC 回路**(图 3.7)。充了电的电容器在回路中放电。在线圈中引起变化的电流，从而在线圈中产生感生电动势。当电容器放电完毕，线圈中感生电动势将维持原电流方向不变，使电容反向充电直到电容器充电完毕。然后又开始新一轮放电、充电过程。电容器充电、放电、反向充电、反向放电，这样的过程循环往复，在 LC 回路中产生了振荡电流。电容带有电荷，具有电场能，线圈通过电流，具有磁场能。这些量都随振荡电流而发生周期性变化，这种现象叫做**电磁振荡**。可以证明，振荡电路的周期 T 和频率 ν 与 L，C 的关系为①

$$T = 2\pi\sqrt{LC}, \qquad \nu = \frac{1}{2\pi\sqrt{LC}} \tag{3.7.1}$$

图 3.7 LC 振荡电路

要把这样的振荡电路作为波源向外发射电磁波，还必须具备两个条件：一是振荡频率要高，二是电路不能封闭，要开放。显然，振荡频率要高，电路中线圈的自感 L 和电容器的电容 C 就要小。电路要开放，电磁场及其能量就不能集中在线圈和电容器中，而要让它们在空间中分散开来。因此，根据这样的要求应当对原来 LC 电路进行改造。实际的做法是，将电容器两极板拉开至与线圈轴线成一直线。于是，整个 LC 振荡电路演变成一根直导线，这便是通常说的天线。利用发射天线就可以有效地向空间发射电磁波。

3.8 电磁学的应用

19 世纪 70 年代以后，人们对电磁理论进行了深入探索和应用。随着发电机、电动机相继发明和远距离输电技术的出现，电气工业迅速发展起来，电力在生产和生活中得到广泛应用，人类社会便由"蒸汽机时代"进入了"电气时代"。科技史上也称蒸汽机的发明与应用为第一次技术革命，称电力的发明与应用为第

---

① 式(3.7.1)表示的周期和频率叫做振荡电路的固有周期和固有频率，简称振荡电路的周期和频率。

二次技术革命。

在电力的使用中，**发电机**和**电动机**是相互关联的两个重要组成部分。发电机是将机械能转化为电能；电动机则相反，是将电能转化为机械能。电动机俗称"马达"，由直流电带动的电动机叫做直流电动机，由交流电带动的电动机叫做交流电动机。1819 年丹麦人奥斯特发现电流磁效应的存在。随后安培等人得到了确定电流磁效应的安培定则。1821 年英国物理学家法拉第利用电流磁效应制作了最初的发电机。1831 年法拉第发现变化的磁场可以产生感生电流，得出了电磁感应定律。次年法国人皮克希据此制成手摇磁石发电机。十多年之后，德国人西门子于 1866 年制成了能真正发电的自激式直流发电机。1870 年比利时学者格拉姆在此基础上发明了性能更好、效率更高的发电机，因而被人们称为"发电机之父"。随后，以西门子公司为核心，电力工业在德国得到迅速发展。基于意大利科学家法拉里旋转磁场原理，1873 年阿特涅提出交流发电机设想。法国学者德普勒于 1882 年提出远距离输电的方法。同年，美国发明家爱迪生在美国纽约建成第一个火力发电站。1891 年，远距离输电在德国法兰克福实验成功。远距离输电问题的解决使交流发电机得到更广泛应用。19 世纪八九十年代，人们制造出三相异步电动机，被广泛使用在工业生产中。其中电灯无疑是极为突出的应用。人们很难想象，当今世界没有电灯会是怎样？

19 世纪中叶，照明主要还是用蜡烛、油灯、柴火等作光源。伏特电池出现后，有人就想，既然闪电是自然放电引起的电火花，那么是否能利用伏特电池产生电火花来制造人工闪电呢？这样不就可以当灯使用了吗？1809 年，英国科学家戴维把 2 000 个伏特电池串联在一起，将两端引出的两条导线分别接在上下相对的两根碳棒上，中间留有空隙，结果在两根碳棒之间产生了长约 10 毫米的电光。这种电光极亮，且弯曲成弧形，戴维把它叫做电弧。不过，戴维的电弧灯，因电池不能长时间强烈放电，产生的电弧光较短；且因电弧温度高，碳棒会熔化而使其间距加大，故需不断移动碳棒，才能使电光不至于熄灭。后来俄国人雅布洛奇科对戴维的电弧灯进行了改进。他把两根碳棒并排，当中用黏土或石膏填充，省却了移动碳棒的麻烦。为了让并排的两根碳棒熔化速率相同，雅布洛奇科交替变换电流方向，即一会儿让电池正极接某根碳棒，一会儿接另一根碳棒。1847 年斯泰特设计了一种调节器能自动实现这一转换。这种电弧灯被称为"电烛"，它可以不断地发出淡红色或淡紫色的光。电烛传到法国，1877 年，巴黎繁华的大街便出现了电烛路灯。可惜电弧灯发出的光亮刺眼，不宜作室内照明。为了寻找到合适的光源，人们开始了新的探索。

受导线通电后会发热的启示，科学家猜想，温度高到一定程度时，导线就有可能发光。1854 年德裔美国人戈贝尔首先制造了一个这样的灯泡，但灯丝亮了一会儿很快就被烧断了。这种利用灯丝发光的新光源便是白炽灯。1877—1880

年期间，不少人都在想制作一种耐用的白炽灯泡，其中比较突出的有：英国人莱恩-福克斯和斯旺，美国人索里和曼，但最终获得成功的是大发明家爱迪生。爱迪生1847年出生在美国，童年时家境贫寒，12岁开始外出打工，15岁找到了一份电报员的工作。爱迪生从小就爱思考，爱钻研，善于发明。在从事电报员工作期间，爱迪生就有意识积累这方面经验，并于1869年研制成一台新型收发电报装置。发明获得专利，爱迪生便把赚来的钱又投入其他发明中。爱迪生一生共有一千多项发明，其中最重要的无疑就是白炽灯。1878年爱迪生也用金属丝做了一个白炽灯，同样灯丝很快便被烧断了。同年索里和曼改用碳丝作灯丝，但因处理不当未获成功。1879年莱恩-福克斯宣称金属丝不宜作灯丝。随后斯旺展示了一种在真空玻璃泡内装有碳丝的灯泡。受到他们的启发，爱迪生也放弃了使用金属丝而改用碳丝作灯丝。爱迪生尝试了上千种材料，终于在1879年10月研制成用灯烟和碳化沥青细丝作灯丝的真空灯泡，这种灯泡可持续发光40个小时以上。1880年爱迪生改用更为合适的材料，碳化扁竹条，作灯丝效果更佳。随后爱迪生在纽约建立了美国第一家发电厂，1882年9月爱迪生电厂首次点亮了用户家中的白炽灯，为他们在黑夜里送去光明。此后白炽灯便最先在欧美大陆普及开来。

现在，市面上各种灯具琳琅满目。随着大量环保灯、节能灯的不断涌现，白炽灯逐渐悄然离去，但它在人类照明史上无疑留下了重重的一笔。

3.8.1 电动机

在奥斯特发现电流磁效应和安培发现磁场对电流作用力规律之后，1831年，美国人亨利试制了一台被认为是世界上的首部电动机。随后威廉里奇制成第一台可以转动的电动机。1838年，俄国人雅可比在亨利模型的基础上进行改装，改用电磁铁代替永久磁铁制作电动机，改装后的电动机装在一艘小船上，小船载着12名乘客在涅瓦河上航行成功，从而表明直流电动机已进入实用阶段。根据旋转磁场原理，1885年意大利物理学家费拉里斯和美国物理学家特斯拉各自独立地发明了交流电动机。

直流电动机主要包括固定部分和旋转部分。固定部分(定子)有磁铁和电刷，磁铁称作主磁极。转动部分(转子)有环形铁芯和绕在环形铁芯上的绕组(电枢线圈)。当给电刷上通直流电时，线圈上有电流通过，主磁极N和S产生的磁场对线圈有磁力矩的作用，线圈在磁力矩的作用下转动。

常用的交流电动机有三相异步电动机、单相交流电动机、同步电动机等。三相异步电动机是依靠旋转磁场旋转起来的，三相异步电动机的定子绕组由三组线圈组成，三个绕组在空间相互间成120°夹角。当定子绕组的三组线圈中通入三相交流电时①，在定子绕组会产生一个旋转磁场。定子绕组产生旋转磁场后，转子导条（鼠笼条）切割旋转磁场的磁力线而产生感应电流，该电流又与旋转磁场相互作用产生电磁力，电磁力产生的电磁转矩便驱动转子旋转起来。由于电动机实际转速略低于旋转磁场的转速，所以这种电动机被称为异步电动机。如果定子旋转磁场的转速和转子旋转转速保持同步，那么这种电动机被称为同步电动机。

3.8.2　发电机

电磁感应理论建立以后，1832 年法国发明家皮克希成功地制造了一台手摇发电机，输出的是直流电。但这台最初的发电机输出电流极为微弱，并无实用价值。1866 年，德国的西门子发明了自励式直流发电机。这种发电机功率高，重量轻。从此电能开始以大量、廉价而赢得青睐。1869 年，比利时的格拉姆制成了环形电枢，发明了环形电枢发电机。1891 年，特斯拉获得了交流发电机的专利权。由于交流电的效能优于直流电，因此交流电逐步取代了直流电而被广泛应用在生产、生活中。

交流发电机通常包括定子、转子、端盖、轴承等部件。交流发电机的种类，从原理上分有同步发电机、异步发电机、单相发电机、三相发电机；从产生方式上分有汽轮发电机、水轮发电机、柴油发电机、汽油发电机等；从能源上分有火力发电机、水力发电机等。

3.8.3　变压器与远距离输电

根据法拉第电磁感应定律人们制成了变压器。变压器是在同一个铁芯上绕上两组匝数不同的线圈，一组叫**原线圈**，另一组叫**副线圈**。当原线圈匝数大于副线圈时，为**降压变压器**；当原线圈匝数小于副线圈时，为**升压变压器**。显然，只有输入交流电，变压器才能达到变压的目的。

在早期，工程师们主要致力于研究和发展直流电，发电站的供电范围也很有限，而且主要用于照明，还未用作工业动力。随着各行各业对电的需求日益加大，要求建造大的发电装置，并把电输送到远方用户的呼声也越来越高。为了减少输电线路中电能的损失，只能提高电压。在发电站将电压升高，到用户地区再把电压降下来，这样就能在低损耗的情况下，达到远距离送电的目的。1883 年，法国人高拉德和英国人吉布斯制成了第一台实用的变压器，使交流输电成为可能。1888 年，由费朗蒂设计的伦敦泰晤士河畔的大型交流电站开始输电。随后，俄国设计出三相交流发电机，并被德国、美国推广应用。1891 年，在德国建成了世界上第一个三

---

① 三相交流电由三相交流发电机产生。三相交流发电机运行的过程可以看做是三相交流电动机的逆过程，因此其构造与三相交流电动机类似。

相交流输电系统。从此高压输电在全世界范围内迅速推广。

现代电力输送是一个由升压变压器、传输线路、高压塔架、降压变压器、无功补偿器、避雷器等电气设备，以及监视和控制自动装置所组成的复杂网络系统(现代电力网)。传输线路通常采用架空线路或电力电缆。输配电除了变压器、传输线路等电气设备外，还配有输配电自动化控制，用来合理分配电网中的有功、无功功率，进行功率分配和功率补偿，保证电力网运行的安全。

3.8.4　磁电式仪表

电磁测量中常用的电流表、电压表等仪表都是磁电式仪表。磁电式仪表是根据磁场对载流线圈有磁力矩的原理制作的测量仪表。它主要由永久磁铁、置于永久磁铁两极间的可动线圈及与之相连的发条式弹簧和指针等部分组成。

当可动线圈中通有电流时，线圈在磁场力矩作用下会发生转动，转动时，与之相连的弹簧发生形变产生弹性恢复力矩。当磁力矩和弹簧弹性力矩平衡时，指针停留在某位置上，从而指示出线圈中电流大小。此时线圈中的电流强度为

$$I = K\theta \tag{3.8.1}$$

式中，K 为一个反映电流计内部结构特征的恒量，称为电流计常数，电流计常数 K 愈小，电流计愈灵敏。

3.8.5　静电复印机

静电复印机可以用来迅速、方便地把图书、资料、文件复印下来。静电复印机的中心部件是一个可以旋转的接地的铝质圆柱体，表面镀一层半导体硒，叫做**硒鼓**。半导体硒有特殊的光电性质：在没有光照射时是很好的绝缘体，能保持电荷；在受到光的照射时立即变成导体，将所带的电荷导走。

用静电复印机复印一页材料要经过充电、曝光、显影、转印等几个步骤。充电是由电源使硒鼓表面带上电荷的过程。曝光过程中，光学系统将原稿上图、文的像成在硒鼓上。这个像不为肉眼所见，称为**潜像**。在显影过程中，带负电的墨粉被吸附在"潜像"上，显出墨粉组成的字迹。带正电的转印电极使输纸机构送来的白纸带正电。带正电的白纸与硒鼓表面墨粉组成的字迹接触，转印过程再将带负电的墨粉吸到白纸上，形成牢固的字迹。

除静电复印机外，静电技术在其他方面也获得广泛应用，如静电除尘、静电喷涂、静电植绒、静电灭菌等。

3.8.6　电磁炮

电磁炮是利用电磁发射技术将电能转化成弹丸动能的一种新概念武器。与传统火炮相比，它的优点是：弹丸初速度大，无声响，无烟尘，易操作，生存力强，可

望用于反卫星、反导弹、反装甲与战术防空。

电磁炮射程远可以用来攻击远距离目标。电磁炮的弹药填充方式也不同于一般火炮，电磁炮炮弹几乎不装填炸药，它通过调节电能输入来改变射程因而无须改变射角。这样，既可以在短时间内连续发射炮弹，攻击对方不同距离的多个目标，又能有效拦截空中快速目标；此外也可以减少炮弹在制造、运输、存储方面的安全隐患。

电磁炮按发射方式一般分为同轴线圈炮、电磁轨道炮和磁力线重接炮三类。线圈炮采用线圈加电流的方式使炮弹加速而获得较高速度。轨道炮由两条与电源相连接的平行直导轨和位于导轨之间的弹丸组成，流经导轨的强大电流产生的磁场将弹丸加速，最后以很大的速度抛出。磁力线重接炮是电磁炮的一种新形式，其理论和实践还不够成熟，尚处于探索阶段。

思考题 3

1. 自然界存在哪两种电荷？它们有什么性质？
2. 就你所知，有哪些方法可以使物体带电？
3. 库仑定律(式(3.2.1))适用的条件是什么？
4. 导体处于静电平衡时，导体内部和导体表面的电场强度各为多少，它们的电势满足什么条件？
5. 什么是等势面？在等势面上移动电荷时，静电力是否做功？
6. 判断下列有关电流和电源的说法是否正确：
①电路中只要有电源，就一定产生电流；
②电荷的运动形成了宏观电流；
③电流的方向总是从电源的正极流向负极；
④电源外部，电流的方向是从电源正极流向负极。
7. 电压表和电流表有何不同？若一个连接有电压表和电流表的电路出现了下列情况，依你判断，这时电路上可能产生了什么故障？
①电流表无读数，电压表读数等于电源电压；
②电流表有读数，但电压表无读数；
③电流表和电压表均无读数。
(假设电流表和电压表均无损坏，且接触良好。)
8. 为了生活方便，卧室内的照明灯一般可由两个开关控制，一个安在进门处，一个安在床头旁，操作任意一个开关都能开灯、关灯。试画出这种设计的电路图。
9. 楼道里的照明灯，只有夜间有人经过时才需要点亮。利用光敏材料制成的"光控开关"可以在天黑时自动闭合，天亮时自动断开。利用声敏材料制成的"声控开关"可以在有人走动时自动闭合，无人走动时自动断开。为了既能方便路人，又能节约用电，可以将这两种开关组合成一个"智能开关"，天黑有人经过时自动闭合，其他时间自动断开。试画出这一设计的电路图。

10. 在日常生活中常发现，一个灯泡的灯丝烧断了，把它重新搭上接入电路中，灯泡会比之前更亮，说明其中的道理。

11. 一用户照明线路上安有三盏灯，突然发现全都不亮，经检查，保险丝没有烧断，用试电笔测试火线和零线，氖管均发光，则故障可能出现在哪里？（试电笔可用来辨别火线和零线，与火线接触，试电笔内氖管发光，与零线接触氖管不发光。）

12. 某电路的保险丝允许通过的电流为 20A，该电路已接入 15W、25W、40W、60W 电灯各 2 盏，160W 电冰箱、100W 电视机、300W 洗水机、120W 电脑各一台，问能否再接入 2 台 1 500W 的空调？道理何在？

13. 根据你所学的电学知识，下列一些做法是否符合安全用电原则？
①保险丝和开关应接在火线上；
②空气开关"跳闸"后，应先查明原因，排除故障后再"合闸"；
③做卫生时可用湿布擦拭电器；
④发生触电时首先要切断电源。

14. 什么是电场线和磁感应线？它们有什么特点？

15. 说出下列工业产品是利用了电和磁的什么性质：电饭煲、电磁铁、电动机、发电机、变压器。

16. 判断下列说法是否正确：
①电荷在某处不受电场力作用，则该处电场强度为零；
②一小段通电导线在某处不受磁场力作用，则该处磁感应强度为零；
③磁感线总是从磁体的 N 极指向 S 极。

17. 什么是电介质的极化？什么是磁介质的磁化？

18. 物质的磁性主要有哪几种？

19. 安培定则又叫做右手螺旋定则，它是用来判定电流方向与其磁感应线方向之间关系的。试用安培定则判定：①直线电流的磁场；②通电螺线管的磁场；③环形电流的磁场。

20. 电感和电容对交变电流的阻碍作用大小不仅与电感、电容本身有关，而且还与交流电的频率有关。试说明如果直流电、交流电、低频电流、高频电流分别通过电感和电容元件，它们各自会出现什么情况。

21. 在用交流电作电源的电气设备铭牌上，标出的额定电压、额定电流等数值是指其最大值、瞬时值还是有效值？

22. 什么是功率因数？它有何重要性？

23. 什么是理想变压器？远距离输电为什么要用变压器变压？

24. 试分析 LC 回路发生电磁振荡时，电场能与磁场能互相转化的过程。

25. 电磁波传播时，电场、磁场与传播方向相互之间有何关系？

26. 人们很难想象，现代社会没有电会变成什么样子。在电磁学研究上出现过许多伟大人物，如富兰克林、奥斯特、法拉弟、爱迪生、麦克斯韦等，他们的发明和发现给人类现今丰富多彩的生活作出了巨大贡献。就你所知，说说这些科学家的最主要贡献。

第4章 光学初步

人从出世睁开眼睛认识世界开始最先接触到的就是光。可以说，光学是物理学中最古老的一门学科，但它又是物理学中一门重要的分支学科。光学也是当前科学领域最活跃的前沿学科之一。光学主要研究光的现象、光的本性和光与物质的相互作用。它的内容包括几何光学、波动光学、量子光学、电子光学、非线性光学、信息光学等。本章将着重介绍几何光学、波动光学及光的本性等内容。

4.1 几何光学

几何光学是以光的直线传播和反射、折射定律等实验事实为基础，利用几何定律研究光在各种媒质中传播问题的光学分支。它不涉及光的本性，而将光的传播路程看做几何学中的线段(光线)，因此几何光学又称**光线光学**。光的直线传播定律、光的反射和折射定律、光的独立传播和可逆性原理，构成了几何光学的理论基础。

4.1.1 光的直线传播

成语"凿壁偷光"，讲述了西汉学者匡衡小时候因家境贫寒，无钱买灯油，而在墙上凿一个小洞，偷光念书的故事。可见，光从小洞进来，走的是直路。尘埃在阳光照射下，会显示出一条细而直的光带。物体通过小孔能成像。这些事实都告诉人们，光在同一种均匀介质中是沿直线传播的，因此通常可以用一条直线代表一束光，称为**光线**。光线是研究光传播的一种理想模型。但是从光是一种波动的理论来分析，光线的概念，只有当所研究物体的线度比光的波长大得多时，才是适用的。

本身发光的物体叫做**发光体**或**光源**。若发光体的大小与所涉及的光传播范围相比可以忽略不计，则此光源称为**点光源**。自不同方向或不同物体发出的光线在空间相遇时，每条光线都各自独立传播，不改变其波长、相位与传播方向，这叫做**光的独立传播定律**。

能够传播光的物质叫做**光的介质**。光线走过的路径叫**光路**。当光线的方向逆转时，光线将沿与原方向相反的同一路径传播，这一规律称为**光的可逆性原理**。

光传播的速度叫**光速**。光速是自然界中最重要的常数之一。古代人相信光速是无限的。1607年，伽利略首先尝试测量光速。他让两个观察者 A，B 分处两个山头，然后测定 A 用灯光把信号传到 B 并接受到从 B 返回来信号所需要的时间；于是由两山头的距离(L)和测定的时间(Δt)便可求出光速($2L/\Delta t$)。但由于光速过大，距离太短，无法测出时间差，伽利略的实验未能成功。后来人们改用天文距离，终于从天文现象中得到了光速的有限值。1676 年在巴黎天文台工作的丹麦天文学家勒麦(Römer)观察到木星的卫星蚀(木卫食)在某个半年比其平均周期长；而在另一个半年则比其平均周期短。勒麦认为，这可以用光速有限来解释。据此勒麦测得的光速为 215 000 千米/秒。由于地球的运动，观察者看到的恒星表观方向与恒星的真正方向有一偏转。这一偏转称为光行差角，它与地球运动速度和光速有关。利用恒星在天球上的不同位置可推得光速，这种测量光速的方法称为**恒星的光行差法**。曾用此法求得光速为 303 000 千米/秒。纯粹在地面上首先利用实验方法测出光速的是法国物理学家菲索(Fizeau)。他用搁置在远处的镜子代替伽利略方法中的观察者 B，用快速旋转的齿轮代替观察者 A 发出和接受光信号。测出镜子与齿轮的距离和齿轮的转速，便可以求出光速。1849 年菲索利用齿轮法求得光速为 315 000 千米/秒。1868 年另一个法国物理学家傅科(Foucault)用旋转镜代替齿轮法中的镜子，用固定镜代替齿轮测得光速为 298 000 千米/秒。美国物理学家迈克耳逊(Michelson)把齿轮法与旋转镜法结合建成旋转棱镜装置。1926 年迈克耳逊利用旋转棱镜法测得光速为 299 796 千米/秒。现代公认真空中光速

$$c = 2.998 \times 10^{8} \mathrm{m} \cdot \mathrm{s}^{-1} \approx 3 \times 10^{8} \mathrm{m} \cdot \mathrm{s}^{-1}$$

这与电磁理论给出的电磁波波速一致，说明光是一种电磁波。光在介质中的传播速度

$$v = \frac{1}{\sqrt{\varepsilon_0 \varepsilon_r \mu_0 \mu_r}} = \frac{c}{\sqrt{\varepsilon_r \mu_r}} \qquad (4.1.1)$$

式中，ε_r，μ_r 分别是介质介电常数和磁导率，c 是真空中的光速。

4.1.2 光的反射与折射

光线所经过的物质称为**介质**(或媒质)。光线从一种介质进入另一种介质时，在其交界面，一部分光线会改变方向返回原来的介质传播，这便是光的**反射现象**；而另一部分光线会透过界面进入另一种介质继续传播，这便是**折射现象**。原来的光线叫**入射(光)线**，经界面返回原介质传播的光线叫**反射(光)线**，透过界面进入另一介质继续传播的光线叫**折射(光)线**。入射线与交界面法线间夹角叫**入射角**，反射线与交界面法线间夹角叫**反射角**，折射线与交界面法线间夹角叫**折射角**。图 4.1 是光经界面反射与折射示意图。人们很早就从镜面成像中知道了光的反射规律。光的折射规律则是由荷兰数学家斯涅耳在 1626 年得到的。斯涅耳当时的表述为：对于给定的两种介质分界面，入射角和折射角的余割之比为一常数。现代教科书中折射定律的表述形式，最先是由笛卡尔于 1637 年在其《屈光学》一书中给出的。

设入射角为 θ, 反射角为 θ', 折射角为 θ'', 则光的反射定律可表述成:

①入射线、反射线与法线在同一平面内(入射面);

②入射线与反射线在法线两侧;

③ $\theta' = \theta$。

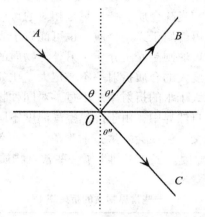

图 4.1 光的反射和折射

值得注意的是:由于物体表面光滑程序不同,光的反射通常有两种类型。当反射表面平滑时,平行光被反射后仍为平行光,这种反射称为**镜面反射**。当表面粗糙时,平行光被反射后会射向各个方向,这种反射称为**漫反射**。教室里的黑板如果太光滑,便会"反光",这时就是发生了镜面反射。要避免"反光",就要使黑板表面变粗糙些,如在毛玻璃上刷黑板油。

光的折射定律(又称斯涅耳定律)可以表述如下:

①入射线、折射线与法线在同一平面(入射面);

②入射线与折射线在法线两侧;

③入射角 θ 的正弦与折射角 θ'' 的正弦之比为常量

$$\frac{\sin\theta}{\sin\theta''} = n_r = \frac{n''}{n} = \frac{v}{v''} \tag{4.1.2}$$

这里 $n_r = n_{21}$ 是介质 2 相对介质 1 的折射率(**相对折射率**), n, n'' 分别是介质 1 和介质 2 相对真空的折射率①(绝对折射率)。对一种介质有:

$$v = \frac{c}{n}, \qquad n = \sqrt{\varepsilon_r \mu_r} \tag{4.1.3}$$

———————

① 这里,用下标 1 表示入射光所在的介质,用下标 2 表示折射光所在的介质,下同。

式中，v 是介质中光速，n 是介质相对真空的折射率，通常称介质的折射率，ε_r，μ_r 分别是介质的相对介电常数和相对磁导率。折射率是表示折射光线相对入射光线偏折程度的物理量。由式 (4.1.3) 可知，光在介质中的传播速度与其折射率有关，折射率越大，其传播速度越小；折射率越小，其传播速度越大；反之亦然。折射率较大的介质称**光密介质**（或光密媒质），折射率较小的介质称**光疏介质**（或光疏媒质）。需要注意的是：光密介质和光疏介质的概念只是相对的。对同一种介质来说，当与之对比的介质不同时，它可能属于光密介质，也可能属于光疏介质。比如，水相对空气是光密介质，而相对玻璃则是光疏介质。另外，物质的密度与介质的折射率之间也没有直接的联系，密度大的介质折射率不一定大。比如，酒精的密度小于水的密度，但酒精的折射率却大于水的折射率。不过，对同种物质，当密度变大时，它的折射率通常也会变大。自然界中，由于冷热空气温度不同，密度不同，折射率也不同，因此在冷热空气的交界处便会发生折射现象。这也就是人们有可能看到"海市蜃楼"、"沙漠蜃景"的原因。表 4.1 列举了一些常见物质的折射率。

表 4.1   一些常见物质的折射率

	真空	空气	水	玻璃
n	1	~1	1.33	1.50~2.0

当光从光密媒质进入光疏媒质时，折射角 $\theta_2 >$ 入射角 θ_1。这时存在一个临界入射角 θ，若 $\theta_1 \geqslant \theta$，则有 $\sin\theta_2 \geqslant 1$。由于正弦值不能大于 1，因此实际上将没有折射现象发生，入射光将被界面全部反射，这种反射称为**全反射**。显然发生全反射的临界入射角满足

$$\sin\theta = \frac{n_2}{n_1}\sin\frac{\pi}{2} = \frac{n_2}{n_1} \qquad (n_2 < n_1) \tag{4.1.4}$$

即发生全反射的条件是，光从光密媒质进入光疏媒质时，入射角大于上式所给的临界值（ $\arcsin n_2/n_1$ ）。

4.1.3 光学镜面

利用光在介质交界面的反射和折射现象，人们制作了各种不同的镜面。最常见的有以下几种。

1. 平面镜

古代中国就已经知道用铜做镜子。战国时代生产的铜镜大多是用铜锡合金制成的，正面抛光，背面铸有字或花纹。铜镜的反光本领较弱，成像不太清晰，近代都改用玻璃镜。相传第一面玻璃镜诞生在威尼斯。当时的意大利是世界玻璃制造业中

心。一面面明亮的威尼斯镜子轰动了欧洲市场，也为威尼斯赚回了大量白银。威尼斯镜子传入法国，法国人秘密学会了威尼斯技术，并改进了这种技术，生产出了比威尼斯镜子更明亮的法国水银玻璃镜。从此法国取代意大利成了玻璃镜的新王国。不过，法国的水银玻璃镜镀有水银，水银有毒，且制作麻烦。后来德国化学家李比希发明了化学镀银法，由于金属银比水银反射本领大，因而玻璃镜的背面就不再镀水银，而改镀银，银镜便逐步取代了水银镜。不过，现在市面上的玻璃镜也不再镀银，而是镀铝，因为铝的反射本领更强，且价格又比银低得多。制造业的发展不但使玻璃镜日臻完善，而且给古老的金属镜也带来了新的活力。现在有些汽车上的后视反光镜就是镀铬的金属镜，它成像清晰，且不怕磕碰，经久耐用。

这里所说的玻璃镜和金属镜有个共同点，那就是镜面均为平面。反射面为平面的镜面叫做**平面镜**。物体自身或反射光源发出的光经镜面反射后在镜内生成一个大小、形状和物体截面完全相同且与镜面等距但左右互换的虚像。实际物体和平面镜所成的虚像的对称性称为镜面对称。

2. 球面镜

反射面为球面一部分的镜面叫做**球面镜**。球面镜有两种：利用球面内表面作反射面的叫**凹(面)镜**；利用球面外表面作反射面的叫**凸(面)镜**。球面镜镜面的中心称为顶点(C)，顶点与球心 O 的连线叫做球面镜的主轴。平行于主轴的光线经球面镜反射后将会聚于一点，这点叫做焦点(F)。焦点到顶点的距离称为焦距(f)。凹面镜的焦点是实焦点，凹面镜对光线有会聚作用。因此，凹面镜常用作手电筒、汽车前灯和探照灯的灯碗，也可制成太阳灶对物体加热。天文学上还用凹面镜制作大型反射式望远镜观测星空。凸面镜的焦点是虚焦点，即反射光反向延长的交点，凸面镜对光线有发散作用。因此，凸面镜常用作汽车观后镜或马路拐角处的交通观察镜。

球面镜成像规律可以用下式表示：

$$\frac{1}{p} + \frac{1}{p'} = \frac{1}{f} \quad \left(f = \frac{R}{2}\right) \tag{4.1.5}$$

式中：p 是物距，即顶点到物点(物体在主轴上的位置)的距离；p' 是像距，即顶点到像点(像在主轴上的位置)的距离；R 是曲率半径。各量符号的规定为：$p < 0$；若像与物在球面镜同侧，则 $p' < 0$，异侧则 $p' > 0$；对凹面镜，曲率半径 R(或焦距 f)<0，对凸面镜，R(或 f)>0。式(4.1.5)称为**高斯公式**。可见，物体在 F 和 C 之间时，它在凹面镜内成一放大正立的虚像；在 F 和 C 以外时成一倒立实像。物体在凸面镜前无论什么位置，它在镜内总是成一缩小正立的虚像。

3. 薄透镜

透镜指由有两个表面的透明物体所组成的光学系统。透镜的两个表面一般都制成球面。中间厚、边缘薄的透镜叫**凸透镜**；中间薄、边缘厚的透镜叫**凹透镜**。凸透镜对光线有会聚作用，故又称为会聚透镜。远视眼镜便是一种凸透镜。放大镜、显微镜、望远镜也是用凸透镜制作的。凹透镜对光线有发散作用，故又称发散透镜。近视眼镜便是一种凹透镜。

　　当透镜的厚度远小于球面曲率半径时，这样的透镜称为薄透镜。在薄透镜的情况下，它的两个球面顶点可视为重合，这一点叫做薄透镜的光心(O)。通过光心的光线传播方向不变。与主光轴(透镜两个球面球心的连线)平行的光线通过透镜时将会聚在主光轴的某点上，该点称为焦点(F)。焦点到透镜光心的距离叫焦距(f)。对凸透镜，$f > 0$；对凹透镜，$f < 0$。经过焦点或从焦点发出的光线通过凸镜后与主光轴平行。

　　薄透镜的成像公式可以写成：

$$\frac{1}{p'} - \frac{1}{p} = \frac{1}{f} \tag{4.1.6}$$

凹透镜所成的像，无论物体位置如何，都是缩小正立的虚像，像和物在透镜同侧。凸透镜所成的像，其规律由表 4.2 给出。

表 4.2　　　　　　　　　　　　　　　**凸透镜成像规律**

物距 ($u = -p$)	像距 ($v = p'$)	像的特点	应用
$u > 2f$	$f < v < 2f$	倒立缩小的实像	照相机
$u = 2f$	$v = 2f$	倒立等大的实像	
$f < u < 2f$	$v > 2f$	倒立放大的实像	幻灯机、投影仪
$u = f$		不成像	
$u < f$	$v < 0$	正立放大的虚像	放大镜

　　在画透镜成像光路图时，有三条光线起着特殊的作用(图 4.2)：①平行于主光轴的光线，通过凸透镜后会聚于焦点，经过凹透镜后反向延长会聚于焦点；②经焦点射出的光线(对凸透镜)或正对另一侧焦点射出的光线(对凹透镜)通过透镜后与主光轴平行；③经过光心的光线方向不变。

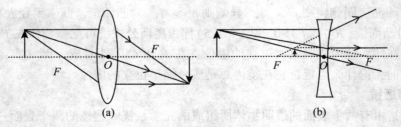

图 4.2　透镜成像光路图

4.2 波动光学

波动光学认为光的本性是一种波,即光波。19 世纪末,随着麦克斯韦电磁场理论的建立和赫兹实验对电磁波存在的证实,人们进一步认识到光波实际上就是一种频率处在一定范围内的电磁波(参见表 3.2)。波动光学便是基于光的波动性研究光的传播规律的光学分支。它的内容包括光的干涉、光的衍射、光的偏振等。

4.2.1 光的干涉

1. 光的干涉

光是一种电磁波,因此它也具有波动所特有的干涉和衍射现象。实验表明,电磁波中能引起视觉和感光效应的主要因素是电场强度的振动,故研究中将只关心电场的振动,而把电场的振动就称为**光振动**,电场强度矢量则称为**光矢量**。

频率一定的光称为单色光,单色光在介质中传播时它的频率不会改变①,但波速(v)会改变,因而波长(λ_n)以及 波矢 k_n 也会发生改变,这时

$$v = \frac{c}{n}, \quad \lambda_n = \frac{\lambda}{n}, \quad k_n = nk \quad\quad (4.2.1)$$

式中:λ,k 是该单色光在真空中的波长和波矢②,n 是介质的折射率。

如果两束光是相干光③,那么在它们的交叠区间,某些位置会出现光振动始终增强(明条纹),而另一些位置会出现光振动始终减弱(暗条纹)。这种现象便是光的**干涉**。这种明暗相间的条纹叫做**干涉条纹**。

平面单色光在介质中传播时,其传播方向上某点 r 处,时刻 t 的电场强度矢量振动的表示式为

$$E = E_0 \sin(\omega t - k_n r + \alpha) \quad\quad (4.2.2)$$

令 $\dfrac{2\pi L}{\lambda} = k_n r$,利用式(4.2.1)有

$$\frac{2\pi L}{\lambda} = k_n r = \frac{2\pi}{\lambda_n} r = \frac{2\pi}{\lambda} nr, \quad L = nr \quad\quad (4.2.3)$$

式中:n 是介质折射率,L 称为介质中光的光程。于是在同一介质中传播的两束光,在某点 r 时刻 t 相遇时,其合成光振动的大小取决于它们的相位差

$$\Delta\varphi = \varphi_1 - \varphi_2 = k_n r_2 - k_n r_1 = \frac{2\pi}{\lambda_n}(r_2 - r_1) = \frac{2\pi}{\lambda} n(r_2 - r_1) = \frac{2\pi}{\lambda}\delta \quad (4.2.4)$$

---

① 频率只与光源有关,而与光在其中传播的介质无关。

② 波矢 k 的方向即波的传播方向,大小为 $2\pi/\lambda$。

③ 具有相同频率、相同振动方向和一定相位差的两束光称为相干光。

式中：$\delta = \Delta L = L_2 - L_1$ 是两束光的光程差，λ 是光在真空中的波长。由式(4.2.4)可见，当光程差为真空中相应波长 λ 的整数倍，或者相位差为 2π 的整数倍时，两束光振动相加，合成光振动最大，光强最强，出现明条纹，称为**干涉相长**；当光程差是 λ 的半整数倍，相位差是 2π 的半整数倍时，两束光振动相减，合成光振动最小，光强最弱，出现暗条纹，称为**干涉相消**。当光程差或相位差处在上述中间值时，合成光振动大小也处在中间，条纹明亮程度也处在中间。故两束光的干涉情况取决于它们的光程差而非路程差，只有在真空中(或近似地在空气中)两者才相等，$L = r$。

2. 双缝干涉与薄膜干涉

两个独立的普通光源发出的光不是相干光，它们相遇不会发生干涉现象。为了从普通光源获得相干光，必须将同一光源发出的一束光分成两束，让它们经不同的路径传播后再相遇。这时，这一对光来自同一光束具有相同的频率、相同振动方向和一定相位差，因而是相干光，可以观察到干涉现象。下面讨论两个这样的例子。

(1)杨氏双缝干涉

1801 年英国物理学家托马斯·杨利用相距很近的双狭缝将一束光分成两束相干光，在与之一定距离的屏上观察到它们的干涉条纹，且由此测得了光的波长。这个实验为光的波动学说的建立起了重要作用。

杨氏双缝干涉实验的光路图如图 4.3 所示。某光源发出的普通单色光经过单缝 S 后变为一束光，经过双缝 S_1，S_2 后分成两束相干光。P 为位于焦平面的屏上任意一点，P 到屏中心 O 点距离为 z。d 是双缝间距，l 是单缝到双缝的距离，L 是屏到双缝的距离，且 $d \ll L$，$l \ll L$。$r_1 = \overline{S_1 P}$，$r_2 = \overline{S_2 P}$。实验在空气中进行，$n \approx 1$。显然经双缝分成的两束光同时抵达 P 点时的光程差(参见式(4.2.3)和式(4.2.4))

$$\delta = r_2 - r_1 \tag{4.2.5}$$

而

$$r_2{}^2 = L^2 + \left(z + \frac{d}{2}\right)^2, \qquad r_1{}^2 = L^2 + \left(z - \frac{d}{2}\right)^2$$

代入得

$$\delta = \sqrt{L^2 + \left(z + \frac{d}{2}\right)^2} - \sqrt{L^2 + \left(z - \frac{d}{2}\right)^2}$$

$$= L\sqrt{1 + \left(\frac{z + d/2}{L}\right)^2} - L\sqrt{1 + \left(\frac{z - d/2}{L}\right)^2}$$

$$\approx L\left[1 + \frac{1}{2}\left(\frac{z + d/2}{L}\right)^2\right] - L\left[1 + \frac{1}{2}\left(\frac{z - d/2}{L}\right)^2\right]$$

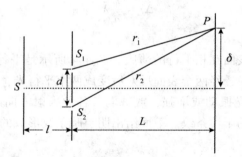

图 4.3 杨氏双缝干涉实验

$$= \frac{L}{2}\left[\left(\frac{z+d/2}{L}\right)^2 - \left(\frac{z-d/2}{L}\right)^2\right]$$

$$= \frac{L}{2} \cdot \frac{2z}{L} \cdot \frac{d}{L} = \frac{dz}{L} \tag{4.2.6}$$

计算中利用了

$$\sqrt{1+x} \approx 1 + \frac{1}{2}x, \quad x << 1$$

$$b^2 - a^2 = (b+a)(b-a)$$

根据式(4.2.4)下面的说明知，当光程差为波长整数倍，即

$$\delta = \frac{dz}{L} = \pm k\lambda, \quad z = \pm k \frac{L}{d}\lambda, \quad k = 0, 1, 2, \cdots \tag{4.2.7}$$

时，屏上出现明条纹，通常称 $k=0$ 相应的明条纹为零级明条纹，$k=1, 2, \cdots$ 相应的明条纹为第一级、第二级……明条纹。当光程差为波长的半整数倍，即

$$\delta = \frac{d}{L}z = \pm(2k+1)\frac{\lambda}{2}, \quad z = \pm(2k+1)\frac{L}{d}\frac{\lambda}{2}, \quad k = 0, 1, 2, \cdots \tag{4.2.8}$$

时，屏上出现暗条纹，$k=0, 1, 2, \cdots$相应的暗条纹通常称第一级、第二级……暗条纹。

上面两个式子可以统一写成：

$$z = m\frac{L}{d} \cdot \frac{\lambda}{2} \tag{4.2.9}$$

$$m = 0, \quad \pm 2, \quad \pm 4, \quad \cdots \quad 明(条)纹$$

$$m = \pm 1, \quad \pm 3, \quad \pm 5, \quad \cdots \quad 暗(条)纹$$

显然，明条纹间距离与暗条纹间距离均为

$$\Delta z = \frac{L}{d}\lambda \tag{4.2.10}$$

（2）平行薄膜干涉

平行薄膜指两个表面互相平行的薄膜。图 4.4 所示是平行薄膜上干涉光路图。一束光照射到平行薄膜，经两个表面反射后变成两束平行光，再经透镜会聚于屏上一点 P，它们的合成光振动或增强，或减弱。各种入射方向的光照射的结果在屏上便形成了明暗相间的干涉条纹。下面给出明、暗条纹形成的条件。

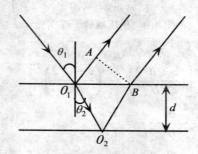

图 4.4　平行薄膜干涉

设入射光和反射光所在的是介质 1，折射率为 n_1，入射角和反射角是 θ_1；平行薄膜是介质 2，折射率为 n_2，折射角为 θ_2，平行薄膜厚度为 d。经两个表面反射后的两束光光程差

$$\delta = L_2 - L_1 \tag{4.2.11}$$

式中：

$$L_1 = n_1 \overline{O_1 A} = n_1 \overline{O_1 B}\sin\theta_1 = n_1 2d\tan\theta_2 \sin\theta_1 = 2n_1 d\sin\theta_2 \sin\theta_1 / \cos\theta_2$$

$$L_2 = n_2(\overline{O_1 O_2} + \overline{O_2 B}) = 2n_2 \overline{O_1 O_2} = 2n_2 d / \cos\theta_2$$

根据折射定律有

$$\frac{\sin\theta_1}{\sin\theta_2} = \frac{n_2}{n_1}, \quad \sin\theta_2 = \frac{n_1}{n_2}\sin\theta_1, \quad \cos\theta_2 = \sqrt{1 - \frac{n_1^{\,2}}{n_2^{\,2}}\sin^2\theta_1} \tag{4.2.12}$$

将上面各式代入 δ 表达式（4.2.11）中可以求得

$$\delta = 2d\sqrt{n_2^{\,2} - n_1^{\,2}\sin^2\theta_1} \tag{4.2.13}$$

由此得明暗条纹的条件为

$$2d\sqrt{n_2^{\,2} - n_1^{\,2}\sin^2\theta_1} + \frac{\lambda}{2} = \pm m\frac{\lambda}{2}, \quad \begin{array}{l} m = 0,\ 2,\ 4\cdots \quad \text{明条纹} \\ m = 1,\ 3,\ 5\cdots \quad \text{暗条纹} \end{array} \tag{4.2.14}$$

特别地，当光从真空（或空气）中入射到薄膜上时，$n_1 = 1$，$n_2 = n$，$\theta_1 = \theta$，n

是薄膜折射率，θ 是入射角。这时明暗条纹的条件是[①]

$$2d\sqrt{n^2 - \sin^2\theta} + \frac{\lambda}{2} = \pm m\frac{\lambda}{2}, \quad \begin{array}{l} m = 0,\ 2,\ 4\cdots \quad \text{明条纹} \\ m = 1,\ 3,\ 5\cdots \quad \text{暗条纹} \end{array} \qquad (4.2.15)$$

4.2.2 光的衍射

因为光在同一种均匀介质中是沿直线传播的，因此，光在传播中，遇到不透明的障碍物时会在其后形成黑色区域（几何阴影区域），即物体的影子。不过，当障碍物大小可以和光的波长相比时，光能够绕过障碍物边缘而继续传播。光的这种偏离直线传播而进入几何阴影区域的现象称为光的**衍射**。下面是两个典型的衍射例子。

1. 单缝衍射

将单色平行光透过单缝经透镜会聚于其焦平面所在屏幕上。若光不发生衍射，则将会聚于屏中心（设缝与屏的中心在主光轴上）。实验观察到屏上出现一组与缝平行的明暗相间条纹，表明光发生了偏转，存在衍射现象。这组条纹通常称为衍射花样。

根据惠更斯-菲涅耳原理，单缝上每一点均可看做发出子波的新波源。狭缝平面沿缝宽分割的各面元发出的子光波经透镜会聚后产生相干叠加。将单狭缝沿缝宽 n 等分，从而单缝平面被分成 n 个狭带，称为波带。若相邻波带发出的偏转角（又称衍射角）为 θ 的子光波光程差恰好是半个波长，那么光振动相位差则为 $180°$，因而互相抵消，这样的波带又称菲涅耳半波带。于是，所有衍射角为 θ 的光会聚后是相长、相消还是处于两者之间，便依赖于 n 是奇数、偶数或两者以外的情形。图 4.5 给出了单缝衍射的光路图。

根据菲涅耳半波带的定义，$n \cdot \dfrac{\lambda}{2}$ 即从单缝两边缘发出的衍射角为 θ 的光的光程差。由图 4.5 可知，此光程差等于

$$\overline{AC} = \overline{AB}\sin\theta = a\sin\theta \qquad (4.2.16)$$

式中，a 是单缝宽。对于 $\theta = 0$ 的特殊情况，各波带发出的光的光程相等，经透镜后会聚，屏中心出现一个明条纹，称为中央明纹。所以

$$\begin{array}{lll} a\sin\theta = 0, & n = 0, & \text{中央明纹} \\ a\sin\theta = n \cdot \dfrac{\lambda}{2}, & n = \pm 2,\ \pm 4,\ \cdots, & \text{暗纹} \\ & n = \pm 1,\ \pm 3,\ \pm 5,\ \cdots & \text{明纹} \end{array} \qquad (4.2.17)$$

---

① 条件左边添加项 $\dfrac{\lambda}{2}$ 是附加光程差。

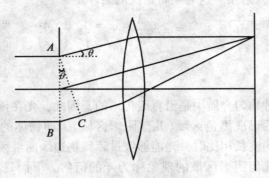

图 4.5　单缝衍射

上式称为单缝夫琅和费衍射公式。

　　$n = 0$ 相应的条纹叫中央明纹，$n = \pm 2$ 对应的条纹叫第一级暗纹，$n = \pm 1$ 对应的条纹叫第一级明纹。其余依次类推。第一级暗纹对应的衍射角 θ 叫中央明纹半角宽度。当 $\theta \ll 1$ 时，$\sin\theta \approx \theta$，由式（4.2.17）知

$$\theta \approx \sin\theta = \frac{1}{a} \cdot 2 \cdot \frac{\lambda}{2} = \frac{\lambda}{a} \qquad (4.2.18)$$

相邻暗纹之间的距离叫明纹宽度。中央明纹的宽度规定为与之相邻的两侧第一级暗纹间距离。当 $\theta \ll 1$ 时，$\tan\theta \approx \sin\theta \approx \theta$，由图 4.5 知，中央明纹宽度

$$d = 2f\tan\theta = 2f\theta = 2f\frac{\lambda}{a} \qquad (4.2.19)$$

式中 f 是透镜焦距。

2. 光栅衍射

　　由一组等宽、等间距的平行狭缝构成的光学器件称为**光栅**。比如，在一平玻璃上划刻一组等宽、等间距的平行狭缝便是一种常见的光栅，称为**平面透射光栅**。设透光部分的宽度为 a，不透光部分宽度为 b，则 $d = a + b$ 称为光栅常数。通常，光栅常数都很小。

　　当一束平行的单色光垂直照射在平面透射光栅上时，一方面，单个狭缝会产生单缝衍射，另一方面，所有单缝发出的衍射角同为 θ 的光会产生多缝干涉。因此，在位于透镜焦平面处的屏上显示的光栅衍射花样是单缝衍射与多缝干涉叠加的结果。由于透射光强大于衍射光强，故这样形成的光栅衍射花样明条纹细而亮、锐利清晰，称为主极大，它是多缝干涉相长的结果。主极大的位置满足

$$d\sin\theta = \pm k\lambda, \qquad k = 0,\ 1,\ 2,\ \cdots \qquad (4.2.20)$$

式中：$d = a + b$ 是光栅常数，θ 是衍射角。图 4.6 是光栅衍射的光路图。式（4.2.20）称为光栅方程，$k = 0$ 是零级明纹，$k = 1,\ 2,\ \cdots$ 分别是第一级、第二级……明纹。

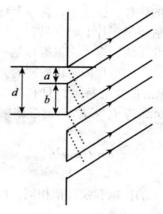

图 4.6 光栅衍射

如果 θ 既满足式(4.2.20)又满足式(4.2.17)的暗纹条件,即光栅衍射的某级主极大同时又是单缝衍射的光强为零处,那么光栅衍射花样的这一级明纹变暗,这一现象称为缺级。这时

$$d\sin\theta = \pm k\lambda, \quad a\sin\theta = \pm k'\lambda \quad (4.2.21)$$

所以光栅发生缺级的级次为

$$k = \frac{d}{a}k' = \frac{a+b}{a}k', \quad k' = 1, \ 2, \ \cdots \quad (4.2.22)$$

4.2.3 光的偏振

1. 光的偏振

我们知道,光的振动方向总是与光的传播方向垂直。如果在与光传播方向垂直的平面(振动平面)内,光振动方向恒沿某一个固定方向,这样的光称为(线)**偏振光**,这个固定的方向称为**偏振方向**,或极化方向。两个同频率且偏振方向垂直的线偏振光合成的结果是一个椭圆(当振幅相等时是一个圆),这种光称为椭圆(或圆)偏振光。如果在振动平面内,不同方向上光振动振幅不等,在某一方向极大而在与之垂直的方向极小,那么这样的光称为部分偏振光。光振动在振动平面内的不对称性称为光的**偏振**。

如果平均来说,没有哪个方向上的光振动优于其余方向,即光在任何方向的振动振幅均相等,这样的光称为自然光,比如太阳、普通光源发出的光。用来从自然光中获得偏振光的器件称为**起偏器**;用于鉴别光的偏振状态的器件称为**检偏器**。一般地,起偏器也可用作检偏器。

2. 马吕斯定律

偏振片是一种人工制作的膜片，膜片中存在一个特殊的方向，叫做偏振片的偏振化方向。当一束自然光照射到偏振片上时，只有平行于偏振化方向的光振动能透过偏振片，故能从自然光中获得线偏振光。偏振片是一种常用的起偏器。

设线偏振光振幅为 E，E 与偏振片偏振化方向的夹角为 θ，于是 E 在偏振化方向上的分量为 $E\cos\theta$。由于偏振片的特点，只有该分量的光振动能通过偏振片，因此通过偏振片前，线偏振光强度 $I_0 \propto E^2$，通过偏振片后获取的偏振光强度 $I \propto (E\cos\theta)^2$，从而有

$$I = I_0 \cos^2\theta \qquad (4.2.23)$$

上式称为**马吕斯定律**。

对于自然光，任何方向上的振幅和强度都相同，因此通过偏振片后的光强为原来的一半，即

$$I = \frac{I_0}{2} \qquad (4.2.24)$$

3. 布儒斯特定律

实验发现，自然光在两种不同媒质界面发生反射和折射时，不仅光的传播方向发生改变，而且光的偏振方向也会改变。一般情况下，反射光会变成沿垂直入射面（入射线与法线所确定的平面）方向为振动极大的部分偏振光，折射光会变成沿平行于入射面方向为振动极大的部分偏振光。特别地，当入射光满足

$$\tan i_0 = \frac{n_2}{n_1} \qquad (4.2.25)$$

时，反射光将是只沿与入射面垂直方向振动的线偏振光，而折射光仍是部分偏振光。这个规律叫做**布儒斯特定律**，满足式（4.2.25）的入射角 i_0 叫做布儒斯特角。式中：n_1 是入射光所在介质的折射率，n_2 是折射光所在介质的折射率。

4.2.4 光波与颜色

雨后彩虹装扮得天空五彩缤纷。古代许多人认为，阳光是白色的，而色彩是物体自身具有的，在阳光照耀下便会显现出来。到牛顿那个年代，已陆续有人对"颜色究竟是什么？"这个问题进行过探讨，但都未能抓住要害。牛顿在剑桥的老师巴罗甚至认为，红光是大大浓缩了的光，而紫光则是大大稀释了的光。这个问题直到1666 年才被牛顿澄清。牛顿在用折射望远镜观察星星时发现，星星周围总伴有彩色的圆环。我们知道，折射望远镜的观察镜使用的是透镜，透镜一般都是中间厚，边缘薄，截面就像一个三角形。牛顿猜想，这个三角形应该与彩环（透镜的色差）的产生有关。据此，牛顿做了一个三棱镜实验。三棱镜是指横截面为三角形的透明体，简称棱镜。结果表明，一束阳光经过棱镜后会分解成各种颜色的光，在光屏上

将形成一条彩色光带。最靠近棱镜顶端的光是红光，而最靠近棱镜底端的光是紫光，构成一条依次为红、橙、黄、绿、蓝、靛、紫七色光的彩带，牛顿把它叫做**光谱**。如果在屏上开一个狭缝，使彩带中某一种颜色的光透过狭缝再照到另一个棱镜上，那么这束光经过棱镜后将不会继续分解。这种不能分解的光叫做**单色光**，而由单色光混合而成的光叫做**复色光**。白光便是由上述各种色光组成的复合光。白光经过三棱镜分解成各种色光的现象叫做**光的色散**(图 4.7)。

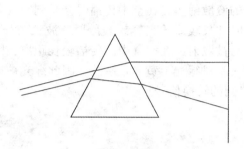

图 4.7　光的色散

牛顿是光的微粒学说的领军人物。牛顿认为，光的不同颜色是因为构成光的微粒不同而形成的，它们在同一介质中传播的速度也不相同。构成红色光的微粒在介质中的传播速度最快，相应折射率最小，折射角最小；构成紫色光的微粒在介质中的传播速度最慢，相应折射率最大，折射角最大。构成其他颜色光的微粒，其传播速度按照红、橙、黄、绿、蓝、靛、紫的顺序逐渐减小，相应折射率逐渐增大，偏折大小逐渐增加。于是，一束白光经过三棱镜后便形成了一条由红、橙、黄、绿、蓝、靛、紫各色光组成的彩带。

无疑对光的色散现象最合理的解释是利用光的电磁波属性。通常所说的光波是指能为人的视觉所感受的电磁波，又称为**可见光**。可见光的颜色是由它的频率确定的，频率在某一小范围内的可见光对应某一种颜色。可见光中频率由低到高的排列顺序为：红、橙、黄、绿、蓝、靛、紫。不同频率的光对同种介质的折射率不同。各种色光中，红光的频率最低(波长最长)，传播速度最快，折射率最小；紫光的频率最高(波长最短)，传播速度最慢，折射率最大。其他色光相关性质处在两者之间。各种色光通过同一棱镜时，由于折射率不同因而偏折的角度也不相同，于是产生了色散现象。

七色光中，红、绿、蓝三种单色光，适当调配它们之间的比例可以合成出其他色光来，比如红光和绿光能合成黄光；但它们中任何一种色光都不能由另外两种色光合成出来。人们把这三种光称为**光的三原色**(或三基色)。绘画颜料中也有三原色：红、黄、蓝，将它们按适当比例混合便可以得到其他彩色。这三种颜色称为颜料的三原色。不过，颜料和色光不同，色光是发光体所发出的频率在一定小范围内的光，颜料的颜色是它所反射的色光。当光照到物体上时，一些光被物体反射，一些光进入物体中。透明体能透过大部分光，因此透明体的颜色由它所透过的色光决定；不透明体能反射大部分光，因此不透明的颜色由它所反射的色光决定。

悬浮的颗粒（分子）在空中取向无序、分布不均，光经过它们反射后朝向四面八方，这种现象称为**光的漫散射**。光在空中传播时会受到空气分子和悬浮在空气中的细小尘埃的散射，这时波长较短的光容易被散射，波长较长的光不容易被散射。由于红光波长长，不容易被散射，在空气中能传播较长距离，因此在道路交通中被选作停止信号；又由于人眼对绿光、黄光较敏感，因此绿光被选作通行信号，而黄光则为"停止"和"通行"间的转换信号。

4.3　光的本性

光学是最古老的物理学分支之一。古代人从日常生活中就观察到光的直线传播、光的反射和折射现象，制作了各种类型的镜子。但对光的本性的见解却鲜有所闻，直到 17 世纪才出现这方面的争论。

光的本性究竟是什么？对这个问题一开始就有两种不同的看法：微粒论和波动论。微粒学说认为光是一种粒子；波动学说认为光是一种波。围绕光的本性所发生的争论，从牛顿、惠更斯时代开始就一直没有停止过，它推动了光学乃至整个物理学的发展。

光的反射与折射定律的建立使光学真正成为一门科学。笛卡儿最先用微粒学说解释了光的折射现象。随后牛顿对光学进行了更广泛的研究，取得了重要成果，特别是在光的色散方面。1704 年，牛顿出版了这方面的重要著作《光学》一书。根据光的直线传播性质，牛顿提出了光的微粒学说。牛顿认为光是来自光源的微粒流，这些微粒在均匀介质或真空中做匀速直线运动；不同颜色的光由不同微粒组成，各种不同微粒的混合便是白光。利用光的微粒学说，牛顿解释了光的反射与折射定律，并且推出了光在光密介质中的传播速度大于其在光疏介质中的传播速度[①]。在解释光的衍射和干涉问题上，牛顿认为，光线通过介质边界时，微粒之间的相互作用能使光线进入物体的几何阴影区从而产生衍射现象。但牛顿的理论不能很好地解释光的干涉现象。

另外一方面，意大利学者格里马第、英国物理学家胡克及荷兰物理学家惠更斯

---

① 事实上，实验表明，光在光密介质中的传播速度小于其在光疏介质中的传播速度。

等人却认为，光同水波和声波一样，也是一种波。1678 年在法国科学院的一次会议上，惠更斯提交了一篇关于光的理论的论文，1690 年惠更斯的著作《论光》一书出版，它标志了光的波动学说正式诞生。书中惠更斯最先尝试以波动理论解释光，并且提出了著名的关于波传播的惠更斯原理，即波阵面上的每一点都可以看成一个新的波源，向外发出球形子波。据此，惠更斯很好地解释了光的反射和折射现象。惠更斯的波动理论虽然有它成功的一面，但仍然很不完善。特别是，它把光波看做像声波一样的纵波，而且根本没有提及光波的周期性。

由于光的微粒说对当时已知的光现象都能做出相应的解释，而光的波动说却难以解释影子的存在和光的直线传播这一明显的事实，以及微粒说的领军人物牛顿本人的崇高威望，因此，光的波动说被忽视了长达一个多世纪。直到 19 世纪初大量实验事实均表明了光的波动性，波动学说才重新引起人们注意并进而得以复兴。

复兴光的波动学说的第一人是英国科学家托马斯·杨。1801 年，托马斯·杨在英国皇家学会宣读的关于薄片颜色的论文中，首次引入了干涉原理并以此解释了薄片的色彩。杨的观点在牛顿的故乡并没有引起重视，但法国人菲涅耳和阿拉哥支持这一观点。1815 年，菲涅耳用实验显示了光的干涉的存在，并利用惠更斯原理对其进行了解释。随后在光波是横波的假设下，波动说也成功解释了光的直线传播与偏振现象。菲涅耳还指出，光波与声波不同，光的波长要短得多，光很难像声音一样"弯进黑暗的地区"，因此物体在光照下会留下影子。由于杨、菲涅耳和阿拉哥等人的出色工作，1825 年以后，大多数物理学家特别是年轻人都接受了光的波动说。而光速的实验测定则给予光的微粒说以致命打击。根据牛顿的微粒说，光在光密媒质中速度较大；相反根据波动说，光在光疏媒质中速度较大。1850 年法国人佛科在科学院会议报告上宣布他关于光速测定的实验成功，他发现光速在水中比在空气中要小。这一结果使物理学界彻底抛弃了光的微粒说。

19 世纪 30 年代后，波动学说得到进一步发展，物理学家通过对光现象的系统研究，确认红外线、紫外线和可见光的区别仅仅是波长不同。1868 年，麦克斯韦的著名论文《关于光的电磁理论》发表，文章断言光是一种电磁波。1885 年，赫兹用实验证实了电磁波的存在。在经典物理学中长达百年之久的光的微粒说和波动说之争，最终以波动说获胜，光被认为是一种电磁波。从此，光的波动本性被牢固地树立起来。

19 世纪的大多数物理学家都相信"以太"是光波在空间传播的承载者。这种"以太"无处不在，且不跟随任何运动物体一起运动，这同牛顿绝对空间的观点相吻合。从 1881 年开始，迈克耳逊就试图用实验检测"以太"空间究竟是静止的还是运动的。迈克耳逊的多次实验都没有观察到"以太"的漂移，其中最著名的一次是迈克耳逊与莫雷合作进行的迈克耳逊-莫雷实验。这个实验以极高的精度否定了地球与"以太"间存在相对运动的可能性。这一结果给那些认为"以太"是自由的、静止的物理学家以巨大的打击，也导致了相对论的建立。

另一个令物理界震惊的事件是，1887 年赫兹在研究用紫外光照射在电火花隙缝的负极上时，观察到这会有助于放电。一年后霍尔瓦克斯发现，在光的影响下物体会释放出负电。勒纳进一步发现，光照射在某些金属上会有电子发射出来，这些电子的速度与光的强度无关，而与其波长（或频率）有关。光波的频率存在一个阈值，小于这个值便没有电子发射出来；频率越高，发射出的电子速度越大。光照射在某些金属上会激发出电子来，这一现象叫做**光电效应**，被发射出的电子称为**光电子**。金属中的最外层电子受原子核的吸引力比较弱，容易摆脱原子核束缚而在整个金属内自由运动，被称为**自由电子**。但这些电子要从金属中逃逸出来获得真正的自由，则必须克服整个金属对它的束缚而做功（称为逸出功）。电子克服逸出功而逃离金属表面所具有的动能叫做初动能。按照光的波动学说，光波的能量只与其振幅（即光强）有关，而与其频率（或波长）大小无关。光的振幅越大，光越强，光电子的初动能越大。然而，观察到的结果却表明，光电子初动能大小只与光的频率有关而与振幅无关。光的频率越高，逸出金属表面的光电子初动能越大。光的强度只影响光电子数目多少。另外，光的频率存在一个截止值（阈值），当光的频率小于相应阈值时，无论光的强度多大也没有光电子发射出来，因此不会发生光电效应。光电效应这一现象显然是光的波动学说无法解释的。为了解释光电效应，1915 年爱因斯坦提出了光量子理论。爱因斯坦认为，光是由粒子流组成，这些粒子称为光量子或光子。如同普朗克的能量子一样，光子的能量和光波频率之间也满足 $\varepsilon = h\nu$（h 是普朗克常数）。由能量守恒定律知

$$mv^2/2 = h\nu - A \tag{4.3.1}$$

式中：m 是光电子质量，v 是它的速度，ν 是入射光频率，A 是逸出功。式（4.3.1）称为爱因斯坦公式。根据爱因斯坦假设，光子的能量只与光波频率有关，而与光波振幅无关。因此当光的频率小于阈值（$h\nu - A = 0$）时，无论光多强（光的强度由其振幅平方确定）也不会有光电子发射。当然，在光子的频率大于阈值时，光越强，光子数越多，因而发射的光电子数也就越多。利用爱因斯坦光量子假说便可以合理解释光电效应。

爱因斯坦的光量子假说说明光具有微粒的特性；而光的衍射、干涉、偏振现象又说明光具有波的特性。可见，光既不能看做经典观念中的粒子，又不能看作经典观念中的波。换言之，光既是粒子，又是波；它是一种兼具微粒和波动双重属性的统一体。事实上，这种双重属性在微观世界普遍存在，它被称为微观粒子的**波粒二象性**。

4.4 人眼的光学功能与常见的光学仪器

4.4.1 人眼的光学功能

人的眼睛相当于一个光学图像接收器。眼球外包有坚韧的膜，前面透明的部分是角膜，其余部分为巩膜。球内包括虹膜、水状液、晶状体和玻璃状液等。虹膜中间的圆孔叫做瞳孔，瞳孔的直径可以调节，让采集的光通量发生变化以决定像的亮度。晶状体受毛肌控制可以改变形状，从而能使距离不同的物体均成像于视网膜上。眼睛通过睫状肌可以调节其焦距，从而可以看清远近不同的物体。人眼在完全松弛状态下能看清最远物体的距离叫做**远点**。正常人的远点在无穷远处。人眼在睫状肌最大收缩（这时焦距最短）时能看清最近物体的距离叫做**近点**。对大量视觉正常的人的统计结果表明，在照明条件较好的情况下，物体距离为 25m 时，人眼才不易疲劳，这个距离叫做**明视距离**。人眼能分辨的两物点的距离取决于两点对眼睛的张角，即**角距离**。能分辨两物点的最小角距离叫做**最小分辨角**。在白昼黄斑①内的最小分辨角接近 1′，在照明条件较差的情况下可降至 1°。

由于各种原因，有些人的远点比正常人的要近，无穷远处物体会成像于视网膜前方，只有眼前有限距离的物体才能成像于视网膜上。这种人俗称患有近视。有些人的近点比正常人的要远，无穷远处物体会成像于视网膜后方，这种人俗称患有远视。而"散光"则是由晶状体在两个正交的平面中具有不同的曲率所引起的。近视眼可用凹透镜（近视眼镜）进行矫正；远视眼可用凸透镜（远视眼镜）进行矫正；散光可用柱面透镜进行矫正。

最早的眼镜诞生在什么年代，现已难以考查。大概在 12 世纪末欧洲便有了眼镜，最先出现在威尼斯，据说是阿玛蒂于 1285 年发明的。那时的眼镜只有镜片，后来才陆续发明了挂在耳朵上的眼镜腿和架在鼻梁上的鼻托。随着科学技术的发展，现在供人们使用的眼镜已是形形色色，五花八门。有种眼镜没有框架，只有头发丝那么厚，可以贴在虹膜瞳孔上，称为隐形眼镜。这给那些爱美的男女省却了摘取眼镜的麻烦。除了能矫正视力外，眼镜的其他功能也在不断开发。如一种在玻璃镜片上镀有金属铬的镀膜眼镜，它能使交警和其他长时间在烈日下工作的人群，避免受到强光和紫外线的照射，是一款不错的护眼产品。利用光致变色玻璃磨制的变色眼镜也是广受消费者欢迎的，它能随着光强的变化而改变镜片的颜色，阳光下，它显深色，进入室内，它会自动由深变浅，直至无色。近年来，还出现了催眠眼镜，可以用来治疗失眠症；视控眼镜可以帮助行动困难的人开灯、开电视等；夜视

---

① 黄斑位于视网膜靠近光轴处，它的分辨本领最高。

眼镜则让人在黑夜如同白昼一样可以看清物体，行走自如，它在军事和和平建设中都有广泛的用途。

4.4.2　常见的光学仪器

1. 放大镜

放大镜就是一个焦距不大（约 $1\sim 10\text{cm}$）的凸透镜。根据凸透镜成像规律，当物距小于凸透镜焦距时，物体经凸透镜折射后在与之同侧处成一正立、放大的虚像；物体越靠近凸透镜焦点，所成的虚像也越大。因此当把物体放在放大镜与焦点之间且靠近焦点的某处时，可以观察到一个正立、放大的虚像。借助放大镜，人们可以将较小的、眼睛不容识别的物体放大，以便得到更为清晰可辨的视觉效果。

2. 照相机

在 15 世纪的欧洲，人物肖像是靠画家画下来的。画家们为了迅速画出人物，制作了针孔绘图暗箱，利用小孔成像原理在暗箱的毛玻璃屏上生成物体的实像，然后贴上半透明纸，在上面描图。1727 年，瑞典人舍勒发现能感光的感光剂（氯化银）。英国人威吉尔特受此启发，试图用感光剂来摄影。威吉尔特的想法引起了画家们的注意。随后巴黎著名肖像画家达盖尔抛开画笔，潜心研究感光剂，终于在 1839 年用小孔成像和感光剂感光的原理，制成了一台照相机。十几年后，人们改进了感光剂，发明了"珂锣町湿版法"，并改用凸透镜代替小孔成像，用这样的照相机拍一张照只需几秒钟。此后，达盖尔发明了一种摄影术，他将暗箱加以改装，用碘化银制成的胶片作感光板，胶片感光后放入稀释水银溶液中显影，再用苏打碱溶液冲洗定影，这样得到的照片清晰可见。达盖尔发明的摄影术成了摄影师的基本技能，达盖尔相机从此成了第一架真正的照相机。接着 1855 年出现了布帘快门，1860 年出现了大型单镜头反光照相机，1919 年出现了中心快门，等等。照相机从此成为商品，开始批量生产，照相也成了一种行业。

传统照相机由镜头、胶卷、调焦环、光圈环、快门、取景窗等组成。

照相机镜头相当于一个凸透镜，它是利用"当物距大于 2 倍焦距（$u > 2f$）时，物体通过凸透镜成一倒立、缩小的实像"这一原理来工作的。胶卷上的每一张胶片均由对光敏感的物质制成。调焦环用来调节镜头到胶片的距离，光圈用来控制进入镜头的光的多少，快门用来控制曝光时间。

拍照时，镜头离被拍摄的人物景观应在 $2f$ 以外，并确定拍摄对象位于取景窗内；旋转镜头上的调焦环使拍摄对象在胶片上产生清晰的图像；根据当时日照情况调节光圈大小和曝光时间；按下快门完成拍照。然后将已感光的胶片经过显影、定影、停影处理后便得到可以长时间保存的底片。底片经冲洗后最终成为可供观赏的相片。

现在人们使用的大多是数码照相机。数码照相机又叫数字照相机，它是一种利用电子传感器将光学影像转换成电子数据的照相机。数码照相机集光学、机械、电子技术为一体，具有影像信息转换、存储和传输、数字化存取模式、与计算机交互处理以及实时拍摄等功能。虽然数码照相机将光信号变成了数字信号，用数据存储代替了胶片感光，但在摄影原理上与传统照相机还是基本相同的。不过，数码照相机的成像质量和传统照相机相比，仍然存在一定的差距，特别是在输出大幅面作品时。因此，一些专业摄影工作者依旧偏爱传统照相机。

3. 投影仪

投影仪包括镜头、聚光镜、光源、反光镜等几大部分。

投影仪的镜头也相当于一个凸透镜，它是利用"当 $f < u < 2f$ 时，物体通过凸透镜成一倒立、放大的实像"这一原理来工作的。一般投影仪的镜头、聚光镜、光源安装在一长方体盒中；盒的上表面是一块透明玻璃；盒的一个竖直棱安有固定直杆，杆上置有可调平面镜作反光镜用，远处悬挂一投影屏。讲演时，将投影片放在透明玻璃上，开启光源照亮投影片，调节反光镜使投影片的像落在屏幕上。改变透镜与投影片的距离可以改变像的大小，改变投影片的位置可以改变像的位置。

4. 显微镜

据说，1600 年左右荷兰有家眼镜店，店主的儿子叫詹森。一天詹森在店内玩耍，无意中将两块透镜放在铜管内去看书，发现书上的字变得特别的大。詹森把这个发现告诉了他的父亲，父亲便据此做了第一台显微镜。当时的人们只是拿这种显微镜当玩具，称之为"魔镜"。第一个用显微镜观察微生物的人是荷兰人列文虎克。列文虎克家境贫寒，16 岁时在一家杂货铺当学徒，隔壁是眼镜店，他在这里学习了磨镜片。后来杂货铺破产，列文虎克回家乡当了看门人。列文虎克利用看门之便，有空就磨制镜片。列文虎克磨制的镜片又光滑又洁净，他用自己磨制的镜片制作了放大率为一两百倍的显微镜。列文虎克用他自制的显微镜观察了各种液滴，他发现这些液滴中均含有微小的生物。1684 年，英国《皇家学会科学研究会报》发表了列文虎克的观察结果。列文虎克一生共磨制了 419 块镜片，撰写了 375 篇论文，被人们誉为"微生物学的创始人"。这位没有文凭的看门人凭借自己的努力，终于成为英国皇家学会会员。消色差显微镜出现后，1831 年，英国植物学家布朗观察到了细胞核。1838 年，德国植物学家施莱登提出，细胞是一切植物结构的最基本的活的单位。1839 年，德国动物学家施旺将施莱登的细胞学说扩展到动物，指出动物也是由细胞构成的。细胞学的建立加深了人类对生命运动过程的认识，而显微镜则是促成这一学说形成的有力工具。从此，显微镜行业得到了迅速的发展。

显微镜一般分光学显微镜和电子显微镜两种。

光学显微镜通常由物镜、目镜、反光镜、载物片组成。物镜的焦距很短，而目镜的视角放大率较大。一般物镜和目镜均是复杂的透镜组，其作用是把物体放大。反光镜有两个反射面：一个是平面镜，在光线较强时使用；另一个是凹面镜，在光线较暗时使用。两者均是将一部分光反射透过载物片以增加其亮度。载物片用来装载待观察的物体。

光学显微镜的物镜相当于投影仪镜头，使待观察的物体成一放大倒立的实像，且落在目镜的焦点内；而显微镜的目镜则相当于放大镜，把这个实像再一次放大成正立的虚像。物体经显微镜两次放大后得到一个对照物体是倒立的，但比物体大许多倍的虚像。

光学显微镜的种类繁多，有用于生物医学的生物显微镜，用于工程技术的双筒立体显微镜、金像显微镜，用于长度测量的读数显微镜、测量显微镜等。一些适合各种特殊要求的显微镜，如干涉显微镜、偏光显微镜、荧光显微镜、相衬显微镜等也在科研和生产中得到广泛的应用。

1924 年，法国物理学家德布罗意提出微观粒子像电子，也具有波动性。电子的德布罗意波长只有可见光波长的十万分之一，而轴对称非均匀磁场能使电子流聚焦。有鉴于此，科学家认为，在显微镜中可以用电子流替代可见光来照明。这样的显微镜便称为电子显微镜。电子流（或电子束）能够聚焦是电子显微镜得以实现的一个重要条件。电子显微镜中用磁场使电子流聚焦成像的装置叫做电磁透镜。电子显微镜一般有透射电子显微镜（TEM）和扫描电子显微镜（SEM）两种类型。透射电子显微镜是一种用波长极短的电子束作照明源通过电磁透镜聚焦成像的具有高分辨本领、高放大倍数的电子光学仪器。它由电子光学系统、电源和控制系统、真空系统三部分组成。扫描电子显微镜利用细聚焦电子束扫描物体表面，激发出各种物理信号，然后进行调制成像。其方式与电视摄影成像相似。扫描电子显微镜具有很大的分辨本领，放大倍数可从数倍变到 100 万倍。它一般由电子光学系统、信号收集处理及图像显示与记录系统、真空系统三部分组成。为了测量绝缘体表面形貌，后来又设计了原子力显微镜（AFM）。2004 年美国国家标准与技术研究所中子研究中心还成功演示了一种中子显微镜，它是用中子来代替可见光成像放大的显微镜。

5. 望远镜

相传望远镜也是眼镜制造商在无意中发明的。望远镜一般有光学望远镜和射电望远镜两种。

光学望远镜是一种可以用来观察远处物体的光学仪器。它主要由物镜和目镜组成，其中物镜具有较大的焦距。光学望远镜的物镜能使远处的物体在其焦点附近成一倒立、缩小的实像，它的作用相当于把远处的物体"移近"。光学望远镜的目镜也相当于一个放大镜，把所成的实像放大为一个正立的虚像。为了会聚更多的光线，使所成的像更加明亮，物镜的直径一般做得较大。物体经物镜和目镜两次成像后，观察者最终看到的像相对原物是倒着的。

按照物镜的不同，光学望远镜可以分成折射望远镜、反射望远镜和折反射望远镜。折射望远镜的物镜是一个由透镜组成的折射系统。现代折射望远镜的物镜通常由两片或多片透镜组成。原则上，折射望远镜的物镜直径越大看得越远。不过，物镜过大，制作困难，观察效果却并未见有所改进。因此，20世纪以来便无人制造更大口径的折射望远镜。现在世界上最大的折射望远镜，仍然是安装在美国叶凯士天文台的折射望远镜。它的口径为1.02m，焦距为19.4m，仅物镜就重达230公斤。反射望远镜的物镜由抛物面反射镜组成，表面涂有一层金属反光膜，反光性能极好。由于反射望远镜的抛物面镜面可以做得很轻薄，不像折射望远镜需要笨重的玻璃透镜，且其光学性能极佳，因此现在世界上大型望远镜都是反射望远镜。我国自行研制成功的反射望远镜口径达2.16m，安装在北京天文台兴隆观测站。折反射望远镜的物镜由透镜和反射镜组合而成。折反射望远镜通常又有两种类型：施密特型和马克斯托夫型，前者由德国光学家施密特发明，后者由原苏联光学家马克斯托夫发明。

用来观察和研究天体辐射出的无线电波的望远镜主要是射电望远镜。射电望远镜一般由天线、接收机、记录器、数据处理与显示等装置组成。射电望远镜的天线多用金属网或金属板制成抛物面形，其作用相当于光学望远镜的物镜。射电望远镜有很高的分辨率。目前世界上使用的大型射电天文望远镜甚至可以观察到来自遥远银河系发出的微弱星光。不过，不像光学望远镜能够同时观察到整个可见光波段的电磁波，射电望远镜的天线、传输和接收设备具有一定的频率范围，只能接收到无线电波段中狭窄的一段波谱，因此一架射电望远镜相当于一台单色光度计。为了提高射电望远镜的分辨本领，人们利用波的干涉原理又设计制造了射电干涉仪；为了像光学望远镜那样能直接成像，人们又研制成功了综合孔径射电望远镜。

4.5 激光及其应用

1963年，有两位科学家表演了一个有趣的实验。他们把一个蓝色的小气球放在一个透明的大气球中，然后将红宝石发出的一束极细的光瞄准小气球，结果小气球被刺破，而大气球却完好无损。这束极细的光便是激光。由于红宝石发射的这束激光具有只有被蓝色物体吸收的性质（激光束的"选靶"能力），因此小气球被刺破，而大气球却完好无损。

激光是20世纪60年代出现的最伟大的科学技术成就之一，激光的英文名称是laser，它是light amplification by stimulated emission of radiation的首字母缩写。它是人工制造光源历史上又一次革命性的变化。激光由于其高亮度和良好的方向性、单色性及相干性，自20世纪60年代问世以来便得到迅速发展和广泛应用。

4.5.1 受激辐射与激光

我们知道，原子（或分子）能级是分立的。能级中能量最低的叫做基态，其余的叫做激发态。处在激发态的原子很不稳定，原子中的电子会自发地从高能级（E_2）跃迁到低能级（E_1），同时辐射出频率为 $\nu = (E_2 - E_1)/h$ 的电磁波。这个过程叫做光的自发辐射。而处在低能级上的电子在外场作用下会跃迁到高能级上，这个过程叫做受激吸收。此外，处在高能级（E_2）的原子在频率为 $\nu = (E_2 - E_1)/h$ 的外来光子的诱发下也会跃迁到低能级（E_1），同时辐射出一个同频率的光子来，这个过程叫做受激辐射。

通常温度下原子几乎都处于基态。要使原子发光，必须由外界提供能量使原子激发，所以普通光源的发光包含了受激吸收和自发辐射两个过程。按照激发方式的不同，可以分为热辐射发光，如白炽灯；电致发光，如发光二极管；光致发光，如日光灯；化学发光等。依靠自发辐射发光，由于原子从高能级跃迁到低能态的随机性和非关联性，这种光强度不大，频率不同，无相干性。

要想获得亮度高、方向性好、单色性强、相干性优的光，就必须利用原子（或分子）的受激辐射。原子通过受激辐射可以发出与诱发光子不仅频率相同，而且发射方向、偏振状态及相位也都完全一样的全同的光子。这就是说，通过一个光子的作用得到了两个特征完全相同的光子；如果这两个光子再引起其他原子产生受激辐射，就能得到更多的特征完全相同的光子，于是，原来的光信号被放大了。这种在受激过程中产生并被放大的光就是激光。

受激辐射的概念最先是由爱因斯坦提出来的。但要想在实际中利用受激辐射获得光放大却有个先决条件，即发光原子处在高能级上的数目必须比它处在低能级上的数目多。然而我们知道，根据统计力学理论，在热平衡条件下，原子几乎都处于最低能级，处于高能级的原子数总是低于低能级上的原子数，而且能级越高，原子数越少，这就是正常情况下粒子数按能级的分布。产生激光要求粒子在能级上的分布同正常情况下的分布正好相反，称为粒子数反转。为了从技术上实现粒子数反转，一是要有激励源，即从外界不断地给发光物质提供能量；二是要有能被激活的工作物质，其能级结构中，存在亚稳态能级。

1958年，美国科学家汤斯和肖洛发表著名论文《红外与光学激射器》，文章指出以受激辐射为主发光的可能性和实现粒子数反转的必要性。同年苏联科学家巴索夫和普罗霍夫发表文章，题为《实现三能级粒子数反转和半导体激光器建议》。1959年，汤斯提出制造红宝石激光器的建议。1960年5月，美国休斯飞机公司的科学家梅曼制成了世界上第一台红宝石激光器，获得了波长为694.3纳米的激光，这是历史上第一束激光。1961年中国也制成了自己的第一台红宝石激光器，1987年中国又研制成功大功率脉冲激光系统——神光装置。激光技术在中国已经获得迅速发展和广泛应用。

4.5.2 激光的特点

与普通光源发射的光相比，激光具有如下很有价值的特性。

1. 方向性好

激光的光束可以说是在一条直线上传播，在几公里外，扩展范围也不过几厘米。这种良好的方向性，使得激光在测距、通信、雷达定位等方面发挥着巨大的作用。

2. 亮度高

由于激光的方向性好，能量在空间沿发射方向可高度集中，亮度比普通光源有极大的提高。采用特殊措施还可将能量在时间上也高度集中，进一步提高了激光的亮度。它的亮度甚至可达到地球表面所接收到的太阳光亮度的 10^{14} 倍。利用激光的这个特性可对材料进行打孔、切割和焊接等。

3. 单色性强

光的颜色取决于光的波长。只具有某一个波长的光波则是纯的单色。实际光波的波长总有一定的范围。这个范围一般用谱线宽度 $\Delta\lambda$ 衡量。$\Delta\lambda$ 越小，其单色性越好，颜色就越单纯。激光是目前世界上颜色最纯、色彩最艳的光。光的单色性在许多方面，如光子通信、光学干涉精密仪器及光学测量中，都起着重要的作用。

4. 相干性优

单色性、方向性越好的光，它的相干性必定越好。激光是目前相干性最好的光源。激光是由激光器输出的全同光子，充分满足相干条件。当激光束经过分束装置被分为两束，则此两束光就有很好的相干性，所产生的干涉条纹非常清晰。激光出色的相干性，使它在通信、显示、测量、光谱分析、信息存储等领域获得了广泛的应用。

4.5.3 激光器

激光器是产生激光的装置，它一般由三部分组成：工作物质、泵浦源和谐振腔。

1. 工作物质

激光的产生必须选择合适的工作物质，它可以是气体、液体、固体和半导体。工作物质是激光得以产生的基础。工作物质应该光学性质均匀、光学透明性良好且性能稳定，同时具有亚稳态能级，这对实现粒子数反转是非常有利的。我们把这种工作物质叫做激活介质。

2. 泵浦源

要想得到激光，必须向工作物质提供能量，使工作物质中处于高能级的原子、分子数增加，形成粒子数反转。这种向工作物质提供能量的激励源叫泵浦源。常用的激励方式有：电激励、光激励、热激励、化学激励等。

3. 谐振腔

选择了合适的工作物质和泵浦源后，虽然可以实现粒子数反转，但这样产生的受激辐射强度还太弱，不能实际应用。谐振腔就是一种光子可在其中来回振荡而获得放大的光学腔体。它由两块互相平行的平面反射镜组成，其中一块对光几乎全反射，另一块对激光有适量透过率，以便对外输出激光。被反射回到工作物质的光，继续诱发新的受激辐射，得到光放大。这样不断地反射的现象称为光振荡。光在谐振腔中来回振荡，造成连锁反应，雪崩似地获得放大，产生强烈的激光从具有一定透过率的平面镜一端输出。

自从 1960 年世界上第一台红宝石激光器诞生以来，数以百计的各种激光器相继问世。激光器根据工作物质的不同可分为：固体激光器、气体激光器、液体激光器和半导体激光器等。根据激光输出方式的不同可分为连续激光器和脉冲激光器，其中脉冲激光器的输出功率峰值非常大。另外，还可根据激光的结构、性能、发光频率和功率的大小以及谐振腔的类型等来分类。

（1）固体激光器。固体激光器是采用晶体或玻璃为基质材料，并均匀掺入少量激活离子作为工作物质的激光器。如世界上第一台红宝石激光器就是固体激光器。固体激光器具有器件小、输出功率高、使用方便、坚固耐用等特点。

（2）气体激光器。气体激光器是以气体或金属蒸气作为工作物质的激光器。气体激光器具有结构简单、造价低、操作方便、气体的光学均匀性好、输出的光束质量好、输出波长范围较宽、能长时间较稳定地连续工作等特点。气体激光器是目前品种最多、应用最广泛的激光器，其市场占有率达 60% 左右。1961 年制成的氦-氖（He-Ne）激光器是第一台气体激光器，也是目前应用最广泛的一种气体激光器。它的工作物质是氦和氖的混合气体，比例为 5∶1～10∶1，压强为 250～400 帕。

（3）半导体激光器。这类激光器的工作介质是半导体材料，如砷化镓、掺铝砷化镓、硫化锌、硫化镉等。其激励方式有光泵浦、电激励等。这种激光器具有体积小、质量轻、结构简单、牢固耐用且寿命长等特点，特别适合在飞机、车辆、宇宙飞船上使用。到了 20 世纪 90 年代，半导体激光器已经成为激光家族中的佼佼者，是光纤通信、光盘技术、激光打印、印刷等信息产业的核心，如 CD、VCD 和 DVD 中都有一个小型半导体激光器。

（4）液体激光器。最常见的液体激光器是以有机溶液为工作物质的染料激光器，利用不同染料可获得在可见光范围内不同波长下的光。液体激光器工作原理比其他类型的激光器都要复杂得多，它最突出的特点是其工作波长可以调谐，且覆盖面宽，主要应用于需要窄带可调谐或超快光脉冲场合。

4.5.4　激光的应用

正是由于激光具有亮度高、方向性好、单色性强、相干性优等一系列特性，因而在实际中获得了广泛的应用。

1. 激光测距定位

利用激光的高亮度和极好的方向性，科学家制成了激光测距仪、激光雷达和激光制导仪。激光测距原理与声波测距原理相似，不同的是激光测距仪发出的信号是脉冲激光信号。激光测距仪体积小，质量轻，操作方便，速度快。与声波测距和无线电雷达测距相比，激光测距测量精度更高，可测距离更远。如测量 38.4 万公里之遥的月球与地球表面之间的距离，只需几秒钟，误差不到 10cm。激光雷达与激光测距仪原理和结构基本相似，只是激光测距仪测的是固定点的目标，而激光雷达可测量运动目标或相对运动的目标，既能探测位置又能探测速度，是现代化战争必不可少的工具。激光制导就是利用激光来控制导弹的飞行，以极高的精度将导弹引向目标。激光制导系统主要由激光目标指示器和目标寻码器两部分组成。前者用来照明和捕捉目标，后者可以感知弹体的轴线与目标指示器反射回来的激光光束的方向是否一致，如果偏离了，则会产生一个信号来控制弹体上的方向舵，使之回到激光光束的方向。激光制导武器命中率高、抗干扰能力强、机构简单、成本低。20世纪 90 代初爆发的海湾战争、21 世纪初的阿富汗战争和伊拉克战争就应用了激光制导武器。

2. 激光加工技术

利用激光的高能量进行材料加工也是激光应用的主要领域之一。利用激光可以打一般钻头不能打的异型孔和微米孔，进行微加工。利用激光可以对各种材料进行切割，且速度快、切面光洁、不发生形变。利用激光可以焊接一般方法不能焊接的难熔金属。利用激光还可以进行表面处理等加工过程。

此外，激光通信、激光唱盘、激光冷却原子等都是激光的最新应用。激光在医学和军事上也有重要应用。激光技术的迅速发展和广泛应用已经和仍将给现代社会带来重大影响。

思考题 4

1. 下面列举的现象与光的什么性质有关：①小孔成像，②如影随行，③对镜梳妆，④水中倒影。

2. "金星凌日"和月食属于同一类天文现象，它们是由于光的什么性质造成的？

3. 你知道"海市蜃楼"和"沙漠蜃景"形成的原因吗？

4. 什么是实像？什么是虚像？平面镜和透镜所成的像是实像还是虚像？

5. 关于光学镜面，下面的说法是否正确：

①凹面镜成倒立缩小的实像；

②凸面镜成正立缩小的虚像；

③凸透镜所成的像都能呈现在光屏上；

④凹透镜对光有发散作用，因而可以用作近视眼镜。

6. 判定下列说法是否正确：

①防伪验钞机发出的光是紫外线；

②电视机控制器发出的光是紫外线；

③一切物体都发射红外线。

7. 在无其他光照情况下，舞台追光灯发出的红光照射到穿白上衣、蓝裙子的演员身上，台下观众看到她的上衣和裙子呈现什么颜色？

8. 如果用白色光源做双缝干涉实验，今在缝 S_1 后面放一红色滤光片，在缝 S_2 后面放一绿色滤光片，问能否在屏上观察到干涉条纹？为什么？

9. 观察纳米级的微小结构，通常要用比光学显微镜分辨率更高的电子显微镜，这是因为：

①电子显微镜所利用的电子物质波的波长比可见光的短，因此不容易发生明显衍射；

②电子显微镜所利用的电子物质波的波长比可见光的长，因此不容易发生明显衍射；

③电子显微镜所利用的电子物质波的波长比可见光的短，因此更容易发生明显衍射；

④电子显微镜所利用的电子物质波的波长比可见光的长，因此更容易发生明显衍射。

你认为上述 4 个理由中哪一个正确？为什么？

10. 试用你所学的知识说明"朝霞莫出门，晚霞行千里"这一谚语的合理性。

11. 解释下列现象：

①大海和天空的颜色呈蔚蓝色；

②停车信号选用红色；

③插在装有水的玻璃杯中的筷子看上去变弯了。

12. 试判断下列说法是否正确：

①自然光是线偏振光；

②偏振是横波特有的现象，纵波不能发生偏振；

③立体电影利用了光的偏振原理。

13. 市场上有种灯具俗称"冷光灯"，这种灯降低热效应的原理之一是灯泡后面放置的反光镜表面镀有一层特殊薄膜。这种膜能消除不镀膜时表面反射回来的引起热效应最显著的一类电磁波应是：①红外线，②紫外线，③可见光。

14. 什么是光的全反射？发生全反射的条件是什么？

15. 解释下列现象：

①阳光下的肥皂泡呈彩色；

②通过简易潜望镜可以观看到水面上的船只；

③用显微镜观察物体，波长较短的光照射时效果较好；

④清澈的水面在阳光下显得特别亮。

16. 一楼梯拐角处的墙上安有平面镜，既方便人们整装，又能利用光的反射对楼道照明。试画出路灯 S 经平面镜 M 反射后到达上楼人 A 处的光路图。

17. 激光有什么特性？它们各自有什么应用？

18. 下面有关激光应用的说法是否正确：

①激光亮度高，可以用来照明；

②激光频率单一，可以用于光纤通信；

③激光方向性好，可以用来测距离；

④激光沿直线传播，因而可以用来切割材料。

19. 对光的本性的认识，为什么先是微粒说占上风？后又波动说占上风？现在物理界的普遍看法是什么？

第5章　相对论浅说

5.1　迈克耳逊-莫雷实验

19 世纪下半叶，经典力学、热力学与统计物理学、电动力学理论相继建立。当时所知道的物理学各科，像力、热、声、光、电、磁等现象似乎都可以用这些理论加以解释，看来物理学大厦即将落成。然而在物理学天空却飘来两朵乌云（英国著名物理学家开尔文勋爵语），一朵是"以太漂移"，一朵是"紫外灾难"。正是这两朵乌云催生了物理学一场革命，乌云散后树立起现代物理两大支柱：相对论与量子力学。本章介绍相对论，下章将介绍量子力学。

5.1.1　牛顿的时空观

在爱因斯坦创立相对论之前，人们习惯地认为时间和空间是与外界任何事物无关的独立存在，而时间和空间也是彼此毫不相关的。对于这一点，牛顿给出了明确的表述。牛顿认为：

绝对的、真正的和数学的时间，就其本性而言，永远均匀地、与任何其他外界事物无关地流逝着。绝对的空间，就其本性而言，是与外界任何事物无关而永远是相同的和不动的。

这就是**牛顿的时空观**。牛顿的绝对时间和绝对空间概念，长期以来一直统治着量子力学和相对论建立前的各个物理学科（通常称为经典物理）。不过，19 世纪末牛顿的绝对时空理论在解释一些光现象时却遇到了前所未有的困难。

5.1.2　以太的困惑与光速之谜

麦克斯韦的经典电磁场理论指出，光也是一种电磁波，这就是光的电磁理论。人们知道，机械波只能在弹性介质中传播，如声波在空气中传播，水波在水中传播。那么，电磁波在什么介质中传播呢？由于电磁波能在真空中传播，这说明，能传播电磁波的介质就不是人们所能看得见、摸得着的普通物质。麦克斯韦认为，光波是在一种叫做"以太"的介质中传播的。"以太"的概念是著名法国数学家勒奈·笛卡儿（Rene Descartes）最先提出的。在当时的物理学界看来，以太是一种不同于普通物质的特殊介质，它充满着整个宇宙空间，且可渗透物质；以太静止于整个宇宙空间。于是，以太便提供了一个绝对静止的空间参考系，这与牛顿绝对时空观一致。按照运动是相对的观点，一个物体相对另一个物体运动也可以看做另一个物体相对于该物体运动。地球由于自转和公转而运动于宇宙空间，因此，地球相对于静止的以太是在运动的。如果以太确实存在，在地球上的观察者就应该检测到以太相对于地球运动的迹象，这便是物理学上所说的"以太风"或"以太漂移"。这好像坐在疾驶的车辆窗口旁的乘客，会感受到逆行驶方向刮来的清风，此拂面而来的清风正是空气与车辆相对运动的结果。然而，所有测定以太相对地球运动的实验均表明相对速度为零，即所谓的零结果，以太与地球之间无相对运动。以太是静止的，地球是运动的，而它们之间相对运动的速度却为零，这一显而易见的相互矛盾的结果困惑了当时整个物理学界。这就是开尔文勋爵在1900年的长篇讲演中所指出的，物理学天空中的"一朵乌云"。

根据牛顿力学的速度合成规律，如果一个参考系相对于静止参考系以速度 v'（牵连速度）运动，而一个物体相对于运动参考系以速度 u（相对速度）运动，那么该物体相对于静止参考系的速度 v（绝对速度）为

$$v = u + v'$$

(5.1.1)

当 u 与 v' 平行时，v 是它们的代数和。既然电磁波是在以太中传播，那么根据光的电磁理论得到的光速 $c = 3 \times 10^8 \text{m} \cdot \text{s}^{-1}$ 也就是相对静止的以太而言的。因此，按照牛顿力学的速度合成规律，在相对以太做匀速直线运动的其他惯性参考系中，光速将不再是各向同性的，其大小也与上述值有差异。依此推断，因为太阳和星星都在运动，所以它们发出的光线速度也应是变化的。然而天文学观测结果无一例外地表明，它们发出的光线速度全都相同。

此外，如上所述，一方面，根据光的电磁理论，光在真空中以 $c = 3 \times 10^8 \text{m} \cdot \text{s}^{-1}$ 的速率各向同性地传播；另一方面，根据牛顿力学的速度合成规律，只有在相对以太静止的参考系中此结论才成立，而在相对以太做匀速直线运动的其他惯性参考系中，情况却并非如此。这样一来，与力学规律遵从相对性原理不同[1]，在牛顿理论的框架内，电磁波的传播或麦克斯韦方程本身并不满足相对性原理的要求。光的这种不为人们常识所理解的性质同样成了当时物理学界的难解之谜。

5.1.3 迈克耳逊-莫雷实验

为了测量出"以太漂移"或"以太风"，进而确定"以太"的存在，1879年，麦克斯韦提出了一种在地球上探测出"以太风"的方法：让光线分别在平行和垂直

---

[1] 描述力学基本规律的公式从一个惯性系变换到另一个惯性系时，其形式保持不变，这便是力学相对性原理，比如，牛顿第二定律在所有惯性系中均为 $F = ma$。

于地球运动方向等距离传播，测量出光经过这两条路径所花的时间差，即可以推得地球相对"以太"运动的速度。1881 年，美国实验物理学家迈克耳逊依据此原理设计了一个十分精巧的干涉实验，可以灵敏地感受到地球与"以太"间的相对运动，即使这一相对运动的速度极其微小。1887 年，迈克耳逊和莫雷合作，以更高的精度重复此方法对地球与"以太"间的相对运动进行了测量，这便是物理史上有名的迈克耳逊-莫雷实验。

图 5.1 是迈克耳逊-莫雷实验的示意图。光源 L 发出的光线在半透镜 T 处分成两束。一束透过 T 到 M 然后反射回 T 再反射到目镜 E。另一束经 T 反射至 M' 再反射后透过 T 到目镜 E。调节实验装置可使 $TM = TM' = l$。设地球相对"以太"运动的速度 v 沿 TM 方向，由于上述两束光线存在光程差，因此会产生干涉条纹。根据牛顿力学中的速度合成法则，光沿 v 方向传播时速度为 $c-v$，逆 v 方向传播时速度为 $c+v$，垂直 v 方向传播时速度为 $\sqrt{c^2 - v^2}$。由此得：光线沿 TMT 传播的时间

$$t = \frac{l}{c-v} + \frac{l}{c+v} = \frac{2lc}{c^2 - v^2} = \frac{2lc}{c^2[1-(v/c)^2]} \approx \frac{2l}{c}\left(1 + \frac{v^2}{c^2}\right) \qquad (5.1.2)$$

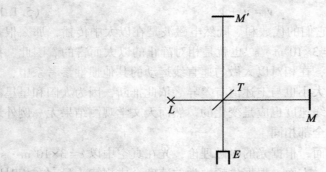

图 5.1 迈克耳逊-莫雷实验的示意图

光线沿 $TM'T$ 传播的时间

$$t' = \frac{2l}{\sqrt{c^2 - v^2}} = \frac{2l}{c\sqrt{1-(v/c)^2}} \approx \frac{2l}{c}\left(1 + \frac{v^2}{2c^2}\right) \qquad (5.1.3)$$

故两束光的光程差①

---

① 式(5.1.2) 和(5.1.3)两式的计算中利用了近似公式：$\frac{1}{1-x^2} \approx 1+x^2$，$\frac{1}{\sqrt{1-x^2}} \approx 1+\frac{1}{2}x^2$

($x \ll 1$)

$$c\Delta t = c(t - t') \approx l\frac{v^2}{c^2} \qquad (5.1.4)$$

若将实验装置绕铅垂线转$\pi/2$，光程差则由lv^2/c^2变到$-lv^2/c^2$，从而可以观测到干涉条纹发生变动。根据条纹变动的大小即可以确定地球相对"以太"运动的速度v。

然而出乎意料的是，尽管迈克耳逊-莫雷实验精度相当高，以至于比地球相对"以太"运动速度v更小的速度也可检测出来，但该实验并未观测到预期的条纹变动。后来，迈克耳逊-莫雷实验以更高的精度在不同的地点和时间被重复达50年之久，但其结论却始终相同。迈克耳逊-莫雷实验否认了以太的漂移，也给以太的真实性带来了质疑。

5.1.4 洛伦兹理论与庞加莱灼见

为了解释迈克耳逊-莫雷实验结果，当时许多科学家提出了各种不同的假设，但他们仍然承认牛顿的绝对时空观。其中最著名的是荷兰物理学家洛伦兹（Hendrik Antoon Lorentz）的长度收缩假说。洛伦兹认为，运动物体在其运动方向上长度会略有缩短，其收缩的比例因子为$\sqrt{1 - v^2/c^2}$。迈克耳逊-莫雷实验中光由沿地球运动方向速度变小所产生的光程正是被这一方向的长度缩短所抵消，因而观察不到干涉条纹的出现。随后洛伦兹又提出了地方时的概念。洛伦兹地方时指的是在运动物体上测得的时间，它与参考坐标系的平移速度有关。特别是洛伦兹给出了从静止以太参考系到其他惯性参考系的变换规律，这一规律称为**洛伦兹变换**。

洛伦兹理论的这些结果在相对论理论中大多得到或经过改进得到保留，但被加以全新的诠释。在相对论中，惯性系间的时空变换正是洛伦兹变换，而非伽利略变换。在相对论中，运动的物体在其运动方向会发生收缩，称为洛伦兹-斐兹杰惹收缩。在相对论中，运动的时钟会变慢，称为爱因斯坦延缓。洛伦兹理论虽然为相对论的诞生创造了条件，但洛伦兹理论仍然以牛顿的时空观为出发点，以以太的存在为前提。洛伦兹承认，以太是存在的，但它与普通物质不同，它是静止的，无所不在的。洛伦兹认为，运动物体长度的收缩并非时空的属性，而由某种分子力所引起；地方时概念只是一个数学上的假定，并非物理真实，真实存在的时间是牛顿所说的绝对时间。正是因为洛伦兹本人不敢打破经典力学旧理论的框框而最终无缘创建新力学体系。

法国数学家庞加莱曾对洛伦兹为了解释迈克耳逊-莫雷实验而人为引入长度收缩的概念持批评态度。他认为："如果为了解释迈克耳逊-莫雷实验的否定结果，需要引入新的假说，那么每当出现新的实验事实时，同样也发生这种需要。无疑，对每一个新的实验结果创立一种假说的这种做法是不自然的。"庞加莱还明确提出了光速不变性公设，给出了洛伦兹变换的当代通用形式。特别地，庞加莱还将相对性原理正式列为物理学的基本原理。尽管庞加莱敏锐地预见到一种新的力学体系可能诞生，但他的主要精力仍然集中在将洛伦兹理论加以改进和完善化上，同样未能冲破旧力学理论的束缚而与相对论的创立终于失之交臂。

5.2　狭义相对论

5.2.1　相对论的基本原理

迈克耳逊-莫雷实验否定了以太风或以太漂移的存在。为了解释迈克耳逊-莫雷的实验结果，英国物理学家斐兹杰惹和荷兰物理学家洛伦兹各自独立地提出了一个大胆的设想：物体沿它运动的方向长度会缩短。洛伦兹还进一步从数学上推导了不同于牛顿力学的距离和时间的变换法则，即**洛伦兹变换**。但他们并没有抛弃以太说，只不过是认为以太是静止的，不随地球运动的。

爱因斯坦在这些实验和理论的基础上迈出了关键性的一步，于 1905 年在德国《物理杂志年鉴》上发表了题为《论动体的电动力学》划时代论文，从而创立了狭义相对论。在这篇论文中，爱因斯坦提出了构成狭义相对论的两个基本原理。

1. 相对性原理

物理规律，不只是力学规律，也包括电磁现象等其他规律，在所有惯性参考系中都是一样的，不存在任何一个特殊的具有绝对意义的惯性系。

2. 光速不变原理

光在真空中的速度 c 对任何惯性参考系都相等，且与光源的运动无关。

这两条基本假设构成了爱因斯坦的相对论的基本原理，它使物理学中一些过去习以为常的基本概念发生了深刻的、根本性的变化。

5.2.2　时空坐标与洛伦兹变换

长期以来，牛顿的时空观在物理学界一直占统治地位。这种从低速力学现象中抽象出来的旧时空观，集中反映在不同惯性参考系间的伽利略变换上。如果选取两个惯性参考系 S 和 S' 中的坐标轴相互平行，且 $t=0$ 时坐标原点重合，那么当 S' 相对 S 以速度 v 沿 x 轴方向运动时，伽利略变换为

$$x' = x - vt, \quad y' = y, \quad z' = z, \quad t' = t \quad\quad (5.2.1)$$

在伽利略变换式中，时间与空间是分离的，一个事件在任何惯性参考系中的时间坐标总是相同，这就是牛顿的绝对时间概念。伽利略变换在研究低速现象时是一个很好的近似，但在研究高速运动，比如电磁现象时，它的不适用性便显示了出来。迈克耳逊-莫雷实验结果清楚表明，光速与参考系的选择无关。这就是说，光或电磁波的运动不服从伽利略变换。

爱因斯坦摒弃了牛顿的绝对时间和绝对空间的概念，时间和空间不再是毫无关

系地独立存在，它们是相互关联的统一体。如果一个事件于某时刻 t 发生在某地 $r = (x, y, z)$，那么描写它运动的就是其时空坐标 (x, y, z, t)。相对论时空坐标变换就是标记同一个事件的这 4 个坐标在不同参考系之间的变换式。如果一个事件在惯性参考系 S 的标记为 (x, y, z, t)，那么它在另一个惯性参考系 S' 的标记 (x', y', z', t') 与前者会有何关系？

　　设两个事件的时空坐标在惯性参考系 S 中分别是 (x_1, y_1, z_1, t_1) 和 (x_2, y_2, z_2, t_2)，那么它们间的间隔定义为

$$\Delta s^2 = (x_2 - x_1)^2 + (y_2 - y_1)^2 + (z_2 - z_1)^2 - c^2 (t_2 - t_1)^2 \quad (5.2.2)$$

这时，若另一个惯性参考系 S' 观察此两个事件的时空坐标分别是 (x'_1, y'_1, z'_1, t'_1) 和 (x'_2, y'_2, z'_2, t'_2)，则它们间的间隔定义为

$$\Delta s'^2 = (x'_2 - x'_1)^2 + (y'_2 - y'_1)^2 + (z'_2 - z'_1)^2 - c^2 (t'_2 - t'_1)^2 \quad (5.2.3)$$

如果两个事件的时空坐标无限接近，那么它们间的间隔可写成微分形式 $\mathrm{d}s$ 和 $\mathrm{d}s'$。首先，相对性原理要求从一个惯性参考系到另一个惯性参考系变换应该是线性变换。其次，光速不变性要求从一个惯性系变到另一个惯性系时，两个事件的间隔保持不变。这称为间隔不变性。设惯性参考系 S' 相对惯性参考系 S 以速度 v 运动，如果选取两个惯性参考系 S 和 S' 中的坐标轴相互平行，x 轴方向沿速度 v 方向，且 $t = 0$ 时两坐标原点重合，那么利用间隔不变性和线性变换，便可以推得如下的相对论时空坐标变换公式

$$x' = \frac{x - vt}{\sqrt{1 - \beta^2}}, \quad y' = y, \quad z' = z$$

$$t' = \frac{t - \dfrac{v}{c^2} x}{\sqrt{1 - \beta^2}} \quad (5.2.4)$$

式中，$\beta = v/c$。将上式中的 v 用 $-v$ 代替便得到它的逆变换公式，即将 (x', y', z', t') 变回至 (x, y, z, t) 的逆变换公式，

$$x = \frac{x' + vt}{\sqrt{1 - \beta^2}}, \quad y = y', \quad z = z'$$

$$t = \frac{t' + \dfrac{v}{c^2} x'}{\sqrt{1 - \beta^2}} \quad (5.2.5)$$

式 (5.2.4) 和式 (5.2.5) 都叫做洛伦兹变换式。它是两个不同惯性参考系观察同一事件所得到的时空坐标间的变换关系式。显然，当 $\beta = v/c \ll 1$ 时，洛伦兹变换式 (5.2.4) 就简化为伽利略变换式 (5.2.1)。可见，伽利略变换是洛伦兹变换在低速 (物体运动的速度远小于光速) 情况下的近似，而牛顿力学则是相对论力学在低速

情况下的近似。由于在日常所遇到的现象中，物体运动速度一般都远小于光速，因此牛顿力学能够准确地运用。

爱因斯坦从相对论的两条基本假设出发导出了洛伦兹变换，因此洛伦兹变换又称为**洛伦兹-爱因斯坦变换**。爱因斯坦认为，真正反映自然界时空变换规律的是洛伦兹变换。洛伦兹变换将时间和空间统一成一个整体，利用这种时空变换关系可以推得运动物体"长度缩短"、"时钟变慢"等相对论效应，同时也极其自然地解释了迈克耳逊-莫雷实验结果。总之，爱因斯坦的相对论建立了一种全新的时空观。在爱因斯坦的理论中，以太的概念完全是多余的，而以太漂移也是根本不存在的。

5.2.3 相对论速度变换公式

利用洛伦兹变换式可以推出相对论速度变换公式。如果仍设惯性参考系 S' 相对惯性参考系 S 以速度 v 运动，选取两个惯性参考系 S 和 S' 的坐标轴相互平行，x 轴方向沿速度 v 方向，且 $t=0$ 时两坐标原点重合。按照速度的定义，一个物体在惯性参考系 S 中运动的速度

$$u_x = \frac{\mathrm{d}x}{\mathrm{d}t}, \qquad u_y = \frac{\mathrm{d}y}{\mathrm{d}t}, \qquad u_z = \frac{\mathrm{d}z}{\mathrm{d}t} \qquad (5.2.6)$$

相应地，在 S' 系中的速度为

$$u_x' = \frac{\mathrm{d}x'}{\mathrm{d}t'}, \qquad u_y' = \frac{\mathrm{d}y'}{\mathrm{d}t'}, \qquad u_z' = \frac{\mathrm{d}z'}{\mathrm{d}t'} \qquad (5.2.7)$$

利用微积分知识和洛伦兹变换式(5.2.4)便可以得到：

$$u_x' = \frac{u_x - \beta c}{1 - \frac{\beta}{c}u_x} = \frac{u_x - v}{1 - \frac{vu_x}{c^2}}$$

$$u_y' = \frac{u_y}{\gamma\left(1 - \frac{\beta}{c}u_x\right)} = \frac{u_y\sqrt{1 - \beta^2}}{1 - \frac{vu_x}{c^2}}, \qquad \gamma = \frac{1}{\sqrt{1 - \beta^2}} \qquad (5.2.8)$$

$$u_z' = \frac{u_z}{\gamma\left(1 - \frac{\beta}{c}u_x\right)} = \frac{u_z\sqrt{1 - \beta^2}}{1 - \frac{vu_x}{c^2}}$$

这就是相对论速度变换公式。显然，当 u 和 v 都比 c 小很多时，它们就简化为伽利略速度变换公式：

$$u_x' = u_x - v, \qquad u_y' = u_y, \qquad u_z' = u_z \qquad (5.2.9)$$

伽利略速度变换公式的更一般表达式为：

$$\boldsymbol{u}' = \boldsymbol{u} - \boldsymbol{v}, \qquad \boldsymbol{u} = \boldsymbol{u}' + \boldsymbol{v} \qquad (5.2.10)$$

这里，v 是惯性参考系 S' 相对惯性参考系 S 运动的速度，通常称牵连速度；u' 是物体相对 S' 的速度，通常称相对速度；u 是物体相对 S 的速度，通常称绝对速度。

5.3　相对论的时空观

5.3.1　同时的相对性

　　假设一个火车站站台很长，一观察者站在站台中点(O)，站台两端(A，B)各置一闪光光源。一列火车正以很高的速度 v 由 A 向 B 开过站台。假设车上也有一观察者。当车上的观察者恰经过站台上的观察者时，A，B 两处光源分别发出闪光。显然，站台上的观察者观察到 A，B 两处光源的闪光是同时发生的。但根据爱因斯坦相对论的基本原理，光的传播速度对任何惯性参考系都相等，由于此时列车正离开 A 而驶向 B，因此列车上的观察者观察到 B 处闪光将先于 A 处闪光到达，两者的发生不是同时的。由此可见，在一个惯性参考系上同时发生的事件而在另一个与之做相对运动的惯性参考系上观察，却不具有同时性。这就是说，通常所谓"同时"与说话者所在参考系有关，它只是一个相对的概念，并非绝对的。这就是**同时的相对性**。

5.3.2　洛伦兹-斐兹杰惹缩短

　　如果一根细长直尺在静止时的长度为 l_0，那么当它以速度 v 沿自身方向高速运动时，其长度是否发生改变呢？下面利用相对论理论来分析这一问题。考虑一个惯性参考系 S'，它与细长直尺总处于相对静止状态，细长直尺的方向即惯性参考系 S' 上 x 轴方向。令 S' 相对于另一惯性参考系 S 以速度 v 沿 x 轴方向（即细长直尺方向）运动。选取两个惯性参考系 S 和 S' 中的坐标轴相互平行，且 $t=0$ 时两坐标原点重合。于是，测量此细长直尺的长度即等价于在参考系中同时测量其两端点的 x 坐标。根据洛伦兹变换（式（5.2.4））有

$$x'_1 = \frac{x_1 - vt_1}{\sqrt{1 - \beta^2}}, \quad x'_2 = \frac{x_2 - vt_2}{\sqrt{1 - \beta^2}} \tag{5.3.1}$$

因为 $t_2 = t_1 = t$，所以

$$x_2 - x_1 = (x'_2 - x'_1)\sqrt{1 - \beta^2} \quad (x_2 > x_1,\ x'_2 > x'_1)$$

由于 x_2，x_1 是在惯性参考系 S 中同一时刻 t 测得的细长直尺两端点的 x 坐标，即它的长度 l，故 $l = \Delta x = x_2 - x_1$。而直尺相对惯性参考系 S' 总是处于相对静止状态，

x_2'，x_1' 不随时间变化，故 $\Delta x' = x_2' - x_1'$ 即等于其静止长度 l_0。由此推得

$$l = l_0 \sqrt{1 - \beta^2} \tag{5.3.2}$$

上式表明，在一个惯性参考系中，若与之处于相对静止状态的一根细长直尺的长度为 l_0，那么当它以速度 v 沿自身方向相对此惯性参考系高速运动时，将观察到直尺沿运动方向的长度会缩短为其静止长度的 $\sqrt{1 - \beta^2}$ 倍。这种物体沿运动方向长度缩短的现象叫做**洛伦兹 - 斐兹杰惹缩短**。当然，物体的长度在垂直于运动方向不会发生洛伦兹-斐兹杰惹缩短。值得指出的是，洛伦兹-斐兹杰惹缩短意味着运动的物体长度将变短，这种运动尺度缩短是时空的基本属性，与物体结构无关。

5.3.3　爱因斯坦延缓

与运动的物体长度会变短相似，运动的时钟将会变慢。考虑满足以前条件的两个惯性参考系 S 和 S'。在 S' 系的 x' 处放置一时钟，在 S' 系上的观察者所观察到的静止的钟，它从 t_1' 走到 t_2' 历时 $\Delta t' = t_2' - t_1'$，根据洛伦兹变换，这时有

$$t_1 = \frac{t_1' + \dfrac{\beta}{c} x_1'}{\sqrt{1 - \beta^2}}, \quad t_2 = \frac{t_2' + \dfrac{\beta}{c} x_2'}{\sqrt{1 - \beta^2}} \tag{5.3.3}$$

由于 $x_1' = x_2' = x'$，因此，在 S 系上的观察者所观察到的运动的钟，它在 $\Delta t'$ 内历经的时间应为

$$\Delta t = t_2 - t_1 = \frac{t_2' - t_1'}{\sqrt{1 - \beta^2}} \tag{5.3.4}$$

我们把相对物体静止的时钟所测量的时间叫做物体的固有时，记为 $\Delta \tau$，这时 $\Delta \tau = \Delta t' = t_2' - t_1'$，于是

$$\Delta t = \frac{\Delta \tau}{\sqrt{1 - \beta^2}} \tag{5.3.5}$$

上式表明，运动的时钟要比静止的时钟走得慢。换句话说，运动时大于固有时，运动物体上发生的自然过程与静止物体上发生的同样过程相比较延缓了。这种运动的时钟变慢的现象叫做**爱因斯坦延缓**。爱因斯坦延缓也是时空的基本属性，与过程的具体机制无关。

5.4　相对论中的质量、能量与动量

5.4.1　质量

在牛顿力学中，物体或质点的质量是一个与运动速度无关的常数，动量等于质

量与速度之积。但在相对论中，质量不再与速度无关，两者的关系是：

$$m = \frac{m_0}{\sqrt{1 - (v/c)^2}} = \frac{m_0}{\sqrt{1 - \beta^2}} \qquad (5.4.1)$$

式中，m_0是物体的静止质量，即物体在与之相对静止的参考系中所显示的质量；而 m 则是物体的相对论质量，即它以速度 v 运动时所显示的质量。式(5.4.1)称为**质速关系**。该式表明，当物体运动速度比光速小得多时，物体的质量与其静止质量差别不大，可以看做常数(即牛顿力学中所说的质量)；但当物体运动速度可以与光速相比时，物体的质量不再是常数，它与速度有关。另外，物体速度越接近光速，物体的质量越大，物体越不容易被加速。而当物体速度无限趋近光速时，物体质量将趋于无穷大，物体将再无加速的可能，所以光速 c 是一切物体速度的上限。

1901 年，考夫曼(Kaufmann)利用不同速度电子在磁场力作用下偏转大小不一样，测出了电子质量。1909 年，布谢勒(Bucherer)利用 β 衰变辐射出的电子束在匀场中相应的回旋半径，再次测出了电子质量。这些实验结果都证实了公式(5.4.1)的正确性。

5.4.2 能量

在牛顿力学中，能量和质量是两个性质不同、互相分立的物理量。但在相对论中，质量和能量不再彼此分立，而是相互关联的，它们满足：

$$E = mc^2 = \frac{m_0 c^2}{\sqrt{1 - (v/c)^2}} \qquad (5.4.2)$$

这就是著名的**质能关系式**，它是爱因斯坦在 1905 年提出来的。质能关系式说明质量和能量是密切相关的，它们是可以相互转换、彼此等价的两个物理量。在高能反应中，如果反应物总的静止质量(m_0)与生应物总的静止质量(m_0')不一样，那么反应前后静止质量之差，即 $\Delta m = m_0' - m_0$ 称为质量亏损。于是，质量亏损所对应的能量

$$\Delta E = \Delta mc^2 = (m_0' - m_0)c^2 \qquad (5.4.3)$$

这便是通常所说的**原子能**。一些物理学家意识到原子能是前所未有的巨大能源，在他们的推动下，美国启动了曼哈顿计划制成了原子弹，并在 1942 年建造了世界首座原子反应堆。20 世纪 30 年代后，原子核裂变与聚变的发现、原子能发电的成功、原子弹与氢弹的制造，所有这一切都证实了质能关系的正确。可以说，爱因斯坦的质能关系为开创原子能时代奠定了理论基础，故有人称此关系式是一个改变世界的方程。

5.4.3 动量

在相对论中，物体动量仍可以定义为物体质量与其速度之积，不过这时的质量

应理解成相对论质量，即

$$p = mv = \frac{m_0 v}{\sqrt{1 - (v/c)^2}} \tag{5.4.4}$$

将式(5.4.2)除以式(5.4.4)得

$$E = \frac{pc^2}{v} \tag{5.4.5}$$

将式(5.4.2)两边平方得

$$E^2 [1 - (v/c)^2] = m_0^2 c^4 \tag{5.4.6}$$

结合式(5.4.5)和式(5.4.6)给出

$$E^2 = m_0^2 c^4 + \frac{v^2}{c^2} E^2 = m_0^2 c^4 + \frac{v^2}{c^2} \left(\frac{pc^2}{v} \right)^2 = m_0^2 c^4 + p^2 c^2$$

或

$$E = \sqrt{m_0^2 c^4 + p^2 c^2} \tag{5.4.7}$$

这便是相对论中动量与能量的关系式。

5.5 广义相对论

5.5.1 广义相对论的建立

狭义相对论理论只涉及惯性参考系。狭义相对论认为，描述物理规律的公式，从一个惯性参考系变换到另一个惯性参考系时，其形式保持不变，即任何惯性参考系都是等价的。因此，狭义相对论虽然是从消除麦克斯韦理论中存在一个相对"以太"静止的绝对参考系占有优越地位这一缺陷开始的，但它仍保留了惯性参考系的优越地位。这显然不符合爱因斯坦毕生的科学信念，因为爱因斯坦认为："物理学的定律必须具有这样的性质，它们无论对于以哪一种方式运动着的参考系都具有同等的地位，也就是说，不存在任何特别优越的参考系。"为此，爱因斯坦将狭义相对论加以推广，以适用做加速运动的参考系(非惯性参考系)，从而建立了广义相对论。

5.5.2 广义相对论的两个基本原理

1. 广义相对性原理
物理规律同参考系的选择无关，任何参考系都是等价的。

2. 等效原理
一个均匀的引力场等价于一个不变的加速度。
众所周知，任何物质之间都存在相互吸引力，因而称为万有引力。就其物理本性来分类，自然界存在四种基本作用力，万有引力是其中的一种，另外三种基本作用力是：电磁力、强相互作用力、弱相互作用力。表 5.1 给出了它们的基本特征。

表 5.1   **4 种基本作用力及其特征**

力的类型	适用物体	相对强度	作用力程
万有引力	一切物体	$G_N \sim 10^{-39}$	∞
电磁力	带电体	$e^2 \sim 1/137$	∞
强相互作用力	核子、介子	$g_s^2 \sim 2.4 - 6.3$	$10^{-15} \sim 10^{-16} \text{cm}$
弱相互作用力	强子、轻子	$G \sim 10^{-5}$	$< 10^{-14} \text{cm}$

     万有引力的规律最先由牛顿发现，叫做牛顿万有引力定律。不过，牛顿认为，物体间的引力是一种超距离作用力。爱因斯坦并不认同牛顿这一观点。爱因斯坦认为，引力是通过一种叫"场"的特殊物质(引力场)传递的。通过一系列的复杂计算，爱因斯坦推得了一个引力场方程。爱因斯坦的引力场方程阐明了引力的本质，引力场是物质存在的一种特殊形态，它是引力的传递者。爱因斯坦的引力场方程还指出了牛顿引力理论的适用范围，在低速情况下，牛顿引力理论与广义相对论的结果吻合；但在速度接近光速或有转动存在时，牛顿引力理论与广义相对论的结果便会出现偏差，这时只有广义相对论才能对观察到的现象予以正确解释。

5.5.3 广义相对论的实验验证

1. 水星近日点的进动

    水星绕日运动的轨道是一个椭圆，太阳位于椭圆的一个焦点上。不过水星运动的同时，轨道本身也会在其平面上沿水星运动方向缓慢移动，致使轨道上的近日点发生相应的移动。这种现象叫做**水星近日点的进动**。牛顿理论虽然能给出水星近日点进动的缘由，但其理论计算值与实际天文观测值有偏差，其偏差为每百年 $43.11''$。而利用广义相对论进行分析恰好可以解释这一偏差，其值为每百年 $43.03''$。

2. 光线在引力场中的偏转

    根据广义相对论，物质的引力会使光线弯曲，引力场越强，弯曲越厉害。因此，来自远方星球的光线在经过太阳时，受太阳巨大引力的作用会发生偏转。爱因斯坦由广义相对论的场方程推算出来的光线偏转角为 $1.75''$。1919 年 5 月 29 日英国天文学家艾丁顿等的观测小组分别在巴西的索布拉尔岛和西非的普林西比岛拍摄到当天的日全食照片显示，可见光线在经过太阳附近时果然发生偏转，偏转角为

$1.5''\sim 2.0''$，其平均值与爱因斯坦预言的角度一致。这一事实震惊了科学界。后来，射电天文学家观测到在太阳附近无线电波的偏转角为 $1.761''\pm 0.16''$，这与广义相对论的理论计算值完全相符。

3. 光谱线的引力红移

按照广义相对论，引力场的存在使得空间不同位置的时间进程会出现差别，在强引力场中时钟也将变缓。因此，来自恒星表面的光线，因其频率变小将向光谱的长波段移动。这一现象叫做**引力红移**。1924 年，美国威尔逊天文台的亚当斯通过对天狼星伴星光谱的测量，观测到引力红移现象。这再一次证实了广义相对论的正确性。

5.6　相对论创始人爱因斯坦

爱因斯坦是 20 世纪最伟大的科学家。他创立的相对论是极具革命性的理论，它对于现代物理学、现代人类思维和哲学的发展都有着巨大的影响。爱因斯坦始终以怀疑和批判的眼光看待一切。正是对牛顿绝对时空观的怀疑和批判，爱因斯坦摆脱了这种由于长期习惯而形成传统的、与人们直观一致的时空概念的束缚提出了相对论时空结构。相对论时空观不再把时间和空间彼此分离并加以绝对化。相对论时空观认为，时间和空间是互相联系的，它们构成一个统一体，即四维时空。爱因斯坦总是从哲学的高度审视自然科学问题。爱因斯坦相信，自然界是统一和谐的，自然规律是普适通用的。正是这种信念使爱因斯坦能洞察诸如光是什么，时空是什么，宇宙是什么等自然哲学问题的真谛。爱因斯坦一生坚守不盲从、不从众、独立思考、创新思维的原则，永远都是人们学习的榜样。

爱因斯坦（Albert Einstein，1879—1955），1879 年 3 月 14 日出生在德国巴登-符腾堡州乌尔姆市一个犹太人家庭，1880 年随全家迁往慕尼黑，在慕尼黑上中学。1896 年，爱因斯坦进入瑞士苏黎世联邦工业大学学习。1900 年大学毕业，两年后被伯尔尼瑞士专利局录用为技术员，从事发明专利申请的技术鉴定工作。在那里，他同朋友们一起成立了一个名叫"奥林匹亚科学院"的哲学小组，钻研科学和哲学著作。1912 年爱因斯坦任苏黎世联邦工业大学教授，1913 年应普朗克之邀任普鲁士科学研究所所长和柏林大学教授。1921 年，爱因斯坦因在光电效应方面的研究而被授予诺贝尔物理学奖。1933 年由于纳粹德国反犹太主义狂潮，爱因斯坦被迫移居美国，同年 10 月开始在普林斯顿高等研究院任教，直至 1945 年退休。1940 年，爱因斯坦获得美国国籍。

1905 年，年仅 26 岁的爱因斯坦先后发表了 5 篇论文，相继刊载在有影响的德文期刊《物理学年鉴》上。其中最重要的一篇题为《论运动物体的电动力学》的文章提出了举世闻名的狭义相对论。狭义相对论的建立，使人类对空间、时间和物质运动关系的认识发生了革命性变化，标志着物理学新纪元的到来。这一年在有的书上称作爱因斯坦奇迹年。1907 年，爱因斯坦在论文《关于相对性原理和由此得出的结论》中，提出作为广义相对论基础的两个基本原理。1916 年，爱因斯坦写成了两本著作：《广义相对论的基础》和《狭义相对论和广义相对论浅说》。爱因斯坦的广义相对论是继狭义相对论之后，近代科学的又一个重大成就。1919 年，英国天文学家爱丁顿的日全食观测结果证实了爱因斯坦所作的光线经过太阳引力场会弯曲的预言。此外，爱因斯坦在光电效应、布朗运动和量子统计等方面都有突出贡献。他与玻尔进行的论战中提出的 EPR 佯谬①，至今仍是理论物理学和自然哲学不断探讨的话题。

爱因斯坦除了科学上举世皆知的杰出贡献外，也关心人类的进步事业。在美国居住的日子里，爱因斯坦还把相当多的精力投入到社会活动中。他呼吁人们对纳粹势力保持警惕。他反对美国的种族歧视政策，支持黑人的解放运动。他曾担任"原子科学家非常委员会"主席。1955 年，爱因斯坦和罗素联名发表了反对核战争和呼吁世界和平的《罗素-爱因斯坦宣言》。

1955 年 4 月 18 日，爱因斯坦因病去世。为了不使任何地方成为圣地，爱因斯坦留下遗嘱，不建坟墓，不立墓碑，骨灰撒在保密的地方。2005 年是相对论发表 100 周年，爱因斯坦逝世 50 周年，为纪念这位科学巨子，联合国教科文组织宣布 2005 年为世界物理年。这年 4 月，各国科学家举行环球光信号接力活动，寓意物理学星空中的爱因斯坦之光照耀全球的每一个角落。

思考题 5

1. 什么是惯性参考系？
2. 迈克耳逊-莫雷实验的内容和结论是什么？
3. 狭义相对论的基本假设是什么？
4. 广义相对论的基本假设是什么？
5. 什么是伽利略变换？什么是洛伦兹变换？
6. 什么是洛伦兹-斐兹杰惹收缩和爱因斯坦延缓？

---

① EPR 是爱因斯坦、波多尔斯基和罗森（Einstein-Podolsky-Rosen）三位物理学家姓氏的首写字母。1935 年，爱因斯坦、波多尔斯基、罗森在《物理评论》上发表了题为《能认为量子力学对物理实在的描述是完全的吗》的论文。EPR 佯谬即是他们对量子力学描述不完备的批评，又称 EPR 悖论。随后玻尔对此进行了反驳。20 世纪世界上两位最杰出的物理学家爱因斯坦和玻尔，有关量子力学的物理诠释与哲学意义的争论持续了数十年之久。他们间的争论加深了人们对这一问题的认识，促进了这一理论的发展。

7. 相对论的时空观与牛顿的时空观有何不同？

8. 在相对论中，质量和能量、动量和能量之间的关系如何？

9. 相对论速度变换式如何表示？设两个惯性参考系的相对速度为两种极限情形：光速或零（$v = c$，$v = 0$），这时一个运动物体相对这两个惯性参考系的速度关系如何？

10. 如果一个单位立方体，以与之一边平行的方向、大小为 $0.8c$ 的速度运动，那么观测者所观测到的此物体是否仍为立方体？为什么？

11. 什么叫做质量亏损？它和原子能的释放有何关系？

12. 广义相对论获得了哪些实验验证？

13. 按照相对论，你认为可以把物体加速到光速吗？

14. 光子的静止质量为零，光子的动量和能量有何关系？

15. 根据相对论，你认为所有接近光速的物体，它的大小、质量和时间进程都会发生什么样的变化？

16. 为什么说爱因斯坦是 20 世纪最伟大的科学家？

第6章　量子力学入门

6.1　量子史话

牛顿所开创的经典力学到 19 世纪已经不仅仅局限于力学范围之内，而且扩展到了诸多领域：对热现象的研究产生了热力学与统计物理学、对光的研究产生了光学、对电和磁的研究产生了电动力学。这些建立在牛顿力学基础上的物理学现在都统称为**经典物理学**。但到了 19 世纪末和 20 世纪初，经典物理学理论却面临着不少难以解决的问题。几个主要的问题是：黑体辐射中的紫外发散困难；光电效应中的临界频率和光电子能量只与光的频率有关，而与光强无关；原子的线状光谱及其选择法则；原子的稳定性；固体与分子比热值和能量均分定理结果的差别等。量子理论正是在解决这些实践与经典物理学理论的矛盾中逐步建立起来的。

历史上，为了解决黑体辐射中的紫外发散困难，普朗克最先提出量子论。爱因斯坦利用普朗克的量子假设解释了光电效应现象，进一步提出了光量子概念。玻尔将量子概念运用到原子结构上，提出了原子的量子论，说明了原子的稳定性和光谱的规律。在玻尔理论的基础上，经过德布罗意、海森堡、薛定谔、狄拉克等人的努力，最终创立了量子力学。量子力学原理引入统计物理建立了量子统计理论。爱因斯坦、德拜等人利用量子统计理论得到了与实验相符的固体（分子）比热值。

普朗克（Max Planck，1858—1947），1858 年 4 月 23 日出生于德国基尔城一个贵族家庭。父亲是基尔大学的法学教授。1874 年，普朗克中学毕业后，进入慕尼黑大学，攻读数学和物理，1878 年，毕业于慕尼黑大学。1885—1888 年任基尔大学理论物理学教授，1888 年任柏林大学理论物理研究所负责人，1899 年任柏林大学理论物理学教授。1912 年，他成为普鲁士科学院常务院长。1926 年，他被选为英国皇家学会会员、苏联科学院外籍院士。从 1930 年起，他担任柏林威廉皇帝研究所所长。第二次世界大战结束后，该所迁到格丁根，被命名为马克斯·普朗克研究所，普朗克任该所所长。1947 年 10 月 3 日，普朗克在格丁根逝世，终年 89 岁。

1900 年 10 月 19 日，普朗克在柏林物理学会集会上，报告了他依据维恩和瑞利-金斯两个公式，利用内插法得到的黑体辐射频谱分布公式，即普朗克公式。为了寻找隐藏在公式后面的物理实质，普朗克提出了一个大胆的具有革命性的假设：

辐射体中线性谐振子的能量是不连续的，这些能量只能是某一最小能量(称为能量子)的整数倍，这个假设称为**普朗克能量子假设**。在这个假设中，普朗克提出了一个重要的常数，即**普朗克常数**。1900 年 12 月 14 日，普朗克在德国物理学会上报告了他的研究成果，宣布了这一划时代的发现，后来这一天被劳厄宣称为"量子论的诞生日"。

　　普朗克的伟大成就是创立了量子理论，它开辟了现代物理学发展的道路，结束了经典物理学一统天下的局面。他在量子假设中所提出的普朗克常数成了物理学中最重要的常数之一。普朗克因此获得了 1918 年诺贝尔物理学奖。

　　尼尔斯·玻尔(N. Bohr，1885—1962)，1885 年 10 月 7 日出生于丹麦哥本哈根。父亲是哥本哈根大学生理学教授。玻尔少年时经常随父亲参加每周星期五丹麦科学家的家庭学术性聚会，受到了许多潜移默化的科学熏陶。18 岁时进入哥本哈根大学数学和自然科学系，主修物理学。1911 年获得博士学位后，玻尔被选派赴英国剑桥，开始在汤姆逊指导下从事研究。1912 年 3 月转到曼彻斯特随卢瑟福工作，这成了他一生的重要转折点。在这里他参加了卢瑟福的科学集体，开始了对原子结构问题的思考，创造性地提出把普朗克的量子说和卢瑟福的原子有核模型相结合的想法。1913 年 7 月起，他以《论原子构造和分子构造》为题，连续三次在英国自然哲学杂志上发表论文，这就是有名的**玻尔原子理论**。在玻尔理论中，最重要的是引入了定态条件、频率条件、对应原理这些全新的概念。玻尔原子理论解开了历史上近 30 年的光谱之谜。为此，玻尔获 1922 年度诺贝尔物理学奖。

　　出色的成就为玻尔在国际物理学界赢得了崇高的声誉，但他不为国外优越的条件所吸引，而决心在自己所诞生的国土上建立起国际研究中心。1916 年春天，几经波折之后，丹麦政府终于认识到把玻尔这位杰出的物理学家留在国内的重要性，决定在哥本哈根大学专门为他设立一个理论物理学的教授职位。同年夏天玻尔开始担任这一新的职务。为了促进本国物理学教育和研究工作的发展以及有利于国际间的交流，玻尔于 1917 年 4 月向哥本哈根大学数理学院提出报告，申请建立一所理论物理研究所。1918 年 11 月丹麦政府教育部正式下达文件，同意兴建哥本哈根大学理论物理研究所。经历了三年多的设计与建造，一座三层的楼房于 1921 年终于完工。在完工不久的研究所建筑里举行了隆重的揭幕典礼。哥本哈根大学校长宣布，哥本哈根大学的理论物理研究所正式成立。玻尔是成立后的第一任所长，并且一直任职到他逝世。所以，人们通常又把它叫做"玻尔研究所"。1965 年，在玻尔诞辰 80 周年之际，为了纪念他，这个研究所正式改名为"尼尔斯·玻尔研究所"。

　　在玻尔研究所的早年岁月里，研究的主要内容是量子理论和原子结构理论。在量子力学建立的过程中，玻尔研究所成了世界理论物理研究中心，形成了著名的哥本哈根学派。该学派创始人即尼尔斯·玻尔，其中玻恩、海森堡、泡利以及狄拉克等都是这个学派的主要成员。哥本哈根学派对量子力学的解释包括对应原理、测不准关系、波函数诠释、不相容原理和互补原理等。哥本哈根学派对量子力学的创立和发展产生过重大影响。

后来，玻尔研究所经过扩建，规模和面积都大大增加了。研究所不只研究理论，而且有了自己的实验室；也不仅是科学研究的场所，同时还是教育中心。到了20世纪30年代，研究所已经成了一所学校，成了培育世界各国物理实验和理论研究未来指挥员的一个苗圃。国际教育社还设置了奖学金，用来鼓励各国物理学家之间的交流，对物理学的国际化和新一代物理学家的培养作出了重要贡献。

作为国际物理研究中心，玻尔研究所为物理学界创立了一种独特的研究风格，被称为哥本哈根精神。这种精神强调完全自由的判断与讨论的学术风格、合作且不拘形式的学术气氛、高度的智力追求、大胆的涉险精神、深奥的研究内容和快活的乐天主义。玻尔以其特有的人格魅力为研究集体提供了一种内聚力，吸引了一批批年轻而富有天才的理论和实验物理学家来此学习与交流。玻尔是哥本哈根精神的源泉，点燃了想象的火炬，让周围人们的聪明才智充分发挥出来。在这里先后有10位科学家获得过诺贝尔物理学奖或化学奖。玻尔研究所不仅仅是哥本哈根大学的一个理论物理研究所，而且成了世界物理学界的圣地。这正如唐代文学家刘禹锡所言："山不在高，有仙则名，水不在深，有龙则灵。"

德布罗意(Louis de Broglie, 1892—1987)，1892年出生在法国一个显赫的贵族家庭。中学毕业后进入巴黎大学攻读历史，1910年获得历史学学士学位。他哥哥是一个X射线物理学家。受他哥哥和庞加莱著作的影响，对物理学产生了深厚的兴趣。战争年代，他曾在军队服役，战争结束后他又继续从事物理学的研究工作，并在朗之万指导下攻读博士学位。

1923年，德布罗意把爱因斯坦关于光的波粒二象性的思想推广到所有的实物粒子，提出了实物粒子也具有波动性的设想，并于9~10月在《法国科学院通报》上先后发表了题为《波和量子》、《光量子衍射和干涉》、《量子、气体运动理论和费马原理》的三篇论文。1924年，他在博士论文《量子论的研究》中进一步提出了量子领域中所有实物粒子都具波动性的假设，他把这种量子波称为相位波。论文还说明了相位波在物理学各领域中的具体应用。

1927年，美国物理学家戴维森和革末、英国物理学家汤姆孙都从实验上验证了德布罗意关于物质波的理论。德布罗意波的理论，为理子力学的建立奠定了最直接的基础。为此，德布罗意和戴维森以及汤姆孙分享了1937年度的诺贝尔物理学奖。

海森堡(W. K. Heisenberg, 1901—1976)，1901年12月5日生于德国维尔茨堡的一个中学老师家庭。1920年海森堡进入慕尼黑大学，在索末菲那里受到了严格的数学物理训练。1923年，海森堡和玻恩在格丁根一起用微扰法对氢原子进行精确的计算，但结果与实验差距很大。1924年夏，玻恩尝试建立新量子力学，海森堡参与了这项工作。1925 年 4 月，海森堡从哥本哈根回到格丁根。随后，海森堡完成了一篇具有历史意义的论文——《关于运动学和力学关系的量子论新解释》。这是公认的矩阵力学的第一篇奠基性论文。1925 年 7 月 9 日，海森堡把论文寄给泡利，在得到泡利的明确支持和鼓励之后，海森堡才把自己的手稿交给他的老师玻恩。然而海森堡有了新思想，找到了新方法，却没有掌握相应的数学工具。幸好玻恩的助手约丹(P. Jordan)是格丁根大学数学系的学生，精通矩阵理论。几天后他与玻恩成功地写出了重要论文——《关于量子力学》。与此同时，海森堡奋起直追，很快补上了有关矩阵的知识，并与玻恩、约丹合作写了著名的"三人文"——《量子力学》，完善严格地表述了矩阵力学，成为矩阵力学的经典文献。它宣告了矩阵力学的诞生。

此外，海森堡从用薛定谔方程去描述云室中的电子遇到的困难，认识到经典力学中电子的轨迹这一提法不正确。在量子力学中，力学体系的一对共轭变量不可能同时具有确定值。这一结论称为**海森堡测不准原理**。测不准原理反映了微观粒子的波粒二象性，是物理学中又一条基本原理。

薛定谔(Erwin Schrödinger, 1887—1961)，1887 年 8 月 12 日出生在奥地利维也纳，父亲是一位爱好科学的厂主。薛定谔 11 岁时入大学预科学习。1906—1910 年在维也纳大学物理系学习。1910 年他获得维也纳大学博士学位，次年在该大学物理研究所工作。1920 年到耶拿大学，在维恩实验室担任助手。1921 年受聘于瑞士苏黎世大学，任数学物理学教授，波动力学就是在这一时期创立的。1927 年他接替普朗克，任柏林大学理论物理学教授。

薛定谔受爱因斯坦的启迪，通过对德布罗意的物质波论文的研究，于 1926 年创立波动力学。1926 年，薛定谔先后发表题为《量子化是本征值的问题》(共 4 篇)、《从微观力学到宏观力学的连续过渡》和《论海森堡、玻恩、约丹的量子力学和薛定谔的量子力学的关系》的论文。《量子化是本征值的问题》的第一篇建立了氢原子的定态薛定谔方程；第二篇建立了一般的薛定谔方程；第三篇论述了定态微扰理论及其应用；第四篇论述了含时微扰理论及其应用。《论海森堡、玻恩、约丹的量子力学和薛定谔的量子力学的关系》一文证明了矩阵力学和波动力学这两种形式的等效性，可以统称为量子力学。《从微观力学到宏观力学之间的连续过渡》，则给出了量子力学和牛顿力学之间的联系，指出在经典力学极限的情况下，薛定谔方程可以过渡到哈密顿方程。

由于波动力学运用的数学工具是偏微分方程，人们对它比较熟悉，也易于掌握，所以，波动力学从一开始就广为使用。至今，波动力学仍被认为是量子力学的一种通用形式。

6.2 经典物理学的困境

　　1687 年，牛顿的巨著《自然哲学的数学原理》面世，经典力学的大厦宣告竣工。在经典力学（或牛顿力学）的基础上开始了对物理学的其他领域一系列系统的研究：对热现象的研究产生了经典热力学与统计物理学；对光的研究产生了经典光学；对电磁现象的研究产生了经典电动力学。所有这些建立在牛顿力学之上的物理学理论统称为**经典物理学**。至此，物理学家颇感怡然自得，似乎世界万事万物都可以在这里找到答案。

　　正当物理学家陶醉于他们理论的万能与和谐时，经典物理学大厦却开始出现了危险的裂缝。这种撞击主要来自两方面，它们被英国物理学家开尔文勋爵称为"19 世纪飘浮在物理学天空中的两朵乌云"，使经典物理学陷入困境的原因，一个与光的传播有关，另一个与热的辐射有关。前者导致相对论的建立，后者导致量子力学的建立，它们是 20 世纪物理学的两个重要的成就。

　　根据光的电磁理论，光也是一种波（光波），那么光波的载体又是什么呢？过去的科学家把它想象为一种特殊的媒质，称为以太。以太无处不在，绝对透明、永远静止。根据牛顿相对运动理论，物体在以太中运动，应该检测到以太风的存在。迈克耳逊-莫雷实验的零结果证实了自然界根本就没有以太风，从而也否定了以太这一所谓媒质的存在。

　　任何物体都会由于自身较高的温度而向外辐射某种看不见的、给人以热的感觉的射线，这个现象叫做**热辐射**。为了定量地研究热辐射现象，物理学家提出了黑体模型。所谓黑体是指全部吸收落在其上的热辐射而无任何反射的物体①。在对热辐射规律进行探讨的过程中，物理学家发现：黑体的辐射能力，即每秒辐射的热量，和它绝对温度的四次方成正比。这条规律叫做**斯蒂芬-玻尔兹曼定律**。另外，对应黑体最大辐射能力的波长随着其温度升高而向短波方向移动，这条规律叫做**维恩位移定律**。这两条定律都可以利用经典热力学理论得到。结合这两条定律，英国物理学家瑞利和金斯推得：热物体的辐射强度与其绝对温度成正比，而与其辐射波长的平方成反比。由瑞利-金斯定律知，波长越短，热辐射强度越大；当波长接近于零时，辐射强度接近无穷大。这个结论当然是荒谬的，因为除了自然界本身，自然界任何具体的事物以及描写它们的物理量都不可能是无穷大。出现无穷大的位置发生在辐射波长极短，即频率极高的范围，因此被称为"**紫外灾难**"。之所以叫做灾难

---

　　① 为了研究方便，物理学家常常在某一定范围提出与此相适应的某一模型，该模型一般是相应实际情形的理想极限。比如力学中的质点和刚体、气体中的理想气体、交流电中的理想变压器等。

是因为它有可能颠覆使这条定律得以成立的经典物理学中那些习以为常的规则。

经典物理学除了在热辐射理论遇到的困难外，在其他一些问题上同样也遇到了严重困难。

其中一个发生在光电效应中。光照射在金属上使金属发射出电子的现象叫做**光电效应**，被发射出的电子称为**光电子**。光电效应的实验规律也是经典物理学所无法解释的。

另一个是有关原子稳定性的问题。1911 年，英国物理学家卢瑟福根据 α 粒子的散射实验提出了著名的原子有核模型。按照这一模型，原子中存在一个带正电的核心(原子核)和核外绕原子核运动的电子，所有核外电子所带负电荷的总和等于原子核的正电荷，因此整个原子呈电中性。于是，又产生了一个经典物理学无法回答的问题。因为按照经典电动力学理论，电子围绕原子核的运动是加速运动，因而必然辐射电磁波，电子在运动过程中不断辐射电磁波，自身能量不断减少，速度越来越慢，最终将为原子核俘获，正负电荷湮没使原子不复存在。而事实是原子是稳定的，不会毁灭。

另外还有康普顿散射问题等。

所有这一切都表明，经典物理学本身已经无法对此给出正确的答案，要想走出这一困境，有必要寻求一种全新的理论，这一新理论就是**量子力学**。

6.3　旧量子论

量子力学的建立分为两个阶段：第一阶段称为旧量子论，它起于普朗克"量子"概念的提出，止于玻尔的原子理论；第二阶段是德布罗意提出物质波以后的阶段。这节主要介绍旧量子论，后几节介绍量子力学。

6.3.1　普朗克的"能量子"与黑体辐射公式

在经典热辐射理论遇到不可逾越的鸿沟的时候，普朗克和他当代的同事们一样，企图寻找到能够继续前行的出处。在一次一次建立又推翻所设想的理论模式后，普朗克终于探索到一条到达目的地的道路。但出乎意料的是：这条道路却指向了与经典物理学不同的另一个方向，并最终导致了量子力学的建立。为了解释黑体辐射规律，普朗克最先采用了数学上的内插法，即以众所周知的两个结果作为插值法两端，然后在这两个极限情况中插入一个满足一定条件的待定函数，由此推得函数的具体表达式。利用内插法，普朗克得到了一个和实验吻合且不再包含有无穷大的黑体辐射公式，通常称为**普朗克公式**。普朗克黑体辐射公式虽然与实验数据十分相符，但它却纯粹只是一个数学上"拼凑"出来的结果，而无法从经典物理学的任何定律中推导出来。为了从理论上证明这个公式，普朗克最先提出"量子"的概念。

量子(quantum)在拉丁文中有"分立的部分"或"数量"的含义。在以后的量子力学中，量子意味着其物理对象具有分立的属性，而量子化则意味着将某个物理量赋予分立的属性①。在经典物理学中，能量的取值是连续的，不间断的。这种取值为连续的物理量在经典理论中俯拾皆是，比如物体的动量、速度、空间位移等。它们的一个共同特征是：可以用整个数轴或数轴上某一段不间断地表示出来。为了解释热辐射现象，普朗克认为，热辐射体辐射或吸收的能量不是连续的，而是一小份、一小份的，即分立的，普朗克称它们为"能量子"。普朗克进一步假设能量子的能量（ε）与其频率（ν）的关系（普朗克关系）为

$$\varepsilon = h\nu = \hbar\omega \qquad (6.3.1)$$

式中，$\omega = 2\pi\nu$ 是辐射的角频率(或圆频率)；$h = 6 \times 10^{-27}$ 尔格·秒，称为普朗克常数；$\hbar = h/2\pi$ 称为约化普朗克常数。从上述关系可以看出，能量子的能量是不连续的，它们只能取 h（或 $\hbar$）的倍数。不过，对于宏观物体，一个能量子的能量十分微小，而一个辐射体辐射出的能量子数目却十分巨大，以致人的感官无法分辨，这样大量分立能量子辐射的实际效果便被看成是一个能量连续的辐射流。这有如播送一帧一帧接踵而至的静止画面，由于人眼的视觉暂留，它的实际效果便相当于放映一段电影。因为普朗克最初提出的能量子概念与当时物理界的传统观点格格不入，所以当普朗克在 1900 年 12 月 17 日向柏林科学院作有关利用能量子克服热辐射理论中困难的报告时，他的这一建议并没有获得广泛的认同。但是，物理学的进程无可辩驳地表明，利用能量子概念，或者说将能量量子化，普朗克不仅严格导出了黑体辐射公式(详见 6.5 节)，而且在短短的几年后便促进了一场物理学的革命。

无怪乎，现代物理学界把 1900 年 12 月 17 日定为量子论的诞生之日，而将 1900 年命名为物理学上的量子年，以纪念普朗克对量子力学的重大贡献。

6.3.2 爱因斯坦的"光量子"与光电效应理论

受普朗克能量子的启发，爱因斯坦对光电效应从一个全新的角度进行了考查。根据麦克斯韦电磁理论，热辐射本质上就是一种波长比红光更长的电磁波，爱因斯坦认为，光也是一种电磁波，如同热辐射能量可以量子化一样，光波的能量也可以量子化，这种量子化后的光量子也叫做光子，光子的能量和光波频率之间同样满足普朗克关系式(6.3.1)。利用爱因斯坦光量子假说便可以合理解释光电效应。

爱因斯坦的光电效应理论可用如下公式表达：

---

① 分立是相对连续而言的。在数学上，一个变量，如 x，可以取连续值(连续变量)如 $-1 < x < 1$；也可以取分立值(分立变量)，如 $x=1, 3, 5, \cdots$。在数轴上，连续变量取值可以是整个数轴或数轴上某个区间；分立变量取值则是数轴上分隔开来的一些孤立点。

$$\frac{1}{2}mv^2 = h\nu - A \tag{6.3.2}$$

式中，m 是光电子质量，v 是它的速度，ν 是入射光频率，A 是逸出功。可见，当 $h\nu - A < 0$ 时不会发生光电效应。由此确定了入射光频率的阈值 $\nu_c = A/h$。

和普朗克提出能量子假说一样，爱因斯坦提出的光量子假说同样动摇了经典物理学的基础。在经典物理学中长达百年之久的光的微粒说和波动说之争，最终以波动说获胜，光被认为是一种电磁波。爱因斯坦的光电效应理论再次复活了光的微粒说，但这次人们终于认识到，光是一种兼具微粒和波动两重属性的统一体。事实上，这种双重属性在微观世界普遍存在。耐人寻味的是，1921 年爱因斯坦获得诺贝尔奖也主要是由于他的光电效应理论及其对一般理论物理学的贡献，而并非因为他的出色的相对论。

6.3.3　玻尔的原子理论

继普朗克和爱因斯坦的工作之后，丹麦物理学家玻尔也将量子的概念用来解释原子的稳定性问题。玻尔对原子结构提出了三个条件：

1. 稳定性条件

原子中的电子只能在一些特定的路径上围绕原子核运动，这些路径称为允许轨道，而其他绕核运动的路径是禁止的，电子在允许轨道上运动时不辐射能量。

2. 辐射条件

电子所处的轨道离原子核越远，它的能量越高，电子的轨道离核越近，它的能量越低。电子由能量高的轨道跳到能量低的轨道时，它会向外界辐射能量，即发射光子；反之，由能量低的轨道跳到能量高的轨道时会从外界吸收能量，即吸收光子。

3. 角动量取值条件

电子在允许轨道上绕核运动时，它的轨道角动量只能取分立值，即角动量是量子化的。

根据上述玻尔有关原子结构的理论就很容易理解为什么通常原子都是稳定的，这是因为原子中的电子都处在允许轨道上①，它们不会向外辐射能量。不过，玻尔理论带有明显的人为特征，他的理论中的一些概念，比如电子轨道，留着鲜明的经典物理学的痕迹。随着时间的推移，玻尔理论的诸多缺陷也逐渐显现出来。尽管如此，由于玻尔理论的简单性以及帮助人们分析、了解原子(分子)性质的直观、方便性，至今仍然被广泛应用于原子、分子物理学中。

---

　　①　一般情况下，电子都处在能量最低状态，即最靠近原子核的轨道，这种状态称为原子的基态。

6.4 量子力学的建立

6.4.1 德布罗意的物质波

既然光波具有粒子特性，表现为光子，那么实物粒子，如电子、质子，是否也具有波动性质而表现为波？1924 年，法国物理学家德布罗意在英国《哲学杂志》上发文肯定了这一观点：实物粒子也具有波动性。这种与粒子相联系的波称为**物质波**，也叫做**德布罗意波**。物质波的频率（ν）、波长（λ）与粒子能量（ε）、动量（p）之间的关系如下：

$$\varepsilon = h\nu, \quad p = \frac{h}{\lambda} \tag{6.4.1}$$

这个关系称为**德布罗意关系**。德布罗意的物质波与光波相似，因此它不是机械波；德布罗意的物质波联系任意一种实物粒子，因此它也不应该是电磁波。这种既非机械波又非电磁波的物质波，从一开始提出就遭到广泛质疑，引发了极大争论。

衍射和干涉是波动的重要特征。正是光的衍射现象被发现成了当初 19 世纪光的波动学说支持者手中最有说服力的论据。要从实验上检测出德布罗意波，就必须观察到它产生的衍射或干涉花样。不过，因为德布罗意波的波长比光的波长更短，所以利用产生光的衍射的装置来观察德布罗意波实在显得太粗糙。以电子为例，电子的质量 $m \approx 10^{-24}$ 克，在电压 $U = 1$ 伏特的电场加速下，电子的速度 $v \approx 6 \times 10^7$ 厘米/秒，代入式（6.4.1）知

$$\lambda = \frac{h}{p} = \frac{h}{mv} = \frac{6.6 \times 10^{-27}}{10^{-27} \times 6 \times 10^7} = 10^{-7} \text{ 厘米} \tag{6.4.2}$$

可见，电子的德布罗意波长只有可见光的波长（数量级 ~ 10^{-5} 厘米）的百分之一，检测出它们就更为困难。德布罗意波提出后几年，美国科学家戴维孙和盖末利用一种极薄的晶（体）片作衍射栅，他们让电子束以很小的角度入射到晶片表面，记录下电子在照相底片上的像。冲洗后的底片显示出一组典型的明暗相间的环，这便是电子的衍射花样。戴维孙-盖末的电子衍射实验显示了电子同样具有微粒和波动的二重性，从而证实了德布罗意有关物质波的设想。

既然物质波不是人们所熟悉的机械波和电磁波，那么它究竟是一种什么样的波，它与实物粒子又有何联系呢？德布罗意最先认为，物质波荷载着相应的实物粒子，一个粒子仿佛坐在一个波上，随波而驰，这是一种"导波"，它就像海波掀起的浪引导冲浪的人一样。显然，这一设想过于脆弱，它对许多问题都无法解释清楚，比如，这个粒子导波是如何产生的，当粒子与其他粒子相互作用时，当粒子遇到障碍时，粒子和它的波又是如何一起行动的……后来，德布罗意放弃这一设想，

而将粒子看做是波的一种紧凑结构,物理学家称之为"波包"。一个波包是由几个相当短的波叠合而成的包络体。这样,波包既能像粒子一样活动,又能把自身具有的基本波动性质显现出来。不过,根据波动理论,任何波都会随着时间的推移而在空间弥漫开来,波包当然也不例外,经过一定时间在空间中的轮廓将变得模糊不清,使得结构紧凑的粒子丧失了原有形状。可实际上粒子是十分稳定的,没有任何迹象表明它会随时间而弥漫开来。为了理解德布罗意波的真实意义,德国物理学家玻恩仔细分析了电子衍射实验结果,从中发现,同样的衍射花样,既可以由一个强电子源并给底片以很短的曝光时间形成,也可以由一个弱电子源并给底片以长的曝光时间形成。前者是大量电子一次性行为;后者是少量电子众多次行为。这就是说,虽然单个电子在底片上的成像位置带有随意性,但大量电子在底片上所成的像却是有规律的,是一个真实波的衍射花样。这种对单个观察对象呈现的不规则性在运用到大量对象时会转化为规则性的现象称为统计性,这种规则性称为统计规律(或几率法则)。将几率法则运用到电子衍射花样说明电子击中暗环的可能性最大;击中亮环的可能性最小,几乎为零;击中两环中间部分(灰色区域)的可能性介于二者之间。由于电子波决定电子击中底片上某处的几率,因此玻恩认为与实物粒子联系的物质波本质上是一种几率波。

6.4.2　微观粒子的波粒二象性

经典物理学认为,粒子和波是两个截然不同的概念,波就是波,粒子就是粒子,二者必居其一,"非此即彼"。但实验结果却显示,光波也表现为粒子(光电效应),电子也表现为波(电子衍射花样)。据此,量子力学认为,在微观世界(尺寸$\leq 10^{-8}$厘米的领域)波和粒子并非两种对立的存在,而是彼此联系的统一体,波也有粒子的特性,粒子也有波的特性,它们"亦此亦彼"。微观粒子这种同时具有粒子和波的双重性质的特点称为**微观粒子的波粒二象性**。

经典物理学是从尺寸可与宏观物体相比较、速度远小于光速的宏观世界中总结出的自然规律。这个世界也是人类生活在其中,并可以通过自身的感官认知的世界。因此,经典物理学的结论大多与人们的常识相符。然而,当科学研究触及微观世界或高速运动物体的领域时,有悖于人们常识的现象便逐渐涌现出来,比如微观粒子的波粒二象性,比如同时的相对性……这促使 20 世纪最杰出的物理学家,像爱因斯坦等,开始摆脱一般人惯有的思维模式而寻求一种全新的理论,量子力学正是在批判旧有理论的基础上逐步建立的。

6.4.3　海森堡测不准关系

在经典物理学中,质点的运动状态是由它的位置(或坐标)和速度(或动量)来确定的。经典物理学认为,在任何瞬时都能以绝对的准确度(至少在理论上)测出任何质点的位置和速度。然而在微观世界，由于粒子的波粒二象性，这一固有的观念被彻底击破，微观粒子的速度和位置是不可能同时精确测定的。下面利用德布罗意关系式对此予以简单说明。根据德布罗意关系式(6.4.1)有

$$p = \frac{h}{\lambda}, \qquad v = \frac{h}{m\lambda} \tag{6.4.3}$$

在极限情况下，如果电子静止，其速度测定为零；这时电子波长为无穷大，波动性明显，要想在任何一个确定位置找到它都是不可能的。反之，如果电子波长无限小，电子定域在一点，那么它的位置可以测定；但这时电子的速度无限大，要想确定它的具体数值也是不可能的。海森堡从量子力学的普遍定律得到

$$\Delta x \Delta p_x \geqslant \hbar \tag{6.4.4}$$

式中，Δx 是粒子坐标的测不准量，$\Delta p_x = m\Delta v_x$ 是粒子动量在 x 方向上分量的测不准量。更一般的表达式为

$$\Delta q \Delta p \geqslant \frac{\hbar}{2} \tag{6.4.5}$$

式中，q，p 是一对共轭的坐标和动量。上式称为**海森堡测不准关系式**。

6.4.4　量子力学的建立

根据测不准原理，粒子的坐标和动量是不可能同时精确测定的，从而经典力学用这两个量来描写质点运动状态的传统方法在微观世界是完全行不通的。那么，微观粒子的运动状态应该用什么来刻画呢？它们的运动规律又是什么呢？上述问题的解决导致了量子力学的建立，在这方面最先取得成功的是德国物理学家海森堡和奥地利物理学家薛定谔。他们两人采用了颇不相同的两种方式。海森堡用单行或单列矩阵描写粒子运动状态，用方形矩阵描写运动状态间的变换，用线性代数的知识研究其运动规律。因此海森堡建立的这种量子力学形式叫做**矩阵力学**。薛定谔用一个以坐标和时间为自变量的有界连续函数描写粒子运动状态，用偏微分算符描写运动状态间的变换，用数字分析的知识研究其运动规律。因此薛定谔建立的这种量子力学形式叫做**波动力学**。后来薛定谔证明了，尽管这两种量子力学的表述方式看来毫无共同之处，但它们在解答同一物理问题时却是完全等效的。在量子力学的数学表述上薛定谔所采用的微积分方法比海森堡采用的矩阵代数方法要更加简单明了，更加容易被理解和接受，因此，波动力学从一开始就受到物理学界的青睐，至今在教科书和科学论文中讲授和运用量子力学时一般都采用这种形式。有鉴于此，本书对量子力学的介绍也是在这一理论框架下进行的。

6.4.5　量子力学的基本假设

为了使量子力学的理论更加严格、更加公理化，它通常采用了如下假设：

（1）粒子的运动状态用波函数描写。

波函数是一个以粒子坐标 $r=(x,y,z)$ 和时间 t 为自变量的连续有界函数，记为 $\psi(r,t)=\psi(x,y,z,t)$。一般地，波函数 ψ 还是一个平方可积的函数，即

$$\iiint |\psi|^2 \mathrm{d}x\mathrm{d}y\mathrm{d}x = \iiint \psi^*(x,y,z)\psi(x,y,z)\mathrm{d}x\mathrm{d}y\mathrm{d}z = 有限值 \quad (6.4.6)$$

按照玻恩对物质波的解释，实物粒子的波动性不同于经典力学所说的波动（如水波、声波等），它是一种概率波（或几率波）。这就是说，如果粒子的运动状态用波函数 ψ 描写，那么发现粒子处在体积元 $\mathrm{d}L=\mathrm{d}x\mathrm{d}y\mathrm{d}z$ 的概率为

$$\psi^*\psi\mathrm{d}V = |\psi(x,y,z,t)|^2 \mathrm{d}x\mathrm{d}y\mathrm{d}z \quad (6.4.7)$$

这就是对波函数的统计诠释。可见波函数实际上是时刻 t 粒子在空间的概率分布，而它的绝对值（模）的平方则是概率密度。根据波函数的统计诠释，显然应有

$$\int |\psi(x,y,z,t)|^2 \mathrm{d}x\mathrm{d}y\mathrm{d}z = 1 \quad (6.4.8)$$

（积分对波函数所在整个空间进行）。上式称为**波函数的归一化条件**。特别地，ψ 称为归一化波函数。归一化条件要求波函数是平方可积的。一般地，波函数是一个复函数，即使加上归一化条件，仍有一个相位因子不确定。也就是说，如果 ψ 是归一化波函数，那么 $\mathrm{e}^{i\theta}\psi$（θ 为实常数）也是归一化波函数。这样的两个波函数描写了同一个几率波，或粒子同一个运动状态。

在经典力学中，两个不同的波可以叠加成含这两个子波的合成波。同样地，在量子力学中，描写一个微观体系的不同波函数也可以叠加成一个新的波函数。确切地说，如果 ψ_1，ψ_2，… 分别描写某个微观体系的不同的运动状态，那么它们的线性叠加 ψ 也描写了这个微观体系的一个可能的运动状态

$$\psi = c_1\psi_1 + c_2\psi_2 + \cdots = \sum c_i\psi_i \quad (6.4.9)$$

式中，$c_i (i=1,2,\cdots)$ 为常数。这就是量子力学中的态叠加原理。态叠加原理指的是波函数间的线性叠加[1]。

（2）力学量用算符表示。

比如 A 是经典力学中的一个物理量，那么在量子力学中它对应一个算符，记为 $\hat{A}$[2]。在量子力学中，最基本的算符是坐标和动量对应的算符，如

---

[1]　按此要求，作用在波函数上力学量算符都应该是线性算符。另外，在量子力学中两个相同波函数的叠加不生成新的运动状态。例如：

$$\psi+\psi = 2\psi$$

在量子力学中，2ψ 不表示一个不同于 ψ 的新状态，但在经典力学中，这两个波叠加生成的波是一个无论振幅和能量都不同于子波的合成波。

[2]　字母上方尖号"^"表示该量是一个算符。

$$\hat{x} = x, \qquad \hat{p}_x = \frac{\hbar}{i} \frac{\partial}{\partial x} \qquad (6.4.10)$$

（3）力学量的可观测值，即实验上可测量到的值，只能是所对应算符的本征值，如 A 是某个力学量，那么其可观测值只能是 $\hat{A}$ 的本征值 λ。它满足本征值方程：

$$\hat{A}\varphi = \lambda\varphi \qquad (6.4.11)$$

式中，φ 称为相应 λ 的本征函数，本征值 λ 为某一常数。

（4）任意两个力学量如 A，B 有共同本征函数，或可以同时测量的充要条件是：

$$[\hat{A}, \hat{B}] \equiv \hat{A}\hat{B} - \hat{B}\hat{A} = 0 \qquad (6.4.12)$$

上式的左端叫做算符 $\hat{A}$ 和 $\hat{B}$ 的对易式，恒等号是它的定义式，右端是充要条件。

（5）粒子的运动遵守薛定谔方程，即

$$ih\frac{\partial}{\partial t}\psi(x, y, z, t) = \hat{H}\psi(x, y, z, t) \qquad (6.4.13)$$

式中，$\hat{H}$ 是粒子在经典力学中所具有能量 E 所对应的算符，叫做**哈密顿算符**。

薛定谔方程是量子力学最常见的方程，它在量子力学中的地位就像牛顿第二定律 $F = ma$ 在牛顿力学中的地位一样重要。

6.5 量子力学的应用

薛定谔方程中的哈密顿算符 $\hat{H}$，可以通过在经典哈密顿量 H（一般即能量 E）的表示式中，用算符 $\frac{\hbar}{i} \frac{\partial}{\partial q}$ 来代替与坐标 q 相应的共轭动量 p 而得到。对在势场 $V(\boldsymbol{r})$ 中运动的粒子，粒子的经典哈密顿量 H（或能量 E）是它动能（$T = mv^2/2 = p^2/2m$）与势能（$V(\boldsymbol{r})$）之和，即

$$H = T + V = \frac{\boldsymbol{p}^2}{2m} + V(\boldsymbol{r}) \qquad (6.5.1)$$

利用坐标和动量与其算符的对应关系式(6.4.6)

$$\hat{r} = \boldsymbol{r} = (x, y, z), \qquad \hat{\boldsymbol{p}} = \frac{\hbar}{i}\nabla = \frac{\hbar}{i}\left(\boldsymbol{i}\frac{\partial}{\partial x} + \boldsymbol{j}\frac{\partial}{\partial y} + \boldsymbol{k}\frac{\partial}{\partial z}\right)$$

及

$$\boldsymbol{i} \cdot \boldsymbol{i} = \boldsymbol{j} \cdot \boldsymbol{j} = \boldsymbol{k} \cdot \boldsymbol{k} = 1, \qquad \boldsymbol{i} \cdot \boldsymbol{j} = \boldsymbol{i} \cdot \boldsymbol{k} = \boldsymbol{j} \cdot \boldsymbol{k} = 0$$

（$\boldsymbol{i}$，$\boldsymbol{j}$，$\boldsymbol{k}$ 分别为三个坐标轴 x，y，z 上的单位矢量），可以得到与经典哈密顿量对应的哈密顿算符：

$$\hat{H} = -\frac{\hbar^2}{2m}\nabla^2 + V(\boldsymbol{r}) \qquad (6.5.2)$$

式中，

$$\nabla^2 = \nabla \cdot \nabla = \left(\boldsymbol{i}\, \frac{\partial}{\partial x} + \boldsymbol{j}\, \frac{\partial}{\partial y} + \boldsymbol{k}\, \frac{\partial}{\partial z} \right) \cdot \left(\boldsymbol{i}\, \frac{\partial}{\partial x} + \boldsymbol{j}\, \frac{\partial}{\partial y} + \boldsymbol{k}\, \frac{\partial}{\partial z} \right)$$

$$= \frac{\partial^2}{\partial x^2} + \frac{\partial^2}{\partial y^2} + \frac{\partial^2}{\partial z^2}$$

称为**拉普拉斯算符**，所以薛定谔方程是

$$i\hbar\, \frac{\partial}{\partial t} \psi(\boldsymbol{r},\ t) = \left[-\frac{\hbar^2}{2m} \nabla^2 + V(\boldsymbol{r}) \right] \psi(\boldsymbol{r},\ t) \tag{6.5.3}$$

当哈密顿量不显含时间时，薛定谔方程可用分离变量法求解。即令

$$\psi(\boldsymbol{r},\ t) = \varphi(\boldsymbol{r}) f(t) \tag{6.5.4}$$

代入式(6.5.3)后可以解得

$$\psi(\boldsymbol{r},\ t) = \varphi(\boldsymbol{r})\, \mathrm{e}^{-\mathrm{i}Et/\hbar} \tag{6.5.5}$$

具有这种形式的波函数所描写的状态称为定态。E 就是体系(或粒子)的能量本征值，$\varphi(\boldsymbol{r})$ 即相应的能量本征函数，它所满足的不含时间的薛定谔方程

$$\hat{H}\varphi = E\varphi \tag{6.5.6}$$

(式中 $\hat{H}$ 不显含 t)叫做**定态薛定谔方程**。薛定谔方程是量子力学中最基本的方程，下面我们通过几个具体例子来扼要说明它的应用。

6.5.1　一维方势阱

设势能函数为

$$V(x) = \begin{cases} 0, & |x| < a \\ \infty, & |x| \geqslant a \end{cases} \tag{6.5.7}$$

由于势能曲线形状像阱，因此称为**方势阱**(图 6.1)。粒子在这样的势阱中运动时，由于阱外势场无穷大，粒子不可能跑到阱外，所以

$$\varphi(x) = 0, \qquad |x| \geqslant a \tag{6.5.8}$$

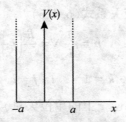

图 6.1　一维无限深方势阱

　　阱内势场为零，粒子在阱内的运动犹如一个一维自由粒子，它的经典哈密顿量就是它的动能：$E = p^2/2m$，利用量子力学中最基本对应关系式(6.4.9)，可以得到哈密顿算符为

$$\hat{H} = \frac{\hat{p}^2}{2m} = \frac{\hat{p}_x^2}{2m} = \frac{1}{2m}\left(\frac{\hbar}{i}\frac{\mathrm{d}}{\mathrm{d}x}\right)^2 = -\frac{\hbar^2}{2m}\frac{\mathrm{d}^2}{\mathrm{d}x^2}$$

相应的定态薛定谔方程(式(6.5.6))为①

$$-\frac{\hbar^2}{2m}\frac{\mathrm{d}^2\varphi}{\mathrm{d}x^2} = E\varphi \quad (x < a) \tag{6.5.9}$$

这是一个二阶常系数微分方程。利用微分方程知识可以求得它的能级为②

$$E_l = \frac{\hbar^2}{2m}\left(\frac{l\pi}{2a}\right) \quad (l = 1, 2, \cdots) \tag{6.5.10}$$

可见，处在一维无限深方势阱中的粒子的能级是不连续的，即是分立的。

6.5.2　一维谐振子

　　在经典力学中，质量为 m 的粒子在反抗弹性力 $f = -kx$ 作用时所具有的势能为

$$V(x) = \frac{1}{2}kx^2$$

令 $k = m\omega^2$，则

$$V(x) = \frac{1}{2}m\omega^2x^2 \tag{6.5.11}$$

这个势能函数称为谐振子势。处在谐振子势场中的粒子称为谐振子，它的经典哈密顿量(即能量)

$$H = \frac{p^2}{2m} + \frac{1}{2}m\omega^2x^2 \tag{6.5.12}$$

类似一维方势阱中的处理方法，可以推得在量子力学中谐振子的哈密顿算符为

$$\hat{H} = \frac{\hat{p}^2}{2m} + \frac{1}{2}m\omega^2x^2 = -\frac{\hbar^2}{2m}\frac{\mathrm{d}^2}{\mathrm{d}x^2} + \frac{1}{2}m\omega^2x^2 \tag{6.5.13}$$

因此，定态薛定谔方程是

$$\left(-\frac{\hbar^2}{2m}\frac{\mathrm{d}^2}{\mathrm{d}x^2} + \frac{1}{2}m\omega^2x^2\right)\varphi(x) = E\varphi(x) \tag{6.5.14}$$

---

　　①　由于在一维情况下，坐标变量只有一个，因此偏微分变为常微分。

　　②　粒子所具有的分立的能量叫做能级。原本在经典力学取连续值的物理量在量子力学中变成取分立值的现象叫做该物理量的量子化。

这是一个变系数二阶常微分方程，利用微分方程知识可以求得它的能级为

$$E_n = \frac{\lambda}{2}\hbar\omega = \left(n + \frac{1}{2}\right)\hbar\omega, \quad n = 0, 1, 2, \cdots \tag{6.5.15}$$

这就是谐振子能量的可能取值（能量本征值），可见在量子力学中谐振子的能量也是分立的。

6.5.3 氢原子①

氢原子是由一个带 $+e$ 电量的质子作原子核，以及一个绕核运动带 $-e$ 电量的电子所组成的最简单原子。质子与电子的相互作用是库仑相互作用，电子在库仑场中所具有的能量（取无穷远点为势能零点）

$$V(r) = -\frac{e^2}{4\pi\varepsilon_0 r} \tag{6.5.16}$$

将与角度有关的部分分离出去后，薛定谔方程中的径向运动方程为

$$\frac{1}{r^2}\frac{d}{dr}\left(r^2\frac{dR}{dr}\right) + \left[\frac{2m}{\hbar^2}\left(E + \frac{e^2}{4\pi\varepsilon_0 r}\right) - \frac{l(l+1)}{r^2}\right]R = 0 \tag{6.5.17}$$

式中，m 是电子质量，l 是氢原子角动量。经过一系列复杂的计算给出能量的可能取值②

$$E_n = -\frac{me^4}{32\pi^2\varepsilon_0^2\hbar^2}\frac{1}{n^2}, \quad n = 1, 2, 3, \cdots \tag{6.5.18}$$

可见在量子力学中氢原子的能量同样是分立的。

在量子力学中，一个粒子的运动状态叫做**量子态**。由于氢原子中电子的运动空间是三维的，因此氢原子有三个自由度，在量子力学中，它们由主量子数 n、角量子数 l 和磁量子数 m 刻画。计算中知道，对一个给定的主量子数 n，角量子数 l 的取值为：$l = 0, 1, 2, \cdots, n-1$，而对一个给定的 l，磁量子数 m 取值为：$m = -l$, $-l+1, \cdots, l-1, l$，故对一个给定的 n，l 有 n 个可能的取值，而对于一个给定的 l，m 有 $2l+1$ 个可能的取值。由此可见，对氢原子的一个相同能级 E_n，电子的量子态数为

$$\sum_{l=0}^{n-1}(2l+1) = \frac{(1+2n-1)n}{2} = n^2 \tag{6.5.19}$$

多个量子态对应同一个能级的现象叫做**能级的简并**，这些量子态的个数叫**简并度**。故氢原子第 n 个能级的简并度为 n^2。

---

① 有关氢原子的详细讨论，有兴趣的读者可参考量子力学的相关章节。
② $E<0$ 表示电子束缚在原子内，这样的态称为束缚态。

6.6 量子力学的进展

量子论提出一百多年来,量子物理学不断深入发展,框架已从非相对论形式扩展到相对论形式;其理论也应用到另外一些领域;实验上还发现许多具有量子特征的微结构的存在,利用这些微结构的量子化效应,可以设计和制作各种量子功能器件。

6.6.1 相对论量子力学

1926 年薛定谔提出了一个描写微观粒子运动的偏微分方程,这就是著名的薛定谔方程(式(6.4.12))。但在薛定谔方程中对时间坐标的偏微商是一次的,而对空间坐标的偏微商却是二次的,两者处在不对等的位置,因而是非相对论性的。事实表明,用薛定谔方程来描写原子、分子、低能核物理众多现象都是相当成功的。不过,遵守薛定谔方程运动的粒子,几率(粒子数)是守恒的,不会有粒子产生和湮灭的现象发生。但在高能领域,粒子运动极快,粒子产生和湮灭是一个普遍现象,粒子数并不一定守恒。因此,非相对论性的薛定谔方程在这里便显得无能为力了。

薛定谔方程提出不久,克莱因和戈登利用相对论中动量与能量的关系式(5.4.7)与经典力学中的一个物理量对应一个算符的量子力学假设①(见式(6.4.9))得到一个相对论性方程:

$$- \hbar^2 \frac{\partial^2}{\partial t^2} \psi = \left(- \frac{\hbar^2}{2m} \nabla^2 + m^2 c^4 \right) \psi \tag{6.6.1}$$

方程中对时间坐标的偏微商和对空间坐标的偏微商都是二次的,两者处在同等的位置,因而是相对论性。习惯上称式(6.6.1)为**克莱因-戈登方程**。不过,如果同薛定谔方程一样,仍把克莱因-戈登方程看做描写粒子运动的方程,那么必将产生"负几率"的困难,这当然是难以理解的。有鉴于此,克莱因-戈登方程在提出后的一个较长时间内并未引起人们的重视。1934 年,泡利和韦斯科夫对克莱因-戈登方程予以新的解释,认为它不是一个单粒子方程,而是一个与麦克斯韦电磁场方程类似的场方程。他们还对该方程描写的场再次量子化(二次量子化),以此来解释场粒子的产生和湮灭现象。至此,克莱因-戈登方程才重新引起人们的重视。因为克莱因-戈登方程只有一个分量,所以它描述的粒子是没有自旋的。1947 年,实验发现自旋为零的 π 介子,这时人们普遍认为,克莱因-戈登方程即是描述自由 π

---

① 这里,$E \leftrightarrow i\hbar \frac{\partial}{\partial t}$,$p^2 c^2 \leftrightarrow \frac{\hat{p}^2}{2m}$。

介子场的方程。

1928 年，狄拉克提出了一个描写电子运动的相对论性方程，即**狄拉克方程**。狄拉克方程是一个含四分量的一阶偏微分方程组。尽管狄拉克方程也存在"负几率"的困难，但它对氢原子光谱的精细结构、电子的自旋、电子的内禀磁矩等都能做出令人满意的解释。所以，在较长时间内，人们一直认为狄拉克方程是量子力学中一个唯一可信的相对论性方程。求解狄拉克方程时，除了得到电子通常具有的正能态外，还会得到一组负能态的解。根据粒子总是从高能态向低能态跃迁的规律，电子将不可能久驻正能态。为了摆脱这一困境，狄拉克将处于负能态的电子解释为"空穴"。空穴所带电量与电子相等，但符号相反。狄拉克认为空穴实质上就是正电子，狄拉克还预言了正负电子对的产生和湮灭。1932 年，实验物理学家安德森在宇宙射线中观测到正电子的存在，证实了狄拉克关于正电子的预言。

自从泡利和韦斯科夫对克莱因-戈登方程予以新的解释以后，人们逐渐认识到，克莱因-戈登方程、狄拉克方程、麦克斯韦方程都应该理解为场方程，它们分别描述标量场（自旋为 0）、旋量场（自旋为 1/2）和矢量场（自旋为 1）。当然，要处理与粒子的产生和湮灭有关的现象还必须将这些方程所描述的场进行量子化，这就是量子场论讨论的问题。

6.6.2　量子阱、量子线、量子点

1980 年以后，超薄层结构工艺先进到可以使每层的厚度达到几十个甚至几个纳米数量级。到 21 世纪初，在实际集成电路生产中，其工艺已达 90~65 纳米，而在实验室里甚至可以在纳米尺度上观察单个粒子的运动行为。根据量子理论，当薄层厚度在 10 纳米以下时，其值与电子的德布罗意波长相当，电子的波动性即量子性将明显表现出来。这种在一个方向上达到纳米数量级的量子系统，称为（二维）量子阱（常用超晶格①实现）。而在两个方向上达到纳米数量级的量子系统，便称为（一维）量子线。在三个方向上都达到纳米数量级的量子系统，则称为（零维）量子点。这些量子系统常常有着异乎寻常的性质。

利用分子束外延技术可以形成 GaAs 和 AlGaAs 相间的多层超晶格结构。每层厚度能人工控制，如 10 纳米厚的 GaAs 层、13 纳米厚的 AlGaAs 层，层中还可以掺入杂质（如硅）原子。如果用硅掺杂到 AlGaAs 层，以至该层电子能量高于 GaAs 层，电子将转入 GaAs 层。于是，AlGaAs 层由于失去电子显正电性，而 GaAs 层的电子只能在两个 AlGaAs 层之间的薄层平面内运动。当 AlGaAs、GaAs 层的厚度小到可以与电子波长相比时，在两个 AlGaAs 势垒之间形成一个 GaAs 量子阱。GaAs 层的

---

① 在原材料两层晶格的夹层上再形成另一套周期结构，这两种相互匹配交替变化的周期性结构便是超晶格。

电子只能局限在该薄层平面内运动，称为二维电子气。由于提供自由电子的杂质和电子运动不在同一个平面里，使得杂质对电子的散射作用大大减小，其电子迁移率远大于体材料。利用这种结构已经制成高电子迁移率晶体管。高迁移率是制造高速电子器件的前提。另外，二维运动的电子所发射的光比三维运动的电子发射的光更强，能量更集中，因此更适于制作激光器；利用超晶格、量子阱制成的光双稳器件则具有明显的光学非线性性质，在未来的光计算机中无疑将起重要的作用。

电子运动在两个方向受限的量子线可用来研制发光与激光器件，利用埋在 SiO_2 绝缘层中的硅量子线做沟道可研制 MOS 型存储器件①。量子点实际上是一块极小的物质，小到增减一个电子便会改变其性质。有人建议用它作阵列来实现元胞自动机。

6.6.3 量子计算与量子计算机

信息要能够进行计算机处理必须先数字化。传统计算机(或经典计算机)信息的基本单位是比特(bit)，它的数据位表示形式为"0"或"1"，采用二进制存储方式，它们满足如下加法：

$$0+0=0, \qquad 0+1=1+0=1, \qquad 1+1=10 \qquad (6.6.2)$$

二进制是一种比十进制更自然的进制，因为任何一对对立面都可用二进制表示，比如，"有无"、"上下"、"左右"，等等。特别是任何一个只具有两种状态的物理过程或器件，如电路的通断、材料的磁性，都可以用 0 和 1 标记，从而在计算机上实现信息的运算与存取。

目前使用的计算机都是集成式电子计算机。随着科学技术的发展，电子计算机的集成化程度越来越高，集成电路的尺寸越来越小，计算能力越来越强。不过，当集成电路缩小到其中独立的元件尺寸为原子数量级的时候，经典物理定律将不再适用，系统将受量子规律支配。为此，费曼在 20 世纪 80 年代提出了量子计算机的概念。量子计算机是一种以量子力学为基础，实现量子计算的机器。

在量子计算机中，信息的基本单位叫做量子比特(qubit)。由于量子力学中存在态叠加原理，因此一个量子位的状态可能是"0"，可能是"1"，还可能同时作为"0"、"1"出现。也就是说，量子计算机中的数据位是 0 和 1 的任意叠加态。量子比特的这种性质提高了量子计算的效率，使量子计算机具有惊人的运算与存储功能。

由于量子计算机的效率和运算速度是传统计算机无法比拟的，量子计算机必将引起计算机理论领域的革命，具有诱人的前景。尽管目前对量子计算机的研究仍处

---

① MOSFET(通常简写成 MOS)是"金属–氧化物–半导体场效应"管的英文缩写，它可用作开关或存储器。

于实验室阶段，但研究人员相信，从发展趋势看可供实用的量子计算机迟早将问世。

思考题6

1. 19世纪末和20世纪初，经典物理学遇到了哪些无法解决的问题？

2. 什么是经典物理学？什么是量子物理学？

3. 普朗克是如何解决黑体辐射困难的？

4. 光电效应中逸出的光电子最大动能与什么因素有关？

5. 玻尔是如何解决原子稳定性问题的？

6. 什么是微观粒子的波粒二象性？

7. 根据德布罗意关系式(6.4.1)，电子的动能增加时，它的德布罗意波长如何变化？

8. 什么是测不准关系？

9. 光子和电子有什么异同点？

10. 量子力学的基本假设主要有哪些？

11. 你如何理解"薛定谔方程在量子力学中的地位就像牛顿第二定律 $F = ma$ 在牛顿力学中的地位一样重要"这一断言？

12. 什么是能级？什么是能级的简并？什么是束缚态？

13. 从用薛定谔方程求解方势阱、谐振子和氢原子的例子中，你得到了一个什么结论？

14. 氢原子中的电子有几个自由度？它们在量子力学中用哪些量子数来刻画？

15. 量子力学中的谐振子对应经典力学中的简谐振动。从力学知识中，你知道物体做简谐振动的能量是多少？它是否连续？

16. 方势阱、谐振子和氢原子的能级简并度各是多少？

17. 量子力学创立至今又取得了哪些进展？

18. 通过本章的学习，你觉得，与经典力学相比，量子力学有哪些全新的概念？

第 7 章 新材料掠影

随着科学技术的发展，新材料技术被广泛地应用于生产、生活、科技、军事等各个领域，是国内外的研究热点之一。所谓材料，意指能用来制作对人类有用物件的物质。它们是人类赖以生存的物质基础。

传统上常见的材料有：金属材料、非金属材料(如陶瓷)、有机高分子材料(如塑料)等。当前，各种与传统材料不同的新材料不断涌现，它们正悄悄地改变着人们的生活。本章将介绍其中最具代表性的几种。

7.1 半导体

7.1.1 晶体管的发明

古代人们梦想的"千里眼"、"顺风耳"现在都得以实现。"顺风耳"便是收音机。收听节目时，收音机需要依靠机内检波器将音频信号从载波中搜检出来，然后用放大器将声音加以放大。

1883 年，美国大发明家爱迪生发现，把一块金属板与灯丝一起密封在灯泡内，当给灯泡通电时，如金属板为正电压，则发热的灯丝与金属板之间有电流流过，相反情况则没有电流流过。这一现象称为爱迪生效应。1904 年，英国发明家弗莱明根据爱迪生效应最先造出了电子二极管。二极管具有单向导电性，可以用作检波、整流等。1905 年，美国物理学家德福雷斯特在二极管的正极和负极之间加一个金属栅网(即栅极)制成了第一只电子三极管，由于改变栅极电压就可以改变电子流的大小，因此三极管具有放大作用。电子二极管、三极管的发明为无线电通信和广播开辟了道路。1921 年，美国匹兹堡一家电台开始广播无线电节目。1926 年，美国成立全国广播公司，使无线电广播普及全美国。由于当时收音机内的二极管、三极管采用的是电子管，因此这种收音机又叫做**电子管收音机**。

20 世纪初，有些无线电爱好者发现某些半导体矿石具有单向导电性，很适合作检波器。这使人们联想到，可以用半导体作材料来制作与电子管具有同样性能的晶体管。由于当时许多理论和技术问题都没有得到解决，真正发明晶体管是 20 世纪 40 年代末的事了。这首先得归功于美国的肖克利、巴丁、布拉顿，他们经过十几年的努力，终于在 1947 年研制成功晶体二极管，随后肖克利等人又发明了晶体三极管。

　　与电子管相比，晶体管具有体积小、质量轻、耗能低、寿命长、制造工艺简单、使用时不需预热等优点，因而在应用上晶体管初步取代了电子管。现在收音机、电视机等大部分电子设备上采用的都是晶体管。晶体管的问世大大加速了电子技术的发展。

7.1.2　固体的能带结构

　　对单个原子而言，原子中的电子受原子核的束缚，它的能量是不连续的。这些分立的能量称为**能级**。当大量原子组成固体(晶体)时，原子间彼此距离很近，各个原子外层价电子还会受到周围其他原子的作用力。这些价电子处在属于整个固体的一种新的运动状态。如果固体由 N 个原子组成，那么各个原子的同一个能级将被彼此能量差别极小的 N 个能级代替。由于 N 很大，因此这 N 个能差极小的能级形成一条几乎连续的带子，故而称为**能带**。根据量子力学中的泡利不相容原理，每个能带只能填充 $2N$ 个电子①。如果一个能带已被电子填满，那么这个能带被称为**满带**；否则称为**导带**。满带中的电子不会导电，而导带中的电子具有导电性。没有一个电子占据的能带称为**空带**。由于空带中一旦存在电子也将具有导电性，故空带也称为导带。能带与能带之间的区域称为**禁带**，它是不可能存在电子的能量区。图7.1 是晶体能带结构示意图。

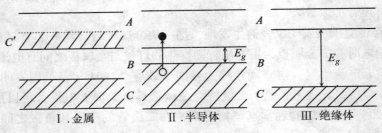

图 7.1　晶体能带结构示意图

　　对金属来说，内层电子能量较低，填充成满带，不参与导电。多数金属是一价的，每个原子一般只有一个价电子，故晶体中的 N 个价电子不能填满一个能带而形成导带。在存在外电场时，处在导带中的价电子可以在外电场作用下跃迁到该导带中未被占据的较高能级上，从而在金属中产生电流。因此金属是电的良导体(见

---

　　①　电子自旋 1/2，它有两个分量±1/2，是二度简并的，因此 N 前应乘 2。

表7.1)。对晶态绝缘体来说，电子恰能填满能量最低的能带，其他的能带是空的，即绝缘体中不存在导带，只有满带和空带。另外，绝缘体的禁带较大，其宽度(即能隙 E_g)为 3~6eV，电子很难热激发或在外电场作用下从满带跃迁到空带，所以绝缘体通常不导电。

表7.1   物质导电性的比较

物质	导体	半导体	绝缘体
电阻率(欧·米)	$10^{-8} \sim 10^{-6}$	$10^{-5} \sim 10^{7}$	$10^{8} \sim 10^{20}$

对本征半导体①，它的能带结构与绝缘体类似，也只有满带和空带，但与绝缘体不同的是它的禁带较窄，$E_g \sim 1eV$。在外界(像热、光、电)激发下，满带中的少数电子能越过禁带而跃迁到空带中去，使空带变为导带。这时从满带中跑走的那些电子会在原来能级上留下一些空位(叫做空穴)。如果在半导体上加以外电场，那么导带中电子在其中便会形成电流，这种导电方式称为**电子导电**；另外满带中存在的空穴也可以在其中形成电流，这种导电方式称为**空穴导电**。主要靠电子导电的半导体叫做 **N 型半导体**，主要靠空穴导电的半导体叫做 **P 型半导体**。如果在外电场作用下，本征半导体中既存在电子导电，又存在空穴导电，那么这种混合导电机制，则叫做**本征导电**。由于半导体中能自由移动的电子数不多，且容易通过外界来控制其中电子的运动，因此与金属相比，半导体更适合作电子器件。常用的半导体材料有：元素半导体，如硅(Si)、锗(Ge)；化合物半导体，如砷化镓(GaAs)；掺杂半导体材料等。其中最常用的半导体材料便是硅。

7.1.3 PN 结的导电机理

在无线电技术中，如果在本征半导体中人为掺入一些杂质，便可以改变其导电率和导电类型。比如半导体材料硅，我们知道，每个硅原子有四个价电子，这四个价电子与其周围的硅原子形成四个共价键。如果将磷掺杂到硅中，让一个磷原子取代一个硅原子。由于磷是五价的，有五个价电子，其中四个价电子与周围硅原子组成共价键，而第五个价电子为多余电子，便成为导带上可以自由移动的电子，如此掺杂的硅属于 N 型半导体。这时的磷原子称为**施主**，意指磷能给出价电子。相反地，如果将硼掺杂到硅中，而硼是三价的，则与周围的硅原子形成共价键时还缺少一个价电子，因而得从硅的价带上拾取一个电子，于是在那里产生一个空穴。可见，如此掺杂的硅属于 P 型半导体。这时的硼原子称为**受主**，意指它能得到一个

---

① 本征半导体指不含杂质的纯净半导体。

价电子。

如果在一块完整的硅片上，利用不同的掺杂工艺使其一边为 N 型半导体，另一边为 P 型半导体，那么在其交界面处便形成了一个 PN 结。由于 N 区中电子过剩而 P 区中电子缺少，因此电子将从 N 区向 P 区扩散，空穴将从 P 区向 N 区扩散，结果在交界面处聚集有不同电荷，形成一个空间电荷区。这个空间电荷区的 P 区一侧带负电而 N 区带正电，从而建立起一个由 N 区指向 P 区的内电场。在这个内电场作用下，电荷不再继续扩散，最终达到平衡。平衡时空间电荷区保持一定的宽度。

如果将 PN 结加上正向电压(正向偏置)，即电源的正极接 P 区，负极接 N 区，那么此时外电场方向与内电场方向相反，有利于多数载流子通过 PN 结，结果在区内形成相当大的正向电流。反之，如果将 PN 结加反向电压(反向偏置)，即电源的正极接 N 区，负极接 P 区，那么此时反向电压产生的外电场方向与内电场方向相同，使内电场得到加强，电荷运动受到更大的阻力，故形成的反向电流很小。这种正向电流相当大而反向电流极小的特性称为 **PN 结的单向导电性**，或 **PN 结的整流**。

PN 结是构成各种半导体器件的基础。例如，晶体二极管和稳压管都由一个 PN 结构成，晶体三极管由两个 PN 结构成。此外，利用 PN 结还可以制作半导体激光器、太阳能电池及各种光探测器件等。

7.1.4 二极管与三极管

在无线电技术中，PN 结的单向导电性可以用来检波和整流。半导体二极管(或晶体二极管)便是由一个 PN 结加上引线和管壳构成的。

为了使半导体晶体管也像电子三极管一样能具有放大作用，美国贝尔研究所的一个研究小组经过数十年的努力，终于发现在一块晶体内安装两个 PN 结便可以达到此目的，这就是晶体三极管。在实际制作工艺中，基区一般都做得相当薄，所以晶体三极管并不等于两个二极管连接起来。

晶体三极管通常又简称为晶体管。晶体三极管内部可以分成三个区域：中间为 P 区两边为 N 区的叫 NPN 型晶体管；中间为 N 区两边为 P 区的叫 PNP 型晶体管。半导体的三个区域分别称为发射区、基区和集电区。从三个区域各引出一个电极，与中间层(基区)相连的电极为基极(B)，与两个外层中的一个(发射区)相连的电极为发射极(E)，而与另一外层(集电区)相连的电极则为集电极(C)①。发射区与基区间的 PN 结称为发射结，基区与集电区间的 PN 结称为集电极。晶体三极管符号(见图 7.2)中，发射极的箭头指出的是正电荷运动的方向，应注意 NPN 型晶体

---

① 括号中的英文字母也可以写成小写。

管和 PNP 型晶体管的符号是相反的。

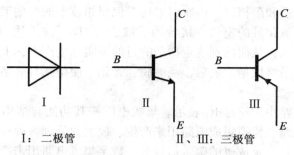

Ⅰ：二极管   Ⅱ、Ⅲ：三极管

图 7.2　晶体管符号

　　下面以 NPN 型晶体管为例讨论晶体管的工作原理①。当在发射区与基区之间加正偏压时，若基区的空穴浓度远小于发射区的电子浓度，则在正向偏压下，电流主要是由 N 区到 P 区的电子扩散电流。由于基区很薄，在 P 区中只有小部分电子与空穴复合，形成的基极电流 I_b 较弱；大部分电子都进入集电区，在集电区反向偏压下，形成的集电极电流 I_c 较强。由此可知，$I_b < I_c$。记 ΔI_b 是基极电流变化，ΔI_c 是相应的集电极电流变化；定义 $\beta = \Delta I_c / \Delta I_b$，称为电流放大系数，它是晶体管的一个重要参量。$\beta$ 值通常在 100 左右。可见晶体三极管基极电流较小变化可以引起集电极电流较大变化，这就是晶体三极管的电流放大作用。

　　晶体三极管是组成电子电路的最基本和最重要的元件。由于晶体管体积小、重量轻、功能强，很快便取代了电子管成为电子器件，如收音机、电视机、计算机等中的主要元件。

7.1.5　集成电路

　　晶体管诞生后，有人设想，是否能把一个电子线路上所有的晶体管和其他元件都集合到一块半导体晶片上呢？1958 年美国率先推出了第一块集成电路，1962 年集成电路正式成为商品面世。所谓**集成电路**，就是指利用一定的生产工艺，将电子元器件(即晶体二极管、三极管等)与电子线路(即电阻、电容等)组合起来制作在一块半导体芯片(一般用硅)上，并且用金属薄膜条(一般用铝)做连线，按照多层布线或隧道布线的方法将它们构成一个完整的具有某种功能的电子电路。

　　集成电路的制作工艺比较复杂，一般需经过氧化、光刻和扩散掺杂等过程。首

---

　　① PNP 型三极管与 NPN 型三极管功能类似，只是接线相反；实际上很少用，大多以 NPN 型三极管代替，故此处仅介绍 NPN 型三极管。

先，将选定的杂质在硅片的指定区域由表面向体内掺入一定的深度，以形成各种所需的晶体管、电阻、电容等元件。其次，利用氧化工艺使硅片表面形成一个二氧化硅薄层，作为绝缘层和阻挡层。再次，采用类似照相技术的光刻工艺在其表面按设计要求刻出没有二氧化硅的窗口；接着用扩散法（或离子注入法）将杂质通过没有二氧化硅的窗口掺入，从而达到选定掺杂的目的。实际生产中，上述方法需进行多次以便各种元件的最终成型。最后，经涂膜、光刻，便得到具有某种功能的集成电路。

　　集成电路在电路中用符号 IC 表示。集成电路按其功能与结构分，有**模拟集成电路和数字集成电路**。模拟集成电路用来产生、放大和处理各种模拟信号，如半导体收音机的音频信号、录放机的磁带信号等。数字集成电路用来产生、放大和处理各种数字信号，如影碟机（DVD）中的音频信号和视频信号。集成电路按其用途分，有电视机用集成电路、音响用集成电路、电脑用集成电路等种类繁多的各种专门集成电路。

　　集成电路开创了晶体管微型化的新思路和新方向。随着工艺水平的不断提高，集成电路的集成度不断上升，价格则不断下降。表 7.2 给出了集成电路发展的大概情况。

表 7.2　　　　　　　　　　**集成电路发展概况（单位 bit）**

发展时期 （20 世纪）	五六十 年代	六七十 年代	80 年代 上半叶	80 年代 下半叶	90 年代 上半叶	90 年代 下半叶以后
容量	~100	~10^3	$10^4 \sim 10^5$	$10^6 \sim 10^7$	~5×10^7	>10^8
集成规模	小规模 （SS）	中规模 （MSI）	大规模 （LSI）	超大规模 （VLSI）	甚大规模 （ULSI）	巨大规模 （GLSI）

　　随着集成电路技术的迅速发展，集成电路的集成度越来越高，推动了电子元件的深刻变革，使得电子产品的价格性能比急剧下降。现在电子产品已进入千家万户。同时，电子技术的发展也带动了一大批高精尖技术，如航空航天技术、自动化技术、激光技术、电子计算机技术等的发展，使人类进入了以硅大规模集成电路为主的微电子革命时代。

7.2　超导体

7.2.1　超导体的发现

　　到 19 世纪末，一度曾被视为"永久气体"的空气、氢气均被液化。1908 年，荷兰物理学家昂纳斯(H. K. Onnes)成功地将最后一个"永久气体"氦气液化,并获得4.2K的低温。人们发现,在低温度区,一些金属的电导显著增加。1911年,昂纳斯在莱顿大学利用自建的低温设备观察低温下水银电导变化时,惊人地发现在4.2K附近,水银的电阻比值从1/500下降到小于百万分之一。昂纳斯认为,在4.2K附近,水银进入了一个新的物质状态,这时的电阻实际变为零。他把这种零电阻物质状态定名为**超导态**,而把电阻突然消失的温度称为**超导转变温度**或**超导临界温度**,用符号 T_c 表示。随后,其他一些金属也发现具有超导电性,如锡(Sn)在3.7K附近、铅(Pb)在7.2K附近都会转变为超导态。

与此同时,昂纳斯教授的研究小组在实验中还发现,当液氦温度降低到2.2K附近时,液氦不但停止了收缩,反而开始膨胀了。这与通常物体热胀冷缩的现象恰好相反。其后他们把温度在大约2.2K以上、热性质表现正常的液氦叫He I,而把在这个温度以下、热性质表现反常的液氦叫He II。以后的实验又观测到,在温度稍高时,本来连液态He I甚至气态氦都完全通不过去细毛细管,当温度降低到约2.2K以下时,He II却能轻易地通过去。另一个实验还发现,如果将一个空杯子放到液态He II中,当He II和杯底接触后,液态He II会自动爬行上去,在杯外表形成一薄层爬行膜,从而顺着杯子表面进入杯内使杯内液面逐渐上升,最后杯内、外液面居然持平。He II的这些反常特性称为"**超流**"①。

有人认为,超导与超流是相似的两种现象,超导是电流无阻碍流动,超流是流体无阻碍流动,两者都是物质在低温下的反常表现。

7.2.2 超导体的性质

1. 零电阻效应

超导态金属的电阻率非常小,从目前的实验知,超导态金属的电阻率小于 $10^{-28}\Omega \cdot m$,远小于正常态金属②,因而完全可以认为超导态的电阻率为零。可见,零电阻效应(即电阻率为零)是物质处在超导态的一个重要特征。

有人用金属超导材料制的电流圆环做了一个实验,当温度降低到 $T<T_c$ 时,金属环变成超导体,测量环中电流衰减的时间便可估算电阻率的上限。1963年范尔和米尔斯利用核磁共振(NMR)方法估算出的电流衰减时间不小于10万年,由此知其电阻是非常小的。

2. 迈斯纳效应(完全抗磁性)

在1933年以前,人们从零电阻现象出发,一直认为超导体就是完全导体。那

---

① 实际上,He II中有两种流体,正常流体和超流。正常流体有黏滞性,超流无黏滞性。两种流体的比例随温度而变,当温度降至0K附近时,He II中几乎全是超流成分了。

② 正常态金属的最小电阻率为 $10^{-15}\Omega \cdot m$。

么超导体是完全导体吗？

通常导体的电阻都不为零（即电导不为无穷大）①。电流在导体中流动时会受到阻力，流速将逐渐减慢，最终停止下来。要想导体中的电荷流动不息，就必须接上电源。这时，电源产生的电位差使导体中存在电场力，电场力对电荷做功，补充了电荷因受阻而引起的流速减慢，于是导体内电流就流动不息。如果有一种导体，它的电阻率为零，即电导率无穷大，那么，它里面流动的电荷就可以无需电场力推动而永远流动不息。这种导体称为完全导体。超导体的电阻也为零，那么超导体是完全导体吗？

既然在完全导体中电流无须凭借电场力推动而流动不息，那么在完全导体中就不会存在电场，否则存在的电场会使电荷加速，因而通过导体的电流强度会越来越大，以致不可控制，这当然是不可能的。另一方面，根据法拉第电磁感应定律，随时间变化的磁感应通量（磁场）可以在导线中产生感应电流。这种感应电流也应该是由某种电场产生的，但如上所述在完全导体中是不存在电场的，因此在完全导体中磁场是不会改变的，即穿过导体内的磁力线数量是不会改变的。那么对超导体这一结论是否成立呢？

为了验证这一点，1933 年迈斯纳（M. P. Meissner）和奥克森菲尔德（R. Ochsenfeld）对围绕球形导体（单晶锡）的磁场分布进行了仔细的测量，他们发现：实验中不论是先降温后加磁场，还是先加磁场然后降温，只要锡球过渡到超导态，锡球内部的磁力线都会被排斥到超导体外。也就是说，不管过渡到超导态的途径如何，只要 $T<T_c$，超导体内的磁场总是零。这说明超导体内不允许有磁场存在，是完全抗磁的。超导体的完全抗磁性称为迈斯纳效应。迈斯纳效应表明超导体并非完全导体。

零电阻和**完全抗磁性**是超导体的两个重要特征。

3. 临界磁场 H_c 和临界电流 I_c

我们已经知道，当温度 $T>T_c$ 时，超导态将被破坏而转变为正常态。除此之外，实验还表明，磁场和电流也可以破坏物体的超导态。对于温度 $T(T<T_c)$ 的超导体，当外磁场 H 超过某一数值 H_c（即 $H>H_c$）时，物体的超导电性便被破坏，物体转变为正常状态。磁场的这一数值 H_c 称为**临界磁场**，它是温度的函数。在没有外磁场的情况下，如果通过一个处于超导态的物体（超导体）的电流 I 超过某一数值 I_c 时，物体的超导态也会被破坏而转变为正常态。电流的这一数值 I_c 称为**临界电流**，它同样是温度的函数。

4. 两类超导体

超导体按其磁化性质可分为两类：第Ⅰ类超导体和第Ⅱ类超导体。

---

①　电导率（σ）是电阻率（ρ）的倒数。

第 I 类超导体只有一个临界磁场 H_c。当 $H < H_c$ 时，超导体内部 $B=0$（迈斯纳态）；当 $H > H_c$ 时，超导态被破坏，物体回复到正常态，这时物体内部的磁感应通量（或磁通量）B 不再是零，而恢复到物体处于正常态时的应有值。

第 II 类超导体有两个临界磁场：下临界磁场 H_{C1} 和上临界磁场 H_{C2}（$H_{C1} < H_{C2}$）。当外磁场小于下临界磁场 H_{C1} 时，超导体内部 $B=0$，处于迈斯纳状态，是完全抗磁体。当外磁场大于上临界磁场 H_{C2} 时，物体处于正常态。当外磁场介于下临界磁场 H_{C1} 和上临界磁场 H_{C2} 之间时，物体既非完全超导态，又非完全正常态，而是两者共存的状态，故称为混合态。从微观结构来看，第 II 类超导体处于混合态时，通过它的磁感应线组成一个二维的周期性磁通格子。这些磁通格子是一个个半径很小的圆柱，它们是与正常态对应的正常区，各正常区之间是相互连通的超导区。

7.2.3 超导的 BCS 理论

物体为什么会具有超导电性呢？从发现超导开始，人们就试图探讨物体超导之谜，直到 1957 年才由美国科学家巴丁（J. Bardeen）、库珀（L. N. Cooper）和施里弗（J. R. Schrieffer）三人率先揭开了这个谜。他们因此而共同获得 1972 年诺贝尔物理学奖。现在通常把他们所建立的超导微观理论称为 BCS 理论[①]。BCS 理论的基本观点可以简单叙述如下。

1956 年库珀运用量子力学理论提出，在某种吸引力作用下，金属中两个电子能组成一个电子对，这就像两个原子组成一个分子一样。这种电子对习惯上叫做库珀对。

随后弗列里希、巴丁等人利用电子晶格相互作用解释了束缚电子对的形成及超导基态的存在。实际上，当电子经过晶格离子时，由于电子与晶格离子间的库仑吸引力，造成正电荷密度的局部增大，晶格中的这种扰动会以格波的形式传播开来，这传播的扰动又会反过来吸引另一个电子，这样两个电子间就有了间接的吸引力。两个电子通过晶格畸变而产生的相互作用力称为电子–晶格相互作用力。如果这种间接相互作用力大于电子间的库仑力[②]，那么它们间的净作用力则为吸引力，因此两个电子彼此束缚在一起而形成库珀对。晶体中这些库珀对的存在是物体能超导的原因。因为晶格中的格波量子化后相应的量子称为声子，所以电子–晶格相互作用又称为电子–声子相互作用，简称为电声相互作用。

从动量空间来看，若两电子的总动量为 K，库珀证明了总动量 $K=0$（且两电子

---

① BCS 是巴丁（J. Bardeen）、库珀（L. N. Cooper）和施里弗（J. R. Schrieffer）三人姓的首写字母。

② 高温下，电子的热运动一般比较剧烈，两个电子通过交换声子所产生的吸引力小于它们之间的库仑排斥力，这时两个电子将难以束缚在一起而形成一个库珀对。

自旋也相反)时束缚能最大,从而形成稳定的束缚态——库珀对。这样的两个电子可表示为($p\uparrow$, $-p\downarrow$)。在 $T=0K$ 的情况下,超导体中处于费米能级附近的全部电子都会两两结合成稳定的库珀对,这种状态就是**超导基态**,它比通常由单个电子组成的正常基态能量低。这种大量电子组成具有相同总动量的电子对的现象叫做"动量凝聚"。我们知道,电流是电荷的定向移动。对正常态的导体,电子大多打单,它们犹如一群"各行其是"的"散兵游勇",定向运动中不断彼此相撞和与晶格相撞,一路上步履维艰,消耗了电子运动能量,这就在导体中产生了电阻。对超导体,电子成双成对,动量凝聚,它们犹如一队整齐的阵列,一路上通行无阻,因而电阻几乎等于零。

当温度 T 小于临界温度 T_c,即 $0<T<T_c$ 时,晶格热振动使晶体中的部分电子的库珀对被拆散而成为正常电子。随着温度的不断升高,晶体中的库珀对将越来越少,其本身的稳定性也逐渐减弱。当 $T>T_c$ 时,晶体中所有库珀对全都被拆散而成为单个电子,于是超导态也转变为正常态。

7.2.4　高温超导体

1911 年发现超导体后,经过科学家们不懈的努力,截至 1986 年超导材料已被发现或制造出上千种,但寻找高临界温度超导材料的进展却步履蹒跚。最先发现的超导体水银温度仅 4.2K,随后观测到的超导材料温度均不超过 10K。直到 1942 年发现的超导体氮化铌(NbN),其临界温度才达到 15K,接着 1973 年观测到铌三锗(Nb_3Ge)的临界温度 $T_c=23.2K$。不过,1986 年以前已发现的超导材料,T_c 都不够高,均离不开液氦设备(见表 7.3),成本既高使用又不方便,因而限制了超导体的实际利用。

表 7.3　　**1986 年前所发现的一些超导材料观测年代及其临界温度 T_c 值**

物　　质	观测年代	$T_c(K)$	物　　质	观测年代	$T_c(K)$
Hg	1911	4.2	Nb_3Sn	1954	18.1
Pb	1913	7.2	$Nb_3Al_{0.75}Ge_{0.25}$	1967	20.5
Nb	1930	9.2	Nb_3Ca	1971	20.3
NbN	1942	15	Nb_3Ge	1973	23.2
V_3Si	1954	17.1			

1986 年局面有了改观,贝德诺兹(J. G. Bednorz)和缪勒(K. A. Muller)发现镧钡铜氧化物(La-Ba-Cu-O)系列存在临界温度 $T_c=35K$ 的超导体。这一发现引起了物理

学界的重视，开创了超导研究的新纪元。贝德诺兹和缪勒也因此获得 1987 年的诺贝尔物理学奖。由此开始，一场超导热迅速席卷全世界，20 世纪末这方面报道接连不断，喜讯频传。1987 年中国和美国物理学家发现钇钡铜氧化物（Y-Ba-Cu-O）超导体，其 T_C = 90K。很快，日本物理学家又合成了 T_C = 110K 的铋锶钙铜氧化物（Bi-Sr-Ca-Cu-O）体系。在此以后发现的铊钡钙铜氧化物（Tl-Ba-Ca-Cu-O）系列，T_C = 125K，超导转变温度已超过 100K。现在已发现的超导体中，最高临界温度可达 134K。

经过大量辛苦的探索，科学家们终于实现了液氮温区（77K）的超导转变，这是一个很大的飞跃，它大大扩展了以超导电性为基础的高新技术发展空间。现在一般把在液氮温区下工作的超导体称之为高温超导体。当然新发现的超导体的转变温度还远远低于室温，恐怕真正实现常温超导这一诱人的前景还有相当长的路要走。

7.2.5 超导体的应用

1. 超导磁体

远在古代，人们就对天然磁石有了认识，在我国春秋时代曾把它叫做"慈石"。天然磁石是一种永久磁铁。随着科技的发展，现在永久磁铁一般都是用人工方法制成的。永久磁铁的磁场都不强，一般最多就几千高斯，要想再提高其强度比较困难。奥斯特发现电流的磁效应后，安培发现通电螺线管具有磁性，据此人们制成了电磁铁。电磁铁的磁场随线圈匝数的增多和电流强度的加大而增强，因此它的磁性可以比永久磁铁强很多很多。目前电磁铁普遍都是用正常导体，如铜线或铝线绕铁芯制成的，所以叫做常规（电）磁铁。由于磁体电阻和磁滞损耗，常规电磁铁中不少电能会转变为无法做功的热能（焦耳热）而白白浪费掉，因此维持一个大型常规电磁铁运转，常需要使用几兆瓦的发电机，这是很不合算的事。同时，电磁铁工作中产生的大量热量需用冷却器加以冷却，这也增加了设备的重量和成本。另外，常规电磁体在磁场太高时，温度也高，将导致电线或绝缘体的熔解，这使常规电磁铁磁场强度的提高存在一个阈值。

超导体发现后，人们就尝试用超导体来制作电磁铁，这种新型的第三代磁体便是超导线绕制而成的超导磁体。1961 年孔兹勒等人利用 Nb_3Sn 超导材料第一次成功地制成了能产生近 9 特斯拉磁场的超导磁体，由此打开了超导体现代应用的新篇章。由于超导体的零电阻特性，因此它既可以产生很强的磁场，又无需任何冷却设备，而且体积小、重量轻，损耗电能小。比如，一个 5 特斯拉的中型磁体，常规电磁体重量可达 20 吨，而超导电磁体只不过几公斤。市面上十几个特斯拉的超导电磁体已有商品出售。目前超导电磁体的最高磁场可达 30 特斯拉，消耗电能仅 15 千瓦左右，若使用常规电磁铁，则需耗电约 7 兆瓦。

随着实用超导材料和低温技术的不断发展，超导磁体获得了越来越广泛的应用。超导磁体的诞生也为物理实验技术带来了革新，它在核物理、高能物理等研究中起着越来越重要的作用。比如，观察微观粒子运动过程的气泡室便用到超导磁体。当带电粒子射入气泡室中的过热液体时，带电粒子作为汽化核会使液体分子气化，在粒子运动轨迹上留下由一连串气泡组成的雾线，从而显示出运动粒子的行踪。通常用液态氢作气泡室中的液体，称为氢气泡室。超导磁体可为氢气泡室提供一个强度高、范围广的磁场，由粒子在磁场里的运动便可以估算其质量、电荷等。此外，在用来研究物质结构、生物分子的一些重要仪器中，如高分辨率电子显微镜、核磁共振仪等，超导磁体也成了其中的关键部分。目前，很多实验室的基本设备中都少不了中、小型超导磁体。

2. 超导体在电力工业中的应用

超导体在电力工程上的应用无疑将给电力工业带来一场革命。目前这方面的设想有超导输电、超导发电机、超导电动机、超导储能、磁流体发电机以及磁悬浮列车等。实际上，这方面的尝试性工作已经取得了令人鼓舞的进展。

超导输电无疑是超导体在电力工业中一个最重要的应用，然而要实现超导输电却比其他方面的应用更为困难，它的实现将是全部超导技术中最富有挑战性的成果。现代社会对电能的需求逐年增长，输送容量越来越大。为了进一步提高输电容量，减少电能消耗，目前正常导体输电唯有向超高压方向发展，像日本已采用 500 千伏，而欧美则采用 750 千伏的超高压输电。但在这样的超高压下输电，介质损耗大，效率增加不明显甚至有可能降低。如果采用超导就不会有这些问题。然而，利用超导线长距离大容量输电，首先必须找到具有较高临界温度（最好为室温）的超导体，否则在漫长的输送途中到处都要安装低温冷却设备，成本之高、工程之大、技术之复杂都是难以想象的。值得欣慰的是，经过世界各国研究人员的努力，寻找高温超导体的工作已经取得了长足的进展，可以期待，超导输电这个目标迟早总是能够实现的。

电力工业另一个重大革新是把超导体运用到发电机、电动机（统称电机）上，这种用超导材料代替铜铁等制成的电机便是超导电机。目前使用的用铜铁等制成的常规电机，由于受制于磁化强度的饱和，单机容量都难以大幅度提高。若采用超导电机，则单机容量大大增加；而且在同样容量下，电机重量大大下降。超导电机具有体积小、重量轻、功率高、损耗低等优点。这些优点，不仅对大规模电力工程极为重要，而且对航海舰艇、航空飞机的动力革新尤为理想。1969 年，英国制成了 2 388.75kW 的首台直流超导发电机，且经两年多负载试验，表明它运行顺利。随后交流超导发电机也在实验室制造成功。不过，超导发电机造价昂贵，目前还无法与常规发电机竞争。超导电机的真正普及仍然有赖于价格低廉的高温超导体的发现和高温超导体制造技术的提高。

上面所说的超导发电机，不过是在现有发电机原理的基础上加以改进而成，仍然是将热能先转换为机械能再变成电能。这种类型的发电厂一般使用煤或石油作燃料(火力发电厂),利用它们燃烧后产生的大量热能来发电。这种电厂的热能转化率通常不超过40%。为了提高燃料能的利用效率,人们提出了磁流体(MHD)发电。20 世纪 70 年代初,苏联建成了一台 MHD 装置。一个 MHD 发电厂热能的转化率可达 60%。由于 MHD 发电厂利用能源的效率高,已经引起各国关注和重视。所谓磁流体发电是让高温下气体电离产生的离子①经过一个平行极板(称为发电通道)。两极板间加以一个与板面平行的磁场,正负离子在磁场作用下分别朝不同极板运动,使极板间存在电压从而产生电流。磁流体发电的输出功率与磁感应强度的平方和发电通道的体积成正比。因此要想磁流体发电输出功率大,无疑取决于能否在一个大体积内产生一个强磁场。对一个常规磁体,由于其磁感应强度受到限制,而且损耗大,故发电机输出功率不可能太大,且产生的电能有相当一部分被自己消耗掉;而利用超导磁体代替常规磁体作外磁场则可以解决这一困难。随着高温超导技术的发展和提高,利用超导磁体的磁流体发电必将在电力生产中占据重要位置。

为了解决人类当前所面临的能源危机,寻找新能源的问题正日益迫切。在新能源的开发和利用中,核能显得尤为重要。核能包括核裂变能和核聚变能,特别是受控热核聚变能更是未来理想的新能源。受控热核聚变能的原料是氘和氚,它们可以取自海水,足够人类使用几十亿年,而且是一种几乎无污染的清洁能源。核聚变反应要能够用于和平的目的只有可以人工加以控制才能达到(受控核聚变反应)。因为轻原子核结合成较重原子核时放出巨大的能量,所以这种反应叫做**热核反应**。反应释放的巨大能量将产生极高的温度($\sim 10^8$K)。要将如此高温度的反应控制在一定的空间范围,显然不可能采用任何固体材料作器壁;目前最有效和可行的方法就是磁约束方法,即利用强磁场来形成一个所谓的"磁笼",将参与反应的等离子体悬挂于空中的某一范围内。若在磁约束中采用铜线绕制的常规磁体来提供这种强磁场,则需消耗掉由热核反应本身所产生的巨大能量,而难以得到所需的正功率。所以超导磁体在磁约束的受控热核反应中也是不可或缺的,只有超导磁体才有可能在一个磁笼内提供高达十几特斯拉的强磁场,用来加热和约束参与反应的等离子体。20 世纪下半叶,苏联建成的可控热核反应装置"托卡马克—7 号",就是改用超导材料制成的线圈通电产生磁场的,它所耗费的电功率仅为先前铜线制成的线圈所耗功率的几百分之一。

3. 磁悬浮列车

磁悬浮列车是一种采用无接触的电磁悬浮、导向和驱动系统的高速列车系统。磁悬浮列车具有快速、低耗、安全、舒适、经济、无污染等优点。利用常规磁体使

---

① 这种高度电离的气体叫做等离子体。

列车上浮的是常导磁悬浮列车，通常常导磁悬浮列车车速可达 400~500km/h。利用超导磁体使列车上浮的是超导磁悬浮列车，超导磁悬浮列车车速可达 500~600km/h。磁悬浮列车是当今世界最快的地面客运交通工具，它的高速度使其在 1 000~1 500km 之间的旅行距离中比乘坐飞机更优越。由于没有轮子、无摩擦等因素，它比目前最先进的高速火车省电 30%，比汽车也少耗能 30%。它在运行时不与轨道发生摩擦，且爬坡能力强、震动小，发出的噪声很低。由于采用电力驱动，也有利于保护环境。

磁悬浮列车之所以可以悬浮，是因为它利用了两块磁铁靠近时，同种磁极相互排斥、异种磁极相互吸引的原理。磁悬浮列车主要由悬浮系统、推进系统和导向系统三大部分组成。目前悬浮系统有两种：一种是以德国技术为代表的电磁悬浮系统（EMS），是一种常导吸力悬浮系统；另一种是以日本技术为代表的电力悬浮系统（EDS），它使用超导的磁悬浮原理。

我国上海磁悬浮列车示范线是中国第一条集城市交通、观光、旅游于一体的商业性运营线。该示范线设计时速和运行时速分别为 505km/h 和 430km/h。

4. 超导隧道结

在两片超导体中间夹上一个薄绝缘层所构成的超导器件称为**超导隧道结**（SIS 结），又称约瑟夫森结。

隧道是指量子力学中的隧道效应。如果势函数 $V(x)$ 可以表示成：

$$V(x) = \begin{cases} 0, & x < 0, \ x > a \\ V_0, & 0 < x < a \end{cases}$$

式中，V_0，a 均为正常数，这样的势场称为**一维方势垒**。在经典力学中，一个能量 $E < V_0$ 的粒子从势垒一边朝势垒运动，那它是不可能穿过势垒跑到另一边的。在量子力学中，微观粒子具有波粒二象性，粒子的波动性使它在势垒前一部分发生反射而另一部分发生透射穿过势垒跑到另一边。这有点像《聊斋志异》中的"崂山道士"穿墙而过的行为。不过，崂山道士的穿墙本领是人为虚构的，是不可能实现的；而粒子穿过势垒从其一边跑到另一边在微观世界却是真实存在的，是能够实现的。粒子这种可以穿透势垒的性质称为**隧道效应**或隧道贯穿。

显然，当 SIS 结的两端不加电压时，绝缘介质层中无电流。当 SIS 结的两端加上小电压后，电子在电场作用下可以穿过绝缘层，以至绝缘层中有电流流过。这时绝缘层相当于势垒，而电子隧道贯穿在绝缘层中形成的电流又叫**隧穿电流**。一般情况下绝缘层的本性不会改变，层中有电阻存在。因此，当绝缘层较厚，大约为 10~100Å 时，隧穿电流是由正常电子（即电子没有配成电子对而是以单电子形式存在）产生的。只有当绝缘层厚度降到 ~10Å 时，绝缘层才会无阻地让电流通过。这时的绝缘层具有弱超导电性，其中的电流是由电子对（库珀对）产生的①，称为**隧穿超流**。这种现象称为**约瑟夫森效应**。

利用约瑟夫森超导结可以制成各种超导器件，由于这些超导器件具有灵敏度高、噪声低、响应速度快和损耗小等特点，因而广泛应用在精密测量、电子学和电子计算机等多方面。

比如，在超导结两端加上直流电压，它便会产生某一确定频率的高频正弦电流；当用相应频率的微波照射超导结时，其 I-V 特性曲线将出现阶梯型结构（Shapiro 阶梯）。由于此 Shapiro 阶梯的高度对微波的强度非常敏感，故由此即可以探测出微弱的电磁辐射。利用这一性质制成的超导结电磁波检测器在射电天文、微波通信等方面都有重要的应用。另外，还可以通过测量频率来测量电压从而用作电压基准，利用它来监视化学标准电池电压基准器电压的变化情况。

超导量子干涉仪，又称 SQUID。它的基本结构是一个包含多个超导结的超导金属环。利用超导量子干涉仪可以测量微弱磁场，是一种高灵敏度的磁场计，广泛应用于磁场、磁场稳定度的测量以及弱磁物质磁性研究。

如果利用一个控制带来控制超导结，使通过控制带的电流产生的磁场能影响超导结的临界电流，那么控制带上的电流脉冲便可以使超导结分别处于超导态和正常态，相应结电阻为零和不为零。这两个状态之间的跃迁过程可快至 $\sim 10^{-11}$ 秒。利用它作电子计算机的元件将可制成速度更快的计算机。

7.3 纳米材料

7.3.1 纳米材料与纳米科技

纳米技术是 20 世纪 80 年代末迅速发展起来的一门综合技术。所谓"纳米"是一种计量单位，1 纳米（nm）长度大概相当于头发丝直径的 10 万分之一。数学上，$1\text{nm} = 10^{-9}\text{m}$。纳米材料原本指在 $1\sim100\text{nm}$ 尺度范围内的微小颗粒（纳米颗粒）以及由纳米颗粒组成的薄膜和块体。现在纳米材料的范围比原先要广，三维空间中只要有一维处于上述纳米尺度范围，或者由纳米基本单位构成的材料都算是纳米材料。纳米材料呈现出许多既不同于宏观物体，又不同于单个原子的奇异特性。纳米材料科学或纳米科学与技术（纳米科技）便是研究这类材料及其特性的新的综合性学科。

---

① 两个电子组成一个电子对，这个电子对习惯上叫做库珀对，它是物质超导的条件，详见 7.2.3。

纳米科技与介观物理密切相关。介观系统是介于宏观与微观之间的系统①，纳米尺度的点、线、环等都是介观物理研究的对象。介观物理的研究是当前凝聚态物理和材料物理中一个热点问题，具有重要的理论和应用价值。它的成果将极大地丰富人们的认知世界，带来人们观念上的变革，推动人类社会进一步发展。

近几十年集成电路的迅速发展把人们带入了一个丰富多彩的信息社会，让生产生活的面貌大大改观，从家用电器到计算机，从智能生产到航空航天，无一不与集成电路有关。在半导体芯片集成度越来越高的同时，它的尺寸却越来越小。当集成电路的尺寸接近纳米量级时，量子效应便会显现出来。这时传统的半导体加工技术将被新的集成方法和技术所代替，其结果是容量更大、速度更快、性能更好的新一代产品会不断开发问世。可见，在纳米科技影响下，信息产业及其他相关产业将面临一场深刻变革。

纳米材料大部分是人工制备的，目前纳米材料的某些应用已进入工业化生产阶段。在应用上，纳米材料具有尺寸小、性能高、与环境友好等特点。毫无疑问，纳米材料将是 21 世纪最重要的新材料之一。纳米科技也成了世界各国重点科研项目。随着扫描隧道显微镜(STM)、原子力显微镜(AFM)等微观表征和操纵技术的发明，纳米科技取得了长足的进展，科研成果层出不穷。据报道，英国一家超微研究所研制出一种高精度磨床，转子直径仅 $30\mu m$ 而转速可达每分钟两千转。法国研制的一种超小电池，尺寸为 4nm。

7.3.2 纳米材料的特性

纳米材料因其自身的特殊结构，在与相应的大块材料相比较时，会具有许多新的物理性质，像表面效应、小尺寸效应、量子效应等。

1. 表面效应

质量相等的同一物质以颗粒状存在时比以块状存在时其表面积要大得多。表面积变大可能会影响物质的性质，这一现象叫做**表面效应**。

对于球形颗粒，其表面积与直径的平方成正比，而体积与直径的立方成正比，故表面积与体积之比(比表面积)同直径成反比。颗粒直径越小，比表面积越大。由于表面原子配位不饱和，比表面能较大，因此具有很强的化学活性，在空气中容易氧化而自燃。为了防止金属超微颗粒自燃，可以采用表面包覆或控制其氧化速率，让它缓慢氧化而生成一层极薄且致密的氧化层，以确保其表面稳定性。利用表面活性，金属超微颗粒有望成为新一代高效催化剂和储气材料，也可作低熔点材料。

---

① 介观系统一般指尺度在微米(μm)及纳米(nm)范围的系统，介观物理是研究介观系统及其性质的学科。

比表面积增大也会使复合材料中异质界面大幅增加，这将较大地影响复合材料的电子能带结构和介电性质。利用这一性质可以改变催化剂的光诱导催化行为。

2. 小尺寸效应

由颗粒尺寸变小所引起的其光学、热学、电磁学等宏观物理性质发生改变的现象，称为**小尺寸效应**。

当金属颗粒尺寸小于可见光波波长时，它对光的反射率将下降至10%，甚至可低于1%。于是，颗粒原有的金属光泽不见了，而呈暗色或黑色；并且尺寸越小，颜色愈黑。比如，银白色的铂（白金）变成铂黑，金属铬变成铬黑。利用金属颗粒对光的反射率很低，可以将它制成光热、光电等转换材料，以高效率地将太阳能转变为热能、电能；此外，这个特性还可应用于红外敏感元件、红外隐身技术等。

固态物质超细微化后，其熔点会变低，烧结成块的温度也会下降。如，金的常规熔点为1 064℃，而尺寸为2nm的超微金颗粒熔点只有327℃左右；银的常规熔点约900℃，而超微银颗粒微粉在100℃时即熔化。因此，超细银粉制成的导电浆料，薄膜覆盖面积大，膜厚均匀，既省料又具高质量。超微颗粒低熔点性质也有利于粉末冶金业。比如，在钨颗粒中添加0.1%～0.5%重量比的超微镍颗粒后，烧结温度可从3 000℃降至1 200～1 300℃，从而能在较低温度下烧制大功率半导体管基片。

具有磁性的超微颗粒矫顽力较高，可作高储存密度的磁记录磁粉，大量用于磁带、磁盘、磁卡以及磁性钥匙等。不过，磁性颗粒的尺寸小到一定值时有可能丧失磁性。

传统的陶瓷材料一般易脆，但用纳米颗粒压制成的陶瓷材料却可以具有良好的韧性。这是因为纳米材料交界面大，界面原子排列较为混乱，在外力作用下原子容易迁移，使陶瓷材料也不容易断裂，具有新奇的力学性质。而金属-陶瓷等复合纳米材料则能在更大范围内改变其力学性质，具有十分宽广的应用前景。

3. 量子效应

对由无数原子构成的固体，原子间相互作用的存在使单独原子的分立能级合并成能带。能带理论成功地解释了宏观的导体、半导体、绝缘体之间的区别。对介于原子、分子与大块固体之间的纳米颗粒而言，大块材料中具有的连续能带逐渐还原为分立的能级，能级间的间距随颗粒尺寸减小而增大。当能级间距大于其热能、电场能或磁场能时，纳米颗粒会表现出一系列与宏观物体截然不同的特性，这种现象叫做**量子效应**。

实验发现，在低温条件下，导电的金属在纳米颗粒时可以变成绝缘体，比热会出现反常变化，光谱线也将向短波长方向移动。这些都是量子尺寸效应的宏观表现。近年来，人们还观察到，一些宏观物理量，如微颗粒的磁化强度、量子相干器件中的磁通量等也存在像电子一样的隧道效应，这称为**宏观量子隧道效应**。

量子尺寸效应、宏观量子隧道效应有可能成为未来微电子、光电子器件设计的基础，当微电子器件进一步微型化时就必须考虑它的量子效应。比如，在制作半导体集成电路时，若电路的尺寸接近电子波长，电子会通过隧道效应而溢出器件，使器件无法正常工作。目前研制的量子共振隧穿晶体管便是基于量子效应而设计的新一代器件。

7.3.3 纳米材料的制备与加工

1. 纳米材料的制备

纳米材料的制备大体可分为物理和化学两类方法。

物理方法包括真空冷凝法和物理粉碎法。真空冷凝法利用真空蒸发、加热、高频感应等使原料汽化或形成等离子体，然后使之冷凝。真空冷凝法具有产品纯度高、结晶组织好、粒度可控等优点，但技术设备要求高。物理粉碎法通过机械粉碎、超声粉碎、高能球磨、电火花爆炸等得到纳米颗粒。物理粉碎法具有操作简单、成本低等优点，但产品纯度底，颗粒分布不均匀。

化学方法包括气相沉积法、沉淀法、凝胶法、水热合成法和微乳液法。气相沉积法利用金属化合物蒸汽的化学反应合成纳米材料。该方法产品纯度高，但粒度分布窄。沉淀法将沉淀剂加入盐溶液中，待反应沉淀后，经热处理得到纳米材料。该方法简单易行，但纯度低，颗粒半径大。凝胶法后金属化合物经溶液、溶胶而固化，再由低温热处理生成纳米颗粒。该方法反应物品种多，颗粒均一。水热合成法将水溶液、蒸汽等混合流体在高温高压下合成，经分离和热处理后得到纳米离子。该方法纯度高，分散性好，粒度也可控。微乳液法将两种互不相溶的溶剂在表面活性剂催化下形成乳液，经聚结、热处理后得到纳米颗粒。该方法生成的颗粒分散性及界面性均较好。

2. 纳米材料的加工

在人们的印象中，显微镜只是一种用来观察微小物体的工具。但 20 世纪 80 年代后发明的扫描隧道显微镜（STM）却不仅可以用来定性观察，还可以用来定量测量；不仅可以用来分析样品，还可以用来制备样品；不仅可以用来对样品作静态研究，还可以用来对样品作动态记录；不仅可以用来研究样品的最表面，还可以用来研究亚表面。可以说，STM 是集科学与技术而成的产物。自 STM 问世不久便引起了纳米科技界的极大兴趣。国内外的科研工作者已经利用 STM 对纳米加工进行了系列探讨。这方面的工作主要有：

利用计算机控制 STM 的针尖，可以人为地在某些特定部位进行表面刻蚀及修饰工作，形成有意义的微小图案。

加大隧道电流的强度或使针尖尖端直接接触到表面，使针尖做有规律的移动，就会刻出有规则的痕迹，利用 STM 可以对原子或原子团进行搬迁移动操纵。1987 年首个单原子受控移动实验宣告成功。研究人员通过改变偏压①使原本被吸附在针尖上的一个 Ge 原子转移到锗表面。STM 不光可以精准地操纵原子、分子，而且还可以操纵电子。操纵单个电子的实验是由日本科学家完成的。

7.3.4 纳米材料的类型及其应用

纳米材料按其性能、结构和应用可分为：纳米颗粒(微粉)材料、纳米薄膜材料、纳米块体材料、纳米复合材料等。

1. 纳米颗粒材料

纳米颗粒材料，即纳米微粉，是纳米材料中开发时间最长、技术最为成熟的一种类型。纳米颗粒材料一般指粒度在 100nm 以下的粉末或颗粒，是一种介于原子(分子)与宏观物体之间处于中间物态的固体粉末。

由于纳米微粉烧结温度显著减小，大大降低了一些高温陶瓷的制作工艺难度，因而可用来生产高韧性陶瓷材料(摔不裂的陶瓷)。利用某些纳米颗粒材料(如 Al_2O_3，SiC)对红外线有一个宽频带强吸收谱，可制作红外隐形和红外保暖材料。随着社会信息化程度提高，要求磁记录介质能储存的信息量加大，利用纳米磁性颗粒制成的高密度磁记录材料具有记录密度高、低噪音和高信噪比等优点。此外，纳米颗粒材料还可用于制作磁流体材料、防辐射材料、光电子材料等。

2. 纳米薄膜材料

纳米膜通常有颗粒膜与致密膜。颗粒膜是纳米颗粒粘在一起，中间有极为细小间隙的薄膜。致密膜指膜层致密但晶粒尺寸为纳米量级的薄膜。与常规薄膜相比，纳米薄膜可具有截然不同的力学、电学、磁学和光学特性。比如，纳米晶 Si 膜比同类的常规膜电导要提高 9 个数量级，是一种优良的导电膜。另外，纳米膜还可用作过滤器材料、平面显示器材料等。

3. 纳米块体材料

纳米块体材料是由纳米颗粒在高压下压制成型后，经一定热处理工序而生成的致密型固体材料。这种纳米块体比普通多晶材料强度更高，而塑性和韧性更佳，可用作超高强度材料、功能材料等。

4. 纳米复合材料

纳米复合材料由基体和增强体两部分复合而成。基体是一个连续相，比如金属或陶瓷。增强体是以纳米颗粒形态分布于基体中的分散相。这种纳米复合材料视基体和增强体的不同构成可用作高强度合金、超塑性陶瓷、增韧材料、宽频带红外吸收材料以及医用材料等。例如：把纳米氧化铝微粒加入玻璃中制成的纳米

---

① 指 STM 的针尖和样品之间所加的电压。

复合材料，既不会影响透明度又提高了高温冲击韧性。正因为纳米复合材料性能好、门类全，所以实际使用的纳米材料，绝大部分是纳米复合材料。

5. 笼式碳分子 C_{60} 和碳纳米材料

过去人们一直以为自然界中只存在两种碳的同素异形体：金刚石和石墨。直到 1985 年，莱斯大学的 Smalley 小组利用调节激光脉冲及氦气气压，在激光汽化石墨质谱中辨认出了 C_{60} 分子，人们才认识到碳的第三种稳定同素异形体的存在，这就是笼式碳分子 C_{60}。C_{60} 分子是一个由 60 个碳原子组成的笼状大分子。整个分子由 12 个正五边形和 20 个六边形组成一个 32 面体，共 60 个顶点。C_{60} 分子模型形似足球。由于它与著名建筑师巴克明斯特·富勒（Buckminster Fuller）曾大量设计过的圆屋顶相像，因此人们将这种分子命名为 Buckminster Fuller，中文译为富勒烯或巴基球。

X 射线衍射实验表明，室温下这种大分子可以形成 C_{60} 晶体，晶体结构是面心立方，晶格常数（即立方体边长）为 1.42nm。纯 C_{60} 晶体是半导体，能隙宽度约为 1.7eV。这是一种新型的半导体材料。1992 年已有报道，在 C_{60} 晶体中掺硼和磷后可制成杂质半导体。

纯 C_{60} 晶体掺杂金属离子后可成为超导体。1991 年赫巴德（Hebard）最先报道，掺杂钾后得到 K_3C_{60} 超导材料，其超导转变温度 $T_C = 18K$。随后接连报道，掺杂不同金属离子可以得到不同掺杂的 C_{60} 超导材料，它们有不同超导转变温度，如掺杂铷时 $T_C = 29K$，掺杂铯时 $T_C = 31 \sim 33K$。

除了 C_{60} 分子外，人们还发现了全由碳原子构成的另外一些稳定结构。例如，1991 年发现的巴基管，就是由两层到几十层碳原子圆柱形管同轴地套在一起形成的。这些碳原子在管壁上呈六边形，沿管壁方向呈螺旋状，管直径在几纳米到几十纳米之间。这种结构又称为碳纳米管。实际使用的碳纳米管可以有多种类别，它们具有抗张强度高、热稳定性能好等系列优点，预计前景十分可观。

7.4 液晶与非晶态固体

7.4.1 液晶的发现

通常物质有三态：**固态**、**液态**和**气态**。实验发现，加热某些有机化合物时，它们并不直接由固态变成液态，而需经过一个过渡状态。这个介乎各向异性的固相和各向同性的液相之间的过渡状态称为**液晶相**，处在液晶相的物体便称为**液晶**。

液晶是由奥地利植物学家莱尼兹尔（F. Reinitzer）于 1888 年最先发现的。莱尼兹尔把胆甾醇苯甲酸酯晶体加热到 145.5℃（熔点）时，它熔融成为浑浊液体。继续升温到 178.5℃，浑浊液体突然变成清亮液体。这个由浑浊到清亮的过程是可逆的，说明出现了相变。由浑浊液体变为清亮各向同性液体的温度称为该物体的清亮点。从熔点到清亮点的温度范围内物质处于液晶态。随后，德国物理学家勒曼（O. Lehmann）于1889年也观察到类似现象。勒曼指出，液晶相物质的力学性能与该物质在各向同性液相时的力学性能相类似，但光学性质却不相同。

目前所发现的液晶都是由有机分子构成的，是否存在无机分子液晶仍是一个有待探讨的问题。

7.4.2 液晶的分类

液晶中的分子大多数呈长棒形。对这类液晶按其形成的方式可分为**热致液晶**（thermotropic liquid crystal）和**溶致液晶**（1yotropic liquid crystal）两大类。

1. 热致液晶

某些物质通常只有在一定温度范围内才处于液晶相，这类物质称为热致液晶。莱尼兹尔最初发现的液晶就属于热致液晶。热致液晶按分子的不同排列主要有向列型液晶、胆甾型液晶和近晶型液晶三种。

向列型液晶中的分子，从局部看来，趋向于沿同一方向排列，分子的长轴相互平行，但分子的位置是随机的。这种液晶的分子容易顺着长轴方向自由移动，因此流动性强。向列型液晶是当今应用最广泛的一类液晶。

胆甾型液晶中分子分层排列。同一层分子的排列方向相同，相邻两层分子排列方向稍有旋转，旋转角度约为15分，这样层层相叠形成了螺旋状排列结构。沿螺旋方向旋转360°，分子的排列又会回到原来的方向。分子排列完全相同的两层间最近的距离叫做胆甾型液晶的螺距。胆甾型液晶的螺旋结构使它具有很好的旋光性。胆甾型液晶大部分是胆甾醇(胆固醇)的各种衍生物。

近晶型液晶中的分子也分层排列。各层中的分子只能在本层内活动，不会往来各层之间。各层分子间相互作用力较弱，因而容易产生相对滑动。这类液晶中的分子排列和运动受到的约束较大，有序程度上与晶体相近，故称为近晶型液晶。

2. 溶致液晶

当溶液中溶质分子浓度处于某一范围时出现的液晶称为溶致液晶。溶致液晶最先由勒曼于1895年在油酸铵水溶液中观察到。溶致液晶是一种特殊的溶液，溶剂是水或其他有机极性溶剂，溶质通常为双亲化合物。双亲化合物分子是一种两性分子，一端带有极性，能与水和极性溶剂分子结合，称为亲水端。另一端则不带极性，称为疏水端。生物(细胞)膜就是一种常见的溶致液晶。

概括起来，热致液晶只能在一定的温度范围内存在，而溶致液晶一般只在一定浓度范围才出现。溶致液晶中的长棒形溶质分子通常比热致液晶中的分子大许多。溶致液晶中引起分子排列有序的主要原因是溶质与溶剂分子之间的相互作用，而热致液晶分子排列有序源于它们之间的相互作用。

7.4.3　液晶的性质

1. 液晶的熔点与清亮点

热致液晶有两个特征温度：熔点 T_1 和清亮点 $T_2(T_1<T_2)$。当温度 $T<T_1$ 时，物质为普通的晶体；当温度 $T>T_2$ 时，物质为各向同性的液体；只有当温度 $T_1<T<T_2$ 时，物质才处于液晶相。

2. 液晶的异向性

液晶分子一般呈长棒形，其分子排列的自然状态总是轴向平行。因此，液晶的折射率、介电常数、磁化率、电导率、黏滞系数等均沿轴向和径向具有不同的性质，即各向异性。

3. 液晶的光学、电学、磁学性质

液晶具有与晶体相同的光学性质，即光学各向异性。由于液晶分子在径向和轴向的磁化率不同，在磁场中，液晶分子的长轴会平行于磁场方向排列，形成一种液相单晶。由于液晶分子在径向和轴向的介电常数不同，若在液晶上施加一个电场，液晶分子的长轴将沿电场方向平行排列或垂直于电场方向正交排列。

4. 液晶的弹性性质

由于液晶的弹性常数很小，因此液晶分子的排列很容易受电场、磁场、应力和热能等外部影响而发生畸变，畸变的形式有展曲、扭曲及弯曲三种。这三种畸变总伴随液晶分子的重新排列。

5. 液晶的电光效应

液晶的电光效应是指液晶在外电场的作用下分子的排列状态发生变化，从而引起液晶盒光学性质也随之变化的一种电的光调制现象。其中最有应用价值的是向列型液晶的动态散射。

将向列型液晶夹在两块玻璃之间，玻璃上镀有透明电极，组成一个液晶盒。电极间未加电压时，液晶盒是透明的；加上一个超过某值的电压时，液晶盒将变得浑浊不透明，犹如一块磨砂玻璃。这种现象称为动态散射。动态散射可用作液晶显示。用作液晶显示时观察的不是透射光而是反射光，情形正好与观察透射光时相反，即不加电压时，图形和文字不可见，加上电压后，图形和文字才显现出来。

7.4.4　液晶的应用

自 1881 年发现液晶以来，由于长期没有找到液晶的实际用途，因此对液晶的研究一直仅限于实验室范围并未被人们所重视。20 世纪 30 年代中期对液晶的合成及它的某些特性开始有了一定的了解，50 年代末夫兰克(C. Frank)率先建立了液晶理论。直到 1968 年液晶的动态散射现象被发现，液晶在实际中的应用才呈现一派光明前景。

目前液晶在电子工程、航空航天、生物医学等领域都有许多重要应用，其中最突出的当属液晶显示器（LCD）。液晶显示器本身并不发光，而是借助周围的入射光来达到显示目的，因此能够在明亮环境中使用。液晶显示器功耗低，无需庞大电源。液晶显示器件还可以存储信息，且维持这种存储过程并不耗能。液晶显示器具有低电压、低功耗、高对比度、彩色明亮、显示面积大而所占空间小等一系列优点，正被广泛应用于制作各种器件上的显示屏，如手机、电脑、计算器、电子表、广告牌等。

在科研上，液晶还是 20 世纪 90 年代出现的一门新的交叉学科——软物质物理——的主要研究对象之一。

7.4.5 非晶态固体

1. 非晶态固体的结构

固体可分为晶态固体（晶体）和非晶态固体（非晶体，又称玻璃体）。传统固体物理学一直以来主要研究晶态固体，不过近年来对非晶态固体的研究已成为凝聚态物理学中一个活跃的领域。三位科学家莫特（N. F. Mott）、安德森（P. W. Anderson）和弗劳瑞（P. J. Flory）就是由于在非晶态物理研究中所作的卓越贡献因而获得 1977 年度诺贝尔物理学奖。

晶体，比如金属，原子有规则地周期性排列（长程有序）。与晶体不同，还有一类固体，在小于几个原子间距（约 $1 \sim 1.5nm$）的微小范围内，由于原子间彼此关联，它们的原子排列仍呈现一定的规律性（短程有序），但却无法据此确定宏观远处原子的排列情形（长程无序）。我们称这种短程有序而长程无序的固体为**非晶体**。

由于非晶体不具有晶体的平移对称周期性，因而传统的处理晶体的理论方法，比如布里渊区、布洛赫波函数、群论选择定则等，都不再有效。要想深入理解非晶体，理论上必须寻找到一种能正确描写它们的数学方法。较之处理晶体的方法，这无疑要复杂得多和困难得多。正因为如此，它也是当前物理学研究的前沿之一。

非晶（固）体通常包括一般的氧化物玻璃、金属玻璃、自旋玻璃、非晶半导体、非晶型塑料等。技术上，非晶态固体是一大类具有优越性能的材料，在光通信、静电复印、太阳能电池等方面有着重要应用。

2. 非晶态固体的制备

20 世纪 50 年代前非晶态固体还只能靠其液态冷却自然形成，主要有氧化物玻璃和非晶态聚合物，像塑料、树脂等。后来人工制备非晶态材料的新工艺研究成功，才使非晶态材料的发展进入了快车道。人工制备非晶态材料的方法主要有液相急冷（熔体快冷）和气相沉积（气相淀积）。

液相急冷法是制备各种非晶态金属和合金的主要方法，并已进入工业化生产阶段。一般液体冷却到熔点（T_f）会凝结成晶体，这个过程称为**结晶**。结晶时物质体积变小，原子开始有规则地排列。如果冷却过程十分迅速，物质来不及结晶便降至某一更低的温度 T_g（$T_g < T_f$），这时液体将发生玻璃化转变而变成非晶态固体（玻璃）。发生液体–玻璃转变时的转变温度 T_g 称为玻璃化温度。液相急冷法的原理就是把金属或合金加热熔融成液态，然后将之急速冷却至足够低温度 T（$< T_g$），这样液体避开晶化而冷却成非晶态。

气相沉积法把待制备的材料作为蒸发源，让所产生的蒸汽流在真空中撞击冷底板，从而淀积在衬底上形成薄膜。根据离解和淀积的不同方式，气相淀积又可分为蒸发、溅射、辉光放电、电解和化学淀积等方法。不过，用气相沉积法只能制备薄膜，厚度从几十纳米到微米量级。

近年来还出现了激光加热法和离子注入法，使材料表面形成非晶态。

3. 非晶态固体的应用

非晶态（固体）材料是新材料的一个重要分支，它也是一类与社会经济、人民生活密切相关的实用材料，其中氧化物窗玻璃可以说是进入了千家万户。

非晶型塑料光学材料由于其光学性能好、重量轻、耐冲击、易成形，在光学领域有着广泛应用。它们已成为光学设备、光盘、光纤、液晶显示器等不可缺少的材料。

非晶态半导体材料通常有两类：一类是含硫族元素的非晶半导体，称为硫系玻璃；另一类是非晶Ⅳ族元素和它们的合金，以及掺氢Ⅳ族元素非晶态半导体。硫系玻璃可用作光电导元件，比如复印机中的核心部件——感光（硒）鼓便是一个大面积的薄膜光电导元件，它是用 Se 或者 As_2S_3 那样的硫系玻璃，通过真空蒸镀法凝结在金属衬底上而形成的。非晶态半导体材料 $Te_{0.8}Ge_{0.2}$ 具有在电场作用下进行晶态和非晶态转换的性质，可用作计算机中的存取记忆元件。而非晶态半导体材料 $Si_{0.9}H_{0.1}$ 具有很强的光生伏打性质，可用作太阳能电池的光电转换板。

非晶态材料中的非晶金属，又称金属玻璃。与普通玻璃不同，金属玻璃是一种高韧性、高硬度、不透明的玻璃态物质。由于其软磁性能佳、力学性能好、耐腐蚀、抗辐照等众多优点，已在国内外材料科学界与企业界引起广泛兴趣和重视，成为材料和物理领域的前沿课题之一。特别是非晶态软磁合金，像铁基、钴基、铁镍基和铁钴镍基等合金，是研究最多、应用最广的一类非晶金属。它们可用来制作特殊变压器的铁芯、新型传感器、性能优良的磁头等。

近年来采用现代冶金技术合成的大块非晶合金材料及其复合材料，则可用来制造穿甲武器、飞行器构件、装甲板和生物医学植物等。

总之，由于其微观结构上的特点，非晶态（固体）材料具有许多传统材料无法比拟的优异性能，它应用范围广泛，发展前景可观，是材料科学研究的重要领域。

7.5 高性能陶瓷与新型金属

7.5.1 高性能陶瓷

陶瓷是陶和瓷的总称。古代的陶器是用黏土直接经高温烧制而成的。后来历经改进，出现了利用黏土和石英、长石等无机矿物原料按恰当比例烧制而成的瓷器。中国是陶瓷的故乡。1978 年在河南临汝县阎村出土的鹳鱼石斧纹彩陶缸，距今便有 4 400~6 500 年。20 世纪中叶，一类不同于传统陶瓷的高性能陶瓷开始涌现。1962 年，美国研制成了一种氧化铝陶瓷面板，它有防弹作用，被用作直升机的装甲。1964 年出现的碳化硼陶瓷材料，性能更好，可用作装甲车、坦克车等的复合装甲。现在的火箭、洲际导弹等的表面也是用一种专门陶瓷制成的。高性能陶瓷（或先进陶瓷）是指以高纯超细的人工合成无机化合物为原料，利用精密控制的制备工艺烧结成的新一代陶瓷材料。它通常有氧化物、氮化物、碳化物、硼化物、硅化物等。按性能可分为：

1. 结构陶瓷

结构陶瓷具有耐高温、耐腐蚀、耐磨损等良好的力学性能，可用来替代储量少、价格贵的天然材料。比如金刚石硬度极高，但天然金刚石价格昂贵；而氮化硼陶瓷硬度仅次于金刚石，耐高温性能却比金刚石强，可用来制作刀具切削钢材。比如碳化硅陶瓷，硬度上虽不如金刚石和氮化硼，但耐高温和抗氧化性能优良，且成本低，俗称金刚砂，在工作温度高达 1 500℃ 时，强度仍比钢的大十几倍，可用来制作燃气轮机上的涡轮叶片、火箭尾部的喷嘴等。如若在普通陶瓷中加入约 15% 的氧化锆，则可以制成增韧氧化锆陶瓷，具有极强的韧性。这种韧性陶瓷因其坚硬经碰，故又叫做陶瓷钢，可制作防弹用品，用作刀具也可加工硬度强的合金钢零件。

2. 功能陶瓷

功能陶瓷是指一类在电、磁、声、光、热等方面具有特殊性能的陶瓷，通常包括导电陶瓷、压电陶瓷、磁性陶瓷和透明陶瓷等。压电陶瓷具有良好的压电性能。当它受到机械压力作用时，压电晶体内部容易产生极化，晶体上下表面分别出现正负电荷；而当它受到拉力时，上下表面则分别出现负正电荷。可见，压电陶瓷可以将机械振动转化为交流电信号输出；反之，也可以将高频变化的电能转化为机械能输出。常用的压电陶瓷有钛酸钡和锆钛酸铅（简称 PZT）。这类压电陶瓷，在能量转换过程中热损耗小，多用作换能器，可产生和接收超声波。以此制作的超声波发生器在工业上可用来探伤、切割、焊接等。潜艇上的声纳探头便采用了压电陶瓷。

磁性陶瓷是具有磁性的铁氧化物，通称铁氧体，应用广泛，可作高频变压器的铁芯、存储器的磁芯、录音机的拾音头等。

7.5.2　新型金属

人类很早以前就开始与金属打交道，先是学会了炼铜，随后又学会了炼铁和炼钢。金属材料在材料工业中一直占据重要地位。发展到今天，涌现了不少新型金属材料，比如形状记忆合金和储氢金属材料等。

形状记忆合金具有按记忆恢复原状的功能。具体地说，如果在高于某记忆合金的转变温度下，将其制作成一定的形状，当温度降低到转变温度下再改变这一形状，当温度又回升到转变温度以上时，它会按记忆恢复到原来的形状。1969 年发射的阿波罗登月舱携带的一个直径数米的半球形天线便是用镍-钛记忆合金制成的。这种半球形天线预先在正常温度下制作好，然后降低温度，将它压缩置入登月舱；压缩后的天线被带到月球上，在阳光照射下，当温度升高到镍-钛合金转变温度以上(约 40℃)时，天线会按记忆恢复原状，张成一个直径为数米的半球形。目前发现的有记忆能力的金属都是合金。形状记忆合金的记忆、变形功能可反复多次使用，但不同的合金有不同的转变温度。

储氢金属材料储氢的原理是：氢是一种活泼元素，它能与许多金属发生化学反应生成金属氢化物，将氢存储起来。这样的化学反应是可逆的，在一定温度、压力下，金属氢化物吸收热量，发生分解，又可将氢释放出来。众所周知，常见的储氢方法是将氢气加压到 100 多个大气压，装在钢瓶中以供使用。显然这种方法不能满足工业用氢的需求。如果储藏液态氢，则需要将氢气冷却到-253℃以下。如此低的环境要求使得这种方法极不方便。利用储氢金属材料储氢，材料中氢原子的密度要比同温、同压下气态氢的密度大 1 000 倍左右，相当于储存了约 1 000 个大气压的高压氢气。现在已经研制成功的储氢金属材料有镧-镍合金及铁-钛合金等。其中每千克镧-镍合金能储氢 153 升，而铁-钛合金的储氢能力更强，每千克铁-钛合金的储氢量比镧-镍合金的要大 4 倍。可见其储氢量大，且价格便宜，具有广阔的应用前景。

思考题 7

1. 根据固体的能带结构理论说明金属、半导体和绝缘体的区别。
2. 什么是 N 型半导体？什么是 P 型半导体？
3. 什么是 PN 结？PN 结有什么特性？PN 结有什么应用？
4. 什么是集成电路？集成电路的制作工艺一般需经过哪些过程？
5. 说明物质处在超导态的两个重要特征。

6. 什么是超导体的临界磁场和临界电流？

7. 什么是高温超导体？

8. 扼要叙述 BCS 理论的基本观点。

9. 目前超导体有哪些应用？

10. 超导是物质的一种全新的导电状态。中国在超导技术上处于世界先进行列。如果在已有设备中用超导体代替常规导体，那么下列说法正确吗？

①白炽灯仍能发光；

②电动机仍能转动；

③电饭煲仍能煮饭；

④磁悬浮列车仍能行驶。

11. 什么是介观物理学？

12. 什么是纳米材料？纳米材料有什么特性？

13. 纳米材料有哪些类型？有何应用？

14. 什么是液晶？它有哪些主要类型？

15. 什么是液晶的动态散射现象？

16. 从你的所见所闻说说液晶在生活中的应用。

17. 非晶态固体的结构呈现什么特点？它有何应用？

18. 高性能陶瓷按性能可分为哪几种？它们有何应用？

19. 形状记忆合金具有什么功能？

20. 储氢金属材料为什么能储氢？

第8章　信息与信息化社会

电话、电视、电脑、网络，这些现代科技成果改变了人们的生活，拉近了人们的距离，加速了信息的交流，促进了信息化社会的形成。可以说，信息、材料和能源是现代社会发展的重要因素。

8.1　信息技术的发展史

人类自诞生之日起便从外界获取感性知识，认识大自然，也就开始了信息活动。在某种意义上，人类的历史就是获取、存储、传递和利用信息的历史，也是信息技术的发展史。在一个比较长的时间内，人类主要依靠自身的感官，像眼、耳、口等，来直接获取和传递信息，这当然是很有局限的。为了克服自身感官和自然条件的限制，人们开始了通信工具和通信技术的研究，其中使用最早的非直接通信工具便是电报和电话。

电流被发现后，由于它能以每秒30万公里的速度在导线中运动，人们便想到，能否用电来传递信息呢？最早出现的电铃就是用电传递信息的装置。1835年，俄国人保尔·希林格在德国波恩的一次学术会议上演示了一种极简单的电报机。它是利用电流通过线圈时磁针会发生偏转来传递信息的。世界上第一台能供实际应用的"收发报机"是1837年美国人莫尔斯发明的。这台收发报机的发报由一只电键完成，按下电键就有电流通过，按的时间短，发出的便是"点（ . ）"讯号，按的时间长，发出的便是"划（—）"讯号。收报要复杂一些，主要由一只电磁铁及其所控制的笔完成，电信号传过来时，电磁铁产生磁性，控制笔将点划讯号记录在纸上。有趣的是，莫尔斯是一位知名的画家，曾担任过纽约大学艺术教授，发明电报机的时候，他已经是50岁的人了。1844年5月24日，莫尔斯通过华盛顿与巴尔的摩之间所架设的长40英里的实验性电报线，由华盛顿向巴尔的摩成功发出了有史以来的第一封电报。莫尔斯发明的电报机，由于其结构简单、性能可靠，一直使用至今。莫尔斯发明的利用点划不同组合来编码的方法，由于其不受文字种类的限制而为世界各国采用，并被称为莫尔斯电码。

有了电报后，人们又在想，是否可以发明一种像电报机那样的机器，但它不是通过文字而是通过声音来传递信息呢？这个想法率先被从苏格兰移居美国的贝尔和他的朋友瓦尔逊实现。贝尔全家从英国移居美国后，贝尔就在聋哑学校当老师，教学生学说话。业余时间贝尔喜欢搞科学研究。他和瓦尔逊都想发明一种让电说话的装置(电话机)。经过千百次实验，他们的梦想终于变成了现实：这就是贝尔电话机。当然现在使用的电话机比那时的贝尔电话机各方面都有了很大的改进，但两者的基本原理仍然是相同的：将声音的振动转换成电流的变化，通过导线把这种变化的电流传到对方，这种电流引起对方话筒中线圈磁场的变化，从而使话筒膜片振动发声。1876 年，为纪念美国独立 100 周年，费城举办了世界博览会。参展的贝尔电话机荣获大会评选委员会授予的一等奖。1880 年贝尔电话公司成立，它就是今天美国电话电报公司(AT&T)的前身。

莫尔斯电报和贝尔电话都是靠直流电作载体传递的，属于有线通信，需要敷设专用电线，在远距离通信时成本很高。1888 年，德国物理学家赫兹用实验检验出电磁波的存在，并证实了电磁波的速度与光速相同。1895 年，意大利人马可尼利用赫兹的发现，成功进行了距离为 2 000 米的无线电发报实验。实验中马可尼提出用接地天线作开放振荡电路。这种开放式电路迄今仍然公认是发送电磁波最好的方法①。1897 年，马可尼用同样的方法在英法之间进行了无线电发报，以后又取得了横跨大西洋发报的成功。这种以无线电波为载体的通信便是无线通信，由于它无需铺设电线，因此以无线电报和无线电话为代表的近代电信事业日益发展，为快速传递信息提供了方便。从此，世界各地的经济、政治和文化联系得到进一步加强。

1883 年爱迪生效应被发现。1904 年，英国人弗莱明利用爱迪生效应制造出了第一只电子管(即真空二极管)。1907 年，美国人德雷斯特在弗莱明二极管的基础上制造出了三极管。电子管的出现使电子技术闯入了人类社会。人们利用电子管制成了收音机、电视机等，建立了电台、电视台。半导体材料出现后，美国贝尔研究所的一个研究小组研制成功晶体二极管和晶体三极管。小巧玲珑的晶体管取代了笨拙的电子管而被广泛应用在电子技术中，无线电电子学从此迈上了一个新台阶。晶体管诞生后，英国科学家达默于 1952 年提出了集成电路的设想。1958 年，美国造出了第一块集成电路，1962 年，集成电路成为商品进入市场。随着电路集成度的不断提高，电子设备越来越小型化、轻便化，价廉物美的电子产品走进了寻常百姓家，人类社会也步入了信息化时代。

8.2 信息与信息的度量

8.2.1 信息

通俗地说，信息就是各类消息(如文字、符号、语言、图像)中所包含的有意

---

① 与马可尼同时，俄国物理学使用天线发射电磁波也获得了成功。

义的内容。在信息论中，信息与消息是密不可分的两个概念。它们的差异表现在，信息的价值与接受信息者有关，同样一个消息对不同的人获得的信息可能是不一样的。比如，"明天有雨"的天气预报，对干旱地区和多雨地区的含义就不相同。一首用五线谱写的乐曲，对懂五线谱的人来说，也许是一段优美的旋律；但对不懂五线谱的人来说，却毫无意义。

时下有人认为，信息、物质、能量是构成一切系统的三大要素。不过，信息不像物质和能量那样，会越用越少。信息不但不会在使用中消耗掉，而且还可以复制、散布，比如图书，它可供千万人阅读，产生重大影响，而信息本身依然存在。当然，信息的传输离不开物质载体，对它的处理和输运也需要消耗能量。因此，信息又与物质和能量紧密相关。

8.2.2　信息论与信息技术

信息论是研究信息传输、交换、存储和处理的一门学科。它是当前信息科学的重要基础理论，也是源于通信实践发展起来的一门新兴应用科学。

信息技术指由信息获取技术、信息记录技术、信息传输技术发展而成的一门综合科学技术。

8.2.3　信息远距离传输过程

信息的传输过程可以简单地用图形表示为：

这里，信(息)源是产生信息的物体，信源编码器是把信源产生的信息转换成一系列数字的器件，信道编码器将信源编码器输出的数字信号变成信道传输的符号；信道译码器和信源译码器分别是信道编码器和信源编码器的逆变换器件，信宿是接受信息的物体，即信息的接收者。

8.2.4　信息的度量与香农公式

信息中所含有意义内容的多少叫做**信息量**。信息的度量是信息论研究的基本问题。数学上计算信息量的表达式是 1948 年由现代信息论创始人香农(C. E. Shannon)所给出的。假设信号源发出 N 个信号，构成一个信号集合(a_1, a_2, $\cdots$, a_i, $\cdots$, a_N)，且每个信号发生的概率(几率) P 相等，即 $P = \dfrac{1}{N}$。显然 N

越大，它的不确定性也越大，收到信息解除不确定性后获得的信息量也越大。比如，朋友告诉你同学聚会定于星期几，在收到信息前，你猜中的几率为 $\frac{1}{7}$；而告诉你定于几号，在收到信息前，你猜中的几率只为 $\frac{1}{30}$。显然，收到信息后你获得的信息量，后者比前者大。据此，香农定义信息的信息量

$$I = \log_2 N = -\log_2 P \tag{8.2.1}$$

可见，较小概率事件的信息具有较大的信息量。信息的单位是 bit（比特），它是两个等概率信号所包含的信息量，即

$$\log_2 2 = 1\text{bit} \tag{8.2.2}$$

这里，$\log_2 N$ 表示以 2 为底 N 的对数。选择对数表示的理由是因为信息量具有可加性。选择以 2 为底的理由是因为随机事件中最简单的可能性是两种①，比如：阴和阳、正和反、有和无。这两种可能性可以抽象地用数字 0 和 1 表示，它们对应电路的断与开。因此，计算机科学普遍采用以 0 和 1 为基数的二进制，而信息要进入计算机成为计算机中所说的数据，就必须先进行数字化，即用计算机的二进制形式表示。表 8.1 给出了十进制中 0~10 在二进制中的数字表示。

表 8.1　　　　　　　　　　十进制与二进制数字表示对照表

十进制	0	1	2	3	4	5	6	7	8	9	10
二进制	0	1	10	11	100	101	110	111	1000	1001	1010

信息量的单位是比特（bit），即一个二进制数的位；八位二进制数称为一个字节（byte），简称 1B。通常又将 1 024B 记作 1 KB，将 1 024KB 记作 1 MB，将 1 024MB 记作 1 GB。

8.2.5　信息与熵

利用对数的性质也可以将 I 的定义式写成以自然数 e 为底的自然对数，即

$$I = K \ln N = -K \ln P \tag{8.2.3}$$

$$(K = 1/\ln 2 = 1.442\ 77)$$

上式只适用于终态唯一的情形。对终态存在多种可能性的情况，需修正为

$$I = K \ln(N_0/N_1) = K \ln N_0 - K \ln N_1 \tag{8.2.4}$$

式中，N_0，N_1 分别为初态、终态的可能性。比如，掷骰子前，可能的点数 $N_0 = 6$，

———————————

① 在一定条件下，以一定的概率（几率）出现的事件叫做随机事件。

掷骰子后，出现偶数点的可能性 $N_1 = 3$，故

$$I = K\ln(6/3) = K\ln 2 \tag{8.2.5}$$

对照玻尔兹曼关系式

$$S = k\ln N \tag{8.2.6}$$

可见，式(8.2.4)与式(8.2.6)右边的项极其相似，因此它们又称为(信息)熵。若熵仍用 S 表示，则

$$I = S_0 - S_1 = -(S_1 - S_0) = -\Delta S \tag{8.2.7}$$

由此可知，信息的获得导致熵的减少，相当于负熵。

8.3　信息社会

信息社会离不开电话、广播、电视、计算机网络。人们通过这些现代科技获取信息、传递信息、交流信息。

8.3.1　电话

1876 年美国人贝尔发明了电话，使人们得以冲破空间的间隔，实现了互通信息的美好愿望。它后来经爱迪生改进，这就是使用了相当长时期的老式电话。

现在的电话可分为固定电话(有线电话)和移动电话(手机)两大类。固定电话由座机和电话线组成。通话时，话筒将讲话人的声音变成对应变化的电流(即把声信号变成电信号)，然后电信号经电话线输送到对方座机，再由听筒将变化的电流还原成声音(即把电信号变成声信号)传到受话人耳中。老式话筒中有一个装满碳粒的小盒子，上面盖一个薄膜片，盒内碳粒间接触不紧密。当人对着话筒讲话时，声波使膜片振动，膜片忽松忽紧地挤压碳粒使其电阻忽大忽小地变化，从而在电路上产生随声音振动而强弱变化的电流。这种通过将信号电流的频率、振幅变化情况与声音的频率、振幅变化情况完全一致，用电信号模仿声信号的"一举一动"来传递信息的方式叫做模拟通信。现在有各式各样的听筒和话筒，它们都能实现电流和声音的互相转化。

为了避免两台电话机间就连接一根电话线这种费钱耗材的笨办法，实际通信中是利用电话交换机来完成两部电话间转换的。一个地区的电信局都有一台电话交换机(或由多台彼此连接的电话交换机组成的本地电话网)。电话交换机将一个地区的电话集中在一起，每部电话都配有编码(本地电话号码)。打市(内电)话时，讲话者只需拨受话者的本地电话号码，这时本地电话交换机将这两部电话接通实现通话，挂机后，交换机再将线路断开，结束通话。不同地区间的电话交换机也都配有各自编码，即区号。不同地区间通信，即拨打长(途电)话时，讲话者需在受话者的本地电话号码前加拨区号才能实现通话。早期的电话交换机依靠话务员手工操作

来接线和拆线；1981 年出现了自动电话交换机，利用电磁继电器完成接线、拆线功能；现在采用的是程控电话交换机，利用电脑中的相关程序进行操作且具有多种服务功能。

模拟通信是利用原信号转换成模拟信号来进行传输的。模拟信号在传输的过程中抗干扰能力差、失真大，且不易处理加工，现在逐渐为数字信号所取代。数字信号是指将原信号进行数字处理后的信号，即对其主要特征进行分类，并对不同的类别标以不同数字或数字组合。为了便于计算机处理，通常都采用二进制，即由数字 0 和 1 组成。信号的数字处理可通过转换器自动完成，在发射前，先将模拟信号通过模数转换器（A/D）变成数字信号，即编码过程。在接收后，再通过数模转换器（D/A）将数字信号变成模拟信号，即译码过程。数字信号形式简单，抗干扰能力强，保真好，便于计算机加工处理，还可以对编码进行加密，防止信息外泄。现在的电话交换机间的信息都是靠数字信号进行传递的，因此称为数字通信。

今天数字通信技术已经发展成一门新的"综合业务数字通信网络"（Integrated Service Digital Network，ISDN），它可以通过一条光纤线路，同时高速传输话音、文字、数据和图像。数字通信技术使现代通信方式从模拟转向数字，从而也使通信与计算机技术紧密结合，便于计算机对数字信号的处理，加速了信息技术的发展。

固定电话需靠电话线（电缆）传递信息，属于有线电话。与固定电话不同，移动电话是靠电磁波传递信息的。由于电磁波的传递不需要任何介质，它在真空中也能够传播，因此移动电话是无线电话。正因为如此，移动电话比固定电话更加方便、灵活。手机是最具代表性的移动电话，它是一部集成度很高的微型高精密接收和发射高频电磁波的装置。手机一般包括听筒、话筒、控制模组、天线及电源五部分。注册在某运营商下的用户手机分配有相应的使用频率及编码，以供辨认。手机经过不断改进，功能日益提高，尤其是现代智能手机已经不止是原有意义上的电话，还配有像计算机一样的操作系统及宽触摸屏，具有强大的上网功能，深受广大用户特别是青少年用户的青睐。

虽然移动电话能发射和接收电磁波，但它的发射功率不大，接收灵敏度也较差。为了保障通话质量，有必要在不同地区建立一些较大的无线电台（基地站），以便把信息传递到远方。

8.3.2 广播和电视

1. 广播

1921 年，设在美国匹兹堡的一家电台开始广播无线电节目，收音机成了人们身边的"顺风耳"。无线电广播信号的发射由广播电台完成，无线电广播信号的接收由收声机完成。在广播电台，麦克风（话筒）将声音信号转换成电信号（即频率与声音相同的音频信号）。由于这种电信号（称调制波）的频率太低，不能直接用来发射无线电波，因此必须将此电信号"加"到高频等幅振荡电流(称射频或载波)上，把调制波加到载波上去的过程称为**调制**。常用的调制方法有两种：**调幅和调频**。调幅是使载波的振幅随调制信号而改变，经过调幅的电波叫调幅波，用英文字母 AM 表示。调幅波不改变高频载波的频率，但包络线的形状和信号波形相似，其振幅大小由调制信号强度决定。调频是使载波的频率随调制信号而改变，经过调频的电波叫调频波，用英文字母 FM 表示。调频波的波形就像是被压缩得不均匀的弹簧，已调波的振幅保持不变，变化的周期由调制信号频率决定。由于高频信号的幅度容易受周围环境影响，传输过程中也容易被窃听，不安全，所以现在调幅技术已经较少采用。收音机中的 AM 波段与 FM 波段在音质上相比，明显要差，其原因就在于它更容易被干扰。

高频等幅振荡电流(载波)由载波发生器(振荡器)产生。声频信号由声频放大器放大经调制器加载到高频等幅振荡信号上，再由放大器放大通过天线将已调制的信号转换成电磁波，然后发射到空中向四方传播。世界上无线电发射台不可胜数，为了避免互相干扰，每个广播电台都有各自固定的发射电磁波的频率范围，宽度约为 l0kHz，称为频道。

收音机的天线接收到众多广播电台发射的电磁波后，利用调谐器选定要收听的广播电台，即将此广播电台的发射频率从天线所接收到的其他广播电台的发射频率中挑选出来(调台)，选台是通过调谐来实现的。收音机内有一个 LC 调谐电路，它是一个由电感 L 和电容 C 构成的振荡电路，调节 L、C 的数值即可改变振荡频率①。当 LC 调谐电路的频率与所需接收的电台频率相同时，电路发生电谐振现象，此时该电台的信号激起的振荡电流很强，而其他电台的信号激起的振荡电流则非常弱，从而实现了选台任务。因为选台是通过调节调谐电路参数 C 从而使电路发生电谐振现象实现的，故这一过程称之为**调谐**。

选定要收听的广播电台后，先进行放大，再由收音机内的检波器把音频信号从高频调制信号中捡拾出来，这个过程称为**检波**或**解调**。如接收到的是调幅波，则此感应电流的振幅变化情况与调制信号相同，因此，检波只需利用晶体二极管的单向导电性便能实现。如接收到的是调频波，由于调频电流的振幅不变，故不能用以上方法分离出调制信号，这时必须先把调频电流变成调幅电流，再按上述方法检波。把调频电流转变成调幅电流称为**鉴频**，相应的电路装置称为**鉴频器**。

解调后得到的音频信号再经过放大获得足够的推动功率，最后经过耳机或扬声器等电声转换器件将音频电信号还原为声音，调节音量控制旋钮(调音)便可听到声音适中的广播。

---

① 一般都是通过改变可变电容器的电容 C 来实现的。

2. 电视

电视信号的发射由电视台完成，电视信号的接收由电视机完成。与广播信号只包含声音信号不同，电视信息包含图像信号和声音信号。在电视台，摄像机把图像变成电信号(视频信号，频率在几赫到几兆赫之间)，麦克风把声音变成电信号(音频信号)；发射机把两者加载到频率很高的电磁波上，再通过发射天线发射到空中。与广播电台相同，每个电视台都有各自不同的频道。电视机的接收天线接收到这些高频信号后，通过调台选定要收看的电视台，通过电视机将视频信号检出并放大，经显像管还原成图像，将音频信号检出并放大，经扬声器还原成声音，这时收视者便可以在电视机上观看到中意的节目了。

由于电磁波在传播过程中不可避免地会受到其他信号干扰，因此利用天线接收空间电磁波的仪器，其稳定性和灵敏度都会受影响。为了观众能收看到稳定性强、清晰度高的电视节目，有条件地区的电视台都敷设有电缆直接通到用户家中，并且在电缆中传递的也非模拟信号而是转换后的数字信号，这便是常说的有线数字电视。用户收看有线数字电视，需到本地电视台办理开通业务，领取其配备的机顶盒，通过机顶盒将数字信号转换成模拟信号，才能在电视机上观看所选定的节目。最新一代电视(智能电视)一般装有像安卓这样的操作系统，有的还附有内部机顶盒、WiFi 等，这样的电视机除了原有的看电视功能外，还可以上网，实现网上看电影、看电视剧、网购、网游等。

8.3.3 计算机

最早的计算机(电子管计算机)体积庞大，设备笨重，主要用来计算，拥有者仅限于少数科研院所、高等学校、军事单位等。晶体管出现后，晶体管计算机取代了电子管计算机，计算机越来越小型化，随着大规模集成电路和液晶技术的应用，一种体积小、重量轻，移动方便、价格便宜的个人计算机(PC 或个人电脑)开始进入千家万户。这种计算机由硬件和软件两部分组成。硬件主要有主机、显示屏、鼠标、打印机等；软件包括操作系统，如 Windows 和完成各种任务的执行程序，如编辑文字的 Office、绘制图表的 Excel、制作演示讲稿的 PowerPoint 等。为了满足用户外出携带方便，计算机公司又设计了一种手提式计算机(笔记本电脑)，这种计算机折叠起来如一个大的笔记本。

将计算机联在一起可形成计算机网络，如把学校内的计算机联起来便形成了校园网，把一个部门的计算机联起来形成了单位网……这些都是局域网，它们覆盖的范围仅局限于某个区域。世界上最大的计算机网络是因特网(Internet)，它覆盖了世界各地所有入网的计算机。用户可以向网络公司申请开通网络服务业务，然后通过网络公司提供的网线接入这个计算机网络(上网)，计算机上网后，用户可以在网上阅读新闻、观看电影、浏览电子书刊、查询有关信息、收发电子邮件、网购、聊天……网络的这些功能使得用户足不出户便办了他想办的事情。鉴于大量用户热衷上网的这一事实，厂商还推出了一款完全弱化了计算功能而大大强化了网络功能的平板电脑(i-pad)。这种电脑已失去了计算机原有的字面含义，就其网络功能来说，它相当于一部具有更大屏幕的智能手机。

在今天信息社会中，为了充分发挥文字、语言、图像和声音等各种媒体的作用，往往是将几种媒体所携带的信息综合在一起进行传递，它就是多媒体技术，能进行多媒体信息处理功能的设备便是多媒体计算机。多媒体技术的关键是将媒体信息数码化，即从模拟信号转换为数字信号。信息数字化后可输入计算机进行处理，并通过网络向外传播，其覆盖面可遍及全球。

常见的数码化设备有手写输入板、扫描仪、数码相机、数码摄像机、摄像头等，它们都可以作为计算机的一种输入设备。比如数码相机，与传统相机用感光胶卷来记录图像不同，它将所摄图像数码化，并生成计算机图像文件(即照片)，存放在相机的存储卡中。这些图像文件一方面可以通过相机自身的液晶显示屏观看；另一方面也可以接到计算机通用接口(USB 接口)上通过计算机的显示屏观看。输入计算机的图像文件还可利用图像处理软件进行各种处理，如修改照片、制作电子相册以及通过电子邮件将照片传送给亲朋好友等。

8.4　信息的传递

信息的传递包括有线和无线两种方式。无线方式主要有微波传递、卫星传递；有线方式主要有电缆传递、光缆传递、网络传递等①。信息的快速传递也就是常说的"信息高速公路"，它包括微波通信、卫星通信、光纤通信等现代高速信息传输通道。它们具有很大的传输量和很快的传输速度，瞬间便可以将信息传到世界各地。

8.4.1　微波传递

电磁波的频率越高，在相同时间内传递的信息就越多。微波比通常中、短波的频率更高，因此在现代通信中应用更广。微波是指波长在 1m ~ 1mm 或频率在 $300MHz \sim 3 \times 10^5 MHz$ 间的电磁波。在通信中，一条微波线路可以同时开通几千~几万部电话。微波的性质接近光波，其传播路径大致为直线，不能沿地球表面绕射。为了将加载有信息的微波传到远方，就必须每隔一定距离(大约 50km)建设一个能接受微波并将其继续传播的站点(称为微波中继站)。这些中继站就像参加接力赛跑的一个团队；团队中的运动员，一个传一个，将接力棒由起点传到终点；一系列

---

①　现在利用路由器也可实现无线上网。

的中继站，一站传一站，将信息由信息源传到接收者。

微波通信是 20 世纪 50 年代开始实际应用的一种先进通信技术。与有线通信相比，微波通信可节省大量有色金属，且建设速度快、质量稳定、通信可靠、维修方便、费用较低，目前已迅速发展成为现代化通信的一种重要传输手段。微波通信还不受复杂地形限制，特别适宜一些海岛、山区、农村的用户利用天线进行信息交换。微波传递的缺点是：通信需要大量的中继站进行信号的处理和输送，并且途中若遇到高山和大洋时则无法建设中继站，因而信息也将无法继续传递。

8.4.2　卫星传递

随着人造卫星技术的日臻完善，利用人造卫星做中继站的想法终于得以实现。做中继站的通信卫星一般是位于赤道上空某处的同步卫星。所谓同步卫星是指该卫星绕地球转动的周期和地球自转周期相同（与地球自转同步）。这时站在地面的观察者认为它在空中的位置是固定不变的。理论和实践表明，如果三颗同步卫星，它们在空中的位置可以连接成以地球赤道为其内切圆的大三角形，那么这三颗同步卫星组成的系统便能将所接收到的微波无线信号差不多转送到世界各地。事实上，现在我们看到的很多电视节目都是通过卫星传送的。

卫星通信不受地理条件限制，不受线路约束，组网灵活快速，且通信距离远，越洋通信无需敷设电缆。正因为如此，卫星通信已成为现今国际通信的主要手段之一。但缺点是，由于通信卫星距离地面相当远，因此卫星通信会有一定的时间延迟；加上电磁波要穿过大气层，会受到大气层干扰，使通信质量下降。另外，卫星通信容易被窃听，保密性差，卫星使用寿命较短，造价较高。

8.4.3　光缆传递

光是一种频率很高的电磁波。如果用光来通信，其容量要比短波、微波大百万倍、千万倍。

虽然光在真空中沿直线传播，但若存在全反射，在介质中光也会沿弯曲介质传播。1870 年，英国物理学家丁达尔在皇家学会演讲厅就表演了一个这样的实验。他在装满水的木桶侧面打了个小孔，然后让光照亮小孔。人们看到，发光的水从小孔流出后，水流弯曲，光线也跟着弯曲。丁达尔认为，表面上看光似乎在走弯路；其实，由于水是光密介质，空气是光疏介质，当入射角大于临界角时便会发生全反射，光在弯曲水流的内表面经过多次全反射向前传播，效果上就像是弯弯曲曲的了。丁达尔实验后的第十年，即 1880 年，电话发明家贝尔尝试制造一种"光电话机"，但因条件不成熟未能成功。1927 年，贝德尔和汉塞尔提出利用玻璃纤维传递图像的设想。这种玻璃纤维（即光纤）由纤芯和包层内外两层组成，纤芯是光密介质，包层是光疏介质。光传播时，在纤芯和包层的界面上发生一系列全反射，就会沿着光纤将信息从一端传递到另一端，这便是光纤通信。

不过，要实现远距离光纤通信还需要做到：光的能量高，光在介质中传播时能量损失小。与普通光源发出的光相比，激光方向集中、能量高、单色性好，因此激光成了光纤通信中信息的最佳载体。激光器出现后，有人便提出了研制低损耗光导纤维（光纤）的方案。1970 年美国康宁玻璃公司首次拉出了第一根可实用的低损耗光纤。光纤是以超纯石英为基本材料制成的一种极其细小的玻璃丝。一般有两层：里层（纤芯）直径约 5~10 微米，外层（包层）直径约 100 微米，由折射率较低的石英制成。包层外再覆盖一层塑料护套以保护光纤。为了信息能够双向传输，需要两根光纤。在实际使用中，通常把许多条光纤并在一起敷上保护层，制成光缆，这样不但提高了光纤强度，而且可进行多路通信，使通信容量大大增加。

电视、电话等多种信息也可以通过光缆传递。用光缆取代电缆通信可以节省大量金属资源，比如 20 根光纤组成的像铅笔粗细的光缆，每天能通话 7.6 万人次，1800 根铜线组成的像碗口粗细的电缆，每天仅能通话几千人次；而敷设 1000 公里的电缆大约需铜 500 吨，若改用光缆仅需石英几百公斤。与电缆传递不同的是，光缆传递时，发射端将原信号转换成电信号，然后进入激光发射机辐射出相应强弱变化的光信号，光信号由光缆传到接收端的光接受机，转换成相应的电信号，再把电信号变成原信号，完成信息的传递。光纤通信容量大，不怕雷击，不受电磁干扰，通信质量高，保密性好，传输中损失小，现在已经被广泛应用于长距离特别是远洋通信中。比如，由美国贝尔实验室于 1983 年 2 月铺设的最早一条光缆，连接纽约和华盛顿两地，可同时通 4.6 万门电话。迄今，跨越大西洋和太平洋用于国际通信的海底光缆已经开通，许多国际光缆也已投入使用和在建之中。我国光通信事业也在迅速发展，目前国内在电信网、因特网和有线电视网等主要干线部分已普遍采用光缆线路，还有众多在用的国际光缆，这些都促使我国通信能力大为增强。

与卫星通信相比，光纤通信具有寿命长、不受干扰、保密性强、成本低等优点；但缺点是，在通信距离长时，受地理条件限制会遭遇架线困难，且多址通信能力差等。卫星通信与光纤通信，两者各有优缺点，相辅相成，是现代通信不可或缺的两大支柱。

8.4.4　电缆传递

将电话线（或电视传输线）并在一起外面加以保护层便制成了一种传输信息的电缆。发送信息的一端把原信号变成电信号，通过电缆传送到接收信息的一端，然后把电信号转换成原信号完成信息的传递。

8.4.5　网络传递

在计算机中传递信息，如图片、文字、短信等是通过计算机网络实现的。计算机网络最早的应用就是收发电子邮件(E-mail)。人们可以在联网的计算机上建立一个户头，即电子邮箱。通过这个户头(邮箱)你可以把信件直接发送到联网的对方信箱内；除了信件外，还可以把文件、图片等作为电子邮件的附件随电子邮件一起传送过去。你也可以从自己的电子邮箱接收对方的邮件。利用计算机收发电子邮件传送的信息量很大，传送所需的时间很短。通过因特网可以向(从)全世界联网的任意一台计算机上的电子邮箱发送(接收)电子邮件。现在计算机网络的功能已深入生活、工作、学习、教育、医疗等方方面面。例如，利用因特网情报检索系统，只需花几分钟时间就可找到世界各国在特定领域某一课题方向的成果与进展、世界重要教育科研机构的分布与特色，等等。通过互联网上的电子商务平台还可以展示商品、洽谈贸易、采购货物等。

随着网络的飞速发展，人们的生活、工作和休闲变得越来越离不开网络。比如，人们可通过网络论坛、博客和微博发表自己的看法，分享人生的感悟和体会；通过网上银行、网上营业厅、网上商店，人们足不出户便可以转账、充值、购物；通过网上开店、网上炒股，还可以实现网上挣钱。另外，在网上人们也可以读书看报、听音乐、看电影、玩游戏、聊天、收发邮件等。可以说，在某种意义上，网络给人们带来了一种全新的生活方式。

8.5　信息的获取与存储

8.5.1　信息的获取

信息的获得和提取是信息利用的先决条件。显然，人类仅凭自身感官来直接获取信息是有局限的。今天，各种传感技术和遥感、遥测技术的迅速发展，极大地扩展了人们获取信息的能力。

1. 传感器

在检测和自控系统中，传感器弥补了人类感官的局限。传感器技术是把待检测的物理量转换为便于测量与处理的光、声、电、磁等信号形式。传感器技术属于近程信息提取技术。传感器通常由敏感元件、转换元件和测量电路三部分组成。一般情况下，传感器都是将所检测到的外界信息转换成电信号形式提取出来。传感器种类很多，分类的方法也不一样，根据待测物理量来分有：力敏、热敏、光敏、气敏等传感器。下面扼要介绍几种典型的传感器。

(1)力敏传感器

压电式传感器由对压力敏感的一类材料(力敏材料)制成，属力(敏)传感器。1880年法国人居里兄弟发现石英晶体受压时，该晶体某些表面上会产生电荷，且电荷电量与压力成正比。这种现象称为**压电效应**，具有压电效应的物体称为**压电**

体。居里兄弟还证实压电体具有逆压电效应，即压电体在外电场作用下会产生形变。利用压电材料的逆压电效应可制作超声发生器的超声探头（或超声换能器），而超声发生器当前已被广泛用在超声诊断、超声测距、超声探伤、超声清洗等多方面。

扩散硅压力传感器是利用电阻随压力变化制成的，有很高灵敏度，既可用来测量动压力，又可用来测量静压力。这种压力传感器利用硅单晶作为弹性膜片，在适当部位进行掺杂以形成力敏电阻电桥①。压力变化时，膜将发生形变，在膜内产生应力，使电阻大小发生变化，这种现象称为**压阻效应**。利用力敏电阻电桥的压阻效应，由电桥输出电压的大小便可以测量压力大小。这种压力传感器可用来测量气体压力以及液体中物体的深度等。在汽车工业中，还可以利用这种传感器来控制汽车中安全气囊的打开。

日常生活中应用比较广泛的电子秤，它的测力装置便是一种力传感器。电子秤的力传感器由金属梁和应变片组成，应变片多用半导体材料制成，是敏感元件。在电子秤中，弹簧钢制成的梁型金属架上下表面各贴一块应变片。金属架一端固定，一端自由。当重物加在自由端时，梁发生弯曲，上表面拉伸，其应变片电阻变大；上表面压缩，其应变片电阻变小。若保持通过应变片的电流不变，则上表面应变片两端的电压变大，而下表面应变片两端的电压变小。测出这两个电压的差值，便可以确定加载重物的重量。

（2）温度传感器（或热敏传感器）

温度传感器是由对温度敏感的一类材料（热敏材料）制成的。普通家庭中常见的电熨斗和电饭锅就是温度传感器的典型应用。

电熨斗的内部装有双金属片温度传感器，其作用是控制电路的通断。双金属片的上层金属片膨胀系数较大，下层金属片膨胀系数较小。两层并在一起，经由触点接入电路。常温下，触点接通，电熨斗正常工作。温度过高时，由于两层金属片膨胀系数不一样，双金属片发生弯曲，当温度升高到某一设定值时，触点分离，电路断开；温度下降后，金属片恢复原状，触点接触，电路闭合，电熨斗重新工作。温度的设定值可以通过调温旋钮调节升降螺丝来控制，以达到自动控温的目的。

电饭锅中的热敏元件是用氧化锰、氧化锌和氧化铁粉末混合烧制而成的感温磁体。它的特点是：常温下具有磁性，能被磁体吸引，但温度上升到水的沸点以上（一般约为 $103℃$ ）时，失去磁性，不再能被磁体吸引。开关按钮被按下时，感温磁

---

① 在电路上，由四个电阻构成的四边形形成一个电桥。四边形两个不相邻的顶点接电源，该两顶点间的电压为输入电压；另外两顶点接外线，该两顶点间的电压为输出电压。当电桥的两对相应电阻比值相同时，输出电压为零，电桥达到平衡；否则，输出电压不为零，电桥失去平衡。

体与永磁铁接触，触点相连，电路闭合，电饭锅开始工作。随着锅内温度升高，温度达到103℃时，感温磁体与永磁铁脱离接触，触点分离，电路断开，按钮跳到保温档，电饭锅停止加热。

热敏电阻是利用半导体电阻率随温度变化的性质而制成的一种热敏元件。通过热敏电阻与待测物体间的热平衡可以实现温度测量。由于热敏电阻的电阻温度系数大、体积小、结构简单，因而备受人们重视，被广泛应用在各种温度测量中，比如工业用电阻温度计就是如此。

（3）光敏传感器

光（敏）传感器通常是指能对光敏感，并能将光强转换成电信号的器件。常用的光敏传感器有光电管、光电倍增管、光敏电阻、光敏二极管、光敏三极管、光电池等。光电管、光电倍增管是基于光电效应的原理制成的光电转换器件①。它可以用于高速、微弱光信号的检测。

利用一些半导体材料，如硫化镉，制成的光敏电阻，具有在光照时电阻高（称暗阻），无光照时电阻低（称亮阻）的特性。它可用作光控开关，例如，路灯控制器，在白天自动关灯，晚上自动开灯。火灾报警器是日常生活中光传感器的另一较为广泛的应用。报警器带孔罩内装有发光二极管 LED、光电三极管和不透明挡板。正常情况下，LED 发出的光被挡板挡住，光电三极管接收不到，呈高电阻状态。出现险情时，进入罩内的烟雾对光产生散射作用，使部分光线照射到光电三极管上，其电阻变小，这时与传感器相连的电路将检测到这一变化，从而发出警报。

总之，传感器技术是利用各种功能材料实现信息检测的一门应用技术，近年来发展十分迅速。传感器已广泛应用于机械制造、家用电器、医疗卫生、环境保护及信息处理等众多领域，正在向着智能化、微型化、低功耗、便携式的新型传感器方向发展。

2. 遥感技术

遥感技术是通过非直接接触而对远距离目标进行测量和识别的信息提取技术。它主要是通过安装在车辆、飞机、卫星、航天飞机等运载工具上的各种遥感器②，收集和记录远距离目标及其所处环境发射或反射的电磁波信息，由此得到的数据和图像，经计算机和人工处理分析提取信息，从而迅速获得或识别远距离目标及其环境的性质、状态及其变化的各种信息特征。

从 1858 年在法国巴黎上空利用气球拍摄第一张照片起，就开始了遥感技术的发展历程；到 20 世纪 60 年代，遥感技术已成为一门综合性科学技术，它与物理、电子学、计算机、空间技术、地球科学等众多领域都有关。现代遥感系统是一个范

---

① 光电效应参见第 6 章。
② 这种运载遥感器的运动工具称为遥感平台。

围从地到空的观测系统，通常包括运载工具、遥感仪器、信息图像处理及分析应用四个部分。遥感技术所涉及的新技术和适用范围非常广泛，具有极大的经济效益。

遥感有主动和被动两种方式。主动型遥感是遥感仪器发出激光或微波照射待测目标，然后将目标反射回来的电磁波强度和波长分布加以分析研究，从中获取关于目标的信息。被动型遥感是遥感仪器接收来自待测目标所反射的太阳光或目标本身辐射出来的电磁波，进行分析研究后获取关于目标的信息。

遥感技术使用的电磁波一般包括可见光、红外线和微波三个波段。针对不同波段，发展了多种遥感仪器，如红外扫描成像遥感仪、多波段扫描仪、胶片相机遥感器等。利用遥感技术，可以进行自然资源的探测与评估、环境监测、气象预报、地形绘制和军事侦察等。

信息的获取是信息利用的前提。传感器技术和遥感技术是现代信息技术中的重要部分，有着极为广泛的应用。与传感器技术不同的是，遥感技术是远程信息提取技术。经由传感器和遥感技术获取的信息，通过数据收集和 A/D 转换变为数字信号，便可以输入计算机进行分析处理。

8.5.2　信息的存储

信息的存储也就是信息的记录。现代信息记录技术主要是磁记录、光记录和半导体记录。

1. 磁记录

磁记录是一种最广泛采用的现代信息记录技术，它主要用来录音、录像、记录数字和其他信息等。

磁记录是将输入信息记录和存储在具有强磁性的介质中，反过来又能从所存储的磁介质中提取和重现该信息的过程。信息可以是声音、图像、数字或其他可以转换成为电信号的信息。

铁磁体是一类具有极大磁化强度的磁介质。铁磁体在外磁场中会很强地磁化；去掉外磁场后，仍保留很强的剩余磁化强度。磁记录技术正是基于铁磁体的这一性质。先将铁磁体制成粉状均匀地贴在平面上，再用微小的磁头以确定的速率在平面上移动，然后将要记录的信息通过电信号转换为磁头的磁化能力随时间的变化，最终在铁氧体磁粉上以剩磁的形式记录下来。

这种先将各种信息转换为随时间变化的电信号，再将它转换为磁介质磁化强度随空间变化的过程称为**磁记录**。磁记录的逆过程称为再生过程。按照信息记录方式，磁记录可以分为连续的模拟式记录和分立的数字式记录两种。模拟式记录用于录音和录像等。数字式记录用于计算机记录数字等。

磁记录介质是用来记录和储存信息的磁性材料，属于永磁(即"硬磁")材料。要能很好地存储信息，磁记录介质应具有较强的矫顽力、大的饱和磁化强度、高剩磁比、陡直的磁滞回线、低的磁性温度系数和老化效应等。磁记录介质的优点是：存储密度高、容量大、速度较快，可多次使用、不容易丢失，使用寿命长，等等。磁记录介质通常有三种：铁氧体和其他强磁氧化物微粉、强磁铁（钴）等金属微粉和以钴（铬）等为基的合金薄膜强磁介质。

现在信息存储的主要方式还是磁记录，如计算机中的软（硬）磁盘。软（磁）盘由于它移动方便曾经在早期计算机中广泛使用，先是 5.25 英寸软盘（存储量为360KB），后来是 3.5 英寸软盘（存储量为 720KB），再后是 3.5 英寸高密双面软盘（存储量为 1.44MB）；现在大抵都退出了市场。取代它们的是可移动硬盘和 U 盘，它们携带便利，存储量大，即插即用（插入各种电器上的通用串行总线接口，即USB 接口便可使用）。

在计算机中大容量信息的存储仍采用硬盘。1983 年个人计算机（PC）内使用的硬盘存储量为 10~20MB，2000 年个人计算机内使用的硬盘存储量一般为 4~16GB，现在一种不用机箱的一体机，存储量却高达~800GB。这些数据显示出信息记录技术的迅速提高。

2. 光记录

光记录技术的典型代表便是光盘存储器，简称光盘，英文名 Compact Disk，缩写为 CD，它是近年来发展起来的一种新的信息存储的方式。

光盘是一种涂有光敏介质的平面圆盘。光盘主要由基片、存储介质和密封层 3部分组成。基片保证机械和尺寸的精度和稳定性；存储介质记录信息；密封层保护介质，以防腐蚀和微小颗粒附着其上。将来自光源的光进行调制，使数据按规定的格式以亮点和暗点所表示的二进制数字形式存储在圆盘形的光敏介质上，便制成了光盘。

计算机中使用的光盘类型有：只读型光盘（Compact Disk Read Only Memory），简称 CD-ROM；一次写入型光盘（Write Once Disk），简称 WO；一次写入多次读出型光盘（Write Once Read Many Disk），简称 WORM 光盘和可抹型光盘（ErasableOptical Disk）。在计算机上使用光盘必须有光盘驱动器（光驱），光盘驱动器的类型有：只读光盘驱动器（CD-ROM driver）和可读写光盘驱动器（又称光盘刻录机）。前者只能从光盘读出信息，后者能从光盘读出和写入信息。可读写光盘驱动器有VCD 和 DVD 两种类型，写入信息时，由半导体激光器和光路系统组成的光读写头发出的激光束，使介质磁化方向能发生翻转，以正向和翻转两种方式所代表的二进制数字形式将信息记录和抹除。

CD 视盘类型有：CD 视盘 VCD（Video CD）、数字视频光盘 DVD（Digital VideoDisk）等。过去曾经用录音磁带和录像带存储音乐和电影，现在都被光盘所取代。播放视盘有两种方法，一种方法是使用计算机进行播放，另一种方法是使用专用的读出装置如 VCD 机和 DVD 机配合电视机来播放。

光盘存储器是继磁盘以后数据存储领域最重要的新技术。光盘存储器记录密度高、存储容量大，不受环境影响而保存时间长，采用非接触式读写方式、易于更换盘片，数据传送效率高、可以随机取数并可快速检索。由于光盘存储器的上述优点，且存储每位信息价格低廉，故发展前景很好。

3. 半导体记录

半导体存储器最早是用作计算机的内存储器，现在随着半导体技术的发展和半导体芯片价格的降低，也开始广泛用来制作计算机的外存储器和各种电器内的控制模块。

按其可读写性区分，微型计算机中的内存一般包括只读存储器和随机存储器两大类。只读存储器是英文 Read Only Memory（缩写为 ROM）的中文译名。只读存储器是在生产的最后阶段把信息写进去，以后只能读出而不能写入的存储器。只读存储器由于其只读不写的特点，电路简单，速度较快，还可以把已经定型不变的某些系统程序放在 ROM 中，因而运行效率高。后来为了满足某些用户的特殊要求，只读存储器的范围有了扩展，除了 ROM，还包括 PROM、EPROM 和 EEPROM。PROM 是 Programmable ROM 的缩写，中文名为可编程只读存储器，它允许用户在使用前靠专门设备把信息写入。EPROM 是 Erasable Programmable ROM 的缩写，中文名为可擦可编程只读存储器，它允许用户靠专门设备把原信息擦去，再将新信息写入。EPROM 其实是一种读起来很快而写起来很慢的存储器。EEPROM 是 Electronic EPROM 的缩写，中文名为电可擦可编程只读存储器，它是一种可用加电场方法删除所存信息的 PROM。由于在电场的一"闪"之下，存储器原有信息便会被擦去，故这种存储器又称为"闪存"。

随机存取存储器的英文名为 Random Access Memory（RAM），其又分为：静态 RAM，简称 SRAM（Static RAM），不需要刷新，低电压可以维持；动态 RAM，简称 DRAM（Dynamic RAM），需要定期刷新。

早期计算机中的 BIOS 采用普通 ROM 存储①，只能一次写入，升级时必须更换 ROM 芯片；后来使用 EPROM 和 EEPROM 存储，就可以通过紫外线或电子扫描的方法擦除和改写原信息。目前计算机中的 BIOS 主要采用闪存，可以直接将保存在软盘中新的 BIOS 内容写入原来存放 BIOS 的快改写存储器，立刻完成升级操作。

基于闪存技术而发展起来的一种半导体外存储器称为闪烁存储器（Flash Memory），也称为闪存。它是一种快速擦写存储器，是可以整体擦除、按字节重

---

① BIOS 是 Basic Input-Output System 的缩写，中文名为基本输入输出系统，它集成在主板一个 ROM 芯片上，保存有计算机系统最重要的基本输入输出程序、系统信息设置、开机通电自检程序和系统启动自检程序。

新编程写入的非易失性存储器。外存使用的闪存有闪存盘和存储卡两类。闪存盘又叫优盘（U 盘），它是将 USB 接口与存储卡集成在一起的存储设备。U 盘具有体积小、重量轻、容量大、防潮防磁、抗震耐温、通过 USB 接口实现即插即用等优点。现在，各种数字化内容，像软件、图片、MP3 音乐、RM 播放文件等，都可以通过 U 盘实现移动存储，因而广受用户欢迎。存储卡是一种能快速擦写的存储设备，可以和其他数字设备共用，如闪存 FC、多媒体卡 MMC、安全数码卡 SD 等。

总之，信息技术的迅速发展，扩展了人类信息活动的能力，促使了社会的信息化，对人类生产生活的各方面都产生了巨大而深远的影响。

思考题 8

1. 什么是信息与信息量？
2. 写出计算信息量的香农表达式，并说明它与熵的关系。
3. 试叙述信息远距离传输过程。
4. 若你知道同学聚会定于下星期举行，但不知是星期几，朋友告诉你是星期几，你从中获取的信息是多少？若你知道同学聚会定于下个月举行，但不知是几号，朋友告诉你是几号，你从中获取的信息又是多少（一个月以 30 天计）？
5. 根据你对电话的了解，试判断下列说法是否正确：
①电话是美国科学家贝尔发明的；
②程控电话是由电脑操作，具有按用户所拨号码自动接通电话的单功能交换机；
③座机通话时，说话人电话的话筒与接听人电话的听筒串联成一个电路，而说话人电话的听筒与接听人电话的听筒串联成一个电路，它们是两个独立的串联回路；
④手机无线上网是利用电磁波传输数字信号。
6. 某人给在外地的朋友打电话，发现电话占线，试分析出现此情况的可能原因。
7. 你能否估计一下，没有电话交换机，若某地区有 100 家电话用户，要使每一家均能与其他任意一家通话，那么要架设多少条电话线？在此地区安一台电话交换机后，则只需架设多少条电话线便能满足上述要求？
8. 什么是模拟通信？什么是数字通信？数字通信有哪些优点？
9. 移动电话与固定电话在通话时有何异同？
10. 调制器与调谐器是无线电广播发射和接收中两个重要器件，试说明它们各自的作用。

201

11. 电子邮件是目前使用最频繁的一种网络通信形式，扼要说明电子邮件从发送到接收的过程。

12. 在现代信息传递中，电磁波扮演了重要角色。在下列信息传递方式中：①有线电话，②移动电话，③无线电广播，④卫星通信，⑤网络通信，⑥光纤通信，哪些利用了电磁波？

13. 若根据待测物理量来分，传感器的种类有哪些？

14. 举一两个例子说明传感器在日常生活中的应用。

15. 信息的存储方式通常有哪些？在日常生活中你使用过哪些信息存储器？

16. 随着网络的飞速发展，人们的生活、工作和休闲已经越来越离不开网络，你的网络生活包括哪些方面？

第9章 能源漫谈

9.1 能源的利用

9.1.1 能源利用史上的三次革命

在人类日常生活中，像做饭、取暖、照明等都需要能量；人类的其他活动，像生产、交通、运输等同样需要能量。能量的各种形式的来源即能源。更确切地说，凡是能为人类提供能量的物质资源都叫做能源。

人类对于能源的开发和利用，经历了一个漫长而艰苦的历史过程。在人类利用能源的历史上有三个重要的里程碑，或三次重要革命。

第一次能源革命的标志是古代人发现了"钻木取火"的方法，它使人类从茹毛饮血的生食时代跨入了烹饪可口的熟食时代，堪称人类历史上最早的技术革命。人类祖先从钻木取火到火的利用，是人类技术发展史上的第一个发明。从此，开启了一个以柴薪为主要能源的时期，这个时期持续了近一万年。

第二次能源革命出现在蒸汽机发明之后。18世纪初，蒸汽机的发明和广泛应用是能源技术发展史上的一个重要里程碑，它标志着人类开始进入工业大生产时代。在这个时代，煤逐步取代柴薪而成为人类的主要能源。

第三次能源革命开始于电的发现和电能的利用。19世纪，发电机、电动机的发明，使人类从"蒸汽世纪"发展到"电气世纪"，电能得以广泛使用。无论是柴薪、煤或其他能源提供的能量都可以转变成电能；电能也便于转化为其他形式的能，像光能、内能、机械能等，供人们利用。电能还具有可以远距离传输的优点。电的应用极大地改变了人类社会的生产面貌和文明生活，这是能源技术革命的一次重大飞跃。可以说，电能的利用是人类进入现代文明社会的标志。恐怕无法想象，离开了电，当前社会会变成什么模样！

9.1.2 能源的分类

地球上的能量来源形形色色，各种能源按不同方式可以进行不同的分类①。常

---

① 能源分类的标准有很多种，同一种能源在不同的分类标准中可能属于不同的类型。

见的分类方式有：

（1）按其成长的周期（或生成年代）可分为化石能源和生物质能。

像煤、石油和天然气这样的能源是千百万年前埋在地下的动植物经漫长地质年代而形成的，这样的能源叫化石能源。

像木柴、植物、肉类等生命物质提供的能源称为生物质能。生物质能也是日常生活中最常用的能源之一。

（2）按其是否能从自然界直接获得可分为一次能源和二次能源。

一次能源是指可以从自然界直接获取的能源。一次能源种类繁多，如化石能源、水能、风能、太阳能、地热能、潮汐能、生物质能、核能等。

二次能源是指无法从自然界直接获得而必须由消耗一次能源后方能获得的能源，电能是最主要的二次能源。

（3）按能源开发利用后是否可以再生来划分有可再生能源和不可再生能源①。

可再生能源指可以长期从自然界不断获取而不会枯竭的能源，像水能、风能、太阳能、生物质能等。

不可再生能源指不可能在短期内从自然界得到补充而只会越用越少的能源，像化石能源、核能等。

（4）按人类发现和利用能源的情况可分为常规能源和新能源。

已被人类广泛利用多年的能源叫做常规能源，如煤、石油、天然气。目前正在推广使用的能源叫做新能源，如核能、太阳能。

（5）按对环境的影响程度可分为清洁型能源和污染型能源，前者如风能和水能，后者如煤炭和石油。

9.1.3　能源利用的现状

蒸汽机发明后，人类逐渐以机械动力代替了人力和畜力。虽然柴薪目前在一些发展中国家仍然是其重要生活能源，但世界上绝大多数国家和地区的主要能源已由柴薪转向了常规能源（或化石能源）。据估计，现在世界能源消耗中90%以上是化石能源，其中，石油约占40%，煤占35%，天然气占20%。而当前，我国能源结构主要仍以煤为主，约占75%，其余的，石油占17%，天然气占2%，剩下的水电、核电、新能源发电占6%。可见，我国能源消耗中化石能源所占的比例还是相当高的。

现代社会中，天上飞的飞机、地上跑的汽车、水中行驶的轮船……所有这些交通运输工具都依赖于热机作动力方能运转；此外，深入千家万户的各种用电器所消耗的电能，其中靠火力发电提供的，所占比例也不算小。然而，不管是热机还是火

---

①　分类标准（3）和（4）一般指由自然界提供的能源，不适用二次能源。

力发电厂都是以燃烧化石燃料来获得机械能或电能的。可见，化石能源已被广泛利用在生产生活中，成了现代社会的能源主流。人类对化石能源的依赖日益加深；现代社会如果没有能源，人类将无法生存。化石能源的广泛采用在给人类生活带来舒适、方便的同时，也具有一些致命的弱点。

首先，由于人口的急剧增加和经济的不断发展，能源的消耗持续增长，特别是近几十年，能源消耗增长速度明显加快。作为人类主要能源的化石能源是一种不可再生能源，而地球上化石能源储量并不丰富。据不确切统计，现已探明的世界石油储量约为 3 000 亿吨，若按每年开采 40 亿吨估算，只够开采 70 年；煤的储量约为 6 800 亿吨，若按每年消耗 35 亿吨估算，最多也只能开采 200 年。如果听任大规模无节制开采，那么不久的将来这种能源便会枯竭，这就是常说的"能源危机"。

其次，化石能源的大量开发和使用不可避免地会污染环境和破坏生态。化石燃料特别是煤燃烧时，会排放大量废气，其中的二氧化碳（CO_2）和烟尘会造成空气污染，近年不时出现的雾霾天气就与工业废气和汽车尾气大量排放密切相关。燃烧产生的大量二氧化碳进入大气，增加了二氧化碳的浓度，阻碍了热的传导，大大加剧了地球温室效应，将改变全球气候，破坏生态平衡。此外，燃烧产生的气体中还含有二氧化硫（SO_2）等有害物质危害人体健康，由它们形成的酸雨可使水、土壤酸化，还对植物、建筑物、金属构件造成损伤。所有这一切都给人类自身敲响了警钟：能源危机迫在眉睫，节约使用常规能源、大力开发新能源已成为全球性的重大课题。就目前已有的知识和技术条件而言，最有可能成为 21 世纪骨干能量的当推核能，然后是太阳能，此外还有风能、水能及其他一些新能源和可再生能源。

9.2　核能

9.2.1　核反应与核能

物质是由分子组成的，分子又由原子组成。有些物质的分子就是一个原子，称为单原子分子，比如惰性气体；由多个原子组成的分子称为多原子分子，比如食盐分子（NaCl）含 2 个原子，水分子（H_2O）含 3 个原子。因此，物质的性质是由分子（或原子）确定的。

原子由处于原子中央的原子核和核外绕核转动的电子组成。原子核的大小比原子的大小要小得多，如果成比例地放大，它们就好比一个足球放在足球场中央。进一步研究表明，原子核是由质子和中子通过强大的核力紧密结合在一起构成的[1]。

---

[1]　本节一些相关内容详见第十章。

在一定条件下，一个较重的原子核可以分裂成两个或几个较轻的原子核；两个或几个较轻的原子核可以聚合成一个较重的原子核。前者称为(核)裂变(反应)，后者称为(核)聚变(反应)。原子核发生裂变或聚变反应时，反应后生成物的总质量小于反应前参与反应的物体的总质量，这一现象称为**质量亏损**。根据相对论中爱因斯坦的质能公式，这一亏损的质量 Δm 相应的能量 ΔE 是

$$\Delta E = \Delta mc^2 \tag{9.2.1}$$

因为 c^2(c 是真空中光速)是一个相当大的数，所以一次反应释放的能量 ΔE 也是一个很大的数。我们把原子核在裂变或聚变时所释放出的巨大能量叫做**核能**。

自然界也存在天然发生的裂变和聚变核反应。裂变反应是通过放射性元素衰变实现的，聚变反应发生在太阳和恒星的内部。要使核能成为造福于人类的新能源，不论是裂变还是聚变核反应都必须在人为可控的条件下进行。重核裂变或轻核聚变如果不能用人工方法加以控制，那么在极短时间内便会释放出巨大能量，发生猛烈爆炸，造成灾难性后果，因此只能制成毁灭性武器。原子弹便是利用不可控核裂变制造的毁灭性武器，而氢弹则是利用不可控核聚变制造的威力更大的毁灭性武器。利用人工方法控制核反应速度在裂变过程中已经实现，但在聚变过程中，虽然用人工方法控制核反应速度在技术上已有很大的进展，但仍未能完全实现。

9.2.2　核反应堆与核电

1938 年，哈恩(O. Hahn)和斯特拉斯曼(F. Strassmann)在进行中子撞击铀核实验时，发现有钡(Z=56)产生。梅特纳(L. Meitner)和弗里希(O. R. Frisch)认为，这是铀核发生了裂变。随后对铀核裂变的研究表明，铀-238(^{238}U)和铀-235(^{235}U)都能产生裂变。但前者需用快中子(能量在 1.1MeV 以上)撞击，后者只要慢中子或热中子(能量~0.03eV)撞击即可，且效率比用快中子还高。通常重核分裂成两个碎片，叫做二分裂变。比如：

$$^{235}_{92}U + ^1_0n \longrightarrow ^{236}_{92}U \longrightarrow X+Y \tag{9.2.2}$$

中间产物 ^{236}U 为复合核[1]，X 和 Y 是裂变后产生的两碎块。裂变碎片也可能是三块或四块，分别叫三分裂或四分裂，不过，这种过程的几率比较小。

裂变现象的发现立刻引起了科学家极大的关注。这不仅因为裂变时会放出相当大的能量[2]，而且更重要的是裂变放出的中子又有可能产生新的裂变，使裂变持续

---

[1]　复合核是指靶核吸收入射粒子后形成的原子核，通常处于激发态。复合核逗留的时间很短，一般会再分裂，也有的会以激发态回到基态。

[2]　中等核中核子的平均结合能较大(8.5MeV)，而重核中核子的平均结合能较小(7.6MeV)。因此，重核分裂成中等核会放出巨大的能量。

进行下去①。这种一个接一个连续发生的反应称为**链式反应**。

铀核裂变的链式反应中所释放出来的能量就是平时我们说的**原子能**。原子能的利用目前有原子反应堆和原子弹两种。

人为核裂变是利用中子撞击较重原子核如$^{235}_{92}U$实现的。中子撞击$^{235}_{92}U$发生裂变后会产生新的中子，这些中子再撞击其他$^{235}_{92}U$使它们发生裂变，裂变后同样又会产生中子，中子又撞击$^{235}_{92}U$……如此持续不断。如果核裂变链式反应的速度能够用人工的方法加以控制（可控核裂变），使反应能平稳、缓慢地进行，那么核裂变产生的能量便可以均衡地源源不断地释放出来而达到和平利用的目的。

为了使裂变能为人类所利用，链式反应需要在人工控制下安全进行。这种能够为人所控制的核反应叫做受控核反应，这种人工控制的装置叫做核反应堆或原子反应堆。

核反应堆有许多种类，按照引起核裂变的中子的能量来分类，可分为**慢中子反应堆**（通常称热中子反应堆）和**快中子增殖**（反应）**堆**②。

1. 热中子反应堆

热中子反应堆简称"热堆"，它是依靠速度大为减慢了的，而又处于在热运动情况下的热中子轰击铀-235原子核，使其发生链式裂变反应的反应堆。热堆一般有轻水堆、重水堆和高温气冷堆等类型。轻水（普通水）堆又分为压水堆和沸水堆。目前，世界上多数核电站的反应堆都属于热中子反应堆，其中以压水堆型技术最成熟，因而也是世界上核电站采用最多的堆型，占全世界总装机容量一半以上。我国大亚湾核电站的反应堆就是压水堆。它是用轻水作为中子慢化剂、冷却剂，工作时水被加压到15MPa的压力，故称为压水堆。在压水堆中，水在15MPa的高压下工作，水的沸点变为340~350℃，水的温度可以超过330℃而不会沸腾、不产生蒸汽，堆芯出口处水的温度一般是310~330℃。

高温气冷堆是一种比较先进的堆型，它是以惰性气体氦作冷却剂，以石墨作慢化剂。由于石墨耐高温，氦气传热性好，因此高温气冷堆氦气的出口温度可高达750~1 000℃。高温气冷堆的一个重要应用是可以提供高温热源。不过，世界上目前还没有上规模的高温气冷堆核电站。

2. 快中子增殖反应堆

快中子增殖堆，简称快堆，是一种正在开发的新型先进反应堆。与普通反应堆相比，其先进性主要体现在"快"和"增殖"上。裂变时，铀-235一次可以产生两三

---

① 例如：^{235}U裂变时每次放出2~3个中子。这些中子被附近铀核吸收，又发生裂变，产生第二代中子；第二代中子又被吸收发生裂变，产生第三代中子……

② 所谓热中子是指被慢化剂慢化后，其平均动能$\varepsilon = k_B T = 0.025eV$（$T = 300K$，$k_B$为玻耳兹曼常数）的中子，速度为2200m/s。而快中子的能量一般大于几十万电子伏特。

个中子，但维持链式反应只要 1 个快中子就够了，其余的一两个快中子被铀-238 吸收而变成钚-239，结果每发生 1 个铀-235 的裂变就可以产生一个以上的钚-239（也是一种核燃料），所以使核燃料得到了增殖，增殖比一般在 1.1~1.4 之间。据估算，一座快堆在 5~15 年的时间里，所增殖的核燃料和起初投入的燃料一样多，从而核燃料数量被翻了一番。快堆中也不用慢化剂，引起铀-235（或钚-239）裂变的主要是能量为几十万电子伏特的快中子。另外，快堆可使锕系元素（核裂变中产生的一种长寿命放射性废料）作为燃料在堆中烧掉，变成一般的裂变产物，解决了这种核废料的处理问题。快堆还具有自稳性能，安全性也进一步提高。

　　与热堆相比，快堆一个明显优点是：热堆以铀-235 作核燃料，每生产 10 亿度电，要消耗天然铀约 20 吨，按目前的消耗水平，可供开采的铀只够用大约百来年。而用快堆发电，则可用铀-238、贫铀或钍-232 作能源，它们的储量丰富，可供人类用上成千上万年。

　　人类和平利用核能的一个重要方向就是利用核能发电。简单地说，利用核能发电的电站（核电站）就是将核反应堆中核裂变释放的核能，通过热循环及配套的发电设备所组成的发电厂。目前，世界上利用核裂变原理已经建成了许多核电站。核电站的核心设备便是核反应堆。图 9.1 是核反应堆工作原理示意图。

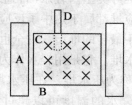

A：保护墙，B：反射层，C：减速剂，D：控制棒，×：燃料

图 9.1　原子反应堆示意图

　　反应堆的中心区是核燃料在反应堆内发生核反应的区域。除了反应堆的中心区外，还包括如下必要的辅助装置：

　　①反射层：为了阻止中子逃逸，反应堆中心周围装有反射层，一般用石墨作材料。

　　②控制棒：为了使反应强度维持在适当水平，反应堆中安有控制链式反应的控制棒，通常用镉和硼钢制成，能灵活地插入和抽出反应堆中心区。反应太强时，控制棒多插入一些，增加对中子的吸收；反应太弱时，控制棒抽出一些，减少对中子的吸收。控制棒插入和抽出多少由反应堆内中子强度检测器和自动操纵仪器完成。

　　③热能输出设备和冷却装置：裂变放出的能量，大部分变成热能，用适当流体输出后便可加以利用，这就需要热能输出设备。而反应堆必须维持在一定温度范围

内，这就需要冷却装置。通常热能的输出和冷却可共用一套设备。

④保护墙：反应堆中的裂变反应产生强中子流和大量放射物及γ射线，为了保护工作人员和周围环境，需要保护墙将反应堆密封。它通常由金属套、水层、砂层和厚钢筋混凝土墙构成。

9.2.3　可控热核反应的探索

除了重核裂变成中等核可以释放出巨大能量外，轻核聚变成较重的核也可以释放出巨大的能量。

这种较轻原子核结合成较重原子核的过程，需要极高温度（$T\sim10^9$K）才能得以进行，因此核聚变又叫做**热核反应**，释放的能量叫做**核聚变能**。

热核反应是宇宙中最普遍的现象，在太阳和许多恒星内部，温度都高达2000万度以上，在那里热核反应剧烈地进行着。太阳内部，氢是最丰富的元素。太阳的热核反应是氢核聚变为氦核的过程，其结果是4个质子聚合成一个氦核，释放出两个正电子。正电子跟电子相遇，发生湮灭，转变为γ光子。整个反应所放出的能量估计为26.7MeV。

核聚变的原料通常是氢的同位素氘和氚，而海水中含有大量的氘，按照目前世界能量消耗水平估计，足以使用上百亿年。所以，聚变能是一种储量丰富、使用安全、清洁可靠而前景诱人的新能源。不过，要想做到和平利用氘核反应产生的聚变能，首先必须解决能够用人工方法控制核聚变反应速度的问题（受控热核反应）。"如何能够发生有适当强度的受控热核反应，从而能够安全利用这种能量"的问题是当前能源研究中的重大课题之一。

实验和理论分析均表明，实现聚变反应最适宜的方法是高温等离子体法。在氘核聚变实验中，采用的是氘气的等离子体。引发和控制这种热核反应，首先面临两个必须解决的问题：一是要能够获得温度上亿度的高温等离子体①，即达到热核反应的温度；二是要能够在足够长时间内把高温等离子体约束在一起。

要使温度达到热核反应所需的温度，原则上可采用输入大功率电磁波，注入高能量中性（或带电）粒子束、激光束，绝热压缩等方法来实现。那么，怎样来约束等离子体呢？因为核聚变的温度极高，任何材料在如此高的温度下都只能以气态形式存在，所以高温等离子体不可能与容器接触，否则任何材料做成的容器与之接触后都会熔化和蒸发。可见，要把等离子体约束在一定空间必须另辟蹊径。目前约束等离子体的方法一般有磁场约束和惯性约束。此外，被约束的等离子体还应该有适当的密度和一定的约束持续时间。

---

① 等离子体是指气体电离后，大量正离子和与之等量电荷的电子所共存的集合体。

1. 磁场约束

磁约束式的反应器试验时间较长，分开路式和闭路式两种。闭路式环形管聚变反应器都有一个圆环管装置，用以放电产生等离子体。其中最有希望的是托克马克反应器(图9.2)。这种反应器的圆环形放电管装置在一个铁磁材料组成的磁路框架中。管中充入氘氚各半的混合气体。由磁场感应生成的脉冲电流使管内气体电离成为等离子体并使它的温度升高以及对等离子体起约束作用，使之脱离管壁和再升温。环形管外有一个再生层，用来吸收反应中逃逸出来的中子和再生聚变反应物。再生层外又是一个绕环形管的线圈层，用来产生稳定电流及其磁场借以稳定等离子体。在产生脉冲电流和稳定电流的线圈间有低温恒温设备(外恒温器)。

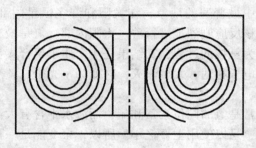

由里向外依次为：等离子体、真空室壁、再生层、环形线圈、外恒温器、涡旋线圈

图9.2 托克马克装置截面示意图

目前世界上最先进的大型托克马克聚变试验装置(TFTR)是美国普林斯顿大学等离子体物理实验室于1982年12月建成的。

2. 惯性约束

惯性约束的设想如下：在极短的时间内，将大量能量注入一定量的聚变燃料中，使聚变燃料的密度和温度迅速提高，完成核聚变反应，这种依靠等离子体自身的惯性来实现的约束叫做惯性约束。要实现受控的惯性约束聚变，就要寻找一种小型的点火器。这种点火器在极短的时间内将少量的聚变燃料加热到可以实现聚变反应的温度，从而完成核聚变反应。激光发现后，科学家开始了激光惯性约束聚变研究。虽然用激光引爆的热核反应跟氢弹一样难以控制，但因为每次参加热核反应的物质很少，所以可以用一连串的微型"聚爆"来达到连续燃烧的目的。不过这种约束方法离实际应用还有相当大的距离。

受控热核反应的实现将给人类提供丰富的能源，一旦受控热核反应得以成功，那么长期以来困扰人类的能源问题也将最终得到解决。从20世纪中期开始研究受控核聚变，科学家经过半个多世纪的艰难探索，这方面工作也取得了重要进展，但要真正解决这一问题仍需不懈努力。

9.2.4　核能在其他方面的应用

目前，核能的利用虽仍以核电为主，但核能的开发利用却并非仅限于此。若采用小型、结构更紧凑的核反应堆，则除了发电外，核能还可以用作航海、航空、航天的强大动力源，比如人们耳熟能详的核潜艇、核动力航母、原子破冰船、原子能飞机及原子能火箭等。

一般常规的潜水艇靠柴油内燃机推进。由于柴油必须在气缸里与氧气充分燃烧才可以提供能源，所以潜艇必须先在海面上航行，让柴油内燃机带动发电机发电，用以给蓄电池充电，以便当潜艇潜入海底后，靠蓄电池放电作动力推进。这样一来，潜水艇最多只能在水下停留几天，总的续航能力不过 2.5×10^4 km 左右。如果采用核燃料作动力(核潜艇)，则可以长期地在一定深度海底航行而不必浮于海面，航速甚至比海面上的大型舰艇还快。一艘核潜艇，通常续航能力可达 90×10^4 km，能在水下连续绕地球航行 22.5 周，相隔 10 年才需更换一次核燃料。

除了核潜艇之外，大型航空母舰、破冰船大多也以核能作动力。比如，1957年下水的一艘原子破冰船，其发动机的功率约 3.2×10^4 千瓦，排水量 1.6×10^4 吨，装载一次核燃料足可以在北冰洋航行一年。近年，以核燃料为动力的大型商船也建造成功，它仅需很少的核燃料就可以在海上航行相当长时间，这样的商船既节约了航行时间又降低了运输成本。

20 世纪 70 年代开始研制的原子能飞机就是以核反应堆替代原来飞机的发动机。因为 1 克铀-235 产生的功率与 2 吨汽油燃烧产生的功率相当，所以这种飞机可以大大减轻燃料质量，提高有效载荷。当然，如何确保核动力的安全可靠性以及飞行万无一失，还需做出更大的努力。

在航天方面，用核能作动力的原子能火箭能将宇宙飞船发射到浩瀚宇宙，去执行有人或无人驾驶的空间探索任务。

9.2.5　核能的利用及其安全性

德国化学家哈恩和斯特拉斯曼于 1938 年发现铀核的裂变，由此找到了一种如何释放核能的途径。1942 年美国研制成功世界上第一座核反应堆，1954 年苏联建成第一座试验核电站。这预示着人类和平利用核能时代的到来。现在核能除了用于发电外还可以用来供热，为潜艇、大型船舰、飞船等提供动力。

不过，利用核能发电仍然是当前核能利用中最为广泛的应用。与使用常规能源发电相比，核电站具有消耗燃料少、废渣少、污染小、成本低等优点。但核电站使用过的核燃料，称为核废料，仍然具有放射性，需要深埋在人烟稀少的地方。特别值得注意的是，要防止放射性物质的泄漏(核泄漏)，避免放射性污染(核污染)。

1986 年"切尔诺贝利"核泄漏事件发生后就引起了世界各国对核泄漏会造成核污染的普遍关注。2011 年日本福岛第一核电站几个机组在大地震中因受损而导致核泄漏的严重事故再次引起了全世界的担心。这些事例说明，在核电站建设中应确保设备绝对安全可靠，严防核泄漏的发生。这点已经引起了世界各国的足够注意，在已经建成的核电站中绝大多数至今运转正常。况且，经过长年探索和实践，建设核电站的技术已经十分成熟，核裂变反应堆的发展也在不断完善，核电站的安全性更有保障。

当前，一些发达国家利用核能发电(核电)已占有相当比例，核能也成为这些国家的常规能源。至今，全世界已有 30 多个国家拥有核电站，核电站总数超过400 多座。规模上美国居首位，其次为法国、日本、德国、俄罗斯、加拿大，核电已经占世界总发电量的 1/6 以上。有些国家核电站的发电量甚至占全国电力供应的50% 以上，如立陶宛占 76.4%，法国占 75.3%，比利时占 55.8%。

与火力发电相比，核能发电具有几大优势。经济上，虽然建造核电站的费用比建造火力发电站要高很多，但核电站的燃料费用却比火力发电站低得多，因此核能发电比火力发电划算。运输上，核能发电可以大大减少燃料运输量。比如，一座20 万千瓦的火力发电站，一天要烧掉 3 000 吨煤，而同样发电能力的核电站，一天只需约 1 千克的铀。所以，核电站的选址不会受制于交通，尤其适宜遥远边疆、偏僻山区。资源上，核能储量丰富，在相当长时间内可以用作常规能源的替代能源。环境上，核能比较干净，对环境的影响较小。

1991 年 12 月，我国在浙江自行设计和建造成功第一座核电站(秦山核电站)，装机容量为 30 万千瓦，结束了中国大陆无核电的历史。为了防止核泄漏，秦山核电站采用了"三道屏障"的防护措施(第一道屏障为燃料包壳，第二道屏障为压力壳，第三道屏障为安全壳)，核电站的安全可靠性已达世界先进水平，迄今未发生过任何危害公共安全的事件。从第一座核电站运行起到现在，我国的核电事业取得了很大的发展，目前已形成浙江秦山、广东大亚湾和江苏田湾三大核电基地；但与世界核电平均水平相比，还相差甚远。中国有相当丰富的铀矿资源，有比较雄厚的核技术力量，发展核电将为实现我国能源结构的多元化、促进经济增长起到越来越重要的作用。

利用核能发电，消耗很少的核燃料便可获得巨大的能量，因而具有能量密集、燃料运输量小、成本低、地区适应性强(特别适合缺少化石燃料和水资源的地区)等众多优点。核能也是目前唯一现实的、可大规模替代化石燃料的能源。随着科学技术的发展，核电技术越来越成熟，核电也会变得越来越安全可靠。我国是一个人口大国，化石燃料的储量虽然丰富，但人均拥有量不高，且经济发展十分迅速，人民生活水平提高显著，对能源的需求日益增加，合理发展我国的核电事业无疑是减少目前对煤和石油两大化石燃料过分依赖及由此产生的环境污染之明智之举。

9.3 太阳能

9.3.1 太阳能

太阳内部是一个超高温、超高压区，大量的热核反应在这里不停地发生，释放出无比巨大的能量，这便是**太阳能**。太阳能从太阳内部传到太阳表面，然后向四周辐射出去，抵达地球后给地球带来了光和热，孕育了大地一片生机。

太阳可以说是人类最大的一种取之不尽、用之不竭的能源库。与其他能源相比，太阳能具有如下主要特点：数量巨大，太阳的辐射总功率达 $3.8×10^{23}$ 千瓦，相当于每秒爆炸 910 亿颗百万吨 TNT 级氢弹；即使辐射到地球表面的能量只有大约 $8.6×10^{13}$ 千瓦，但也差不多等于人类自身能量年消耗量的 1 万倍上下。取之不尽，根据天文学的研究结果，太阳系至今已存在了大约 50 亿年；按目前太阳辐射的总功率及太阳内储氢总量估算，尚可继续维持~10^{10}年。用之方便，普照大地的太阳辐射能既无需开采和挖掘，也无需运输，开发和利用都极为方便。清洁安全，太阳能远比常规能源清洁，也远比核能安全，是一种绝对安全而清洁的能源。

9.3.2 太阳能与其他能源

万物生长靠太阳。在地球的各种能源中，太阳能占有特别重要的地位，地球上几乎所有可以利用的能源全都来自太阳能。

生物质能无疑来源于太阳能，植物通过光合作用，将太阳能转化为生物体的化学能，人和动物再从植物或其他运动体内获得生物质能。

化石能源同样来源于太阳能：生活在千百万年前的动植物埋在地下，躯体经过漫长地质年代的变迁，其生物质能转化成化石能源。

风能、水能也来源于太阳能：太阳能投射到地面上，由于各地受热不均匀，空气冷暖程度不一样，冷暖空气的对流便形成了风。地表上的水吸收太阳能蒸发为水蒸气，遇冷凝结成小水滴形成云，小水滴继续凝结，体积增大，重量变重，当重力超过浮力时，落至地面形成雨，最终汇集成江河湖泊。

可见，当太阳光照射到地球上，由于各地受热情况不同和地理环境的影响，结果形成了风、霜、雨、雪等天气现象，同时也产生了风能、水能、生物能等可供利用的二次能源。虽然上面所说的这些可供利用的能源都来源于太阳能，但它们属于广义太阳能范畴。狭义太阳能仅指直接由太阳传到地球上的光和热所提供的能量。狭义太阳能的利用主要包括有光热、光电和光化学的转换。

9.3.3 太阳能的利用

太阳能的直接利用是指直接利用太阳辐射的热和光,目前有三种基本方法:一是把太阳能转换成热能,即光热转换;二是把太阳能转换成电能,即光电转换;三是把太阳能转化成化学能,即光化学转换。

1. 太阳能的光热转换

实现太阳能光热转换的装置通常可分为平板式集热器和聚光式集热器两种类型。热箱就是一种典型的平板式集热器。热箱的外围用隔热材料密封,以防热量流失,其内表面全涂上黑色,以增加吸热能力。热箱上装有可让太阳光充分入射的玻璃等透光材料。太阳光透过玻璃射入箱内,涂黑的内表面将吸收的太阳辐射能转变成热能,使箱内温度不断升高。热箱原理的应用极为广泛,如冬天培植蔬菜的"温室"塑料大棚、太阳能热水器、太阳能蒸馏器、太阳能干燥器等。

日常生活中用来取暖的太阳能热水器最主要的构件是密集成板状的金属管和水箱。金属管表面的颜色一般以黑色为宜,以便充分吸收太阳能。当水流过金属管时,金属管吸收的太阳能将水加热,加热后的水进入水箱发生热交换将热传给水箱中的水。此过程循环进行,使水箱中的水迅速加热成为家庭生活用热水。

聚光式集热器利用反射镜或透镜收集太阳能。聚光式集热器将照射其上的太阳光聚焦成一点,焦点处的温度可高达几百甚至上千摄氏度。这种利用聚光镜收集太阳能的典型例子就是太阳能灶和太阳能高温炉。

利用太阳能进行热发电,技术上也是可行的,目前世界上已建成了许多太阳能热发电站。

2. 太阳能的光电转换

太阳能电池是一种直接将太阳能转换成电能的装置。1954年,美国贝尔实验室率先发明了太阳能电池。当光照射在半导体PN结时,将形成由N区流向P区的电荷移动(光致电流),从而在N区和P区分别积累起负电荷和正电荷,导致PN结上产生附加电势差。这种现象称为"光生伏打效应",它将太阳能转换成电场能储存在电池中。使用时,只要将PN结两端(电池两极)接上外电路,便会有电流流过。

按半导体材料分类,太阳能电池通常有:硅电池、硫化镉电池、砷化镓电池等。实际使用较多的当属硅电池。它用单晶硅制成N型层,然后在其一面均匀涂层硼作P型层,这样得到的PN结再加上引出线便构成了电池电极。这种电池便是硅太阳能电池。但单个太阳能电池能量太小,不能直接用作电源。一般将几片或几十片太阳能电池串联起来,做成太阳能电池板以供实际使用。

与其他能源相比,虽然太阳能电池的效率不高,但它具有使用寿命长、可靠性好、维修方便等优点,因而得到比较广泛的应用。比如,太阳能电池能给航天器上的电子仪表提供电力；在军事上用作通信设备的电源；给录音机、计算器、手表等家用电器作动力等。

特别是，20世纪70年代中期，利用非晶硅掺杂技术制成了非晶硅太阳能电池，大大降低了太阳能电池成本，使利用太阳能电池发电实际上有了可能。像美国于1992年建成的一座非晶硅太阳能电池电站，其功率达 5×10^4 千瓦，并已通过电网向用户供电。由于在地面上建造太阳能电站存在占地面积过大、发电稳定性较差等缺陷，于是科学家们便设想在太空中建造太阳能电站（卫星电站）。一旦梦想成真，它将开辟人类开发利用太阳能的新纪元。

3. 太阳能的光化学转换

光化学转换是利用太阳和物质的光合作用所引起的化学反应（光化学效应）来实现的。比如，用光化学效应制成的光化学电池，用光化学效应制氢等。

总之，太阳能是一种安全、清洁的新能源。它分布广阔，无需开采、运输。太阳能储量十分丰富，还能利用约50亿年以上，这对人类来说，几乎是取之不尽、用之不竭的能源。但大规模利用太阳能还存在许多技术上的难题，如太阳能分散，不便于集中使用；太阳能随时间、地点、气候、季节变化大，不稳定；转化效率低、造价昂贵；因此目前还远未普及。

9.4 其他新能源

随着人们环保意识、安全意识和节约意识的增强，在能源的利用中，其他一些清洁能源，如水能、风能、热能、潮汐能，也成为21世纪人们积极开发的新能源。

9.4.1 风能

风能是由于太阳辐射造成地球各部分受热不均匀，而引起空气流动形成的风所产生的能量。到达地球的太阳能中虽然只有少部分转化为风能，但其总量仍然是十分可观的。据估算，全球可开发利用的风能储量比全球可开发利用的水能储量还要大10倍左右。

"一帆风顺"这句成语反映了人类对风能的利用可以说是源远流长。与其他能源相比，风能具有如下优点："大风起兮云飞扬"说明被风激起的能量可以相当大；风能的开发利用投资少、成本低、易于普及、方便管理，风力发电场（风电场）建设工期短、见效快、成本低；风能是一个天然清洁的能源，且它还可以减少沙尘暴，有效降低荒漠化速度。

由于风力能量密度小，风电场的装机容量都不大；风速、风向、风力变化大，故风能极不稳定；因地理位置不同，各地风力资源也差异明显；这些都给利用和开发风能带来不少困难。

随着常规能源储量的减少和人们环保意识的增强，作为清洁的可再生能源——风能正日益受到世界各国的重视，风能的利用和开发也得到迅速发展。风能的主要应用是利用风力发电。风力发电也是目前新能源领域中技术最成熟、最具商业开发价值的发电方式之一。风力发电通常是将几十台、几百台甚至上万台风力发电机（风电机）汇聚成一个风电机群（风力发电场）。风电场选在风力充足的地方，在当风口安装有为数众多的风车（即风电机），起风时风吹动其上方的扇叶带动发电机发电。这些造型别致的风车大多有规律地集中建在某一区域，可形成一道亮丽的风景，增添一个新的旅游场所。

世界上最早利用风能的国家当属丹麦，目前风力发电已为丹麦提供了 20% 以上的电能，这一比例在世界上也处于领先地位。此外，美国、英国、荷兰、意大利、德国等国也都建设了具有一定规模的风力发电场。我国是一个季风盛行的国家，风力资源丰富，实际可开发的风能储量估计在 2.53 亿千瓦左右。近年来，我国风力发电场发展迅速，相继建立了一批大型风力发电场。

9.4.2 水能

同样，人们很早便学会了利用水能，比如放排，但大规模开发利用水能则还是最近的事情。利用水力发电不但节约了煤、石油等常规能源，而且减少了温室气体排放，还提高了防洪能力。水力发电是利用水的落差或湍流冲击水轮机带动发电机发电的。水力发电站一般选在江河的中上游，江河中构筑大坝蓄水形成水库，利用高水面落差带动发电机发电。

世界上许多国家都很重视水力发电，如瑞士的水力发电量就占其总电量的45%左右。我国水电建设起步较早；经过几代水电工作者的努力，水电建设由小到大、由弱到强逐步发展；特别是改革开放以来，水电建设发展更迅速、规模更宏大。1992 年开始建设的长江三峡水利枢纽工程尤其让世人瞩目，它具有防洪、发电、航运等多项功能，是目前全球最大的水利枢纽工程，年均发电总量达 850 亿度（千瓦时）。

除了常规水电站以外，我国抽水蓄能电站的建设也取得了可喜的成绩。抽水蓄能电站适宜于水力资源较少的地区，可作电力系统调峰之用。如广州抽水蓄能电站是我国第一座也是世界上最大的抽水蓄能电站之一，西藏羊卓雍湖抽水蓄能电站是世界上海拔最高的抽水蓄能电站。

9.4.3 地热能

地热能是指地球内部通过热量形式可释放出来的能量。平时可观察到的地震、火山、温泉等自然现象就是地球内部能量释放的表现形式。目前普遍认为，地层深度达到千米位置，那里的温度（地温）即可达 40℃ 上下，因而该处的热蒸汽混合物将含有大量的热量(地热)。特别是地球上某些地方,地下热水和地热蒸汽处在地壳浅表位置,甚至露出地表,形成温泉。

地热能用途广泛,最便于开发利用的是地下热水、温泉、干湿蒸汽等。除了利用这些形式的地热能供人们洗澡、采暖外,还可用来治疗某些皮肤疾病,提取像钠、钾、锂、碘等化学元素,以及发展水产养殖等。

利用地热发电是现今地热能利用的主要方面。地热发电与火力发电的原理相似,但它不用烧煤,而是利用地下热蒸汽做能源(地热能)。地热发电是利用地下炽热的混合物由地热井井口喷出经处理后,进入汽轮机带动发电机发电的。世界上已有上十个国家建了上百座地热电站,其中美国的地热电站数量居首位。我国的地热资源也非常丰富,迄今已在西藏、河北、湖南、福建等多地都建有地热发电站,其中著名的西藏羊八井地热电站是我国最大的地热电站,它的总装机容量已达 $2.5×10^4$ 千瓦,可满足拉萨全市用电。

9.4.4 海洋能

冲浪运动可以感受到海浪的力量,钱塘观潮可以领略到潮汐的壮观。这些现象都表明海洋中蕴藏着巨大的能量,这就是**海洋能**。人类现在利用的主要是它的潮汐能和海浪能。

海水的涨落每天有两次,白天称为潮,晚上称为汐,统称潮汐。产生潮汐的原因是由于海水受地球绕日运转的惯性力和月亮、太阳的吸引力共同作用的结果①。潮汐具有的能量便是**潮汐能**。目前实际能够利用潮汐能的唯一途径是潮汐发电。在海湾或有潮汐的河口筑起水坝,形成水库。涨潮时水库蓄水,落潮时水库放水,驱动水轮机发电。潮汐发电通常有三种形式:单库单向型(一个水库,仅落潮时发电)、单库双向型(一个水库,涨潮、落潮时都能发电)、双库单向型(两个水库保持不同水位)。1912 年德国建成世界第一座潮汐电站,但发电量不大。世界上最大的潮汐发电站是法国的朗斯发电站。我国浙江建设的江厦潮汐电站装机容量达3 200千瓦,居世界第 3 位。潮汐发电也是水力发电的一种形式。与通常水电站相比,潮汐电站无枯水期问题,发电量稳定;建设时不需要移民,不仅没有淹没损失,还可围垦大片土地,有巨大综合利用效益。但由于海洋潮汐电站以海水为工作介质,因此利用时存在需防腐蚀、防海洋生物附着等问题,而这些问题是常规水电站没有的。

海波力发电同样是目前利用海浪能的唯一途径。1964 年日本建立了世界上第一盏用海波力发电的航标灯。除日本外,现在航标用波浪发电装置在英国、中国等国家也能生产。

---

① 详见第 11 章。

鉴于海水表面吸收太阳光后温度可达20℃以上，而海水深层温度却只有几度，科学家设想可以利用这一温度差产生的能量（温差能）进行发电。不过，海水温差发电技术目前仍处在研究阶段。

此外，**生物能**和**氢能**也是人类正在开发利用和有待开发利用的典型新能源和再生能源。

生物能是一种廉价的能源，其中最为人们熟知的便是沼气。沼气是沼泽中产生的可燃烧的气体，其主要成分是甲烷，一点火就会燃烧。沼气有天然沼气和人工沼气两类。人工沼气的产生并不难，只需将秸秆、树叶、杂草、粪便等密封在沼气池内，通过一系列生化反应，密封在沼气池内的有机物一部分变成沼气，剩下的渣滓则可用作肥料。沼气作为一种新的生物能源，特别适宜能源短缺的农村地区；而且发展沼气还有利于保护生态环境，改善环境卫生。

人类居住的场所，特别是人口密集的地方，每天都会产生大量的垃圾，怎样处理这些垃圾如今成了一个令人十分头痛的问题。传统的垃圾处理方式主要是填埋。但随着时间的推移，垃圾越积越多，填埋面积愈益扩展而填埋场地则愈益难寻。因此，发达国家现在大多采用垃圾分类处理以减少填埋数量和对周边环境的影响，且填埋方式也逐步被焚烧方式所代替，而焚烧产生的能量则被用来发电。日本和美国这方面做得尤为突出，两国已建有众多垃圾焚烧发电站。我国这方面工作进展较慢，尚只有某些沿海发达地区，像深圳、珠海，建立了一些中小型垃圾焚烧发电站。

氢能是目前世界上正在被积极研究开发的一种新型、可再生二次能源。氢能具有如下优点：氢的热值高，大约是汽油热值的3倍；氢易燃烧且燃烧速度快，有利于获得高功率；氢是自然界最丰富的元素，来源广，除了存在于空气中，还存在于水中，海水中的氢可以说取之不尽；氢燃烧时主要生成水，附带有少量的氮氢化物，但经处理后不会对环境造成影响，因此氢是一种清洁能源。

制氢的方法主要有电解水法、热化学法和太阳能光化学分解水法（光解法）等。目前普遍认为，光解法是廉价制氢最有希望的方法。氢的储存有气态储存和液态储存。气态储存需将氢气高压至钢瓶，一般压强高达100多个大气压；液态储存需将氢气冷却至-253℃使之变成液态氢。这两种方法无疑对在生产和生活中使用氢能都是不方便的。研究人员正在根据某些金属合金吸氢的特性，试制储氢材料来储氢。这些储氢材料预计应用前景可观，但目前仍存在一些问题，有待于进一步研究开发。

9.5 能源与可持续发展

9.5.1 能源与环境

人类生产和生活离不开能源，大量能源的利用给人类带来了方便，也给人类制造了麻烦。人类在消耗各种能源时，不可避免地会对环境造成影响。

柴薪能源的大量使用会导致森林树木遭过度砍伐，植被遭受破坏，加剧水土流失、土地沙漠化。而广泛使用的化石能源会形成酸雨，导致温室效应，破坏大气中的臭氧层，危害生态平衡。

煤和石油的燃烧会排放大量的二氧化硫和二氧化氮等有害物质，这些酸性化合物在空气中氧化剂的作用下与水蒸气反应生成酸，随同雨雪降落便形成酸雨。据估算，每年全球排放进大气的二氧化硫约 1 亿吨，二氧化氮约 5 000 万吨。可见，酸雨主要是人类生产和生活所造成的，酸雨已成为世界十大环境问题之一。酸雨使水和土壤酸化，造成农作物、森林和水产大面积减产甚至绝收，它破坏生态环境，有损人体健康，而且对建筑物也有腐蚀作用。欧洲、北美和中国是世界三大酸雨区，而重庆、贵阳等工业城市又是我国酸雨多发地带。为了降低酸雨造成的危害，对以燃煤为主要能源的国家，要注意控制燃煤用量，节约用煤，提高清洁煤技术，尽量减少 SO_2 的排放量。

地球气候变化中的"温室效应"是指由于大气中二氧化碳气体浓度增加，大气层与地面间红外线辐射的正常关系被打破，地球上的一切就像处在一个"温室"中，最终导致全球气温变暖。促使地球气温升高的气体称为"温室气体"。二氧化碳是数量最多的温室气体，约占大气总容量的 0.03%。据联合国气候变化专门委员会在 2007 年的气候变化评估报告中预测，到 2100 年全球平均气温将上升 1.8~4℃，海平面将增高 18~59 厘米。气候变暖将带来一系列严重后果：地球上病虫害增加、冰川融化、海平面上升、气候反常，给人类生存带来威胁。中国地理学家的研究结果表明：海平面上升 0.5m，就足以破坏太湖平原、天津平原，威胁沿海城市的安全。同时引起降雨量的分布改变，使中国缺水的北方更加干旱，而多雨的南方水涝灾害更加严重。为此，人类必须自觉减少和限制温室气体的排放。

臭氧(O_3)层是大气中一个使人类免遭紫外线伤害的保护层。臭氧能吸收太阳光中有害射线，尤其是在太阳光到达地球表面之前，将有害的紫外线屏蔽掉。但是，化石燃料在燃烧过程中放出的氮氧化合物会破坏大气中的臭氧层，而在其中产生臭氧空洞，于是紫外线将通过这些空洞直接照射到地面上来。人若受到紫外线的长期照射，其免疫系统将会受到伤害，从而诱发一些疾病，如皮肤病等。同样，农作物若受到紫外线的长期照射，农作物生长将会受到伤害，从而使农作物减产。1985 年，英国南极科考队在南极上空发现了区域很大的臭氧层空洞。近年，科学家在北极也发现了臭氧空洞。这引起了人们的极度关注。为了维护人类健康，防止对臭氧层的破坏，关键之处是必须减少氮氧化合物和氯氟烃的排放。

人类社会发展到今天，已经进入了一个主要依赖矿物能源生存的时代。如果不合理使用这些能源，其结果不仅使人类面临能源短缺的危机，而且面临环境污染的威胁。煤和石油等燃料燃烧排放在大气中的污染物占大气中所有污染物的 70% 以上。工业生产产生的废气、大量机动车排出的尾气等每天都在污染着大气。今天常说的雾霾天气就与此密切相关。长期以来人类只知道向自然界索取，而不懂得珍惜和爱护大自然。人们对环境的破坏让人们自己尝到了一系列的恶果：空气污染、水资源污染、土壤污染、气候变暖、天气反常、生态失衡……国际上专门研究全球变暖现象的众多科学家的研究成果指出，如果人们不做任何决定性的改变，听任环境照过去几十年的速度恶化下去，十年之后，再怎么努力局面也将不可收拾，无法挽回。这种尖刻的话语就算是危言耸听，却也给人们敲响了警钟，起到了震耳欲聋的作用：再也不能一味向自然界索取，人人都有责任和义务珍惜自然，保护环境。全人类只有唯一一个共同的家园，那就是地球。人类社会的每一个成员都应该为保护人类这个共同的家园作出自己应有的贡献。

9.5.2　未来理想的能源

目前，在人类能源利用中，化石能源占绝大部分。但化石能源是不可再生能源，其储量有限，且只会越用越少。而随着人口的急剧增加和经济的不断发展，能源消耗却持续增长。"能源危机"成了当前人类社会面临的一个重大问题。为了解决能源危机，寻找能够大规模替代石油、煤炭和天然气等常规能源的新能源的任务迫在眉睫。

显然，未来理想能源应该满足：①必须储量丰富，可以保证长期使用；②价格不太贵，可以保证多数人用得起；③相关设备、应用技术必须成熟，可以保证大规模使用；④必须足够安全、清洁，保证不会严重影响环境。

太阳能取之不尽，用之不竭，对环境无污染，是我们应该积极开发的一种新能源。但太阳能分散，不集中，随时间、地点变化大，不稳定，目前的应用技术也不成熟，造价较高，只能在一些特殊环境下使用。

核聚变能也是一种清洁、安全的新能源。海水中蕴藏着丰富的、可以实现聚变的氘核。科学家预言，通过可控核聚变来利用核能，有望彻底解决人类能源问题。预言终归是预言，目前的现实是：热核反应还不能够通过人工方式加以控制，因而不能用于和平的目的。

除了核聚变外，核裂变也能释放巨大能量，而且核裂变过程能人工加以控制，因此受控核裂变释放的核裂变能可以和平利用，通常所说的核能指的就是这种能量。利用核能发电(核电)消耗燃料少，成本低，污染少。只要采取严格措施，确保设备运行绝对安全可靠，核电仍然是安全、清洁的能源，发展核电是科学、理性的选择。

9.5.3　能源科学

随着人口的持续增长和经济的不断发展，能源消耗也日益增大，如何合理利用能源、保护环境成了全球范围内的重要课题。对这一课题的研究促成了一门新兴学科的诞生，这便是能源科学。它的内容主要有：能源的开发、利用和保护；能源与生态环境的关系；能源与人口增长、经济发展的关系；化石能源的储量及开采等。

能源的利用推动了人类社会文明的发展，能源问题也是关乎现代社会发展的三大基本要素之一的问题。然而，煤炭、石油和天然气这些当前被人类广泛应用的能源都属于不可再生能源，只会越用越少而不可能在短期内从自然界得到补充。这些能源的大量开发和使用会造成环境污染，破坏生态平衡。因此，合理利用能源，切实保护环境，实现可持续发展，是21世纪世界各国的共同任务。为此，我国政府提出要建设"资源节约型、环境友好型"社会，而"节能减排"则是我们每个社会成员应尽的责任和义务。作为个人，要从生活中的点滴做起，节约能源消耗，减少废气排放。比如，节约用水、用电，外出多乘坐公共交通工具，尽量不使用一次性木筷，不燃放烟花爆竹，不践踏草坪……作为社会，提高燃料利用率和机械效率，加强对废气排放的管理，推广使用气、电、太阳能等清洁能源，在有条件的地方，用较清洁、安全、经济的风电、水电、核电代替火电……总之，全社会都应该增强环境意识、安全意识和节约意识，切实保护好人类共同的家园。

思考题9

1. 人类利用能源的历史经历了哪三次重要革命？

2. 能源分类方式常见的有几种？

3. 以下关于能源的分类是否正确：

①电动车所消耗的能源属于一次能源；

②将水分解以制取氢所获得的能源属于二次能源；

③煤、石油、天然气是常规能源，也是清洁能源；

④核能是一种不可再生的新能源。

4. 通常所说的"能源危机"指的是什么？

5. 核反应有哪两种方式？它们是否可以利用人工方法控制其核反应的速度？

6. 判断下列说法是否正确：

①因为核能只能通过重核裂变获取，所以核电站都是利用核裂变释放的能量来发电的；

②利用核能发电的优点是：能量密集、燃料运输量小、地区适应性强；

③核潜艇中的"核"意指可以发射核武器；

④核反应堆和原子弹的根本区别就是对其中产生裂变的链式反应是否加以了人工控制。

7. 与火力发电相比，核能发电具有哪些优势？

8. 扼要叙述核电站的核心设备和必要的辅助装置及其作用。

9. 光伏产业是一种开发和利用太阳能的产业。利用太阳能有哪些优点？目前在利用太阳能方面还存在哪些困难？

10. 就你所知，在能源的利用中，还存在其他哪些清洁能源？

11. 近年来，我国风力发电场发展迅速，相继建立了一批大型风力发电场。你见过这样的风力发电场吗？说说你由此引发的感受。

12. 我国水电建设起步早，发展快。试叙述利用水力发电的优点。

13. 当前人类社会主要使用的石油、煤炭和天然气等常规能源给人类居住环境造成了哪些影响？

14. 保护环境是每个社会成员应尽的责任和义务，提倡低碳生活、绿色消费，你认为日常生活中有哪些做法符合这一要求？

第 10 章 微 观 世 界

10.1 微观世界探索的进展

远在古代，人们就开始思考，自然界的物质究竟是由什么构成的？大约在公元前五六百年，希腊人泰勒斯认为，世界上的一切均由水构成。后来哲学家恩培多克勒认为，世界上的一切由水、火、土和空气四种"元素"构成。这与中国古代思想家的"五行说"相似(五行指水、火、木、金、土五种物质)。哲学家德谟克利特不同意他们的看法，他认为，存在一种微小物质，它们是构成世界上其他物质的"基石"，这种"基石"本身不可能再分。德谟克利特把这种最小的物质叫做"原子"(希腊语不可分割的意思)。由于当时的人们无法相信，自己肉眼看不见的东西也能存在，因此德谟克利特的"原子"构成说并未获得认同。当然，谟克利特的"原子"更多的含义只是哲学上的。

到了 18 世纪，人们开始从实验上研究物质的构成。法国人拉夫希尔和英国人凯文迪许最先发现，与古希腊人的看法相反，空气和水并非是构成物质的"基石"。他们用实验证明，空气中有氧气和氮气等气体，而水则是由氧气和氢气生成的。18—19 世纪化学家们在分解和合成反应中寻找着新元素，同时也在探索自然界的基础物质。但化学家们对元素的真实含义仍然不甚了解。1803 年，英国化学家约翰·道尔顿(J. Dalton)在其著作中指出，元素由微小颗粒组成，为了纪念德谟克利特，道尔顿仍将这些微小颗粒称为原子。不过，与德谟克利特所说的原子不同，道尔顿所说的原子不再局限于哲学层面上，而是真实地代表组成物质的基本单元。道尔顿的理论被称为原子理论。根据道尔顿的原子论，气体、液体和固体都是由该物质的不可分割的原子组成的，同种元素的原子，它们的大小、质量及各种性质都相同。在这以后，不少化学家和物理学家用大量实验事实证明了道尔顿原子论的正确性。1869 年，俄国科学家门捷列夫(Д. И. Менделеев)在此基础上发现，如果将元素按其原子量的次序排列起来，它们的性质会显示周期性的变化。这一规律叫做**元素周期律**，这样排列成的表格叫做门捷列夫**元素周期表**。

在道尔顿提出原子论后的一段时期，人们普遍把原子看做没有内部结构和不可穿透的刚性小球。那么，原子是否真的不可再分割了呢？大约过了 100 年，到 19

世纪末，对这个问题的认识有了突破性的进展。1895 年德国物理学家伦琴（W. K. Röntgen）发现 X 射线，1896 年法国物理学家贝克勒尔（H. A. Becquerel）发现天然放射性，1897 年英国物理学家汤姆逊（J. J. Thomson）发现电子。这三大发现揭示了原子存在内部结构，打开了原子的大门。

　　伦琴是德国实验物理学家，1845 年出生在德国一个商人家庭，3 岁时全家迁居荷兰，1869 年获苏黎世工业大学理学博士学位，1870 年返回德国，1894 年任维尔茨堡大学校长。1895 年 11 月 8 日晚上，伦琴正在做阴极射线实验，研究一种名为克鲁克斯管的放电过程。实验中，他意外发现远在 1 米以外的荧光屏正发出微弱的荧光，这时放电管已被黑纸严实包裹起来，且阴极射线在空气中只能穿行几厘米。伦琴继而将荧光屏反转过来，且移到更远的地方，但荧光仍然存在，只是暗淡了一些。伦琴认为，这种荧光不会是阴极射线，而是另一种新的射线照射的结果。伦琴接着用了几个星期来研究这种射线的性质。伦琴发现，这种射线直线行驶，在磁场中不偏转，有很强的穿透力。伦琴还为他的妻子左手拍了一张 X 光照片，这也是世界上第一张 X 光照片。伦琴给这一新射线取名为 X 射线（X 光）。为了纪念 X 光的发现者，人们又把它叫做**伦琴射线**。伦琴射线的发现为认识物质的微观结构提供了重要的方法。为此，伦琴于 1901 年获得历史上第一个诺贝尔物理学奖。

　　贝克勒尔 1852 年出生在法国一个物理学世家，他祖父、父亲、他本人和他儿子都是物理学家。贝克勒尔在得知伦琴发现 X 射线后，为了检验荧光物质在光照下，在发荧光的同时是否也能发 X 光，贝克勒尔就开始利用不同的荧光物质进行多次实验。他发现，荧光物质铀盐在阳光下，也能使包在黑纸内的照相底片感光。起先，贝克勒尔以为，使照相底片感光的就是 X 射线。不过接下来重新做实验的连续几天都是大阴天，贝克勒尔只好将铀盐与包在黑纸内的照相底片一起放进抽屉。等过了好些日子，贝克勒尔把底片拿去冲洗后却发现，照相底片居然已经感光。贝克勒尔认识到，使底片感光的并非 X 射线，而是一种新射线。随后，贝克勒尔做了一系列的实验，结果发现，只要有铀元素，就会有这种辐射，而且这种辐射与 X 射线有根本区别。人们把元素铀自发发出的这种辐射叫做贝克勒尔射线。贝克勒尔发现天然放射性，意味着原子核物理学的开端。

　　汤姆逊 1856 年出生于英国曼彻斯特，14 岁进入曼彻斯特大学，20 岁考进剑桥大学三一学院，1884 年任剑桥卡文迪许实验室教授，1905 年任英国皇家学院自然哲学教授，1908 年被封为勋爵，1915—1920 年任英国皇家学会会长。阴极射线问世后，对其本性的认识存在两种截然不同的观点：以太波动说和带电微粒说。有关阴极射线本性的长期争论和不断研究，促成汤姆逊在 19 世纪末发现了电子。1836 年法拉第发现了气体的放电现象。所谓气体放电，是指当电通过玻璃管内的稀薄气体时，会发出光来。1858 年，德国物理学家普吕克研究气体放电现象时发现，当放电管内气体稀薄到一定程度时，气体放电会逐渐消失，而这时在阴极对面的玻璃管壁上有荧光出现，说明荧光是阴极发出的电流所致。1876年德国物理学家哥尔德斯坦对此现象进行了反复研究，证实阴极表面会发出一种射线，这种射线与制作阴极的材料无关。他把这种射线叫做**阴极射线**，并且认为阴极射线是"以太"的波动。1879年英国物理学家克鲁克斯利用他自己制作的高真空管进行了一系列实验，根据射线在磁场中偏转的事实，认为阴极射线应是带负电的微粒流。然而电磁波实验发现者赫兹和他的学生勒纳德观察阴极射线在电场中运动时，却没有看到射线的任何偏转①。因此他们认为阴极射线不带电，应该是"以太"的波动。自阴极射线发现以来，有关阴极射线本性的波动说和微粒说的争论一直持续了50多年。当时的英国科学界普遍主张带电微粒说。在这一思想指导下，汤姆逊从1890年开始就带领他的学生对阴极射线进行了系统研究。1897年《哲学杂志》发表了他的题为《论阴极射线》的长篇论文。文章指出，阴极射线是由带负电的同种微粒组成的，阴极射线粒子的荷质比（电荷与质量的比值）e/m与阴极材料和管内气体种类无关。随后，汤姆逊和他的学生用多种方法测出了阴极射线粒子的电荷量②。沿用斯通尼在其《自然界的物理单位》一文中建议用"电子"来表示电荷的最小单位的命名法，汤姆逊把阴极射线的带电粒子叫做**电子**。电子是人类发现的第一个基本粒子，是物质更基本的组成部分。它的发现打破了原子不可再分的传统看法，具有重要的物理意义。汤姆逊也因此荣获1906年度诺贝尔物理学奖。

19世纪末的三大发现拉开了研究微观世界的序幕，对物理学的发展具有重大意义。汤姆逊发现电子后，人们立刻想到，电中性原子应该由带负电的电子和带正电的部分组成。为此，汤姆逊提出了一个"葡萄干布丁"模型。他设想，原子的正电荷像一块蛋糕，而电子则像一颗颗葡萄干镶嵌在里面。汤姆逊模型虽然有成功的一面，但也有相当大的缺陷，特别是与α粒子散射实验不符。为了解释α粒子散射实验结果，汤姆逊的学生卢瑟福提出了原子的有核模型。卢瑟福出生在新西兰的纳尔森，在新西兰大学毕业后，1894年入剑桥三一学院成为汤姆逊的研究生。这期间他发现了**α射线**。1907年卢瑟福任曼彻斯特大学教授，他和他的助手盖革及学生马斯登做了一系列α粒子轰击金属薄片（如金箔）的实验。结果表明，α粒子散射实验事实与汤姆逊的原子模型之间存在着矛盾。在深入分析实验事实的基础上，卢瑟福于1911年提出了原子的有核模型。这个模型就像是一个微型的行星系。原子的中心有一个体积很小的带正电的原子核，它集中了原子绝大部分质量，而电子则在原子核周围绕核运动。卢瑟福的原子有核模型成功解释了α粒子散射实验结果。卢瑟福模型使人们对原子结构有了正确的认识，为原子物理学的发展奠定了

---

① 后来发现阴极射线在电场中不偏转是因为真空管真空度不够高，静电场没有建立起来。

② 后来不少科学家用各种方法比较精确地测量出电子的电荷值，其中最有说服力的测定当属美国物理学家密立根的油滴实验。

基础，同时也开启了对原子核研究的进程。

根据麦克斯韦电磁场理论，绕核运动的电子具有加速度，会不断向外辐射而损失能量，电子运动速度越来越慢，绕核运动半径越来越小，最终落到原子核上，因此原子是不稳定的，这当然与事实相违。为了破解这一难题，玻尔（N. Bohr）提出了定态假设和频率假设①。这构成了玻尔理论的核心。玻尔理论成功解释了原子的稳定性，解开了原子光谱之谜。玻尔理论由于它的简单性，至今在原子物理研究中仍然可以找到它的应用。而玻尔本人创造性的工作对现代量子力学的建立无可否认地产生了深远的影响。不过，玻尔理论也存在相当大的局限性。

原子（分子）或比原子更小的粒子统称微观粒子。20 世纪以来，物理学在探索微观世界的基本规律方面不断地取得进展。20 世纪初，物理学界主要集中在研究原子相互作用与原子内部结构的原子物理学。随后开始了原子核物理学研究，原子核物理学早期研究的是元素的放射性。1896 年，贝克勒尔发现铀元素的天然放射性，随后德国人施密特发现元素钍也具有放射性。他们的工作引起了居里夫人和她丈夫的极大兴趣，他们开始对当时已知的元素进行排查来检测其放射性。玛丽·斯克罗多夫斯卡 1867 年出生于波兰华沙，父亲是物理学和数学教授，她从小就学会了多种外语。1891 年玛丽·斯克罗多夫斯卡前往巴黎，随后进入索尔本（Sorbonne）大学学习，在那里遇上了皮埃尔·居里（Pèrre Curie），两人相爱，并于 1985 年结婚，从此成为居里夫人（Marie Curie）。居里夫妇受贝克勒尔发现铀元素天然放射性的激励，决心进一步从事这方面的研究。经过不懈的努力，他们终于在 1898 年发现另一种新元素也具有天然放射性，他们以居里夫人的祖国之名来命名，称之为钋。接着他们发现元素镭同样具有天然放射性。由于他们的杰出贡献，居里夫妇和贝克勒尔于 1903 年共同获得该年度诺贝尔物理学奖，1911 年居里夫人还获得当年度诺贝尔化学奖。因此，她成为第一个荣获诺贝尔奖的女性和第一个在不同学科两次获此荣誉的科学家。

放射性现象的发现引起了科学界的普遍关注。1896 年卢瑟福参加了 J. J. 汤姆孙的 X 射线研究项目。在工作中，通过数据分析，卢瑟福发现，铀辐射含有两种穿透能力不同的成分：一种非常容易被吸收，他称为 α 射线；另一种具有更强的穿透本领，他称为 β 射线。1900 年法国物理学家维拉德（Paul Villard）发现，在铀辐射中还有一种成分，比 β 射线穿透本领强得多，在磁场中却不受偏转，这种辐射后来叫做 γ 射线。1902 年 11 月，卢瑟福总结出，镭放出的辐射可分为 3 种：α 射线，很容易被薄层物质吸收；β 射线，由高速的带负电的粒子组成，从所有方面看都很像真空管中的阴极射线；γ 射线，在磁场中不受偏折，具有极强的贯穿力。卢瑟福利用电磁偏转实验和光谱分析方法确定了 α 射线的成分，证实 α 粒子是氦

---

① 详见 10.3。

原子核。至此，物理学家终于弄清了放射性元素发出的各种辐射的性质。

天然放射性是人类最先接触到的核现象，它揭开了微观世界的奥秘。人们不禁进一步会问：原子核是一个整体呢，还是也可以分割的呢？

1919年，卢瑟福利用α粒子轰击氮核释放出氢核从而转化为氧-17的反应，成功实现了轻元素原子的转变。卢瑟福还进一步测出了释放出的粒子的质量和电荷，从而确定了该粒子就是氢原子核。氢原子核具有电荷最小单位的正电量，此后人们把它叫做质子。中子的发现较晚，这是因为，一是中子不带电，一般仪器很难探测到；二是中子深居原子核内，在物质普通的属性(化学的、电磁的、光学的性质)中没有表现；三是自由中子不稳定，且通常在蜕变前就已为其他的原子核所俘获。在这种中性粒子未被发现前，卢瑟福在1920年便预言了它的存在。1930年，德国物理学家博特(W. W. G. F. Bothe)用α粒子轰击铍时，得到一种不带电而穿透本领很强的中性辐射。他以为这是高能γ射线。1932年，法国物理学家约里奥·居里夫妇(Frederic Joliot-Curie和Irene Joliot-Curie)重复了博特的实验，对这种射线进行了研究。他们同样测出这种射线能量巨大且不带电。不过，约里奥·居里夫妇仍然把它认为只是一种中性强γ射线。卢瑟福的学生查德威克接受了老师关于存在中性粒子的想法，他目标明确坚持不懈地进行这方面的探索。当他获悉约里奥·居里夫妇的实验结果后，立即进行实验，先后用这种射线辐照轻重不同的几种元素，结果发现射线的性质与通常的γ射线不同。利用这种射线轰击氢原子核时会被反弹回来，通过对反冲核的动量测定和依据动量守恒定律进行的估算，查德威克确定这种射线是由质量几乎与质子相同的中性粒子形成的。查德威克把它叫做中子，并于1932年将这一结果以题为《中子可能存在》的论文在《自然》杂志上发表。查德威克也因此而获得1935年度诺贝尔物理学奖。

中子是人们发现的一种重要的基本粒子，是原子核的组成部分。中子的发现澄清了原子核的基本结构，为核模型理论奠定了基础，加速了原子核物理的发展。因此，有人把1932年发现中子作为原子核物理的开端。

天然放射性被发现后，科学家开始了对人为放射性的研究。1934年，约里奥·居里夫妇用α粒子轰击铝，得到了自然界并不存在的放射性同位素磷-30，磷-30经过β衰变放出正电子，变成稳定元素硅。后来，他们又用α粒子轰击硼和镁，得到放射性同位素氮和硅。这些实验表明放射性同位素也可以人为产生，其后人工放射性的研究与应用得到了迅速发展。1935年，约里奥·居里夫妇因人工放射性的发现而获得本年度诺贝尔化学奖。他们的工作为核物理的研究开辟了新的道路。

1934年，费米(Enrico Fermi)得知约里奥·居里夫妇发现人工放射性的消息后立刻想到，若用中子代替α粒子作为入射粒子，无疑要更为有效。为了检测中子作入射粒子时的有效性以及在中子轰击下产生放射性的可能性，费米在一批实验物理学家的协助下，做了用镭射气和铍作为中子源并按周期表的顺序依次轰击各种元素的系列实验。在实验中，费米小组偶然发现了慢中子①。慢中子的发现非常重要，因为慢中子在反应中经过的时间变长了，增加了中子被俘获的机会，具有更强的激发核反应的能力。慢中子的使用大大提高了制造人工放射性物质的效率，使之能够替代价格昂贵的天然放射性物质，从而为核能的开发提供了必要的手段。

1938 年，伊伦·居里和南斯拉夫的沙维奇(P. Savitch)用中子轰击铀，产生了半衰期为 3.5 小时的放射性元素，其性质接近于镧(后来证实是镧-141)。德国化学家哈恩(Otto Hahn)及其助手斯特拉斯曼(Fritz Strassmann)得知这一消息后，随后将伊伦的实验反复进行了多次。经过精确的分析，哈恩确认，实验结果表明从铀中产生了一种新元素——钡。1939 年，德国《自然科学》杂志发表了哈恩和斯特拉斯曼的这一实验结果。奥地利女物理学家迈特纳(Lise Meitner)和她的侄子弗里施(Otto Robert Frisch)认为，铀核被中子击中，也许会以巨大的能量一分为二，钡只是其中的一个产物。他们用"裂变"这个词来形容重核的裂变。哈恩也因发现重核裂变而获得 1944 年诺贝尔物理学奖。随后，约里奥·居里夫妇、费米和匈牙利物理学家西拉德等人都意识到，裂变时若能产生更多的中子，则会发生一系列的裂变，即链式反应。实验上很快就证实了链式反应的存在，同时会释放出巨大的能量。这样，中子就成为人类打开核能大门的钥匙。

从 20 世纪 50 年代开始，科学家把注意力放在了对粒子物理学的研究。粒子物理学是研究场和粒子的性质、运动、相互作用、相互转化规律的学科，是研究粒子内部结构规律的学科。早期的粒子是在原子物理学和原子核物理学发展过程中被发现的，这一过程可以追溯到 1897 年，一直延续到 20 世纪 40 年代。这一时期发现的粒子有电子、光子、质子、中子、π 介子等，那时统称为"基本粒子"，它们是比原子核更深一层次上的物质存在形式。20 世纪 40 年代末及 50 年代初，人们相继发现了一大批奇异粒子；20 世纪 50 年代末 60 年代初，又发现了大量共振态粒子，使粒子总数增至 300 多种。现在已知的有近 400 种，而且，其中一大类被称为"强子"的粒子都具有内部结构。20 世纪 60 年代中期，高能物理实验证实了这点，理论上建立了强子结构理论。这些组成强子的更为基本的粒子被称为"夸克"，而早年使用的"基本粒子"称谓则被"粒子"所取代。另一方面，人们发现粒子之间存在四种基本相互作用，即**强作用**、**电磁作用**、**弱作用**和**引力作用**。这些作用具有非常不同的基本性质和基本规律。并从中建立了电磁相互作用和弱相互作用统一理论。至此，粒子物理学进入了成熟发展阶段。

---

① 慢中子即由于反应过程中不断碰撞而失去了一部分能量，速度比中子流中原始中子更为缓慢的中子。

10.2 原子的基本性质

10.2.1 原子与分子

众所周知，物质是由原子或分子构成的，元素是同类原子的总称。一些常见的物质，像所有的纯金属(如金、银、铜、铁等)，是由同一种元素构成的，其最小单位为原子。而另外一些物质的最小单位并不是某一元素的单个原子，而是由两个同一元素的原子结合而成的双原子分子，如氢气的最小单位就是由两个氢原子组成的氢分子。所有化合物的最小单位是分子。

由两个原子组成的分子叫做**双原子分子**，像氯化钠(NaCl)；由三个原子组成的分子叫做**三原子分子**，像水分子(H_2O)；由多个原子组成的分子叫做**多原子分子**，像苯分子(C_6H_6)；而高分子化合物和(或)生物大分子，像蛋白质，则一个分子包含的原子数可以成千成万。

一个原子一般有多个电子，这些电子按照距离原子核的远近程度可分为内层电子和外层电子①(价电子)。内层电子在原子中结合较紧，不直接参与和相邻原子的相互作用。对原子间的结合起主要作用的是外层电子之间的相互作用，它们基本上确定了分子或晶体的物理性质。直观描写原子结合成分子的方法叫**价键理论**。在价键理论中，组成物质粒子间的相互作用力(结合力)称**化学键**，原子形成分子时通常有两种方式，即两种化学键——**离子键**和**共价键**。

一般来说，外层电子数少的原子容易失去电子变成带正电的离子，而外层电子数多的原子容易得到电子变成带负电的离子。如果一个容易失去电子的原子可以将一个(或多个)电子完全地转移给另一个容易得到电子的原子时，这两个由于得(失)电子而形成的负(正)离子，便会因正负电荷间的静电吸引而连接在一起，这样形成的键称为**离子键**。就例如，NaCl 分子是以离子键形式相结合的，Na 原子最外层失去一个电子变成 Na^+，而 Cl 原子则得到这个电子变成 Cl^-，这样电子转移的结果使能量降低，可形成 NaCl 分子。实际上，所有碱金属卤化物分子都从离子键结合，如 LiF，KCl 等。

两个氢原子各有一个电子，形成分子时，这一对电子为两个原子共有，从而将它们联系起来，结合成一个氢分子 H_2。这种因共有电子而产生的结合力称为**共价键**。另外一些物质的分子，像 N_2，O_2，也如同 H_2 一样以共价键的形式结合成分子。同种元素的原子间形成共价键时，各原子不显电性，这种键叫**非极性键**。不同元素的原子间形成共价键时，共有电子会偏向吸引电子能力强(电负性大)的原子

---

① 最外层电子又称价电子，原子间的结合主要由其价电子间相互作用确定。

一方，这种键叫**极性键**。共价键具有饱和性和方向性。饱和性指形成共价键共有电子对可能有的最大数目，方向性指各个共价键之间有确定的相对取向。

10.2.2 原子的质量和大小

物体是由元素构成的，而原子则是元素的最小单元。比如氧气就是由氧元素构成的，氧原子就是氧元素的最小单元。不同元素原子的结构和性质有差异，由它们构成的物体也彼此不相同。

原子的质量非常小，人们常采用原子质量单位(u)来度量。国际上规定碳在自然界含量最丰富的一种同位素^{12}C 的质量为 12u，这时称^{12}C 的原子量为 12。其他原子的质量以此为标准来测定，称为该元素的原子量[①]。类似地可以定义分子量，它等于构成分子的所有原子原子量之和。

知道了原子量，便可以确定原子在国际单位制的质量数值。取质量以克为单位，数值等于原子量(A)的物质，称为 1 摩尔物质。根据阿伏伽德罗定律，不论哪种元素，1 摩尔物质所含原子的个数均等于阿伏伽德罗常数

$$N_0 = 6.022\ 136\ 7\mathrm{mol}^{-1}$$

因此，一个原子的质量

$$m_A = \frac{A}{N_0}\mathrm{g} \qquad (10.2.1)$$

而 1 个原子质量单位

$$1\mathrm{u} = \frac{1}{N_0}\mathrm{g} = 1.660\ 54 \times 10^{-24}\mathrm{g} = 1.660\ 54 \times 10^{-27}\mathrm{kg} \qquad (10.2.2)$$

原子的直径大约是 1 埃(Å)。$1\text{Å} = 10^{-10}\mathrm{m} = 0.1\mathrm{nm}$ 是原子物理学常用的长度单位。原子的大小可以如下估计：从晶体的密度和一个原子的质量，就能求出单位体积中的原子数。它的倒数给出每个原子所占的体积，其立方根的数值即表示原子线性大小的数量级。比如锂的原子量 $A = 6.941$，固体状态下锂的密度 $\rho = 0.534\mathrm{g \cdot cm^{-3}}$，由此得单位体积中锂原子数

$$\frac{\rho}{A/N_0} = \frac{\rho N_0}{A} = 4.633 \times 10^{22} \qquad (10.2.3)$$

每个锂原子所占的体积为

$$\frac{1}{4.633 \times 10^{22}} = 2.16 \times 10^{-23}\mathrm{cm^3} \qquad (10.2.4)$$

其立方根为 2.7Å。因此锂原子大小数量级 ~2Å。实际测量给出的锂原子有效半径是 0.706Å，直径是 1.412Å(<2.7Å)。可见锂原子在聚集成晶体时，原子间还留有

---

① 具有相同化学性质但原子量不同的元素叫做同位素。

空隙。表10.1列出了一些常见金属原子所占体积的立方根。

表 10.1　　　　　　　　　　　一些常见金属中原子所占立方体的边长

元素	铝(Al)	钛(Ti)	铁(Fe)	铜(Cu)	银(Ag)	钨(W)	铂(Pt)	铅(Pb)
原子量	26.9815	47.90	55.847	63.546	107.868	183.85	195.09	207.19
密度 ($g \cdot cm^{-3}$)	2.7	4.54	7.87	8.96	10.50	19.3	21.45	11.35
立方体边长 (Å)	2.5	2.5	2.2	2.2	2.5	2.5	2.4	3.1

表中数据表明，尽管各种元素的原子量不同，但每个原子所占体积的立方根相差不大，处在 $2.0 \sim 3.1 \text{Å}$。不过，这些值都比原子的有效直径大，说明原子在金属中并非紧密排列，而是彼此间留有空隙。

10.2.3　原子模型和 α 粒子散射实验

1. 汤姆孙的原子模型

1897 年，汤姆孙(J. J. Thomson)从阴极射线实验中发现了电子，从而证实了原子中电子的存在。电子是带负电的粒子。电子电量的绝对值(e 常用作微观带电粒子电量的单位)。

$$e = 1.602\ 177\ 33 \times 10^{-19} \text{C} \qquad (10.2.5)$$

电子电量与其质量之比(荷质比)

$$\frac{e}{m_e} = 1.758\ 819\ 62 \times 10^{11} \text{C} \cdot \text{kg}^{-1}$$

两者给出电子质量

$$m_e = 9.109\ 389\ 7 \times 10^{-31} \text{kg} \qquad (10.2.6)$$

可见电子的质量还不足氢原子质量的十分之一。原子是电中性的。这就意味着，原子中还有带正电的部分，它占了原子质量中的绝大部分。那么带正电的部分与带负电的电子在原子中是如何分布的呢？

汤姆孙认为原子中带正电部分均匀分布在原子球体的内部，而电子则嵌在球内或球上。这些电子能在它们的平衡位置上做简谐运动，实验上测得的原子光谱频率与这些振动频率相当。为了解释元素周期表，汤姆孙还假设，电子分布在一个个环上，每个环上电子的数目有一定的限制。汤姆孙的原子模型虽然与当时的实验结果比较一致，但却遭到以后的实验质疑而最终被予以否定。从 1903 年起，林纳特(Lenard)所做的多次电子在金属薄膜上的散射实验都显示了汤姆孙模型的困难。从实验中，他发现快速电子很容易穿透原子，表明"原子是十分空虚的"，而不像是一个直径～1Å 的实体球。而 1909 年，卢瑟福（E. Rutherford）的学生盖革（H. Geiger）和马斯顿（E. Marsden）所做的 α 粒子透过金属膜发生散射的实验则最终否定了汤姆孙模型，因为他们在实验中发现大约有八千分之一的几率 α 粒子可以被反射回来，但按照汤姆孙模型 α 粒子被反射回来的几率就如同"一枚 15 英寸的炮弹打在一张纸上又被反射回来"一样绝对不可理解（卢瑟福语）。

2. α 粒子散射和卢瑟福的原子核式结构

α 粒子散射是指将 α 粒子作为入射源粒子打到（或轰击）金属膜（靶核）上，而 α 粒子的运动路径会发生偏转（散射）。图 10.1 是 α 粒子在库仑场中散射的示意图①。

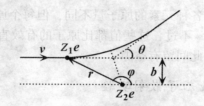

图 10.1 α 粒子在库仑场中的散射

图中，v 为入射粒子速度，Z_1e 为入射粒子电荷，对 α 粒子 $Z_1e = 2e$，Z_2e 为靶核电荷，b 是入射速度与靶核的垂直距离（b 称为瞄准距离或碰撞参数），θ 是粒子被靶核散射后的出射角。

在这一实验的基础上，卢瑟福提出了原子的有核模型：原子的全部正电荷和绝大部分质量都集中在原子中心一个极小范围（原子核）内，而电子则分布在这个中心区域以外。卢瑟福和他的学生盖革和马斯登前后进行了多次 α 粒子散射实验。对实验结果的仔细分析均表明：原子中心存在一个范围很小的核，称为**原子核**。原子的全部正电荷和绝大部分质量都集中在原子核，而带负电的电子则在原子核外绕核运动。原子大小的数量级～10^{-10} m，原子核大小的数量级～10^{-14} m。这也证明了卢瑟福的原子核式结构的合理性②。

10.2.4 原子的光谱

α 粒子散射实验只是证实了原子的有核结构，并未给出原子核外电子状态的信

---

① α 粒子实际上就是氦核，它由两个质子和两个中子组成。α 粒子组成的射线束称为 α 射线。

② 若把原子比作一足球场，那么原子核就是球场中心放置的一粒花生，而电子则是散在球场上的几粒、几十粒尘埃。

息。光谱分析为原子中电子运动状态提供了不少资料。**光谱**是光的频率成分和强度分布的记录。光谱由光谱仪测量，它一般包括三部分：光源、分光器(棱镜或光栅)和记录仪(摄像)。从形状上来看，光谱通常可分为三类：线状光谱、带状光谱和连续光谱。线状光谱是指观察到或摄像得到的光谱线是分明、清楚的细线。这类光谱一般由原子产生。带状光谱是指谱线是分段密集的，整个光谱有如多片连续的带组成。这类光谱一般由分子产生。连续光谱是指谱线相互密接成连续分布，如自然光、白炽灯发出的光的光谱就是连续的。

不同的光源具有不同的光谱。原子光谱是原子内部电子运动状态发生变化而产生的。氢原子是最简单的原子，从氢气放电管作光源观察到的便是氢原子光谱。到1885 年，人们观察到的氢光谱线已达到 14 条。这年，巴耳末(J. J. Balmer)从分析这些谱线中得到一个经验公式：

$$\lambda = B \frac{n^2}{n^2 - 4}, \quad n = 3, 4, 5, \cdots \tag{10.2.7}$$

式中，$B = 3\,645.6\text{Å}$。上式称为巴耳末公式，由此公式所表达的一组谱线称为巴耳末谱线[①]。1889 年，里德伯(J. R. Rydberg)提出了一个更普遍的方程(里德伯方程)：

$$\tilde{\nu} = \frac{1}{\lambda} = R_H \left(\frac{1}{m^2} - \frac{1}{n^2} \right) = T(m) - T(n) \tag{10.2.8}$$

式中，$\tilde{\nu} = 1/\lambda$ 称为波数；$R_H = 4/B = 1.096\,775\,8 \times 10^7 \text{m}^{-1}$，为里德伯常数；$T$ 为光谱项，对氢原子 $T(m) = R_H/m^2$；$m = 1, 2, \cdots$，对每一个 m，$n = m + 1, m + 2, \cdots$ 构成一个谱线系。如氢原子光谱系有：

赖曼系：$m = 1$，$n = 2, 3, \cdots$ 在紫外区，1914 年由赖曼(T. Laman)发现；

巴耳末系：$m = 2$，$n = 3, 4, \cdots$ 在可见区，1885 年由巴耳末发现；

帕邢系：$m = 3$，$n = 4, 5, \cdots$ 在红外区，1908 年由帕邢(F. Paschen)发现；

布喇开系：$m = 4$，$n = 5, 6, \cdots$ 在红外区，1922 年由布喇开(F. Brackett)发现；

普丰特系：$m = 5$，$n = 6, 7, \cdots$ 在红外区，1924 年由普丰特(H. A. Pfund)发现；

由式(10.2.8)知，氢原子光谱的任意一条谱线都可以表达为 2 个光谱项之差。对这一经验公式的理解则是玻尔给出的。

---

① 其中最著名的红色 H_α 线($n = 3$，$\lambda = 6562\text{Å}$)是由埃格斯特朗(A. J. Ångström)在 1853 年最先观察到的。波长单位埃(Å)即以他的名字命名。

10.3 玻尔的原子理论

10.3.1 经典理论的困难

原子的核式结构被证实后,人们了解到半径 $\sim 10^{-10}$ m 的原子中有一个带正电的核,它的半径只有 10^{-15} m 数量级,但它却集中了原子的绝大部分质量。组成原子另一部分质量非常轻的带负电的电子要想不被库仑力吸引到原子核上,电子就必须绕核不停地运转。

假设电子的绕核运动就是简单的圆周运动,根据经典理论,电子圆运动的半径没有限制,而电子运动能量和运动频率都由 r 决定,且随 r 连续变化,r 越大,E 越大(绝对值越小)。根据经典电动力学,圆运动是一种加速运动,带电粒子做加速运动时会辐射电磁波,辐射出的电磁波频率等于带电粒子的运动频率。这样,带电的电子在圆运动中就会向外发射电磁波而不断丧失自身的能量,以致轨道半径越来越小,最终掉到核内导致正负电荷中和,而引起原子坍缩。另外,由于电子轨道半径是连续变小的,轨道运动的频率应连续增大,因此辐射出的电磁波频率是连续变化的,即原子光谱是连续光谱。

经典理论的这两个推论(即原子坍缩与原子光谱是连续光谱)显然是不符合客观事实的。事实上,原子是非常稳定的,而原子光谱属线状光谱。为了克服经典理论所面临的困难,玻尔于 1913 年提出了氢原子的量子理论。

10.3.2 玻尔的原子理论

玻尔理论认为,电子绕核运动的轨道,或者说它所具有的能量不能任意取值,而受条件限制。电子只有在允许的轨道上,或以允许的能量运动时才不会产生电磁辐射而处于稳定状态。这种稳定状态称为**定态**,相应的条件称为**定态条件**。电子从一个定态变到另一个定态时,会以电磁波的形式放出(或吸收)能量

$$h\nu = E_n - E_m \qquad (10.3.1)$$

式中,h 是普朗克常数,v 是辐射的电磁波(或相应光子)的频率,E_m 和 E_n ($E_n > E_m$ 表辐射电磁波,$E_n < E_m$ 表吸收电磁波)分别是电子处在定态 m 和定态 n 时的能量值。式(10.3.1)称为频率条件(或辐射条件)。

将式(10.2.8)两边同乘 hc 得

$$hc\,\tilde{v} = h\nu = hcR\left(\frac{1}{m^2} - \frac{1}{n^2}\right) = -\frac{hcR}{n^2} + \frac{hcR}{m^2} \quad \left(v = \frac{c}{\lambda} = c\,\tilde{v}\right)$$

对更一般的 $Z \neq 1$ 的类氢原子情形,上式应改写成

$$h\nu = Z^2hcR\left(\frac{1}{m^2} - \frac{1}{n^2}\right) = -\frac{Z^2Rhc}{n^2} + \frac{Z^2Rhc}{m^2} \qquad (10.3.2)$$

由式(10.3.1)和式(10.3.2)即得①

$$E_n = -\frac{Z^2Rhc}{n^2} \qquad (10.3.3)$$

由此可见,原子的能量只能取某些分隔(或分立)的数值,这种能量形式称为能级。类似的数学运算还可以推得电子的轨道也是分立的,不能连续变化。量子化的轨道半径可以表示如下:

$$r_n = a_1\frac{n^2}{Z} \qquad (10.3.4)$$

式中,

$$a_1 = \frac{4\pi\varepsilon_0 h^2}{4\pi^2 me^2} \qquad (10.3.5)$$

为氢原子第一玻尔半径,通常用 a_0 表示,习惯就称为玻尔半径。利用

$$\varepsilon_0 = 8.8542 \times 10^{-12}\text{F} \cdot \text{m}^{-1}, \quad c = 2.997925 \times 10^8\text{m} \cdot \text{s}^{-1},$$
$$h = 6.62620 \times 10^{-34}\text{J} \cdot \text{s}, \quad m = 9.10956 \times 10^{-31}\text{kg},$$
$$e = 1.60219 \times 10^{-19}\text{C}$$

可以计算出

$$a_0 = 0.529166 \times 10^{-10}\text{m}$$

此外,电子的角动量也是量子化的。

玻尔的氢原子理论包含了三条基本假设:定态条件、频率条件和角动量量子化②。定态条件给出了原子的稳定性。频率条件解开了氢光谱经验公式之谜。这两条假设加上角动量量子化假设确定了描写电子运动的轨道半径和相应能量,它们都是量子化的。

10.3.3 玻尔理论的实验验证

1. 氢原子光谱

频率条件解释了光谱的经验公式。按照玻尔理论计算出的里德伯常数值,与氢原子的里德伯常数实验值

$$R_H = 1.0967758 \times 10^7\text{m}^{-1}$$

相当一致,它说明玻尔理论成功揭示了原子内部。

---

① 负号的出现表示 n 增加时 E_n 增加。

② 实际上,角动量量子化条件是玻尔利用对应原理推导的。有些书籍把它作为第3条基本假设。

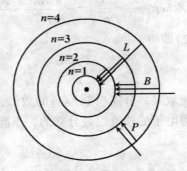

L：赖曼系，B：巴耳末系，P：帕邢系

图 10.2 玻尔理论中氢原子的电子轨道及其跃迁

2. 类氢离子的光谱

类氢离子是指原子核外只有一个电子的离子，但原子核带有大于一个单元(电子电量的绝对值)的正电荷，即 $Z > 1$。它们是具有与氢原子结构类似的离子，如：一次电离的的氦离子 He^+，二次电离的锂离子 Li^{++} 等。根据玻尔理论，类氢离子的光谱公式可以表示成

$$\tilde{v} = Z^2 R_A \left(\frac{1}{m^2} - \frac{1}{n^2} \right) \quad (m = 1, 2, \cdots; \ n = m + 1, \ m + 2, \cdots)$$

(10.3.6)

1897 年，天文学家毕克林(E. C. Pickering)在船舻座星的光谱中发现了一个与巴耳末系相像的谱线系，称为毕克林系。里德伯指出，毕克林系可用如下公式描述：

$$\tilde{v} = R \left(\frac{1}{2^2} - \frac{1}{n^2} \right)$$

(10.3.7)

这完全就是巴耳末系的公式，只不过这里 n 可取正的整数和半整数。起初有人认为毕克林系就是氢原子的光谱线，只是星球上面的氢与地球上的稍有差别。但玻尔基于他的理论认为，毕克林系并非氢的光谱线，而是氦离子 He^+ 的光谱线。随后，英国物理学家埃万斯(E. J. Evans)的实验观测证实了玻尔的观点。事实上，对 He^+，$Z = 2$，对毕克林系，$m = 4$，式(10.3.6)变成

$$\tilde{v} = 4 R_{He} \left(\frac{1}{4^2} - \frac{1}{n^2} \right) = R_{He} \left[\frac{1}{2^2} - \frac{1}{(n/2)^2} \right]$$

(10.3.8)

式中，n 取正整数，$\frac{n}{2}$ 可取正整数和半整数。这与经验公式(10.3.7)完全一致。值得注意的是，氦离子的谱线比氢原子的要多，因为与半整数相应的谱线在氢光谱中

是没有的。此外，由于 R_{He} 与 R_H 不同，因此即使对应同一整数的谱线，在 He⁺ 光谱和 H 光谱中的位置也是有差别的。

玻尔理论对类氢离子光谱线的成功解释，再次验证了这一理论的可靠性。

3. 氘的存在

自然界中具有相等电荷，但不等质量的原子核叫做同位素。实际上，同位素是具有相同质子数但不同中子数的原子核。1932 年，尤雷（H. C. Urey）在实验中发现，在氢的谱线 $H_α$ 的旁边还有一条谱线，两者相差 1.79Å，他认为，这条谱线属于氢的同位素，即氘①。尤雷利用玻尔理论计算了相应里德伯常数 R_H 和 R_D，进而得到各自谱线的波长。结果是计算值与实验值十分相符。肯定氘的存在的同时也就肯定了玻尔理论的正确。

4. 夫兰克（J. Franck）-赫兹（G. Hertz）实验

玻尔理论一方面已由原子光谱研究得到证实，另一方面也为夫兰克-赫兹实验所证实。

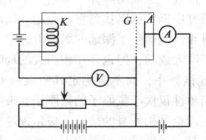

图 10.3　夫兰克-赫兹实验示意图

玻尔理论发表的第二年，即 1914 年，夫兰克和赫兹利用电子轰击原子的方法证实了原子内部的能量是量子化的。图 10.3 是夫兰克-赫兹实验的示意图。真空玻璃容器中充有少量汞蒸汽。电子由热阴极 K 出发，经 K 与栅级 G 间电场加速，透过栅级到达板极 A，形成电流。KG 间电压可调，GA 间有 -0.5 伏反向电压使其减速。实验时，逐渐增加 KG 间电压，观测电流计中电流变化。实验结果表明，当 KG 间电压由零逐渐增加时，电流计中电流不断上升、下降，出现一系列峰和谷，相邻两峰（或谷）间距离大致相等，为 4.9 伏左右。同时用分光仪测得有波长约为 2 530Å 的紫外线发射。

上述结果显示，当电子在 KG 间加速而获得的能量小于 $4.9eV$ 时，它对汞蒸汽原子的轰击不足以改变原子的内部运动状态，碰撞为弹性碰撞，电子几乎不损失能

---

① 氘是氢的质量数为 2 的同位素，即 $m_D/m_H = 2$，又叫重氢，记为 D。

量到达板极，加速电子的电压越高，电子能量越大，电流越大。当 *KG* 间电压增大到电子获得的能量达到 4.9eV 时，电子对汞蒸汽原子的轰击足以改变其内部运动状态，碰撞为非弹性碰撞，电子损失能量，原子由能量较低态(基态)跃迁到较高态(第一激发态)。电子能量减小不足以到达板极，电流下降。*KG* 间电压继续增加，电子重新加速，到达板极的电子增多，电流重新上升，如此周而复始。这说明原子内部的能量是量子化的，基态与第一激发态的能量差即为 4.9eV，当原子由能级高的定态向能级低的定态跃迁时便辐射出能量 4.9eV 的光子，相应波长即 2 530Å。

夫兰克-赫兹实验有力地证明了原子内部能量是量子化的，原子中存在量子态(即玻尔理论的定态)。

10.3.4　玻尔理论的局限性

玻尔关于原子中存在量子态的设想已被实验直接证实。玻尔理论中的能级、定态跃迁等概念得到科学界的普遍认同。玻尔理论不仅解开了氢原子光谱之谜，而且还从理论上计算出里德伯常数，也成功解释了类氢原子光谱。玻尔理论由于它的简单性，至今在原子物理研究中仍然可以找到它的应用。而玻尔本人创造性的工作对现代量子力学的建立无可否认地产生了深远的影响①。

玻尔理论虽然取得了巨大成功，但也存在相当大的局限性。玻尔理论只能计算氢原子(或类氢离子)的光谱频率，而不能确定其谱线强度和精细结构。对于稍微复杂一些的原子，甚至简单性仅次于氢原子的氦原子，玻尔理论都无能为力。玻尔理论的局限性反映出这一理论结构本身的缺陷。玻尔理论仍然把微观粒子看做经典力学中的质点，其中三个基本条件带有太多的人为色彩，缺少必要的理论说明。可以说，玻尔理论是一个在经典理论基础上附加一些量子条件的混合结构，因此，这个理论对原子实际情况的描写不可避免地显得过于简单，很不完善。对原子世界，或者更一般地说，对微观世界更完整、更准确的描写，就是以后建立的量子力学(参见第 6 章)。尽管如此，玻尔理论在原子物理和量子力学发展过程中所建立的功绩仍然是不可磨灭的。

10.4　原子的壳层结构和元素周期表

10.4.1　元素性质的周期性变化

门捷列夫(Д. И. Менделеев)早在 1869 年就发现，如果将元素按其原子量的次

---

①　普朗克的黑体辐射理论、爱因斯坦的光电效应理论以及玻尔的原子理论，俗称旧量子论，它们共同构筑起一座由经典力学向量子力学跨越的桥梁。

序排列起来，它们的性质会显示周期性的变化。将元素这样排列成的表格叫做门捷列夫元素周期表（见附录列表）。表中的每一行称为一个周期，共七个周期，各周期依次可含有 2、8、8、18、18、32、32（未满）种元素。排在同一竖列的元素具有相似的化学性质。例如，排在第一列的元素（碱金属）都是一价的，原子很容易失去一个电子而成为带一个单位电荷的正离子。排在倒数第 2 列的元素（卤族元素）原子很容易得到一个电子而成为带一个单位电荷的负离子。排在最后一列的元素都是稀有气体，化学性质不活泼，称为惰性气体。元素的光谱性质同样显示周期性变化，比如，碱金属元素具有相似的光谱结构。元素的一些物理性质，如原子体积、膨胀系数、压缩系数和熔点等，也会表现周期性变化。

10.4.2 原子的壳层结构

元素性质的周期性变化反映出原子内部结构的一定规律。由于元素的化学性质主要取决于原子中的电子，这意味着，原子中电子所处的状态（电子态）呈现某种周期性。

玻尔理论提出后，人们发现，实际电子态的数目是玻尔理论预期值的两倍。这说明，除了通常空间的三个自由度[①]外，电子还有第四个自由度。荷兰物理学家乌伦贝克和古兹密特把电子这个新的自由度叫做电子的自旋，它表示电子的固有角动量。电子的自旋（角动量）与经典力学中刚体绕轴转动的角动量有本质的不同，电子的自旋（角动量）与其时空运动无关，它是电子的固有性质，即是内禀的。其他微观粒子也有自旋（角动量），只是大小不同。因此，电子的运动状态可以用主量子数 n、角量子数 ℓ、磁量子数 m 和自旋量子数 σ 描写。

根据量子力学，电子的能量只与 n、ℓ 有关，而与 m、σ 无关。因此电子的能级是简并[②]的。电子按其能量大小依次占据电子态，即填充量子态。具有相同量子数 n 的电子构成一个壳层；具有相同量子数 n 和 ℓ 的电子构成一个次壳层（或支壳层）。对给定的 ℓ，$m=0$，±1，$\cdots$，$\pm l$，$\sigma=\pm2$，因此，一个次壳层所容纳的电子数最多是

$$N_l = 2(2l+1) \tag{10.4.1}$$

对给定 n，$\ell=0$，l，$\cdots$，$n-1$，$m=0$，±1，$\cdots$，$\pm l$，$\sigma=\pm2$[③]，因此，一个壳层所容纳的电子数最多是

[①] 在量子力学中，粒子的空间三个自由度用主量子数 n、角量子数 ℓ、磁量子数 m 来表示。

[②] 在量子力学中，能量可以不连续，这时称它为能级。若一个能级对应多个量子态，则称这个能级是简并的。

[③] 在量子力学中，$\sigma=2s+1$，$s=1/2$。$\sigma=2$ 表示自旋是二度简并的。

$$N_n = \sum_{l=0}^{n-1} 2(2l + 1) = 2[1 + 3 + 5 + \cdots + (n - 1)] = 2n^2 \qquad (10.4.2)$$

原子中的电子按照 $n\ell$ 的顺序依次填充到原子的能级上，称为原子的电子壳层结构①。电子的各个壳层习惯上用相应的字母标注：

$$\begin{array}{cccccccc} n & 1 & 2 & 3 & 4 & 5 & 6 & 7 \\ & K & L & M & N & O & P & Q \end{array} \qquad (10.4.3)$$

各周期的元素数目与各壳层可以容纳的最多电子数有关，但又不尽然相同，下面予以讨论。

对第一壳层（K 壳层），$n=1$，$\ell=0$，$m=0$，$s=\pm\dfrac{1}{2}$，它只能容纳两个电子，逐一填充，只能有两种原子。填充一个电子时，这就是氢原子。填充两个电子时，这就是氦原子。氢和氦是第一周期中的两种元素。至此，第一壳层已经填满，这样的壳层称为满壳层②。

对第二壳层（L 壳层），$n=2$，$\ell=0$，1，它所容纳的电子数最多是 8，逐一填充，可以产生 8 种元素的原子。这就是第二周期中的 8 种元素：锂、铍、硼、碳、氮、氧、氟、氖。这时，第二壳层全部填满，它们形成第二周期。

对第三壳层（M 壳层），$n=3$，$\ell=0$，1，2，它所容纳的电子数最多可达 18 个。不过，第三周期只有 8 种元素，从钠起到氩止，可见还有 10 个空缺，这就是第三次壳层（$3d$ 电子）。与前相似，钠原子有 11 个电子，其中 10 个电子填入了第一、二壳层，第 11 个电子则填充到第三壳层的第一次壳层。以后 7 种元素的原子，除去 10 个电子填入第一、二壳层外，其余电子则依次填充到第三壳层的第一、二次壳层。到元素氩，第三壳层的第一、二次壳层被完全填满。

排在氩后的钾元素原子有 19 个电子，其中 18 个电子的填充与氩相同，余下的一个电子似乎应该填入第三壳层第三（$3d$ 电子③）次壳层；但光谱和其他实验观测都表明，这个电子并没有填入第三壳层的第三次壳层，而是填入第四壳层的第一（$4s$ 电子）次壳层。这是因为 $4s$ 电子比 $3d$ 电子能量低。钙原子有 20 个电子，其中 18 个电子的填充与氩相同，余下的 2 个电子填入第四壳层第一次壳层。从钪开始，$3d$ 态的能量又变较低，因此钪到镍是陆续填补 $3d$ 电子次壳层的过程。下一个元素铜，$3d$ 电子次壳层被填满后，还留下一个电子填充到 $4s$ 电子次壳层，成为 1 价元

---

① 粗略估计，n、ℓ 越小，能级越低。

② 所填充的电子数目等于其所容纳的最多电子数的壳层或次壳层叫做满壳层或满次壳层。可以证明，相应满壳层或满次壳层的轨道角动量、自旋角动量和总角动量均为零。因此，在推断原子状态时，满壳层和满次壳层的角动量都可以不考虑。

③ $3d$ 电子表示电子所占据的能级为 $n=3$，$\ell=2$，如下同。

素。到元素锌，4s 电子次壳层便被填满。以后从镓开始顺次填入 4p 电子次壳层，到氪为止，4p 电子次壳层也被填满。自钾至氪就是第四周期全部元素。

第五、六、七周期元素原子电子填充次序可类似得到。表 10.2 给出了原子能级填充中各壳层和支壳层的电子数。

表 10.2 原子能级的填充次序

电子组态	1s	2s 2p	3s 3p	4s 3d 4p	5s 4d 5p	6s 4f 5d 6p	7s 5f 6d 7p
支壳层中电子数	2	2 6	2 6	2 10 6	2 10 6	2 14 10 6	2 14 10 6
壳层中电子数	2	8	8	18	18	32	32

10.5 原子核

10.5.1 原子核的一般特性

1. 电荷和质量

原子核带正电，数值等于最小电量单位（电子电荷的绝对值）的整数倍。这个倍数即元素周期表中的原子序数，因此原子是中性的。

显然，原子的总质量（或原子质量）等于原子核的质量加核外电子的质量，再减去相当电子全部结合能的质量。可见，由原子质量便可推算出原子核的质量。不过，由于电子质量非常小，在分析和计算中，原子核的质量采用的就是原子质量。原子质量用原子质量单位表示（1 原子质量单位 = $1.660\,55 \times 10^{-27}$ kg）。元素的同位素又称核素，各元素的核素质量都接近一个相应的整数。这个相应的整数称为各核素的质量数，记为 A。

2. 成分和大小

原子核由质子和中子组成，统称核子。质子是带一个单位正电荷的核子（常记为 p），中子是不带电的核子（常记为 n）。由于核内质子的数目等于原子序数，所以核内中子的数目等于 $A-Z$。

原子核的大小可以用它的半径 r 表示，实验表明，原子核的半径与它的质量数有如下关系：

$$r = r_0 A^{1/3} \tag{10.5.1}$$

式中，$r_0 = 1.20 \times 10^{-15}$ m。由原子核的质量和大小便能计算出它的密度。若以 M 表

示原子核质量，V 表示它的体积，那么密度

$$\rho = \frac{M}{V} = \frac{M}{\frac{4}{3}\pi r^3} = \frac{3M}{4\pi r_0^3 A} = \frac{3}{4\pi r_0^3 N} \qquad (10.5.2)$$

式中，$N = \dfrac{A}{M}$ 是阿伏伽德罗常数。将 N 和 r_0 的值代入上式得

$$\rho \sim 10^{17} \text{kg} \cdot \text{m}^{-3} \qquad (10.5.3)$$

由于 N 和 r_0 都是常数，不同元素原子核密度相同，它们是水的密度的 10^{14} 倍（水的密度为 $10^3 \text{kg} \cdot \text{m}^{-3}$），可见，原子核的密度是非常巨大的。

3. 角动量和磁矩

一个原子核的总角动量等于这个原子核内所有质子和中子的轨道角动量和自旋角动量的矢量和。原子核的总角动量习惯上称为原子核的自旋（核自旋），记为 I。原子核的自旋取值可以是整数也可以是半整数。质量数为偶数的原子核，自旋为整数，质量数为奇数的原子核，自旋为半整数。自旋为整数的粒子称为玻色子，它们不遵守泡利不相容原理。自旋为半整数的粒子称为费米子，它们遵守泡利不相容原理。泡利不相容原理是指不能有两个或两个以上全同费米子处在同一量子态。在量子统计中，费米子服从费米-狄拉克统计，玻色子服从玻色-爱因斯坦统计。

质子是带正电的粒子，它的运动会产生磁场，因而具有磁矩，中子由于自旋也会具有磁矩。质子和中子的磁矩构成原子核的磁矩。表 10.3 给出了一些元素原子核的自旋和磁矩。

表 10.3 　　　　　　　　　　　几种原子核的自旋和磁矩

原子核	n	^{1}H	^{2}H	^{3}H	^{4}He	^{7}Li	^{14}N	^{235}U	^{238}U
自旋	$\frac{1}{2}$	$\frac{1}{2}$	1	$\frac{1}{2}$	0	$\frac{3}{2}$	1	$\frac{7}{2}$	0
磁矩	-1.913 1	2.792 7	0.857 4	2.978 9	0	3.256 3	0.403 6	-0.35	0

4. 结合能

原子核中所有质子的质量和中子的质量之和减去原子核的质量就是原子核的结合能[①]。实验表明，核子的平均结合能与其原子核质量数有关。一般来说，A 为 $40\sim120$ 的原子核中的核子平均结合能较大（~8.5MeV），且随 A 变化不大，显示了核力的饱和性。质量数在此范围以外的原子核中的核子平均结合能较小，比如 ^{238}U

---

① 微观粒子的能量通常用电子伏（eV）来表示，1 电子伏指 1 个电子在 1 伏特电压下所具有的能量的绝对值。

的核子平均结合能是 7.6MeV，这是原子能利用的基础。另外，$A<30$ 原子核中的核子平均结合能随 A 有周期性变化，最大值落在 $A=4$(2 个质子和 2 个中子)上，显示这样的核比较稳定。

10.5.2 元素的放射性

一些原子序数很大的重元素，如铀、钍、镭等，它们的核不稳定，会自发地放出射线而衰变成另一种元素的原子核。这一现象称为**放射性**(或放射衰变)。具有这种性质的元素称为**放射性元素**。放射性元素放出的射线通常有三种：α 射线、β 射线和 γ 射线。α 射线由 α 粒子(即氦核$^4_2$H)组成；β 射线由电子组成；γ 射线由光子组成。

放射性元素放出射线的结果，自身数量会逐渐减少。实验表明，放射衰变遵守如下定律：

$$N = N_0 e^{-\lambda t} \tag{10.5.4}$$

式中，N_0 是计数开始($t=0$)时，某放射性元素原子核的数目，N 是经过 t 时间后还存留的该元素原子核数目，λ 是衰变常数。在元素放射性研究中，除了衰变常数 λ 之外，经常提到的物理量还有半衰期 T 和平均寿命 τ。放射性元素的原子核数目减少到原来一半时所需时间称为半衰期。可以证明：

$$T = \frac{\ln 2}{\lambda} = \frac{0.693}{\lambda}, \quad \tau = \frac{1}{\lambda} \tag{10.5.5}$$

上式给出了 T、τ 和 λ 的关系。可见，这三个常数中只要知道一个便可算出另外两个。衰变常数、半衰期和平均寿命都可以作为放射性核素的特征量。根据测量它们的结果即可以判断其属于何种核素。

物质的放射性强弱是用它单位时间内发生衰变的原子核数目来衡量的，叫做放射性活度(A)。它与元素原子核数目 N 及其衰变常数 λ 的关系为

$$A = \lambda N \tag{10.5.6}$$

历史上放射性活度的单位是居里，1 居里定义为一个放射源每秒钟有 3.7×10^{10} 次核衰变，即

$$1 居里(Ci) = 3.7\times10^{10} s^{-1}$$

较小的单位有毫居里($1mCi=10^{-3}Ci$)和微居里($1\mu Ci=10^{-6}Ci$)。另外一个单位叫卢瑟福($1Rd=10^6 s^{-1}$)。1975 年国际计量大会规定新的放射性活度单位叫贝可勒尔(Bq)：$1Bq=1s^{-1}$。而 $1Ci=3.7\times10^{10}Bq$。

10.5.3 核力与核反应

1. 核力
原子核密度高达 $10^{17}kg\cdot m^{-3}$，反映出原子核结合非常牢固，可见核子间存在

很强的吸引力,这就是**核力**①。核力的作用距离很短(~ 10^{-15}m),是一种短程力。核力具有饱和性,即一个核子只同附近的几个核子有相互作用。对比分子的共价键,组成分子的近邻原子间通过电子作交换媒介(共有电子)而产生相互作用,可以设想核力也是一种交换力,人们认为核子间作用力的交换媒介是 π 介子。实验表明,质子与质子之间、中子与中子之间、中子与质子之间的作用力相同,与其是否带电无关。这个性质称为**核力的电荷无关性**。另外,核力是非中心力。

2. 核反应

放射性元素的原子核可以自发地产生放射衰变。不过,元素的原子核也能够在受到外界激发的情况下产生变化,这就是**核反应**。能够激发原子核反应的通常有中子、质子、氘核、α 粒子和 γ 光子等②。

1919 年,卢瑟福利用 α 粒子撞击氮核产生质子,第一次实现了人工核反应,其反应式是

$$\alpha + {}_{7}^{14}N \longrightarrow {}_{8}^{17}O + p \qquad (10.5.7)$$

1932 年,考克拉夫(J. D. Cockroft)和瓦尔顿(E. T. S. Walton)第一次在加速器上实现了如下核反应:

$$p + {}_{3}^{7}Li \longrightarrow \alpha + \alpha \qquad (10.5.8)$$

1930 年,博思(W. Bothe)和贝克尔(H. Becker)实现的核反应

$$\alpha + {}^{9}Be \longrightarrow n + {}^{12}C \qquad (10.5.9)$$

最终导致了查德威克发现中子。1934 年,约里奥·居里夫妇用下列反应产生了第一个人工放射性核素

$$\alpha + {}^{27}Al \longrightarrow n + {}^{30}P \qquad (10.5.10)$$

以上是历史上几个著名的核反应。实验表明,原子核反应遵从如下守恒定律:①电荷,②核子数,③总质量和总能量,④线动量,⑤角动量,⑥宇称等。

设原子核 X 被 p 粒子撞击变成 Y 和 q,其反应式为

$$X + p \longrightarrow Y + q \qquad (10.5.11)$$
$$M_1 \quad M_2 \qquad M_3 \quad M_4$$

其左边的物质称为**反应物**,右边的物质称为**生成物**。反应物的静止能量减去生成物的静止能量,这个能量差值叫做**反应能**,记为 Q。若 $Q > 0$,则核反应是放能的;若 $Q < 0$,则核反应是吸能的。

核反应按入射粒子的不同,通常有中子核反应、质子核反应、氘核核反应、α 粒子核反应和光致核反应。

---

① 有关核力本质的问题仍在继续探讨之中。

② 习惯上,不同粒子有相应的标记符号。如质子 p,中子 n,光子 γ,氘核 d,氚核 t,氦核(α粒子)α。

利用原子核反应可以制造 92 种天然元素以外的人造元素，称为**超铀元素**。它们都具有放射性，一般还有几种同位素。现在已知的人造元素为 $Z = 93 \sim 103$。

按照入射粒子能量大小，原子核反应又可以分成低能($<8\text{MeV}$)、中能和高能($>150\text{MeV}$)核反应。

10.5.4　原子能

1938 年，哈恩(O. Hahn)和斯特拉斯曼(F. Strassmann)进行中子撞击铀核实验时，发现有钡($Z=56$)产生。梅特纳(L. Meitner)和弗里希(O. R. Frisch)认为，这是铀核发生了裂变。随后对铀核裂变的研究表明，^{238}U 和 ^{235}U 都能产生裂变。裂变现象的发现立刻引起了人们极大的关注。这不仅因为裂变时会放出相当大的能量[1]，而且更重要的是裂变放出的中子又有可能产生新的裂变，使裂变持续进行下去[2]。这样的反应称为**链式反应**。铀核裂变的链式反应中所释放出来的能量就是平时我们说的**原子能**。原子能的利用目前有**原子反应堆**和**原子弹**两种。

1. 原子反应堆

为了使裂变能为人类所利用，链式反应需要在人工控制下安全进行。这种能够为人所控制的核反应叫做**受控核反应**，这种人工控制的装置叫做**核反应堆**或**原子反应堆**。反应堆的设计中有几点应该注意：

(1)中子的减速

使 ^{235}U 发生裂变效率高的是热中子($\sim 0.03\text{eV}$)，而裂变产生的中子平均能量$\sim 2\text{MeV}$，因此这样的中子需减速为热中子。使中子减速成热中子的材料叫减速剂，常用的有石墨和重水等。在反应堆中，裂变材料被制成棒状置于减速剂中。

(2)增殖因子

显然，为了维持链式反应，必须满足任何一代中子的总数应等于或大于前一代中子的总数，两者的比值称为增殖因数，即

$$增殖因子\ K = \frac{这一代中子总数}{前一代中子总数} \geq 1 \qquad (10.5.12)$$

(3)中肯大小

为了保证 $K \geq 1$，就要防止中子的逃逸，即中子离开反应区。发生裂变反应的区域位于反应堆的中心部分(中心区)。中子的产生量与中心区体积成正比，逃逸量与中心区表面积成正比。可见，中心区太小，中子逃逸量与产生量之比大，不利

---

[1]　中等核中核子的平均结合能较大(8.5MeV)，而重核中核子的平均结合能较小(7.6MeV)。因此，重核分裂成中等核会放出巨大的能量。

[2]　例如：^{235}U 裂变时每次放出 2~3 个中子。这些中子被附近铀核吸收，又发生裂变，产生第二代中子；第二代中子又被吸收发生裂变，产生第三代中子……

于链式反应进行；中心区大，中子逃逸量与产生量之比小，有利于链式反应进行。当然，中心区过大又会给建造、维护、安全等带来问题。因此，反应堆的中心区须有适当大小，称为中肯大小。

在建原子反应堆时，除了反应堆的中心区外，还有若干必要的辅助装置，通常包括反射层、控制棒、热能输出设备和冷却装置、保护墙等。

2. 原子弹

将纯 ^{235}U 制成球形，外加中子反射层，这个球体的直径若达~4.8cm，那么相应体积便达到**中肯体积**。中肯体积中材料的质量称**中肯质量**。^{235}U 制成球形时的中肯质量~1kg，结构简单的原子弹由两个半球组成。如果材料是纯铀，每个半球质量不超过 1kg，但不小于 0.5kg。不用时，两半球相隔一定距离，未达到中肯体积，不会爆炸。使用时，两半球合成一个球，体积超过中肯体积，裂变反应迅速增强引起爆炸。

除了重核裂变成中等核可以释放原子能外，轻核聚变成较重的核也可以释放原子能。这种热核反应都是放能核反应。如何能够发生有适当强度的受控制的热核反应，以便可以安全利用这种能量的问题，显然是当前能源研究中的重大课题之一。

10.6　基本粒子

10.6.1　物质的相互作用

物质间相互作用有 4 种类型：万有引力、弱相互作用、电磁相互作用和强相互作用（参见表 10.4）。万有引力在 4 种作用力中强度最弱，虽然在宏观世界它的作用决不可忽视，但在尺度很小的微观粒子世界它的作用却可以忽略。光子是传递电磁相互作用的粒子。轻子是彼此间作用以弱相互作用为主的粒子。强子是彼此间作用以强相互作用为主的粒子。

表 10.4　　　　　　　　　　　物质的 4 种相互作用

名称	引力相互作用	弱相互作用	电磁相互作用	强相互作用
作用力程	∞	$<10^{-14}$ cm	∞	$10^{-15} \sim 10^{-16}$ cm
相对强度	$G_N \sim 10^{-39}$	$G \sim 10^{-5}$	$e^2 \sim 1/137$	$G_s^2 \sim 2.4 - 6.3$
媒介子	引力子	中间玻色子	光子	胶子
被作用粒子	一切物体	强子、轻子	强子 e，μ，τ，γ	夸克、胶子

10.6.2　强子与轻子

人们在探寻物质结构基本单元的过程中，起初是将元素的最小单元，原子，当作不可分的，即原子是物质结构的基本单元。到了 20 世纪初，人们认识到原子是由电子和原子核组成。1932 年中子的发现证实原子核又是由质子和中子组成。于是，电子、质子、中子和光子成了物质结构的基本单元。不过，不久后人们在 β 衰变中发现了中微子和正电子，接着在宇宙射线中又发现了 μ 子、π 介子、K 介子、Λ 超子等。特别是加速器发展后，观察到的粒子数目更多。按照物质相互作用的类型区分，这样的粒子可以分成三大类，即光子、轻子和强子。

轻子包括电子、μ 子、τ 子和中微子。轻子中的电子是众所周知的。μ 子是在1936 年被安德生（C. D. Anderson）和内德梅尼（S. H. Neddermeyer）从宇宙线中发现的。μ 子的质量估计在电子和质子之间，因此当时把它叫做介子。μ 子是不稳定的，其平均寿命是 2.2×10^{-6} 秒。μ 子衰变可以通过云室观察到[1]。实验表明，μ 子会衰变成电子，但电子在 μ 子径迹末端发射并未沿 μ 子原方向而是朝另一方向偏射。这说明 μ 子衰变结果还会产生中性粒子，这种中性粒子起名叫中微子。

强子包括介子和重子。1947 年拉德期（C. M. Lattes）、欧恰里尼（G. P. Occhialimi）和包威尔（C. F. Powell）在分析被高空宇宙线照射过的乳胶[2]时发现，有种粒子会衰变成 μ 子，这种粒子带一个单位的正电或负电。后来，人们测定出这种粒子的质量是电子的 273.3 倍，平均寿命是 2.6×10^{-8} 秒。它被称为 π 介子。π 介子能与原子核中的质子起强烈反应，这种反应是强相互作用的结果，所以 π 介子是一种强子。π 介子可以有带电的 $\pi^{\pm}$ 介子，也有中性介子，即 π^0 介子。此外，还有 K 介子、φ 介子等。

重子除核子（质子和中子）外，还有质量超过核子的重子，称为**超子**。比如：Λ^0 超子的质量是电子的 2 200 倍（核子质量约为电子的 1 840 倍），平均寿命是 3.1×10^{-10} 秒。Σ^0 超子的质量是电子的 2 323 倍，平均寿命$< 10^{-14}$ 秒。

K 介子和超子一般都是通过衰变现象发现的。当核子与核子相碰时，能量足够高便可产生 K 介子和超子，高能量 π^- 介子撞击核子也能产生 K 介子和超子。大量实验表明，一个超子总是和一个或两个 K 介子同时产生；没有观察到只有超子或 K 介子单独产生的情况。这种现象称为"协同产生"。

每种粒子都有它的反粒子，粒子与反粒子质量、寿命、自旋相同，但它们的电荷相反，比如，正 μ 子是负 μ 子的反粒子，正电子是负电子的反粒子。中性粒子的反粒子，有的就是它本身，如 π^0；有的是两种不同的粒子，如中微子 v_e 和 v_μ 的

---

① 云室是利用带电粒子通过时，凝结的液滴会显示其路径的一种探测器。

② 一种类似照相底片的材料，经显像后可以显示带电粒子透过此材料后的径迹。

反粒子 $\bar{v}_e$ 和 $\bar{v}_\mu$。

10.6.3　强子的夸克模型

随着大规模加速器的应用，人类对微观世界的认识也逐渐加深。现在普遍认为，强子应该是由更为基本的粒子组成。盖尔曼和兹韦格（G. Zweig）在 1964 年各自独立提出，组成强子的基元有 3 个。盖尔曼把构成强子的这 3 个更为基本的组分叫做夸克，它们分别为上夸克 u、下夸克 d 和奇异夸克 s。标记夸克这 3 种类型的量子数，叫做"味"。重子由 3 个夸克组成，反重子由 3 个反夸克组成，介子由一对夸克和反夸克组成。强子的这一结构模型称为夸克模型。

1974 年丁肇中和里希特（B. Richter）分别独立地发现 J/ψ粒子。为了解释这一粒子质量很重而衰变很慢的特点，他们引进了第四味夸克，叫做粲夸克 c。1977 年雷德曼（L. M. Lederman）发现寿命更长的 Y 粒子，它应该由第五味夸克组成，此夸克称为底夸克 b。理论分析表明，夸克还有第六味，称为顶夸克 t。1994 年费米实验室宣布发现 t 夸克。

夸克通过强相互作用结合成强子。类似光子是电磁相互作用的媒介，有人设想夸克间强相互作用的媒介可以称为"胶子"。关于这一设想的验证已由丁肇中领导的科研小组完成，他们在原西德汉堡电子同步加速器中心，通过大量工作，终于找到胶子存在的实验根据。

单个夸克目前在实验上还没有观察到，夸克是否"囚禁"仍是一个有争议的问题。微观世界的奥秘也有待进一步的探讨。

思考题 10

1. 汤姆孙认为原子是如何构成的？汤姆孙的原子模型为什么最终被否定？
2. 什么是卢瑟福的原子有核模型？这一模型为何获得了成功？
3. 用物理学的经典理论研究原子时遇到了什么困难？
4. 玻尔的原子理论有哪几条基本假设？
5. 玻尔原子理论的成功之处和局限性何在？
6. 利用元素的原子结构说明惰性气体化学性质为什么不活泼？
7. 什么是原子核的结合能？
8. 什么是放射性元素？放射性元素放出的射线有哪几种类型？它们有何性质？
9. 什么是原子核的自旋？什么是原子核的磁矩？原子核的自旋可以取哪些值？
10. 什么是核力？它有哪些一般特性？
11. 什么是核反应？核反应按入射粒子种类来区分有哪几种？按入射粒子能量大小来区分又有哪几种？

12. 物质间相互作用有哪 4 种类型？

13. 按照物质相互作用的类型区分，微观粒子有哪几类？

14. 就目前发现的微观粒子而言，轻子有哪些？强子有哪些？

15. 什么是强子的夸克模型？

16. 夸克有哪几种？

第 11 章 万有引力与天体

11.1 天文学简述

俗话说，上知天文，下知地理，可见天文学的重要性。其实，天文学既是一门最古老的科学，又是一门最前沿的科学，天文学是自然科学中最基本的科学。

远古时代，生产水平低下，人类对变化多端但又有规律的自然现象由衷地赞叹和畏惧，产生了对它的崇拜，因此出现了各种神话和宗教。比如，关于宇宙的来源，在西方就有圣经中的"创世说"，在中国则有"盘古开天地"一说。寻求神灵保佑成了古代人实现对风调雨顺、丰衣足食、祛病消灾、阖家平安企盼的法宝。直到有了文字以后，他们中的精英人物才开始了对宇宙万物和人类自身的思考。

天文学最先关注的当然是地球、太阳、月亮等这些身边容易观测到的天体。站在一马平川的地方放眼望去，地面是一个平面，"地平面"之称谓大概就由此而来。所以古代人大多相信"天圆地方"，但也有例外，如古希腊哲学家毕达哥拉斯。毕达哥拉斯公元前 570 年出生于萨摩斯岛上，几何学中著名的毕达哥拉斯定理就是以他的名字命名的。毕达哥拉斯纯粹从和谐、完美的思辨概念出发，相信地球应该是球形的。

在他之后的亚里士多德则是从对事物的观测中得出这一结论的。亚里士多德是古希腊最为著名的少数几个哲学家、思想家之一。亚里士多德出生于公元前 384 年的斯达奇拉，父亲是马其顿国王的私人医生。亚里士多德年轻时曾就读于哲学家柏拉图在公元前 387 年创办的一所哲学学校，是柏拉图的学生。亚里士多德兴趣广泛，撰写了许多关于政治、艺术、道德和天文学等方面的书籍，里面包含不少非凡见解。从对月食的观察中，亚里士多德发现：月食发生时，月亮开始变成橙色，接着一片圆形深色区逐渐移到月亮前，遮盖一段时间随后便消失了。当时许多人相信，月食是神灵对凡人发出的警告。但亚里士多德则认为，月食是地球在太阳光照射下在月亮上的投影造成的。而地球投影到月亮上的影子呈圆形正说明地球是球形，因为只有球形物体的投影才可能是圆形。亚里士多德还从扬帆远航的船只消失在地平线下时，首先退出眼帘的是船身，随后是帆，最后才是桅杆的顶部这一事实也推断地球是球形的。

当时亚历山大城图书馆馆长、天文学家爱拉托斯特尼也在思考地球形状这一问题。爱拉托斯特尼经常有机会来往于亚历山大与塞恩两城之间，他发现，在夏至这天中午，塞恩城上的太阳正好在头顶，而亚历山大城上太阳在头顶偏南，两者的角距离约为圆周的 1/50。爱拉托斯特尼认为，这种情况正是地面弯曲造成的。爱拉托斯特尼根据亚历山大与塞恩两城之间的距离计算出地球一圈的周长，由此推得地球半径约为 40 000 埃及希腊里①，相当于 6 200～7 300km。应当说，爱拉托斯特尼在当时能得到这样的结果是十分了不起的。然而亚里士多德、爱拉托斯特尼关于地球是球形的观点却被当时的教会视为异端邪说，因为它与教会公开宣扬的地狱、天堂之说相违背，因而遭到禁止。在教会势力的高压下，人们在很长的历史时期内都有意或无意地忘记了地球是球形的观点。唤醒人们记忆的是麦哲伦船队的环球航行：1522 年 9 月 7 日，当 18 名幸存者驾着一艘满是创伤的破船，回到西班牙塞维利亚港码头时，全世界都轰动了。从西班牙塞维利亚港出发又回到原地，花了整整 3 年零 2 天的时间，247 条性命（包括麦哲伦本人）和 4 条大船，麦哲伦船队的环球航行用如此沉重的代价无可辩驳地证明了地球确实是一个球体。麦哲伦的同行者也因此获得了无比的荣誉，奖品之一的地球仪上刻着一行醒目的题字：你首先拥抱了我。

另一个有名的争论发生在地心说与日心说之间。亚里士多德相信，地球位于宇宙的中心，而太阳和其他星球则固定在较大的透明球体上围绕地球运转。这就是**地心说**。克罗狄斯·托勒密在亚里士多德设想的基础上，进行了修正和系统化，提出了自己的观点。克罗狄斯·托勒密堪称地心说的集大成者。

克罗狄斯·托勒密（Claudius Ptolemaeus，约公元 90—168）生于埃及托勒马达伊，父母是希腊人。公元 127 年，托勒密到亚历山大城求学，并曾在那里长期居住和工作。亚历山大城有当时最大的图书馆，托勒密在此阅读了不少的书籍，并且学会了天文测量和大地测量。托勒密一生著述甚多，其中，《天文学大成》是以天文学家希帕科斯的记述为基础写成的一部天文学百科全书，书中大多数星相名称至今仍在使用。托勒密在书中建立了一个行星体系，这个体系使地球固定在宇宙的中心，而太阳和其他行星都围绕它运转。托勒密应用本轮、偏心圆和均轮的概念成功解释了行星的运动，使其与所观察到的结果几乎完全一致。托勒密体系统治了天文界长达 13 个世纪，直到 16 世纪中叶哥白尼的日心说发表，地心说才被推翻。

尼古拉·哥白尼 1473 年出生于波兰维斯瓦河畔的托伦，18 岁时考入克拉科夫大学，1497 年赴意大利留学，进入波洛尼亚大学学习数学、医学和神学，同时也学习了天文学。波洛尼亚大学是当时欧洲最好的大学，吸引了欧洲不少留学生。在

---

① 1 埃及希腊里究竟有多长，目前仍未有定论，一般估计在 0.155～0.185km 之间。

哥白尼就读期间正值文艺复兴时期，不再像过去，人们在这个时期已经能比较轻松地谈论非教会宣扬的观点和想法，大学里也有不少关于托勒密宇宙论的不同见解。这时的哥白尼同样开始怀疑托勒密的观点究竟是否正确。哥白尼认识到，托勒密体系对行星运动的解释太复杂，理论预测的某些行星位置与实际并不十分符合，也不能说明为什么有些行星在天空中会朝反方向移动。为了澄清这些疑点，哥白尼查阅了大量资料，研究了古代学者的有关见解。他从中发现，古希腊天文学家阿里斯塔克就曾提出过行星系以太阳为中心的假设。哥白尼花费毕生的精力撰写了《天体运行论》，并于 1543 年交付出版。在这部巨著中，哥白尼向世人展示了一个与托勒密体系全然不同的宇宙体系。在这个体系中，太阳位于中心，而地球和行星则围绕太阳转动，这就是**日心说**。哥白尼日心说的提出是科学思想史上一座伟大的里程碑，它推翻了长期桎梏人们头脑的托勒密地心系统。虽然从字面上看起来，日心说对地心说似乎只做了一个小小的"改动"，即太阳系的结构是行星绕着太阳转，而不是太阳和行星绕着地球转，但这一改动却非同小可，在当时它是对教会权威的公开挑战，是需要极大的勇气和胆识的。可以说，尼古拉·哥白尼的"日心说"沉重地打击了教会的宇宙观，使自然科学开始从宗教神学的束缚下解放出来，在近代科学的发展上具有划时代的意义。

由于时代的局限，哥白尼认为太阳是宇宙的中心，所有星球均围绕太阳转动，它们的运动都是圆形运动或圆形运动的复合。因为哥白尼也像古希腊哲学家一样，相信圆形是一个十分完美的几何图形，所以天空中的一切一定是以圆形轨道运动的。鉴于哥白尼理论当时还难以得到证明，不少人对此仍心存疑问。最终使哥白尼的太阳系模型具有坚实的理论基础，并为科学界普遍信服的，是德国伟大的天文学家开普勒。

约翰尼斯·开普勒（Johannes Kepler，1571—1630）出生在德国威尔德斯达特镇，与伽利略是同时代人，比伽利略小 7 岁。这两位杰出的科学家都为证明哥白尼的学说作出了非凡的贡献。开普勒家境不幸、身体孱弱、一生坎坷，能在天文学上取得如此辉煌的成绩实属来之不易。开普勒年轻时就读于图宾根大学，在图宾根大学学习期间，他了解到日心说对宇宙更为合理的表述，很快就相信了这一学说，尽管当时大多数科学家并不接受哥白尼的学说。1600 年，开普勒来到布拉格担任第谷的助手。

第谷·布拉赫是丹麦著名天文学家，1546 年 12 月 14 日生于丹麦斯科讷，14 岁入哥本哈根大学，从小迷恋天文观测，一辈子都在致力于天文仪器制造和天文研究。1576 年，丹麦国王提供资金，让第谷在丹麦和瑞典之间的岛屿汶（Ven）上修建大型天文台，并配有当时最精密的天文仪器。第谷在此天文台工作了 21 年，后来因与丹麦国王发生争执前往布拉格，第二年（1601 年）便在布拉格去世，总共逗留了两年。第谷是望远镜发明以前最后一位伟大的天文学家，但他却始终不赞成哥白尼的理论。不过，他给开普勒留下了毕生积累的众多的观测资料和大量的珍贵数据。

开普勒虽没有第谷那样非凡的观测和实验才干，但他是一位伟大的思想家和出色的数学家，有了第谷·布拉赫留下的大量观测数据使开普勒的天文学研究如虎添翼。起先开普勒和哥白尼、第谷一样也相信行星的运动应该是圆形，因为圆是一个理想的几何图形。然而不管他怎样努力，都无法找到与观测相符的圆形轨道。开普勒开始研究的是火星，他采用了 70 多个不同的圆形轨道，结果发现，没有哪个圆形轨道或它的复合轨道会与实际观测到的路径一致。他的计算结果和第谷留下的观测资料之间的误差甚至可达 8 分。这么大的误差使开普勒决定放弃圆形轨道，而改用其他几何图形作行星运动轨道。经过 4 年多的刻苦计算，尝试了近 20 种不同路径之后，开普勒最终发现了行星运动的真实轨道，它就是椭圆！这一发现被称为**开普勒第一定律**或轨道定律。接着开普勒又发现了第二定律或面积定律，第三定律或周期定律。

开普勒三定律的发现表现出他在科学思想上无比勇敢的创造精神。远在日心说创立之前，许多学者对天动地静的观念也曾提出过不同见解；但对天体遵循完美的圆形运动这一观念，却从未有人怀疑。开普勒却毅然否定了它，这显示了他独到而大胆的创见。开普勒是近代天文学的开创者之一。开普勒三定律全都建立在日心说的基础之上，这被天文学家视为推翻地心说、确立日心说的基石。开普勒三定律也为牛顿数十年后发现万有引力定律铺平了道路。

早期的天文观测依靠的是双眼，这无疑有很大的局限性。相传天文学家第谷·布拉赫是望远镜发明之前最杰出的观测大师，他所得到的观测资料已经达到人类肉眼极限，但最大误差也可能接近 4′。开普勒眼睛近视，无法像第谷那样很好地观测星空，他的数据基本来自第谷留下的资料。望远镜的发明极大地开拓了人们的视野，翻开了天文学新的一页。

据说，发明望远镜完全是一次偶然事件。1608 年，荷兰米德尔堡眼镜制造商汉斯·利波希看到他的小学徒在店门口摆弄两块透镜，样子十分高兴。利波希走过去，也拿起那两块透镜对着远处望去，他发现，远处的东西变近了，变大了。利波希回到店里，把两块透镜放到一个筒子内，用这个镜筒看物体，能把物体放大。利波希将这个奇怪的镜筒称为"窥管"（looker）。1609 年，利波希的窥管传到了意大利。伽利略得知后立刻意识到，这不只是一个玩具，它必将具有重要用途。伽利略买来利波希的窥管进行研究，发现它制作太粗糙，只能将物体放大 3 倍。伽利略不愧心灵手巧，很快便学会了打磨透镜，而且比眼镜制造商还打磨得更好。不久他就做了一个，可以将物体放大 10 倍。伽利略把这种奇怪的镜筒叫做**望远镜**。伽利略用他自己做的望远镜瞭望天空时，发现有许多平时用肉眼看不到的新东西，比如，天上的星星数不清，月亮和太阳的表面并非光滑的球面，木星有 4 颗卫星（木卫）①，等等。伽利略把从望远镜所观测到的景象精心绘制成图，并于 1610 年出书（《关于恒星的消息》）描述他的这些最新发现。这本书传遍欧洲，令不少天文学家都想自己能拥有一台望远镜来观察天空。

　　消息传到开普勒那里，他设法从朋友那里得到了一架伽利略望远镜。但开普勒的眼睛不好，用伽利略望远镜观察天空，别人能看清的，他总难看清。开普勒决心制造出能看得更清楚的望远镜。开普勒对拿来的望远镜进行了仔细研究，发现了伽利略望远镜的不到之处，一是透镜打磨得不理想，存在像差②，二是两个透镜（目镜和物镜）靠得太近，不利于放大。开普勒对此加以改进，改进后的望远镜镜筒加长了，这种望远镜称为开普勒望远镜。开普勒望远镜，由于其物镜焦距足够长而目镜焦距相当短，增大了视角，放大率也就比伽利略望远镜大得多。1611 年，开普勒出版了《折光学》一书，专门论述这种折射望远镜。1640 年，意大利天文学家冯他纳利用开普勒望远镜对行星进行了一系列观测，看到了木星上的横带和火星上的斑纹。随后，意大利天文学家奥范尼利用开普勒望远镜看到了木卫在木星表面投下的影子。为了获得更好的效果，人们开始对开普勒望远镜作进一步的改进和完善。波兰天文学家赫韦吕斯率先将开普勒望远镜的镜筒加长至 3.6 米，改进后的望远镜能把物体放大 50 倍。荷兰科学家惠更斯在研制望远镜中发现，曲率小的透镜成像质量高，因此望远镜的镜筒必须相当长，它们应该是长筒的。1655 年，惠更斯便制作了一架大口径长筒望远镜。这架望远镜镜筒长 3.6 米，物镜直径 5 厘米多，也能把物体放大 50 倍。惠更斯用他的长筒望远镜发现了土星的卫星。接着惠更斯又制作了一架更长的长筒望远镜，长达 37 米。1659 年，惠更斯用这架望远镜看到土星被一层薄而平的光环包围。1669 年，意大利天文学家卡西尼用长达 41.5 米的长筒望远镜观察到土星的另外 4 颗卫星。天文学家格里马尔迪用长筒望远镜发现土星呈椭圆形。当时人们以为，长筒望远镜越长越好，所以想方设法制造更长的望远镜。可惜的是，太长的望远镜根本无法操作，因而都没有成功。

　　就在不少人一个劲地竞相把折射望远镜做得越来越长的时候，有一个人却别出心裁地寻思制造出反射望远镜，他就是英国科学家胡克。据说，胡克利用反射镜做过一个望远镜，并通过它观察了火星的旋转。对反射望远镜进行深入研究的是著名物理学家牛顿。折射望远镜有一个致命的弱点，那就是通过它观察到的物体周围总

---

①　事实上，木星并不止这 4 颗卫星，后来又发现另外 9 颗木卫。
②　实际上，光线通过透镜后并非严格会聚于一点，故它生成的像有点模糊，透镜这种成像缺陷称为像差。

伴有一个彩环，人们称之为**色差**①。牛顿在研究光的颜色时意识到，光通过透镜折射产生的像，因不同频率的光折射率不同，必然带有颜色；但光反射时，入射角相同的不同频率的光反射角都相同，因而反射生成的像不会带有颜色，即无色差。于是，牛顿决定用凹面镜做望远镜。1668 年，牛顿做成了一架反射望远镜，长仅 15 厘米，直径只有 2.5 厘米。它体积虽小，但仍能把物体放大 30~40 倍。牛顿的反射望远镜用凹面镜作物镜，所成的像经一个小平面镜反射到目镜，目镜由一组透镜组成，起着放大镜的作用。1721 年，英国人哈德利造出了第一架可以与折射望远镜相媲美的反射望远镜。真正让反射望远镜实际应用于天文观测中的是英国天文学家威廉·赫歇耳及其家人。19 岁那年，赫歇耳一家从德国迁居英国。从此，赫歇耳开始对天文学产生了兴趣，并渴望有一架自己的望远镜。他自制了一架折射望远镜，又租了一架反射望远镜，两相比较，他发现还是反射望远镜要好。于是，他和他的妹妹卡罗琳着手磨制金属反射镜，准备自己做一架望远镜。1774 年，赫歇耳兄妹终于靠自费制成了一架反射望远镜。他们通过这架望远镜瞭望天空，看到了猎户座大星云，看到了土星的光环。特别是，1781 年赫歇耳用反射望远镜率先发现了一颗新的行星，它比土星还远，这就是天王星。20 世纪全球最大的反射望远镜是 1998 年安装在美国夏威夷岛上的一台巨型望远镜，它的凹面镜直径达 8 米，由日本国立天文台主持建造。

现在的光学望远镜大多采用技术先进的多镜望远镜②。它由许多台望远镜组合而成，通过计算机控制各台望远镜，使所得到的天文信息叠加起来，所成的像精确地重合在一起，让人们能看清更远的星星。如美国加利福尼亚大学的 10 米镜，由口径 1.4 米的 60 枚六角镜组成；欧洲南方天文台（ESO）的 16 米镜，由口径 4 米的 16 枚镜片组成。人造卫星发射成功后，天文学家又设想把望远镜搬到太空中。建造太空天文台和太空望远镜，可以摆脱地球大气层的干扰，从而获得更好更全面的观测资料。1990 年，美国向太空发射了一台多用途的光学望远镜，这就是有名的哈勃太空望远镜。1993 年美国对哈勃望远镜又进行了检修，使得它的性能更好。1994 年苏梅克-利维彗星爆炸后与木星多次相撞的宇宙奇观，被全世界天文台拍摄了数不胜数的照片，其中最为清晰的均来自哈勃望远镜。迄今，哈勃望远镜已为现代天文学作了不少贡献。

除了接收天上星星发出光信号的光学望远镜外，还有一类望远镜是用来收集天外无线电波的，它们就是**射电望远镜**，而与射电望远镜相关的研究则是**射电天文**

---

① 由于光学材料的折射率随光的颜色（波长）而变，不同颜色的光经过透镜后生成的像，在位置和大小上会有所差异。前者称为位置色差（轴向色差），后者称为放大率色差（横向色差）。

② 通常把折射望远镜称为第一代望远镜，反射望远镜称为第二代望远镜，多镜望远镜则为第三代望远镜。

学。1937 年，无线电爱好者雷伯在自家院子里建造了一架抛物型小面盘，负责收集来自天外的无线电信号，这便是第一台射电望远镜。中国正在建造的射电望远镜（FAST），口径达 500 米，由 4 450 个反射单元拼出 30 个足球场大的接收面积，可以接收远在百亿光年外发出的无线电信号。建成后，它将成为世界上最大的单口径射电望远镜和世界级射电天文研究中心。

　　夜晚的天空，繁星闪烁。如果视力较好，通常可以看到近 3500 颗星星。有了望远镜这一强有力的工具，人类认识的星星越来越多。利用现在的观测手段，天文学家已发现了几千亿个星系①，仅银河系一般估计便包含有 $2 \times 10^{11} \sim 3 \times 10^{11}$ 颗恒星。要辨别它们，首先就得替它们起个名字。不过，给星星命名并非易事。中国古代虽早有一套命名系统，但因缺乏规则可循，故除了一些有名的恒星，像牛郎星、织女星、北极星、北斗七星（天枢、天璇、天玑、天权、玉衡、开阳、摇光）等外，其他恒星的星名大多已鲜为人知。国际上通行的恒星命名法是德国人巴耶尔提出来的。巴耶尔命名的规则是：位于一个星座内的恒星属于同一个家族，星座名即为它们的姓氏，而其中的恒星则按它们的亮度顺序以希腊字母为名。比如牛郎星即天鹰 α，织女星即天琴 α。巴耶尔生活在望远镜还没有出现的年代，但他的命名方法比较合理，也容易记忆，故流传至今。不过，巴耶尔方法最多只能给 2112 颗恒星命名②，这个数目无疑是远远不够的。为了解决这一问题，英国格林威治天文台创建人弗兰斯提德提出了一个数字编号规则，即凡是不在巴耶尔命名法内的恒星从星座西边界开始，自西向东按自然数顺序编号取名，如大熊 81、天鹅 61。1712 年，弗兰斯提德出版了著作《大不列颠星表》，书中首次使用了数字编号。

　　星表是天文学上的目录，它记载了天体的各种参数（如位置、运动、星等、光谱型等）。通过天文观测编制星表，在天文学研究中早已有之。中国战国（约公元前 4 世纪）时，魏国天文学家石申的《天文》八卷（又称《石氏星经》），书中就载有 121 颗恒星的位置。这是世界上最古老的星表，可惜今已失传。托勒密的名著《数学系统》，便包含以喜帕恰斯记述为基础而编制的，载有 1022 颗恒星位置的星表。这是古代著名的星表。随着观测技术及其理论的发展，星表精度日益提高。特别是布拉得雷星表，测定的恒星位置有较高的精度，对以后编制基本星表的工作有重要的贡献。1818 年贝塞耳出版的星表，将布拉得雷星表的恒星数扩充到五六万颗。1859—1862 年，阿格兰德尔出版的波恩星表（简称 BD 星表），以及 1886 年出版的续表 SD 星表，共含恒星数目超过四十万。到 20 世纪，国际上陆续出版了第三基本星表（FK3）和补充星表，第四基本星表（FK4）和补充星表，第五基本星表

---

　　①　星系是指由几十亿至数千亿颗恒星与星际物质构成的，占据几千至数十万秒差距空间的天体系统。太阳系所在的银河系就是一个星系。

　　②　整个星空被分成 88 个星座，而希腊文共 24 个字母，因此得，88×24 = 2112。

（FK5），近年来还编制了第六基本星表（FK6）。现代天文学的飞跃发展，使星表的种类、数量不断增加，质量大大提高。除了基于光学观测所得到的资料编制的星表外，随着射电天文学的兴起，迄今还编制了为数众多的辐射源星表。

宇宙中除恒星外，还可以观测到由大量恒星构成的星系、星团及云状样星际尘埃（星云）。把它们编纂成册便是天文学研究中的星团星云表，其中赫赫有名的当数梅西耶发表的《星云星团表》。由于在星表中，每个天体都用 M 做字头编号，故又称 M 星表。1774 年发表的《星云星团表》第一版记录了 45 个天体，编号由 M1 到 M45；1780 年增加至 M70；翌年发表的《星云星团表》终版共收集了 103 个天体至 M103。现时梅西耶天体已有 110 个至 M110。查理斯·梅西耶（Charles Messier）出生于法国，是个孤儿，未受过正规教育。1751 年，21 岁的他流浪到巴黎找工作，几经周折，终于在天文学家 J. N. 德利尔那里当了个天文观测描图员和记录员。由于他勤奋刻苦，边干边学，在努力掌握天文观测技能的同时，认真学习天文理论，几年后便成了一个出色的天文学家。1759 年哈雷彗星回归时，他是法国观测到这颗大名鼎鼎彗星的第一人。从此以后，梅西耶成了一位新彗星的热情搜索者，他发现的新彗星多达 21 颗，以至法国国王路易十五称他为"彗星猎手"。1760 年他开始编制星云表，原意是为了能更好地区分星云和彗星，但后来的发展却使 M 星表有了更重要的用途。直到现在，许多最著名的星云依然沿用梅西耶《星云星团表》上的编号来称呼，表中的天体也是现代天文爱好者测试望远镜的最佳对象。梅西耶《星云星团表》收录的天体有限，目前广泛使用的星团、星云和星系的基本星表是《星云星团新总表》，简称 NGC，它是丹麦天文学家德雷尔依据著名天文学家赫歇耳家族的早期星表，于 1888 年编制的。星表包含约 8 000 个天体，随后，在 1895 补充出版了第一星表（NGC），在 1908 年又补充出版了第二星表（简称 IC），天体数目增至约 13 000 个。

在天上找星、认星，除了星表，还有星图，其中最值得一提的便是赫罗图。它在恒星研究中的地位，就像是力学中的牛顿定律。赫罗图是丹麦天文学家赫茨普龙和美国天文学家罗素差不多同时独立研究所得到的恒星光度与光谱型关系图。20 世纪初，赫茨普龙在研究那些光谱型相近的恒星的其他参数（尤其是自行值）时发现①，即使是同一光谱型的恒星，光度也可能有很大的不同。1908 年，他在信中将这一发现告诉了友人。罗素从另一方面也得到了类似的结论。为了更好地说明这个问题，罗素在 1913—1914 年期间绘制了一张平面图：平面以光谱型为横坐标轴，绝对星等为纵坐标轴，一个恒星这两个量的取值对应平面上一个点。人们把这样的图叫做**赫罗图**。确定了恒星在赫罗图上的位置，它的亮度、温度、质量及距离的大

---

① 为了便于研究恒星在空间的运动（本动），天文学家通常把它的空间速度 v 分成两部分：垂直于视线方向的运动（自行）速度 v_t，与平行于视线方向的视向速度 v_r。

概值便可以估算出来。可见赫罗图在恒星研究中所起的作用，尤为重要的是，赫罗图揭示了恒星的演化规律，从而使人类对宇宙的认识有了巨大突破。

早期的天文学侧重在观测天象、认识星空，现代天文学已经成为一门内容繁多、涉及面广的自然科学。它主要由天体力学、天体测量学和天体物理学组成，而天体物理学就包括太阳物理学、太阳系物理学、恒星物理学、恒星天文学、星系天文学、天体演化学和宇宙学等。天文学是人类认识自然的前沿科学，随着科学技术的发展，人类对自然的了解将越来越深入。

11.2 万有引力

11.2.1 开普勒定律

在牛顿尚未发现万有引力定律以前，开普勒(J. Kepler)就从当时对行星绕日运行的观测结果，归纳出三条定律，统称**开普勒定律**。开普勒定律的具体内容如下：

(1)轨道定律：行星绕太阳做大小不同的椭圆运动，太阳位于其中的一个焦点之上。

(2)面积速度定律：连接行星与太阳的矢径，在相等的时间内扫过相等的面积。

(3)周期定律：行星绕太阳运行的周期的平方与轨道半长轴的立方成正比。

11.2.2 万有引力定律

在开普勒定律的基础上，牛顿于 1686 年提出：自然界一切物体之间均存在相互吸引力，称为**万有引力**。两个物体间吸引力的大小与两物体质量的乘积成正比，而与它们之间距离的平方成反比，即

$$F = - G \frac{m_1 m_2}{r^2} \tag{11.2.1}$$

这便是万有引力定律。由于万有引力的规律最先由牛顿发现，所以又叫**牛顿万有引力定律**。式中，$G = 6.67 \times 10^{-11} \mathrm{N} \cdot \mathrm{m}^2 \cdot \mathrm{kg}^{-2}$，叫做引力常数。它的第一次实验测定是 1798 年由卡文迪许(H. Cavendish)利用扭秤法给出的。

牛顿第二定律和万有引力定律都包含质量的概念。第二定律中的质量表征物体的惯性，称为惯性质量；引力定律中的质量表征物体相互吸引的性质，称为引力质量。从表面上看，每个物体都有两个质量。但经过实验检验，物体的这两个质量并无实质上的区别，它们只是同一质量的两种表现形式，故常统称为质量，在应用上可以不加分辨。

按照现代物理的观点，如同静电荷周围存在静电场，任何物体在它周围的空间同样会形成引力场。类似地，引力场的强弱也可用引力场强和引力位势来描写，它们分别等于引力场中单位质量质点所受到的引力和所具有的引力势能。引力场论认为，物体间的相互作用是通过交换相应的作用量子来实现的，因而相互作用的传递也是需要时间的。引力传递的媒介称为引力(量)子，不过，至今在实验上并未观测到引力子的存在。

11.2.3 三种宇宙速度

人造航天器要想遨游太空就必须摆脱地球和太阳的吸引力，因此，它们应具有一定的动能或运动速度。在航天器的发射中有三个速度特别重要，它们称为三种宇宙速度。

1. 第一宇宙速度 v_1

第一宇宙速度是指物体可以环绕地球运动而不下落所需要的最小速度。

地面上的物体所具有的重量来源于地球对物体的吸引力，因此

$$mg = G\frac{Mm}{r^2}, \qquad g = \frac{GM}{r^2} \tag{11.2.2}$$

式中，m 是物体质量，M 是地球质量，g 是重力加速度，r 是物体与地心的距离。当物体环绕地球做圆运动时，地球吸引力提供了必需的向心力，即

$$m\frac{v_1^2}{r} = G\frac{Mm}{r^2} = mg, \qquad v_1 = \sqrt{gr} \tag{11.2.3}$$

这里，我们认为物体就在地球表面附近绕地球运动，因此 r 即地球半径。将 $g \approx 9.8$ 米/秒^2，$r \approx 6\,400$ 千米代入得

$$v_1 = 7.9 \text{ 千米/秒} \tag{11.2.4}$$

2. 第二宇宙速度 v_2

第二宇宙速度是指物体完全脱离地球引力作用所需要的最小速度。可以证明：

$$v_2 = \sqrt{2gr} = \sqrt{2}v_1 = 11.2 \text{ 千米/秒} \tag{11.2.5}$$

3. 第三宇宙速度 v_3

第三宇宙速度是指物体完全脱离太阳系所需要的最小速度。可以证明，当物体从地面发射时的速度方向和地球公转方向一致时，

$$v_3 = 16.5 \text{ 千米/秒} \tag{11.2.6}$$

在地面上发射的物体(发射体)，如果具有第一宇宙速度 v_1，便可以不落回地面而成为人造卫星；如果具有第二宇宙速度 v_2，便可以摆脱地球引力的羁绊而成为人造行星；如果具有第三宇宙速度 v_3，便可以摆脱太阳引力的羁绊离开太阳系而去

遨游太空了。

11.3 太阳系

11.3.1 太阳

天上星星数不清，但对人类来说，任何星星都比不上太阳重要。太阳是大地的母亲，万物生长靠太阳。如果没有太阳，地球就会变成一个没有生命的世界。

太阳是离我们最近的恒星。地球到太阳的距离称为 1 个天文单位（AU），$r = 1\text{AU} = 1.50 \times 10^{11}\text{m}$。天文学中常用⊙表示太阳。太阳的质量 $M_\odot = 1.989 \times 10^{30}\text{kg}$，半径 $R_\odot = 6.959 \times 10^8\text{m}$。实验上测得太阳常数（单位时间垂直照射到地球大气层单位面积上的太阳能）$I = 1.36 \times 10^3 \text{W} \cdot \text{m}^{-2}$，相应的太阳光度（单位时间从太阳表面所释放出的总能量）$L_\odot = 3.826 \times 10^{26}\text{W}$，由此得到的太阳表面温度 $J = 5\,800\text{K}$。

平时我们见到的明亮圆盘状的太阳表面叫做**光球**。它是太阳外部的一层，又称光球层。光球层厚度约为 100～500km，太阳光基本上都是从这层发出的，太阳的连续光谱基本上就是光球发射的光谱。通常所说的太阳大小、太阳表面温度，也是指光球的大小和光球层的平均温度。对光球的观测发现，它上面会有些暗斑，称为"黑子"，它其实是比周围温度要低（~4 500K）的斑点。黑子是磁场很强的区域。一般黑子都是成对出现的，沿太阳自转方向，位于前面的黑子叫**前导黑子**，后面的叫**后随黑子**。成对黑子中前导和后随黑子的磁性分布在两半球恰好相反，即南北两个半球上黑子对的磁极排列次序相反。在一个黑子周期内黑子对磁极次序保持不变，而到下一个周期，次序便会发生颠倒。比如，某一周期内，北半球前导黑子是南极，后随黑子是北极，南半球黑子对的次序则是北极和南极；到了下一个周期，北半球前导黑子变成北极，后随黑子变成南极，南半球黑子对的次序则是南极和北极。黑子活动的周期平均为 11 年，因此，若按黑子磁极的变化，周期则为 22 年。黑子的大小差别显著，大的直径超过 10^5km，小的只有 $2\sim3 \times 10^3$km。除黑子外，光球上还有"**光斑**"和"**米粒**"。黑子周围光亮部分叫做光斑。米粒需在空气稳定的良好条件下用望远镜才能观测到，形状表现为明亮的米粒，实际尺寸约 10^3km，温度比周围背景高 300K。

日全食时观测太阳会发现，日轮边缘有一条玫瑰色圆弧，像花边一样，称为"**色球层**"。色球层是光球之上一层比较稀薄和透明的气态物质，厚约 1 500km。色球的光谱为发射谱。色球层中，有时有巨大气柱升腾而起，形状如喷泉，或拱桥、草丛。这些气柱叫做"**日珥**"。用单色光观测法发现，色球上也存在与光球上光斑类似的"**谱斑**"①，它实际上是光斑在色球层的延续。间或还能看到，一个亮的斑点在黑子群上空突然出现，在很短时间(几分甚至几秒钟)内便扩大成耀眼的一片，随后便缓慢减弱以至消失。这是色球层内的爆发现象，称为"**耀斑**"。色球之外是过渡区，最外面是"**日冕**"，就是日全食时观测到的环绕日轮的一圈白光。日冕的温度高达几百万度。在这样高的温度下，物质以等离子体形式存在。日冕离太阳表面较远，受到的引力较小，粒子容易逃逸。因此，日冕经常会发生大规模的、强烈的物质喷射现象，这就是**日冕物质抛射**。被抛射的带电粒子流好像是从太阳吹出的一股"风"，所以叫做"**太阳风**"。日冕中有些区域辐射和温度比周围低，这些区域叫"**冕洞**"。

光球、色球和日冕组成太阳大气。太阳大气中物质并不宁静，而在不停活动。太阳活动是太阳大气层里一切活动的总称，它包括太阳黑子、光斑、谱斑、耀斑、日珥和日冕活动等。太阳活动现象与太阳磁场密不可分。黑子周期更替应对太阳磁极周期性变化，其周期约为 22 年。太阳活动的区域(太阳活动区或活动中心)就是在几天到几个月内存在的强磁场区。

太阳活动对地球环境影响是不可忽视的。太阳活动分为缓变型和爆发型两大类。太阳黑子相对数通常被认为是太阳活动的主要参数②。太阳活动激烈时，太阳黑子相对数增加，耀斑爆发频繁，太阳风增强，太阳辐射加剧。这些现象与地球环境又会密切相关，对大气气压、大气电状态、大气臭氧含量都有明显作用，给通信、导航、航天也将带来严重影响。对大量资料的统计分析表明，地震活动的强震组合周期与太阳黑子极性变化周期相近，而地震又常有地磁暴相伴，说明太阳活动有可能通过电磁过程影响地球。近年来，日地关系研究(日地物理)已发展成一门跨越太阳物理学、空间物理学和地球物理学的交叉学科。

太阳光球的里面称为**内部**。太阳内部包括核反应区、辐射区和对流区。太阳最里面是一个高温、高压致密区，温度可高达 $1.5 \times 10^7 \text{K}$，压强约高 $3 \times 10^{18} \text{Pa}$，密度在 $1.6 \times 10^5 \text{kg} \cdot \text{m}^{-3}$ 左右。处在这样高的温度和压强下，原子核中电子已摆脱核的束缚而从原子中逃逸掉，余下的就只是原子核。于是，太阳内部最丰富的元素氢便是以质子的形式存在。大量粒子互相碰撞，产生激烈的热核反应。内部核反应区进行的热核反应主要有两种类型：一种是质子—质子反应，一种是碳循环，反应的总效果都可以看做 4 个氢核(即质子)聚合成一个氦核，并放出 26.7MeV 的能量，其表达式为

---

① 从太阳单色光照片上可以见到暗条和明亮的斑纹，暗条实际上是日珥在色球层上的投影，明亮的斑纹则取名为"谱斑"。
② 太阳黑子相对数 R 定义为 $R = \lambda(10g+f)$，g 是观测到的黑子群数，f 是包含在群里的黑子个数，λ 是校正因子。

$$4{}_{1}^{1}\mathrm{H}\rightarrow{}_{2}^{4}\mathrm{He}+2e^{+}+2\nu+2\gamma+26.7\mathrm{MeV} \tag{11.3.1}$$

式中，e^{+} 为正电子，ν 为中微子，γ 为光子。氢聚变成氦的热核反应只有在 1 千多万度的高温下方能进行，因此，这种核反应仅局限在日心附近的一个区域，这个区域称为**产能核心**或**核反应区**。产能核心产生的巨大能量必须通过表面逸出才能保持热力学平衡，主要以对流方式传递热能的区域位于光球之下，称为**对流区**。在对流区与核反应区之间为**辐射区**，这是将热量以辐射方式向外输送的地区。

由式(11.3.1)知，在 4 个质子合成一个氦核的过程中会产生两个中微子。中微子不带电，质量很小，同其他粒子几乎没有相互作用，因而具有很强的贯穿本领。由于中微子可以毫不费力地穿透太阳，那么在地球上捕捉来自太阳的中微子便可以了解太阳内部的信息。人们设计了不同的方法，并在地球不同地点进行了探测，但探测到的太阳中微子却只有理论预言的 $\frac{1}{6}\sim\frac{1}{3}$。其余的中微子何在，这就是太阳**中微子之谜**。为了解释太阳中微子低流量的问题，人们提出了各种猜测：也许是有关太阳的标准模型需做修正，抑或是有关粒子的现代理论存在缺陷。目前并无定论，答案仍待探讨。

太阳是光和热的源泉，它释放的巨大能量主要来自内部的核聚变反应。因此，太阳中最丰富的元素是氢。如果取氢的数目为 100，它的质量也近似为 100(氢原子量~1)，那么从光谱分析中知，氦的数目为 8.5，质量为 34(氦原子量~4)，其他元素的相应值同样也可以得到。天文学上常取氢的数目(质量)对数等于 12 为标度来衡量其他元素含量多少，称为**数目(质量)对数丰富度**[①]，或称**相对丰度**。表 11.1 列举了太阳中最丰富的前十位元素名称及其数目对数丰富度[②]。

表 11.1　　　　　　　　　**太阳中最丰富的前十位元素**

名称	氢	氦	氧	碳	氮	氖	铁	硅	镁	硫
符号	H	He	O	C	N	Ne	Fe	Si	Mg	S
原子序数	1	2	8	6	7	10	26	14	12	16
相对丰度	12.0	10.9	8.8	8.5	8.0	7.8	7.6	7.5	7.4	7.2

11.3.2　地球

地球是一个略扁的椭球，赤道半径为 6 378km，两极半径为 6 357km，平均半

---

① 这里对数指常用对数。
② 其他恒星中元素含量与太阳中的相似。

径为 6 371km。地球体积为 $1.083 \times 10^{21} \text{m}^3$，质量为 $5.967 \times 10^{24} \text{kg}$。

地球在永不停息地运动。一方面，地球绕一根通过其中心的轴线（自转轴）自转。自转轴的北端总是指向北极星附近，方向自西向东。另一方面，地球以每秒 30 公里速度绕太阳公转。地球公转时，地球的自转轴并不与绕日运行的轨道平面垂直，而是成 66°33′ 的角度，而且在公转过程中，不论在轨道上哪点，自转轴总是指向大致相同的方向（即指向北极星附近）。这就是说，地球赤道所在的平面（赤道面）总是与公转轨道面成 90° − 66°33′ = 23°27′ 的夹角。

地球自转造成了昼夜交替，而地球公转则引起了四季变化。地球自转一周是一天。地球绕太阳运转一周是一年，但这是相对某个恒星而言的，因此叫做"恒星年"。地球从一个春分日到下一个春分日所需要的时间则是我们日常生活中所称的年，叫做"回归年"。1 恒星年 = 365 日 6 时 9 分 9.5 秒，1 回归年 = 365 日 5 时 48 分 45.6 秒。两者的差异是太阳并非静止的结果。恒星年代表了地球绕太阳公转的周期，回归年代表了四季变化的周期。后者在人们的日常生活中更有意义，这也是编制历法所依据的年的长度。

地球上四季的变化是因为地球自转轴与公转轨道平面不相垂直的结果（如图 11.1）。在春分（秋分）日，太阳光垂直照射在赤道上，白天和黑夜相等，这正如人们所说的，"春分秋分，昼夜平分"。夏至日，太阳光垂直照射在北回归线（北纬 22°27′）上。地球北半球，白天比黑夜长，太阳光入射的角度靠近 90°。正是由于受太阳光照射时间长和太阳光接近垂直入射这双重原因，地面温度比较高，时值夏季。冬至日，太阳光垂直照射在南回归线（南纬 23°27′）上，北半球，白天比黑夜短，太阳光入射的角度远离 90°，地面温度比较低，时值冬季（南半球情况则恰好相反）。

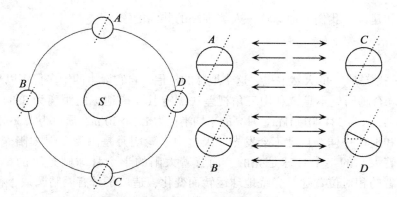

A：春分，B：夏至，C：秋分，D：冬至

图 11.1　四季的成因

地球的密度比太阳大，这是因为地球中的元素主要是铁、氧、硅、镁四种，占 90% 以上。地球内部构造可分三层。靠近地球中心的是**地核**（又分外核和内核），厚度约 3 480km，其中 1 200km 以内是内核，呈固态，余下为外核，呈液态。内核温度高达 6 000℃，压强约为地表大气压的四百万倍。地核以上是**地幔**，厚度约 2 891km，温度在 1 200~2 000℃，这里的物质大多呈液态。最外层是**地壳**，厚度仅 21.4km。地壳和地幔顶部是固态的岩石圈，厚度总计约 100km。按现代地质理论，全球岩石圈分成六大板块：欧亚、美洲、非洲、太平洋、印澳和南极板块。各板块处在缓慢的漂移和变化中，导致板块的边缘往往成为地震和火山的频发地带。地球外面是大气层，大气中主要是氮气和氧气。大气层外是电离层，随后是等离子体，再往外，基本上就不属于地球引力作用的范围了。

地球的位置是独特的：地球离太阳不近不远，因而地面温度适宜，不像太阳系中内行星那样热，也不像外行星那样冷。地球大小适当，因而不大不小的引力维系住一个不厚不薄的大气圈。若质量太小，则引力将不足以维系住大气圈；若质量太大，则大气圈太厚，有害气体太多，也不宜居住。地球自转的快慢也正相宜。假如转动太慢，地球本身的生命以致生物进化过程都将停止；假如转动太快，则地表将因火山和地震活动过于频繁而不能成形，也不利于生命进化。另外，地球的磁场和大气层还阻挡了外来物质和宇宙射线的"入侵"。地球这种得天独厚的环境造成了有利于生命体发展的条件。生物进化的结果，到距今 200 万年前，原始人开始出现在地球上。但长时间来，人类却只知索取，而从未考虑如何珍惜这个人类共同的家园。住居环境的逐渐恶化和灾难性事件的增多向人类敲响了警钟。今天，改善环境、爱护地球已经成了全人类的共识。为此，联合国还规定每年 4 月 22 日为**世界地球日**。活动旨在唤起人类爱护地球、保护家园的意识，促进资源开发与环境保护的协调发展，进而改善地球的整体环境。今天我们每一个人都应当居安思危，爱惜、保护和建设好我们的地球这一人类唯一的共同的家。

11.3.3 月亮

月亮是地球唯一的天然卫星。这个地球的伴侣，自它诞生四十多亿年以来，就一直围绕地球奔腾回旋不息。利用三角视差法测定月亮离地球的距离为 3.84×10^5 km，激光测距的结果为 384 401±1km。月亮的平均半径为 1.74×10^6 m，质量为 7.36×10^{22} kg。

月亮和地球一样，自己不会发光。天空中一轮明月是因为反射太阳光的结果。因此，迎着太阳的半个月球是亮的，而背着太阳的半个月球则是暗的。由于日、地、月三者的相对位置随月亮绕地球运转而变化，造成了月有阴晴圆缺，称为**月相**（如图 11.2）。月亮位于日地间的时候叫做"朔"，这时月亮暗的半个球面对着地球，人们看不到它。朔以后的一两天，一弯镰刀状新月挂在天上，凸面向着落日方向。随着月亮相对太阳逐渐东移，明亮部分日益扩展。五六天变成半圆形，这时的月相称为"上弦"。再过七天，一轮明月当空，称为"望"（满月）。这时，月亮离太阳最远。满月后，圆轮逐渐亏缺。到"下弦"时，又呈半圆形，但与上弦月相反，下弦月是东边半个圆被照亮。下弦后是残月。随着月亮越来越接近太阳，朔又来临。月相变化的一个周期叫做**朔望月**。月亮绕地球运转一圈的周期叫做**恒星月**。1朔望月的时长是29日12时44分2.78秒；而1恒星月的时长是29日12时10分42.82秒。两者不等的原因就在于月亮也不是静止的。用望远镜细心观测月亮会发现，月亮总是以同一面朝向地球。这是因为月亮的自转和绕地球的转动不仅周期相等，而且方向相同。

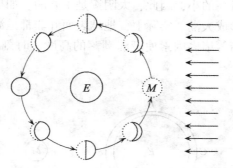

E：地球，M：月亮，箭头：太阳光线

图 11.2　月相的形成

月亮绕地球转动，而地球又绕太阳转动。在太阳光照射下，月亮和地球在背向太阳的方向都留下一条长长的影子。当月影扫过地面时，产生了**日食**；当月亮钻进地影时，产生了**月食**。因此，日食发生在朔日（农历初一），月食发生在望日（农历十五、十六）。但由于月亮轨道平面和地球轨道平面实际不重合，故大多数的朔日和望日并不能观测到日食和月食。月影分本影、半影和伪本影（如图11.3）。位于本影内的人们看到的是太阳光全部被月亮遮挡，为**日全食**；位于半影内的人们看到的是月亮只遮住了日轮的一部分，为**日偏食**；位于伪本影内的人们看到暗月的周围一圈明亮的光球，为**日环食**。因为地球的本影很长，而宽度约为月亮直径的2.7倍，所以月食只有全食和偏食两种，没有环食。

如果地球表面全由海洋覆盖，那么因为万有引力的存在，地面上距月亮最近之处(A)的海水受月亮的吸引比地球中心处大，海水会向月球移动，即上涨。地面上距月亮最远之处(C)的海水受月亮的吸引比地球中心处小，海水会离月亮移动，也上涨。由于水的流动性，与AC垂直的地上两点(BD)处的海面会下落。又因为地球的自转，地面上每点的海水每天会产生两次潮涨潮落，这便是**潮汐现象**（如图11.4）。由月亮引起的潮汐叫**太阴潮**。太阳的引力也会引起潮汐，叫**太阳潮**。太阳

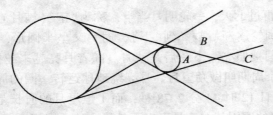

A：本影，B：半影，C：伪本影

图 11.3　本影、半影和伪本影

引力对潮汐的影响比月亮的小，因此，太阴潮是主要的。如果太阴潮与太阳潮同时发生，两者叠加，则形成大潮。实际上，地球表面并非都是海洋，各地的地形又千差万别，海水也有粘滞等诸多因素使潮涨潮落的高度、时刻、长久都要复杂得多，且因此而异。

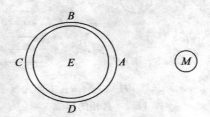

E：地球，M：月亮

图 11.4　潮汐的成因

月亮在中国古代传说中宛如仙境：广寒宫里住着嫦娥，也有玉兔，还可见吴刚伐桂。但实际的月亮是一个荒凉、寂寞的世界，那里没有空气，没有水，找不到任何生物的痕迹。月亮表面坎坷不平，有山峦、坑穴和月谷。由于没有保护层防止外来入侵者，月球表面斑痕累累。不过，月亮上也有月震，只是月震的次数和释放的能量都远小于地震。太阳、地球和月亮的一些性质见表 11.2。

表 11.2　　　　　　　　太阳、地球和月亮的一些性质

	质量单位（kg）	平均半径（m）	平均密度（kg/m³）	表面重力加速度（m/s²）	到地球的平均距离（m）
太阳	1.99×10^{30}	6.96×10^{8}	1 410	274	1.50×10^{11}
地球	5.98×10^{24}	6.37×10^{6}	5 520	9.81	
月亮	7.36×10^{22}	1.74×10^{6}	3 340	1.67	3.82×10^{8}

11.3.4 太阳系

太阳系以太阳为中心，按照离太阳由近及远的顺序排列的大行星分别是①：水星、金星、地球、火星、木星、土星、天王星和海王星。这些大行星分成两个不同的类型，一类与地球相似，它们的半径与地球同数量级，几千公里，密度大，每立方厘米 4.0~5.5 克。这类行星叫做**类地行星**，它们包括水星、金星、地球和火星。另一类行星叫做**类木行星**，它们包括木星、土星、天王星和海王星。类木行量半径与木星同数量级，上万公里；密度与太阳差不多。类木行星主要由氮、氦、氨、甲烷等组成。类地行星主要由岩石、金属等物质组成。在轨道运动中，它们也有一些明显特征：行星绕太阳公转的轨道几乎都在同一平面内；公转的方向和太阳自转的方向一致②；除金星外，自转方向也和太阳相同。行星和太阳的距离 r 也有某种规律，它们可以用一个经验公式来描写：

$$r = 0.4 + 0.3 \times 2^n \tag{11.3.2}$$

式中，指数 n 从水星至冥王星依次取值为 $-\infty$，0，1，…，7。表 11.3 列举了这些行星到太阳的真实距离与式(11.3.2)计算所得距离以供比较③。

表 11.3   **r 的真实值与计算值的比较**(距离取天文单位)

行星	水星	金星	地球	火星	小行星	木星	土星	天王星	冥王星
n	$-\infty$	0	1	2	3	4	5	6	7
计算值	0.4	0.7	1.0	1.6	2.8	5.2	10.0	19.6	38.8
真实值	0.39	0.72	1.0	1.52	2~3.5	5.2	9.54	19.2	39.5

这八大行星都被人类的宇宙飞船探测过。水星是离太阳最近的行星，也是绕太阳运动最快的行星。它绕太阳一周只需 87.969 个地球日，而自转一周也需 58.646 个地球日。水星表面最高温度可达 700K，最低温度可达 100K。从地球上观测星空，金星是最亮的一颗。金星有时在早晨出现，称为**晨星或启明星**；有时在黄昏出现，称为**昏星或长庚星**。金星的自转方向很特别，是自东向西。由于火星对红色光反射本领特别强，因此在地球上观测，火星是一颗"红色星球"。火星有些与地球

---

① 原来太阳系中第九大行星冥王星 2006 年被国际天文学联合会改属为矮行星。

② 太阳自转方向为由西向东，即从北极观测为逆时针转动。

③ 与 $n=3$ 对应的不是一颗大行星，而是非常多的小行星。它们在火星和木星之间运动，距离大约在 2~3.5AU。与 $n=7$ 对应的是冥王星，不是海王星，海王星未遵守这个行星距离的经验公式。

类似的地方，比如，火星上也有四季变化，也有大气。原先，有人猜测火星上可能有生命。多年来人们花费了许多财力、物力对火星进行探测，结果却令人失望：火星上寒冷、干燥、缺水，不可能有生命存在。木星是行星中体积和质量最大的。木星的卫星也较多，至今已发现有数十颗。木星内部有一个核心，其余部分是构造复杂的大气。土星是太阳系中一颗密度最小的行星，密度只有 $0.7 \mathrm{g \cdot cm^{-3}}$，比水还轻。观测土星，可以看到在赤道面内围绕土星的系列同心圆，这就是土星的光环。天王星一个特别之处是，它的自转轴几乎就处在公转的轨道平面上。海王星要算是离太阳最远的一颗大行星。它的发现是将摄动理论应用到天王星轨道上的结果。行星在太阳引力作用下做椭圆运动，但由于其他邻近行星的存在，行星的椭圆轨道会发生较小改变，这种改变叫**摄动**。引起摄动的其他行星叫**摄动行星**，相应的力叫**摄动力**。行星的摄动是一个三体或多体问题。勒威耶根据天王星运动的不规则性确定出摄动行星的位置。1846 年柏林天文台在此位置附近只差 1° 的地方找到了这颗行星，称为海王星。

在太阳的周围，除了行星和卫星，还可以见到**彗星**、**流星**和**陨星**。彗星的主要部分是彗头，中间有个固体的核叫做彗核，包围彗核的云雾状结构叫做彗发。接近太阳时，在太阳风作用下，彗发增大并被推向背着太阳方向，形成一条尾巴叫做彗尾。所以彗尾总是背着太阳。哈雷彗星就是一颗著名的彗星，它绕太阳运动的周期约 76 年。行星际空间存在大量小而暗的物体，它们在太阳引力作用下有着各自不同的轨道，如果进入地球大气层，由于空气的阻力便会变热发光，这就是地面上观测到的**流星**。在一个时刻观测到朝各个可能方向运动的众多流星便是**流星雨**。除了这种阵雨形式的流星外，还有散兵游勇似的流星，它们一旦闯入更低层的大气便会产生炽热气体成为火流星。火流星如果留下并未燃尽的石块而落到地球表面便是**陨星**。陨星撞击出的大坑叫**陨星坑**。

11.4　恒星世界

11.4.1　恒星的距离

从地球上看星空，它好像一个硕大无朋的半球，天文学上称为天球。天球既包括观测者头顶上的半球，也包括隐没在地平线下的另外那个半球，而观测者被认为位于天球球心。由于地球的自转和公转，在观测者眼中，天球上天体的位置也在变化。这种眼睛直接看到的天体运动叫做**视运动**，它们相应的位置叫做**视位置**。恒星的视运动有**周日视运动**和**周年视运动**，它们是地球自转和公转的反映。地球赤道所在的平面与天球相截所得的大圆称为**天赤道**。太阳周年视运动在天球上画出的大圆称为**黄道**。因为地球赤道面与公转轨道面夹角为

$23°27'$，所以天赤道与黄道间夹角也是 $23°27'$。黄道和天赤道的两个交点即是春分点和秋分点。

从地球上观测，恒星以一年为周期在天球上画圈，在垂直于地球公转轨道平面（黄极）方向上的恒星画的圈最圆，离黄极越远的恒星画的圈越扁，位于黄道上的恒星，画的圈成了直线。恒星所画圈的角半径即是恒星看地球轨道半径的张角，叫做恒星的（周年）视差，记为 θ。显然，恒星到太阳的距离 r 与日地距离 a、视差 θ 的关系是

$$r = \frac{a}{\sin\theta} \tag{11.4.1}$$

测出恒星的视差便可得到 r，这种测量恒星距离的方法称为**三角视差法**（如图 11.5）。恒星的视差一般都非常小，这时 $\sin\theta \approx \theta$，于是

$$r = \frac{a}{\theta} \tag{11.4.2}$$

式中，θ 以弧度表示。若 θ 以角秒表示，并记为 θ''，则因 1 弧度 = $(180×3\,600)÷\pi$ 角秒 = 206 265 角秒，所以

$$r = 206\,265\,\frac{a}{\theta''} \tag{11.4.3}$$

式中，r 与 a 同单位。定义日地平均距离为 1 个天文单位（AU），即 $1\mathrm{AU} = 1.496×10^8\mathrm{km}$，则

$$r = \frac{206\,265}{\theta''}\mathrm{AU} \tag{11.4.4}$$

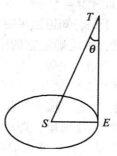

图 11.5 三角视差法

由于恒星过于遥远，天文学上常采用另外两个更大的距离单位：光年（ly）和秒差距（pc）。1 光年是光在 1 年内走过的距离，1 秒差距是相应视差 $1''$ 的距离。即

$$1\mathrm{ly} = 63\,240\mathrm{AU} = 9.46×10^{15}\mathrm{m}$$
$$1\mathrm{pc} = 3.261\,63\mathrm{ly} = 206\,265\mathrm{AU} = 3.085\,68×10^{16}\mathrm{m}$$

这时，式(11.4.2)变成

$$r = \frac{3.26}{\theta''}\text{ly}, \qquad r = \frac{1}{\theta''}\text{pc} \tag{11.4.5}$$

11.4.2　恒星的亮度

恒星是自己能够发光的星。恒星每秒钟辐射的能量称为光度 L，它代表恒星的发光本领。地球上观测到的恒星的亮度(视亮度) I 与 L 的关系是

$$L = 4\pi r^2 I \tag{11.4.6}$$

式中，r 是恒星到观测点的距离。

两千年前，希腊天文学家喜帕恰斯把肉眼可见的星分成六等，最亮的为 1 等，最暗的为 6 等。后来，赫歇尔发现，1 等星与 6 等星，星等相差 5 等，亮度相差 100 倍，即星等每增加 1 等，亮度变暗 $100^{1/5} = 2.512$ 倍。后人沿袭这套划分亮度的星等系统，用更大的正星等表示更暗的星，而用零等、负星等表示更亮的星。比如全天最亮的恒星，天狼星星等是-1.45，满月是-12.73 等，太阳是-26.74 等。

以上所述的星等和视亮度有关，即与恒星距离相关，称为**视星等**(m)。为了表示恒星的真实亮度，应该把恒星放到同一距离进行比较。天文学上将这一距离规定为 10pc，称为**标准距离**。恒星在标准距离处所具有的视星等叫做**绝对星等**(M)。根据星等定义和视亮度同距离平方成反比(式 11.4.6)的规律，应有

$$(2.512)^{m-M} = \frac{r^2}{10^2} \tag{11.4.7}$$

两边取以 10 为底的对数得

$$m - M = 5\log r - 5 \tag{11.4.8}$$

式中，视星等可以由观测测定，于是，知道恒星距离则能确定绝对星等或光度；反之，知道恒星的绝对星等或光度，则能确定它的距离。通常都是利用式(11.4.8)来确定恒星距离，这是因为恒星的绝对星等可以由周光关系得到。

大多数恒星的亮度在几百年内并无变化，但有些恒星的亮度能发生变化，称为**变星**。变星可以分为三类：食变星、脉动变星和爆发变星。食变星其实是双星，它们互相绕对方转动而产生掩食现象，即一颗星把另一颗星部分或全部遮挡，从而亮度发生变化。脉动变星，其星体会周期性膨胀和收缩，这种物理状态改变引起亮度变化。爆发变星包括新星和超新星等。所谓新星并不是一颗字面意义上的"新"星。它们只是原来太暗被观测者忽视，而在某个时间突然迅速膨胀释放巨大能量，从而使亮度猛增，引起观测者注意。比如，1918 年发现的天鹰座新星，原先亮度是 11^m(上标 m 表示视星等)，发现时亮度由 11^m 猛增至 -1^m，20 多天后降到 4^m，近 5 个月后降到 6^m，到 1923 年又回到 11^m。迄今发现的变星中主要是食变星和脉动变星。造父变星一种具有代表性的脉动变星。1912 年，

天文学家在分析小麦哲伦云系内的一些造父变星时发现，若以光变周期为横坐标，视星等为纵坐标，那么这些星在此平面坐标系中的位置构成了一条直线，小麦哲伦云系自身大小远小于它离太阳的距离，因此，位于此云系内的造父变星可以认为具有相同距离。于是，根据式(11.4.8)，视星等与(光变)周期的关系实际上也反映了光度(绝对星等)与周期的关系。天文学家通过统计方法对"零点"进行校正，即确定直线的位置，最终便得到造父变星的光变周期与绝对星等(光度)之间的关系，简称**周光关系**。一个距离不明的造父变星，其光变周期和视星等可以观测定出。利用天文学上所编制的周光关系图表，就可以从造父变星的周期立刻得到绝对星等，从而求出它的距离。对一些非常遥远的宇宙体，如星云、星系，它们的视差往往很难观测，甚至无法辨认，这时，利用周光关系测定宇宙体内那些造父变星的距离，也就知道了这些宇宙的大概位置。可见，变星测距是宇宙中测量距离的一种重要方法，通常被人们戏称为"**量天尺**"。

11.4.3　恒星的光谱

恒星发出的光经过摄谱仪分解成单色光，将其波长成分和强度分布记录下来，便成了恒星的光谱。与太阳光谱相似，恒星光谱也是连续和线状光谱的叠加。在明亮的连续光谱背景上可以看到许多暗的线条，它们称为恒星的吸收光谱。恒星的光谱按照谱线的种类和相对强度可以分为如下类型：O、B、A、F、G、K、M 和补充类型 R、N、S。每一光谱型还可以分成 10 个次型，表示同一类型中由于温度高低引起恒星光谱细节的差异。表 11.4 给出了各光谱类型的特征、温度及所呈现的颜色。

表 11.4　　　　　　　　　**光谱的类型、特征、温度与颜色**

谱型	特　　征	表面温度(K)	颜色
O	有电离氦谱线，氢线较弱	40 000	蓝
B	氢线增强，中性氦谱线出现	25 000	蓝白
A	氢线特强，电离钙 H、K 线可见	10 000	白
F	氢线减弱，电离钙线增强，其他金属线出现	7 500	黄白
G	氢线微弱，电离钙线与其他金属线强	6 000	黄
K	氢线很弱，电离钙线特强，其他金属线强，分子 CH 和 CN 的吸收带(G 带)出现	4 500	橙
M	TiO 分子带很强，金属线仍可见到	3 600	红
R　N	分子 C_2 和 CN 吸收带出现	3 000	橙~红
S	分子 ZrO 吸收带出现	3 000	红

属于 B~M 型的恒星在恒星世界中占绝大部分，比如，太阳就是一颗 G2 型星。大多数恒星的化学成分与太阳的差别不是很大；只有少数恒星的化学成分比较特殊，如 R 和 N 型恒星碳元素很多，有碳星之称。

以恒星的光谱型（或表面温度）为横坐标，以绝对星等（或光度）为纵坐标将恒星的位置标记在此坐标平面上，这样绘制的图形叫做**赫罗图**。恒星在赫罗图上的分布并不均匀，绝大多数恒星落在从左上角到右下角的对角线上，称为**主星序**。位于主星序上的星称为**主序星**。太阳位于主星序的中部。一般说来，处在右上方的恒星光度很大，由于它们的温度比较而言并不高，因此表面积应该很大，即体积庞大，被称为**巨星**或**超巨星**。相反，处在左下方的恒星光度小，体积也小，称为**矮星**。赫罗图在恒星演化的研究上占有重要地位。

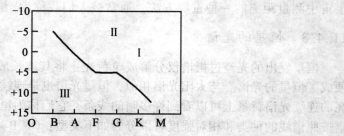

Ⅰ：巨星，Ⅱ：超巨星，Ⅲ：白矮星

图 11.6　赫罗图

11.4.4　恒星的大小

恒星的大小，即恒星的直径，是恒星的基本参量之一。但恒星的角直径非常小，不能用望远镜直接观测定出。不过，恒星的角直径有时可以用迈克耳逊干涉仪或汉·布朗干涉仪得到；然后由恒星的距离便可推出它的线直径（真直径）。对于月掩星，可以根据掩星亮度的变化推导掩星的真直径。对于食变星，可以根据它们的光变曲线推导子星的真直径。其他恒星的大小，一般是利用它的绝对星等和表面有效温度数值计算它的表面积，再确定它的真直径。

恒星的质量是恒星的另一个基本参量，是决定恒星结构和恒星演化的重要因素。恒星的质量，只有对一类双星才能严格导出，它的依据就是推广了的开普勒周期定律。严格地说，一对行星绕太阳运动应该理解为：两者的质心做惯性运动，而两者均绕质心做圆锥曲线运动。这时的开普勒周期定律是

$$\frac{a_1^3}{T_1^2} : \frac{a_2^3}{T_2^2} = \frac{M + m_1}{M + m_2} \tag{11.4.9}$$

式中，M是太阳的质量，m_1和m_2是绕日运行的两个行星的质量，a_1和a_2是它们轨道半长轴，T_1和T_2是它们运行一圈的周期。不过，因为$M \gg m_1$，$M \gg m_2$，所以式(11.4.9)右边可以看做等于1，这就是11.2.1周期定律所给出的。将式(11.4.9)应用到双星，我们可以写出：

$$\frac{a^3}{T^2} : \frac{a_\oplus^3}{T_\oplus^2} = \frac{M_1 + M_2}{M_\Theta + m} \tag{11.4.10}$$

式中，$M_\odot$是太阳的质量，m、$T_\oplus$分别是地球的质量及地球绕日周期，$a_\oplus$是日地距离，M_1、M_2分别是双星质量，a、T分别是双星绕行轨道大小及绕行周期。如果距离取天文单位，则$a_\oplus = 1$AU；质量以太阳质量为单位，$M_\odot + m \approx M_\odot = 1$；周期以地球年为单位，则$T_\oplus = 1$，于是

$$\frac{a^3}{T^2} = M_1 + M_2 \tag{11.4.11}$$

式中，a以天文单位为单位，T以年(a)为单位，M_1、M_2以太阳质量($M_\odot$)为单位。比如天空中最亮的恒星天狼星就是一颗双星。观测定出天狼伴星的绕行周期是50.09年，轨道半长轴是7.50″，视差是0.375″，这意味着从天狼星的距离看地球轨道半径(1AU)的张角是0.375″，于是，张角为7.50″的轨道半径

$$a = \frac{7.50''}{0.375''} = 20\text{AU} \tag{11.4.12}$$

由此得

$$M_1 + M_2 = \frac{a^3}{T^2} = \frac{20^3}{50.09^2} = 3.19 \tag{11.4.13}$$

要进一步求出每颗子星的质量①，还需知道它们的质量比。从它们的运动情况估计$M_1/M_2 = 2.33$，因此

$$M_1 = 2.23 M_\odot, \qquad M_2 = 0.96 M_\odot \tag{11.4.14}$$

由此可见，天狼星主星(天狼星 A)的质量为太阳质量的2~3倍，而天狼伴星(天狼星 B)的质量与太阳质量接近。

一般恒星的质量不能直接测定，通常利用恒星质量和光度的关系(质光关系)

$$\log(L/L_s) = 3.45\log(M/M_\odot) \tag{11.4.15}$$

来估算。理论和实验观测可以得到恒星的光度，再利用质光关系来推出恒星的质量。在目前所观测到的稳定恒星中，质量较大的$\sim 60 M_\odot$，较小的$\sim 0.1 M_\odot$。可见，恒星质量的变动不过3个数量级左右。质量过大或过小都不能维系恒星的稳定。

11.4.5　恒星的种类

观测表明，天狼星(A)是一颗正常的主序星。它的表面温度约10^4K，光谱型

---

① 双星系统中两个成员都称为子星，较亮的一颗叫主星，较暗的一颗叫伴星。

是 A1 型。天狼伴星的光谱型与主星相同，因此，它们有相同的发光本领和相同的温度。但主星的视星等是 -1.47，而伴星的视星等是 8.64，暗了 10 等。造成主星亮而伴星暗的唯一原因只能是主星表面积大而伴星表面积小。我们知道，星等相差 5 等，亮度相差 100 倍。这就是说，天狼星比它的伴星辐射总能量大 10^4 倍，即表面积大 10^4 倍。由于球体表面积与其半径平方成正比，因此，天狼星半径是伴星的 100 倍。已知天狼星半径约为太阳的 2 倍，那么天狼伴星的半径就是太阳的 $\frac{1}{50}$，而它的质量与太阳相近，所以，天狼伴星的平均密度近似等于太阳的 $50^3 = 1.25 \times 10^5$ 倍，即 $1.75 \times 10^5 \mathrm{g/cm^3}$。这么高密度的星叫做**白矮星**。天狼伴星是人们发现的第一颗白矮星①。

地球上物质密度最高 ~ $22.5\mathrm{g/cm^3}$，太阳核心处密度 ~ $160\mathrm{g/cm^3}$。相比较可见白矮星密度之高。但星空中还存在密度更高的星星，那就是**中子星**。当恒星内部热核反应所生成的简并电子气所提供的张力不足以抗衡坍塌引力时，星体被进一步压缩，以致电子被压进原子核与质子结合成中子。当中子数目增加到一定程度时，简并中子气的压强产生的张力与坍缩引力达到平衡，便形成了中子星。中子星密度与原子核密度同数量级，为 10^{14} ~ $10^{15}\mathrm{g/cm^3}$。中子星的存在首先只是一种理论上的预言。1934 年巴德(Baade)和兹维基(Zwicky)提出新星爆炸后在其核心可以形成中子星。1939 年奥本海默(Oppeheimer)和沃尔科夫(Volkoff)首次给出一个可能的中子星模型。但这并未引起天文学界的重视，直到 30 年后，1968 年英国天文学家休伊会(Hewish)及其同事宣布发现了脉冲星，同年苟德(Gold)指出，观测到的脉冲量事实上就是快速旋转的中子量，这才导致脉冲量的中子星模型被普遍接受。根据脉冲星磁偶极模型，中子星是一个磁化自转的星体。中子星自转发出脉冲辐射，有如海边的灯塔，称为**灯塔效应**。它的辐射由其上亮斑发出，当地球正对此方向时便可以见到这束光。随着中子星自转，光束消失，直到中子星转完一圈，光束重新扫到地球上，才第二次见到光。于是，地球上收到的辐射便是间歇的、脉冲式的。

恒星世界中还可能存在密度更大的星体，称为**黑洞**。黑洞并不是指这类天体不会发光，而是说，任何物体和光到了它那里，都将一概被吸收，有进无出，就像掉进了一个无底洞。我们知道，地球上的物体要摆脱地球的引力作用，其最小速度(第二宇宙速度 v_2)必须达到

$$v_2 = \sqrt{\frac{2GM}{R}} \tag{11.4.16}$$

式中，M 是地球质量，R 是地球半径。类似地，一个质量为 M 的星球要捕获任何

① 矮表示密度高，白表示光谱型颜色为白。

以光速运动的物体(或光子),它的最小半径应不大于①

$$r_g = \frac{2GM}{c^2} \qquad (11.4.17)$$

r_g 称为天体的引力半径或施瓦西半径。一个质量为 M 的天体,如果它的半径 $r \leq r_g$,那么任何到达此处的物质都只能被吸入而无法脱离,这个天体便成了一个黑洞。由于从引力半径内不能传递出任何信息,观测者对黑洞内部($r \leq r_g$)的状况一无所知,因此,球面 $4\pi r_g^2$ 又称为**黑洞的视界**。黑洞这种天体虽然难以想象,深奥莫测,但对黑洞物理的研究表明,它仍然存在一些普遍的规律,其中最醒目的就是类似热力学的 4 条定律。

第零定律:一个稳定的轴对称的黑洞,其整个视界上的 K 是一个常量。这里

$$K = \frac{GM}{r_g^2} = \frac{c^4}{4GM} \qquad (11.4.18)$$

叫做**表面引力**。

热力学第零定律定义了温度,同时还指出达到热力学平衡的系统具有确定的温度。黑洞物理学第零定律定义了表面引力 K,同时指出一个稳定的黑洞有不变的 K。

第一定律:能量和动量在每一个物理过程中守恒。

热力学第一定律是能量守恒与转化定律在涉及热现象的宏观过程中的具体体现。黑洞物理学第一定律也是关于能量、动量守恒的定律。

第二定律:在黑洞涉及的全部物理过程中,有关黑洞的总面积绝不会减少。

热力学第二定律解答了有关热力学过程进行方向的问题,它指出一个孤立系统的熵永不减少。黑洞的特点是只吸收周围的物质和辐射,而不放出任何物质和辐射。黑洞视界就像一个单向膜,只能使黑洞质量增加,而黑洞视界表面积将随其质量增加而增加②。可见黑洞视界的面积在这里的作用与热力学中的熵在孤立系统中的作用极为相像。

第三定律:不可能通过有限的物理过程使黑洞的表面引力 K 变为零。

热力学第三定律指出不可能通过有限步骤使系统的温度达到绝对零度。我们已见黑洞的表面引力 K 与系统温度 T 在某种意义上的对应,这两条定律的类似就不言而喻。

早在 1798 年,法国天文学家拉普拉斯便预言了黑洞的存在,后来人们又利用广义相对论作了更为严格的推导,但相当长时间内无人注意。直到 20 世纪 60 年代中子星被发现后,人们才开始寻找它存在的例证。最佳候选者是双星系统,比如天

---

① 将式(11.4.16)中物体速度 v 换成光速 c 即得式(11.4.17)。

② 参见式(11.4.17)。

鹅座 $X-1$，有一个很强的 X 射线源和一个周期性的掩食，周期 5 至 6 天。观测表明，它实际上是一个有暗子星的双星系。看得见的是一颗热超巨星，看不见的伴星质量约为 $5M_\odot$。质量这样大的暗子星，有人认为除了黑洞似乎无其他可能。黑洞这种天体，引力半径太小，质量太大。比如像太阳这样的恒星，引力半径仅 3 公里左右，而密度高达 $10^{16}\,g/cm^3$，甚至超过原子核的密度，的确难以想象，以致自然界是否真的存在黑洞，仍然是当前天体物理学家热议的话题，无疑有待进一步探讨。

与正常星（主序星）不同，白矮星、中子星和黑洞都具有很高的密度，它们统称**致密星**。还有一类恒星位于赫罗图的右上角，它们的光度很大，体积也很大，属于恒星世界的巨人，称为**巨星**和**超巨星**。比如，参宿四是一颗红超巨星，半径约为 800 个太阳半径，如果把它放在太阳的位置上，星体可伸展至火星轨道外。

11.4.6　恒星的演化

恒星世界也有老、中、青之分。恒星的演化指的是恒星是如何诞生、成长、衰老和走向终结的。恒星的一生或恒星的演化和它的质量大小与化学成分密切相关。

恒星是由星际物质凝聚而形成的。星空中存在的气团受到某种外界压力会迅速收缩。气团坍缩的结果在其中心产生一个新的平衡天体，称为**原恒星**。不同质量的恒星，收缩经历的时间长短不一，质量越小，时间越长。比如：$5M_\odot$ 的恒星仅需 ~$6\times10^4\,a$，$1M_\odot$ 的恒星历时 ~$8\times10^7\,a$，而 $0.2M_\odot$ 的恒星长达 ~$10^9\,a$。原恒星形成后缓慢地吸收并聚集周围气体和尘埃，温度不断升高。当中心温度达到 ~$7\times10^6\,K$ 时，氢聚变成氦的热核反应开始发生，恒星释放大量的能量。热核反应产生的压力与引力抗衡，进入一个相对稳定的阶段，这就是主星序阶段。这时恒星演化成一颗主序星。恒星一生中在这个阶段停留的时间最长。迄今发现的恒星有 90% 处在这一阶段。不过，不同质量的恒星在主星序上停留的时间仍然是不同的。太阳在主星序上可驻留 ~$10^{10}\,a$（目前太阳的年龄估计为 ~5×10^9 年）。$15M_\odot$ 的 B 型星驻留 ~$10^7\,a$；而 $0.2M_\odot$ 的 M 型可驻留 ~$10^{12}\,a$。一颗恒星在其大部分氢核燃料耗尽后便进入了它的演化最后阶段。随着氢的不断枯竭，星球的外壳急剧膨胀，体积增大，表面温度降低，恒星由主序星过渡到红巨星。之后，恒星也可能发展成超新星，产生超新星爆炸。恒星演化到晚期，核能源全部用尽，星体内压力支撑不住外壳，恒星在自身引力下收缩。质量小于 $1.3M_\odot$ 的恒星，收缩后电子压力与引力抗衡，星体达到平衡态，形成白矮星。白矮星靠余下的热能仍可发光，经约 10 亿年才转化为不发光的黑矮星。质量介于 $1.3M_\odot$~$3M_\odot$ 间的恒星，电子压力不足以抗衡引力，星体继续收缩将电子压入原子核生成中子。当中子的压力与引力平衡时，形成中子星。质量更大的恒星，中子的压力也不足以与引力抗衡，只能继续收缩。当恒星半径收缩到小于引力半径时，便形成了黑洞。

11.5 宇宙空间

11.5.1 银河系

夏季的夜晚仰望天穹，一条明亮的带子横贯长空，人们称之为**银河**，西方人叫它"The Milk Way"。用望远镜观测，垂直银河的方向，星星稀少，而沿着银河的方向，可见无数星星汇合成一条星的"河流"，组成了一个庞大的恒星系统，称为**银河系**。

银河系形似一个运动员投掷的铁饼，直径 50kpc，平均厚度为 1~2kpc。银河系的主体称为**银盘**。银盘中心为**核球**(或银核)，其长轴为 4~5kpc，厚约 4kpc。银河系被直径~100kpc 的银晕笼罩。如果采用银道坐标来描写银河系，那么银河系中心为银心，银河的中线所在面为银道面。银纬自银道量度，向北为正 0°~+90°，向南为负 0°~-90°，银纬±90°称为北(南)银极。银经沿反时针方向量度：0°~360°。太阳在银道以北~8pc 处，距银心~8.5kpc。表 11.5 列举了银河系的一些基本参数。

表 11.5   **银河系基本参数**

银盘直径	银晕直径	银河系质量	银河系恒星数目	银河系年龄	太阳附近银河系旋转速度
50kpc	100kpc	$1.4\times10^{11}M_\odot$	1.2×10^{11}	1.2×10^{10}a	$250\mathrm{km}\cdot\mathrm{s}^{-1}$

观测银河系人们会发现，有几十上百颗恒星聚集在一个不大的空间体积内，凭借互相之间的引力联系在一起，对其他恒星而言有大致相同的运动。这样形成的恒星集团称为**星团**。星团分为**疏散星团**和**球状星团**两种。疏散星团的形状无一定规则，包含的星数只数十、数百个，直径在几个秒差距到十几个秒差距。已发现的银河系内疏散星团为 1 千多个，集中在银道面附近，故疏散星团又名银河星团。如昴星团就是一个著名的疏散星团。它的距离为 127pc，直径 4pc，含有约 200 颗星。离昴星团不远，金牛座中最亮的星(毕宿五)附近是毕星团。它的距离只有 42pc，直径约 5pc，含有约 100 颗星。球状星团的形状呈球形或椭球形。球状星团直径约几十个秒差距，包含的星数有几万至几十万，它们是更密集的恒星集团。如武仙座球状星团(M13)是北半天球上可见的一个美丽球状星团，距离为 7 700 秒差距，质量为太阳质量的 30 万倍。银河系内已发现的球状星团约 130 个。与疏散星团不同，球状星团呈现以银心为中心的大致球形的空间分布。

　　在银河系中还有一种名叫星协的恒星集团。与星团不同的是，星协是一个有物理联系的系统，主要由光谱型大致相同、物理性质相近的恒星组成。星协有 O 星协和 T 星协。前者主要由 O 型、B 型星组成，直径在 20~200pc 范围内，含星数从十几到上百颗。后者主要由金牛座 T 型星和御夫座 RW 型星组成，直径从几个秒差距到几十个秒差距，含星数从几十到几百颗。星协是不稳定的系统，它们在大约几百万或一千万年前产生，因此它们是十分年轻的恒星集团。

　　银河系里既有离散的恒星，也有簇集在一起的恒星。所有恒星质量的总和占银河系质量的 90%。这也表明，恒星之间的空间（星际空间）并非绝对真空，恒星间存在大量的气体和尘埃。用望远镜观测银河会发现许多云雾状斑点，有的明，有的暗，称为**星云**。分析表明，有些星云其实就是恒星集团或恒星系统；但有的则是由气体和尘埃组成的云。这种星际气体和尘埃形成的云只属于银河系，所以它们被称为**银河星云**。按照大小、形状和物理性质，星云可以分成弥散星云、行星状星云和球状体。弥散星云形状不规则，往往没有明确的边界，分布在银道平面的附近。弥散星云按其发光本领可分为亮星云和暗星云，按其组成可分为气体星云和尘埃星云。著名的猎户座星云就是一个发亮的巨大弥散星云，距离太阳系约 1 500 光年，直径约 300 光年。猎户座星云每立方厘米仅包含约 300 个原子，但星云范围广，体积约 7 000 立方米光年，总计有 10^{60} 个原子。行星状星云比弥散星云小得多，形状如圆盘，和行星相像，直径从几秒到几分。球状体在照片上呈暗黑色圆斑点状，它们是暗星云。

　　星际空间的物质是非常稀薄的。在银道面附近，星际气体的平均密度只有每立方厘米 0.6 个原子。如此稀薄的密度甚至比通常实验室所制造出的"真空"还要空。至于星际尘埃就更少了，它的质量估计只有星际气体的几十分之一。观测这些物质常用的方法有：光学观测，射电观测，红外、紫外、X 射线和 γ 射线观测。对遥远恒星光谱的研究发现星际气体中有钙、钠、钛、钾、铁等元素。我们知道，恒星成分中含量最多的是元素氢；同样地，星际气体中最丰富的元素仍然是这种结构最简单的氢原子。不过，由于星际空间温度极低和星光照射微弱，因此星际氢原子绝大部分处于基态，不能向下跃迁产生辐射。而星际氢原子吸收星光产生的吸收线波长很短，无法穿透地球大气层。所以，用光学仪器不可能在地面上观测到星际氢原子产生的谱线。1945 年范德胡斯特（van de Hulst）提出，氢原子基态实际上可细分为电子和原子核（质子）自旋平行的状态以及自旋反平行的状态。利用这两个能级间的跃迁（自旋倒转跃迁）可以观测到这一跃迁发射的 21cm 波长谱线。虽然自发发生这一跃迁的几率微乎其微，但星际氢原子并非存在于真空中，它与邻近原子的碰撞（大约 300 年碰撞一次）可以诱发这一跃迁。再考虑到星际氢原子数目巨大，这就足以产生能观测到的谱线。终于，在 1951 年，利用射电天文望远镜人们接收到了星际氢原子发射的 21 厘米谱线。由 21 厘米波长谱线可观测到的气体星云叫做 HI

区。利用21cm波长谱线的射电观测可以确定银河广大地区内星际氢的分布。一个重要的结论是：银河系是旋涡星系，即具有旋臂的旋涡结构。

11.5.2　河外星系

星系是宇宙中十分重要又十分壮观的天体，它们是由恒星、气体和尘埃组成的庞大系统。河外星系是指位于银河以外的星系。星系最初观测到的时候被称为星云。1923年，哈勃用当时最大的望远镜对仙女座星云(M31)照相，在M31的边缘部分清晰地显示出许多单个恒星，并且证认和发现了造父变星。利用造父变星的视亮度与周光关系估算出它的距离在236万光年，远在银河系之外。因此仙女座星云并非银河系内的气体星云，而是一个独立的恒星系统。为了避免混淆，通常都把这种河外恒星系统不再称为星云而称为星系。

众多的星系除少数几个有自己的专门名称外，一般都以某一星表上的编号来命名的。1784年法国天文学家梅西叶(Messier)将100多个位置固定的天体编列成表，称为**梅西叶星表**。1888年丹麦天文学家德雷耶尔(Dreyer)编了一个包括7 840个天体的星表，简称NGC星表，后来又补编5 386个天体，简称IC星表。如梅西叶星表31号(M31)，即NGC224，就是仙女座星云。

星系基本上分为三类：旋涡星系、椭圆星系和不规则星系。旋涡星系具有旋涡结构，有一个椭圆形核心和两条或更多条旋涡臂(旋臂)从核心向外延伸出去。旋涡星系常用字母S表示，按照发展程度不同又分为Sa，Sb，Sc等，Sa型星系旋臂几乎看不出来，而Sc型星系旋臂得到充分发展。有些旋臂并不是以旋涡状从核心延伸，而是通过棒状的长条伸展出去。这样的星系又称棒状星系，以SB表示。椭圆星系的形状，有的近于圆形，有的呈椭圆形。不规则星系没有一定的形状。旋涡星系和椭圆星系在已观测到的10^{12}个星系中占绝大部分，不规则星系仅占百分之几。

离银河系最近的星系是大、小麦哲伦云。大麦哲伦云离我们17万光年，小麦哲伦云离我们20万光年。这两个星系属于不规则星系，都比银河系小，直径分别是银河系的$\frac{1}{4}$和$\frac{1}{10}$，质量分别是银河系的10%和2%。这两个星系又叫做银河系的伴星，它们与银河系组成了一个"三重星系"。距银河系最近的旋涡星系就是上面提到的仙女座星云，它离我们236万光年，但与星系世界大小相比，仍然是银河系的近邻。仙女座星系的直径约13万光年，质量2~3千亿个$M_\odot$。星系在质量上差别很大，最小的只有太阳的几百倍，最大的可达太阳的万亿倍。

研究发现，星系有集结成大小不同系统的倾向。单个孤立的星系只占少数，多数星系结合成群，称为星系群，星系群由10到几十个星系组成。星系团是比星系群更大的星系系统，它由几百或几千个星系组成，平均直径达几兆秒差距。目前已知的最大星系集团是超星系团，银河系的近邻连同银河系组成的星系群叫做本星系群，范围约 300 万光年，成员约 30 个。离银河最近的星系团是室女座星系团，距离约 6 000 万光年，成员约 2 500 个，其中 68% 是旋涡星系，19% 是椭圆星系，它占据了面积达 $10° \times 14°$ 的天区，直径约 850 万光年。另外两个著名的星系团是后发座星系团和北冕座星系团。前者包括数千个星系，比室女座星系远 7 倍；后者至少有四五百个成员，距离 10 亿多光年。在恒星世界里，大量恒星基本处于稳定状态，但也有部分恒星处于变动状态。与此类似，在星系世界中，大部分星系都属正常星系，但也有约百分之几的星系有激烈活动，被称为活动星系。这些活动星系中所发生的现象估计与其星系核内巨大能量的释放有关，而活动星系核在能量产生、辐射机制等方面的问题仍在探讨中。

20 世纪 60 年代，利用射电和光学望远镜观测发现了一类性质奇特的天体。这类天体有类似恒星的星像，故称为**类星体**。类星体一个最显著的特征是巨大红移。银河系内恒星最大红移约 0.002，而类星体的红移至少比它大一个数量级。据此便可把类星体与银河系内的恒星区分开来。因此，类星体又被定义为具有大红移的恒星状天体。类星体发射的能量也是巨大的，它们的光度 $\sim 10^{12} L_\odot$。有关类星体的大红移是否为宇宙学红移(即由宇宙膨胀引起的河外天体退行的反映)，争论自类星体发现以来一直不断，至今仍无定论。

11.5.3　宇宙学红移与哈勃膨胀

记 λ_0 表示某一谱线的光在地面发射与观测时的波长，λ 表示地面观测到从远方星系发出的同一谱线的波长，天文学上习惯用光谱线的红移量 z 来表示波长的变化：

$$z = \frac{\lambda - \lambda_0}{\lambda_0} \tag{11.5.1}$$

若 $z > 0$ 则称为红移，若 $z < 0$ 则称为紫移。

利用运动时钟的延缓与运动光源的多普勒效应，可以推得

$$cz = v \tag{11.5.2}$$

式中 c 为光速，v 为星系速度。1929 年，哈勃观测了 24 个邻近星系发出的光谱线，并与实验室的光谱线进行了对比，发现这些光谱线的波长都变长了，即发生了红移。利用式(11.5.2)，从谱线的红移量 z 可以算出 24 个星系的运动速度 v，把它与当时用其他方法定出的这 24 个星系的距离 d 相比较，哈勃发现 $v \propto d$。这一重大发现今天被称为**哈勃定律**并表示为

$$v = H_0 d \tag{11.5.3}$$

式中，H_0 称为哈勃常数。当年哈勃测得的值是 $500 \mathrm{km} \cdot \mathrm{s}^{-1} \cdot \mathrm{Mpc}^{-1}$，今天公认值是 $H_0 = 50 \sim 80 \mathrm{km} \cdot \mathrm{s}^{-1} \cdot \mathrm{Mpc}^{-1}$。

哈勃定律表明，目前所有星系都在彼此远去，这种彼此远离的运动称为**退行**。离我们越远的星系，退行速度越大。星系退行显示宇宙在膨胀①。这种膨胀是各处均匀的。这为日后大爆炸宇宙学的建立提供了重要的观测论据。

11.5.4 微波背景辐射和大爆炸宇宙学

哈勃定律揭示了一个膨胀宇宙的存在。有人据此推测早期的宇宙应该聚集在一个极小的空间内。最先提出这一观点的是俄裔美籍物理学家伽莫夫（G. Gamow）。哈勃发现天体整体退行 20 年（1948 年）后，伽莫夫在理论上预言宇宙起源于一次大爆炸。在大爆炸开始后的 10^{-8} s，温度极高、体积极小、密度极大、演化极快，物质存在的具体形式还不十分清楚。大约 1s 内，强子、轻子各种粒子产生，温度 ~10^{10}K。3 分钟后氦核形成，温度~10^9K。以后体积继续膨胀，温度继续降低，大约 $4\times10^5 a$ 出现各种原子、分子，温度~6 000K。以后星体、星系逐渐形成。到 $10^9 a$，宇宙平均温度降至 18K，继而演化到现在的世界。在 $10^9 \sim 1.2 \times 10^{10} a$，地球上出现生命形式。伽莫夫还估算出产生原始爆炸的火球由于膨胀冷却到今天仍会留下~10K 的背景辐射温度。伽莫夫的工作在当时并未引起人们的注意，直到 1964 年微波背景辐射被测定。

1964 年，美国贝尔实验室的两位工程师彭齐亚斯（A. A. Penzias）和威尔逊（R. W. Wilson）在检测接收人造卫星微波信号的天线时发现，在波长 7.35cm 处，无论天线指向什么天区，总会接收到一些不能消除的微波噪声，它与方向、昼夜、季节无关。这种微波噪声实际上是来自空间的一种辐射，即**微波背景辐射**。微波背景辐射的发现是继哈勃发现天体整体退行后有关宇宙的学说中第二个巨大成就②。微波背景辐射相当于一定温度的热辐射，反映了宇宙温度演化的进程。根据普朗克黑体辐射理论，微波背景辐射的相应温度为（2.736±0.046）K。微观背景辐射的存在证实了大爆炸宇宙学的设想。

在微波背景辐射被发现的同时，人们就注意到，在宇宙的可见物质中，按质量计，氦^{4}He 的含量（丰度）在 24% 左右。这一值远高于恒星内部热核反应提供的氦丰度③。根据大爆炸宇宙学的核合成理论，1964 年，哈利（Hoyle）和泰勒（Tayler）计算出的氦丰度为 23%~25%，这与天体的实际测量结果吻合。随后，对 ^{3}He 和 ^{7}Li 含量进行的大爆炸宇宙学核合成理论的计算同样也得到与观测相符的结果，这对大爆炸理论再次给予了有力的支持。

---

① 这里的宇宙是指天文学上所观测到的宇宙，即现在可以用一切观察手段所观察到的宇宙。

② 彭齐亚斯与威尔逊也因此获 1978 年诺贝尔物理学奖。

③ 太阳内部热核反应生成的氦丰度估计不足 5%。

哈勃膨胀(星系整体退行)、微波背景辐射和核合成理论,为大爆炸宇宙学的建立奠定了三大基石。大爆炸宇宙学利用已知的物理学规律,对宇宙的性质、运动和演化给出了简单、明了的描写,而依据这一理论所作的计算和预言都与实际观测相当符合,所以大爆炸宇宙学被公认为宇宙学的标准模型。表 11.6 给出了天文学上所观测到的宇宙的一些基本参数。

表 11.6　　　　　　　　　　　　　　　观测到的宇宙的一些基本参数

半径	质量	密度	重子数	年龄
10^{26}m	$10^{22}M_\odot$	10^{-26}kg·m^{-3}	10^{79}	10^{10}a

11.5.5　暗物质和宇宙结构

通过对星际氢原子发射的 21cm 谱线观测,显示了银河系的旋涡结构。在万有引力作用下,整个银河系在绕银心旋转。表 11.7 列举了离银心不同距离 r 处观测到的旋转速度 v 的数值。

表 11.7　　　　　　　　　　银河系旋转速度 v 随离银心距离 r 的变化

r(kpc)	0	1	2	3	5	7	9	10
v(km·s^{-1})	0	200	183	198	229	244	255	250

根据牛顿力学,距中心 r 处的旋转速度 v 应为①

$$v = \sqrt{\frac{GM(r)}{r}} \qquad\qquad (11.5.4)$$

式中, $M(r)$ 是 r 内的总质量。观测显示,星系中可视物质(主要是恒星)的分布并不均匀。恒星在中心区域分布密,在远离中心区域分布稀。假设对某距离 r_0, r_0 外的恒星总质量比 r_0 内的恒星总质量小得多,那么可以认为,当 $r > r_0$ 时, $M(r) = M(r_0)$ 为一常数。于是旋转速度 $v \propto r^{-\frac{1}{2}}$。然而,观测得到的结果却是 v 的变化不大,可近似看做一个常数(参见表 11.7)。这意味着有一种不可视物质(**暗物质**)存在,它对引力作用也有贡献,且其分布 $M(r) \sim r$, $\rho(r) \sim r^2$。这些暗物质数量多,分布范围广。从星系的总质量估计,暗物质大约为星系中可视物质质量的 3~10 倍。因此可推知,星系中大量存在的物质是暗物质。由于暗物质的不可观测性,

---

①　参见式(11.1.9)。

人们对暗物质的认识知之甚少。习惯上将暗物质分为两类：**冷暗物质**和**热暗物质**。热暗物质的候选者是质量很小的中微子；冷暗物质则可能是大质量天体物理致密晕物质，或者是以弥散形式存在的物质，其组成粒子候选者也许是一种中性的超对称配偶粒子①。

　　大爆炸宇宙学是建立在均匀各向同性的假设和广义相对论基础上的标准模型。而微波背景辐射的观测证实了宇宙均匀各向同性的假设。但实际观测到的宇宙是有结构的。在宇宙结构中，从恒星、星团到星系、星系团，直至整个观测到的宇宙，构成了尺度不等的层次。这说明理论模型与实际观测有距离。宇宙结构的形成成了一个具有广泛兴趣的问题。目前，人们普遍认为这是引力不稳定的结果，并提出了一些相应的理论。不过，结构形成理论要与实测比较符合，还需做更细致的工作。

11.6　人类航空航天之路

　　人类很早就梦想能像小鸟一样在空中飞翔，可在实现这一梦想的道路上却不知走了多少世纪。

　　远在古代，当中国人发明火箭以后，有人就试图借助火箭的推力和风筝的升力上天，但未能成功。数百年后，西方人开始尝试利用热气球升空。1731年俄国人克拉库特诺做了一个下面装有环的大口袋，把热烟装入口袋，他坐在环上便可以离开地面。这是第一次热气球实验。1783年，法国造纸商蒙特高菲尔兄弟也做了一个不透气的大口袋，不同的是，口袋下面放了一个用来加热的炉子，口袋内的空气被加热后，把兄弟俩带上了1 000米的高空。这是历史上首个带人升空的热气球。同年11月21日，奇埃和科特迪瓦乘坐高23米、直径14米的巨大热气球，在900米的巴黎上空飞行达25分钟，成为航行万里蓝天的首批客人。1784年，法国人罗伯特兄弟做了一个巨大的鱼形气球，容积达940m³，气球内不用热空气而改用氢气，充气后可获得10^3N的升力。这个巨大的鱼形气球被称为飞艇。试飞那天，开始时飞艇带着兄弟俩顺利上升，但后来他们发现，随着飞艇上升，外界大气压变低，氢气体积膨胀，一旦气球被胀破，后果不堪设想。兄弟俩急中生智，连忙刺破

---

　　①　超对称标准模型是粒子物理学家所提出的超出标准模型的许多种理论中的一种。该理论预言：所有的粒子都有自己的超对称"配偶"粒子，超对称配偶粒子的螺旋度和原来的粒子差1/2，从而它的自旋也和原来的粒子差1/2。超对称配偶粒子和原来粒子的相互作用性质相近。按照超对称标准模型，费米子的配偶粒子是玻色子，玻色子的配偶粒子是费米子。于是，超对称标准模型中存在的基本粒子数目将比原来标准模型中给出的要多一倍。由于超对称性的破缺，超对称配偶粒子的质量和原来粒子的质量可能不同，实际上可能重得多，至少是质子质量的34.5倍以上。所有的超对称配偶粒子中最轻的一个粒子应该是稳定的粒子。如果这个粒子是中性粒子，就有可能是冷暗物质粒子的很好的候选者。

气球放气，方才转危为安。几个月后，飞艇再次升空飞行。这次飞艇安了放气阀门，吊篮里坐着 7 人，他们挥动绸子和木桨以控制航向。飞艇在空中成功飞行了 7 小时。氢气球出现后，军事上将它用来进行侦察、通信、轰炸等任务，成了一种武器。特别是第一次世界大战期间，飞艇更是显示了它的威力。当时的飞艇充的都是氢气，由于氢气易燃易爆，极不安全，飞机出现后，飞艇就几乎不再使用。现代飞艇已改充氦气，氦气极不活泼，十分安全。巨大的飞艇可以载重几吨甚至上千吨。不用修路也无需搭桥，飞艇就能把重物从此处运往彼处。利用这一力大无比的搬运工，人们可以将巨型设备、超大车辆等笨重物体运到目的地，将木材等运出深山老林。

19 世纪末，动力飞行成为许多著名科学家和工程师研究的主要项目。1903 年 12 月 17 日，美国莱特兄弟进行了人类历史上第一次有动力、可操纵的持续飞行，飞行时间 59 秒，飞行距离 3 200 米，从而成功实现人类首次飞行。他们所驾驶的"飞行者"1 号飞机也成了世上第一架依靠自身动力进行载人飞行的飞机。随后，莱特兄弟便成立了莱特飞机公司，从事飞机制造和改进业务活动。

人类首次飞行成功后不久，1909 年布莱利奥驾驶自己的布莱利奥 XI 号第一次飞越北海；1913 年罗兰·加罗斯公司制造的莫拉纳-H 型飞机首次飞越地中海。这些飞机和飞行都在人类航空史上扮演过重要角色。1914 年，威廉·波音在购买了第一架飞机后开始把目光转到飞机制造上来。1916 年 6 月 29 日，波音在同是工程师的朋友乔治·康拉德·韦斯特维尔特的帮助下，制造并试飞了第一架双座单引擎水上飞机。受到这一成功的鼓舞，波音创建了太平洋航空产品公司，随后改名为波音飞机公司。现在波音公司和它所制造的波音飞机已是名震全球。1939 年，泛美航空公司开辟了纽约至法国马赛的第一条客运航线，开始了世界航空载客服务业务。

飞机发明几年之后，有人提出了喷气推进的理论。1937 年，第一台喷气发动机设计成型。1968 年，苏联图波列夫设计局研制成功世界上第一架超音速运输机，同时也是世界上飞得最快的客机。现在的民用飞机航速更快、性能更完善、飞行更安全、乘座更舒适。

飞机发明后，各国为了争夺制空权，开始了飞机军事应用的研究。1909 年美国首先制成了一架军用侦察机。1914 年英国生产的 F-B5"炮车"式战斗机安装了两挺机枪。1916 年法国在战斗机上安装了 37 毫米的航炮，从此航炮成了战斗机的主要武器。第二次世界大战期间，军用飞机得到迅速发展。为了更有效地摧毁地面目标，出现了轰炸机。美国在日本上空投下的两颗原子弹，执行此任务的就是 B-29 战略轰炸机。飞机是靠机翼产生的升力飞上天的，机翼的形状和大小直接影响飞机的飞行速度和起降距离。早期飞机多为十字架型，第二次世界大战期间改为单翼型。单翼型飞机滑行距离较短，但速度难以提高。1948 年美国开始在 F-86 战斗机上采用后掠翼。这种翼型的飞机虽然起飞距离加长了，但飞行速度得到很大的提高。随后，苏联米格 15 战斗机也采用了后掠翼。1967 年美国 F-111 战斗轰炸机首先采用变后掠翼型。这种翼型的飞机，起飞时平展双翼以获得较大升力，迅速起飞；起飞后又改为后掠翼以获得较大速度。20 世纪 70 年代，美国又开始了隐形机的研究，这种飞机具有良好的隐身性能。

现在的军用飞机更是门类齐全，有歼击机、轰炸机、侦察机、预警机和运输机等。飞行高度可高空、低空、超低空；航程可短程、中程、远程；机身可显形、隐形；驾驶可有人、无人。而空军则成了各国武装力量的重要组成部分，正越来越发挥其巨大作用。

自从飞机发明以后，飞机已成为现代文明不可缺少的运载工具，它深刻地改变和影响着人们的生活。

航空之梦得以成真后，人类又开始了他的航天之旅。

古代中国发明的火箭传入欧洲，几经改进发展成现代火箭。现代火箭可用作快速远距离运送工具，如作为发射人造卫星、载人飞船、空间站的运载工具，以及其他飞行器的助推器等。火箭用于运载航天器便叫航天**运载火箭**，用于运载军用炸弹便叫火箭武器(无控制)或**导弹**(有控制)。

19 世纪 80 年代，瑞典工程师拉瓦尔发明了拉瓦尔喷管，使火箭发动机的设计日臻完善。1903 年，俄国科学家齐奥尔科夫斯基提出了制造大型液体火箭的设想和设计原理。1926 年 3 月 16 日，美国火箭专家戈达德试飞了第一枚无控液体火箭。德国在第二次世界大战中期，先后研制成功了能用于实战的 V-1、V-2 两种导弹。第二次世界大战后，苏联在此基础上，1947 年仿制成功 V-2 火箭，1948 年自行设计了 P-1 火箭，射程达 300km。1950 年和 1955 年又先后研制成 P-2 和 P-3 火箭，射程分别达到 500km 和 1 750km。1957 年 8 月，成功发射两级液体洲际导弹 P-7，射程已达 8 000km。第二次世界大战后，美国在德国火箭专家布劳恩的帮助下于 1945 年发射了 V-2 火箭，1949 年开始研究"红石"弹道导弹。此后，美国又先后研制成功包括洲际弹道导弹在内的各种火箭武器。

除了用于军事目的的火箭武器外，现代火箭还是各种航天器或宇宙探测器的运载工具。1957 年，苏联在 P-7 洲际导弹飞行成功后，在其所用的运载器基础上改装成卫星运载火箭，并于 1957 年 10 月 4 日发射了世界上第一颗人造地球卫星。按照今天的标准衡量，苏联发射的第一颗人造卫星只不过是一个伸展开发射机天线的圆球，但它却是世界上第一个人造天体。人造地球卫星的发射成功首次把人类几千年的航天梦变成了现实。其实，发射人造地球卫星的设想早在 1945 年就在美国出现，但到 1954 年才制订人造卫星计划，1958 年 2 月 1 日终于成功发射了美国第一颗人造地球卫星。苏联由于发射多种航天器的需要，先后研制成功多种型号的运载火箭，可将 100 多吨的有效载荷送入近地轨道。美国也先后研制成功"先锋"号、

"侦察兵"号、"大力神"号和"土星"号等运载火箭。

人造地球卫星问世后，20 世纪 60 年代苏联和美国发射了大量的科学技术实验卫星。20 世纪 70 年代军、民用卫星全面进入应用阶段，各种专门化卫星，如侦察、通信、导航、预警、气象、测地、海洋和地球资源等卫星相继出现。同时，各类卫星亦向多用途、长寿命、高可靠性和低成本方向发展。20 世纪 80 年代后期出现的新型单一功能的微型化、小型化卫星具有重量轻、成本低、研制周期短、见效快的优点，有望成为未来卫星的一支生力军。除美、俄外，中国、欧洲航天局、日本、印度、加拿大、巴西、印尼、巴基斯坦等国都拥有自己研制的卫星。

载人航天在航天活动中占有重要位置。1961 年 4 月 12 日，苏联用东方号运载火箭发射了世界上第一艘载人飞船，世界上第一位航天员尤里·加加林乘坐"东方一号"飞船进入近地轨道，绕地球转了一圈后返回地面，开创了人类进入太空飞行的新纪元。苏联自 1961 年 4 月到 1970 年 9 月共发射了 17 艘载人飞船。1965 年 3 月 18 日，苏联宇航员列昂诺夫走出"上升 2 号"飞船，离船 5 米，停留 12 分钟，首次实现人类航天史上的太空行走。1969 年 1 月 14 — 17 日，苏联的联盟 4 号和 5 号飞船在太空首次实现交会对接，并交换了宇航员。苏联从 20 世纪 60 年代以来发射了 6 艘"东方"号飞船和 2 艘"上升"号飞船，完成了第一阶段的载人航天任务。

同样，美国自 1961 年 5 月至 1966 年 11 月发射了 16 艘载人飞船，"水星"和"双子星座"计划是以载人登月飞行为目的的"阿波罗"计划的头两个阶段。1965 年 6 月"双子星座"飞船上的航天员第一次步入太空。1966 年 3 月"双子星"8 号和"阿金纳"飞行器在轨道上第一次成功实现对接。此后，"双子星座"飞船系统进行过多次交会和对接。20 世纪 60 年代各种航天器发射频繁，降低单位有效载荷的发射费用就显得日益重要，为了降低费用，提高效益，一些科学家提出了研制能多次使用的航天飞机的设想。航天飞机是飞船和飞机的组合，它带有像飞机一样的翅膀。航天飞机依靠强大的助推火箭以极大的速度冲向太空，进入航天轨道。当完成航天任务返回大气层，达到 12 200 米的高度时，航天飞机的两翼开始发挥作用，使之能像普通飞机那样在空气中滑翔下降，在常规机场作飞机式着陆。美国、苏联、法国、日本、英国等国都曾对航天飞机的方案做过探索性研究工作。在这些国家中，美国最早开始研制航天飞机并将其投入商业性飞行。美国航天飞机的论证工作始于 1969 年。1972 年 1 月，美国政府批准航天飞机为正式工程项目。1981 年 4 月 21 日，美国成功发射并安全返回的世界上首架航天飞机哥伦比亚号，使可重复使用的天地往返系统梦想成真。随后制造的航天飞机型号还有"挑战者"号、"探索"号和"努力"号。

月球因为其独一无二的有利条件，成为人类空间探测的第一个目标。1963—1976 年期间苏联共发射 21 个"月球"号探测器。其中，"月球"17 号和 21 号分别携带一辆重约 1.8 吨的月球车在月面软着陆，两辆月球车分别行驶了 10.5 和 37

公里。

美国早期的月球探测器是"先驱者"号探测器，它从 1958 年开始。此后，美国把对月球探测的第二个阶段计划与"阿波罗"载人登月计划结合起来，执行了"徘徊者"号探测器、"勘测者"号探测器和"月球轨道环行器"探测月球计划。1969 年 7 月 20 日美国宇航员阿姆斯特朗乘坐"阿波罗"11 号飞船踏月成功，成为人类踏上月球的第一人。

从月球探测开始，利用行星和星际探测器探测其他星球的工作也逐渐展开。1961 年 2 月 12 日，苏联发射第一个金星探测器。美国在 1962 年 8 月 26 日发射"水手"2 号金星探测器，首次准确地计算出金星的质量。从 20 世纪 70 年代开始，苏联和美国的金星探测进入第二个阶段。1971 年，苏联"金星"7 号探测器的着陆舱在金星表面软着陆成功，此后相继发射"金星"8 号至"金星"16 号探测器，发回了一批金星全景遥测照片和测量数据。美国在 1978 年金星大冲期间发射了"先驱者-金星"1 号和 2 号探测器，在金星表面软着陆成功，对金星进行了综合考察。

人类对火星上可能存在生命一直怀有希望。苏联在 1962—1973 年间发射了 7 个"火星"号探测器。1971 年 12 月 2 日苏联"火星"3 号探测器在火星表面着陆。美国在 1964—1975 年间共发射 6 个"水手"号探测器和 2 个"海盗"号探测器，实现了着陆舱在火星表面软着陆。苏、美两国对火星探测的结果表明，在着陆点附近未发现地球类型的生命形式。

1973 年美国发射的"水手"10 号探测器首次对水星进行了考察。测得的数据表明水星表面很像月球，布满大大小小的环形山，有很稀薄的大气，昼夜温差极大。

1972 年 3 月美国发射了第一个探测木星的"先驱者"10 号探测器。1973 年 12 月，这个探测器飞近木星，向地球发回 300 张中等分辨率的木星照片，然后折向海王星。1983 年飞过海王星的轨道，1986 年越过冥王星轨道成为脱离太阳系的第一个航天器。1973 年 4 月，美国发射的"先驱者"11 号探测器于 1979 年 9 月在离土星 34 000 公里处掠过，拍摄了土星的照片，发回了有关土星光环成分的资料。1977 年 8 月和 9 月，美国发射"旅行者"2 号和 1 号探测器。它们在 1979 年以后陆续发回木星和土星的照片，清楚地显示出木星的光环、极光和 3 颗新卫星以及木星的大红斑结构和磁尾形状，土星的光环构造、新的土星卫星、奇异的电磁环境等信息。这一切无论从航天技术水平，或是从空间天文观测成果来看，都是重大的历史性成就。

为了探索宇宙的奥秘，1990 年 4 月，美欧联合研制的"哈勃空间望远镜"发射升空。十年间，这一空间望远镜进行了 10 多万次的天文观测，观测了大约 13 670 个天体，向地球发回了黑洞、衰亡中的恒星、宇宙诞生早期的原始星系、彗星撞击木星以及遥远星系等许多壮观图像，为近 2 600 篇科学论文提供了依据。这是人类空间天文观测工作的又一个里程碑。

在空间建立适合人们长期生活和工作的基地既是航天先驱者的理想，也是进一步开发和利用太空的需要。第一步是建立可长期工作的航天站。到 1984 年年中，进入近地轨道的航天站有 3 种：美国的"天空实验室"、苏联的"礼炮"号航天站和欧洲空间局的"空间实验室"。

1984 年里根政府宣布建立永久性载人空间站。1993 年 9 月，美俄两国达成协议，合作建造一个有 16 国参加的国际空间站。它是美国航空航天局、欧洲太空局和俄罗斯、日本、加拿大、巴西等国家的太空局合作的结果。1995 年 6 月 29 日，美国亚特兰蒂斯号航天飞机与俄罗斯和平号空间站第一次对接，开始了总计 9 次的航天飞机与空间站的对接，为建造国际空间站拉开序幕。国际空间站于 2006 年完成。2001 年 5 月，美国宇航发烧友蒂托进入国际空间站俄罗斯舱遨游 8 天，成为地球旅客航天游第一人。

新中国成立后，神州大地发生了翻天覆地的变化，中国人民在航空航天方面取得的成就同样举世瞩目。1951 年 4 月 17 日，当时的政务院下发《关于航空工业建立的决定》，重工业部航空工业局随之成立，新中国航空工业正式建立。1954 年，新中国第一架飞机初教 5 在南昌飞机厂首次升空，标志着中国由飞机修理跨入飞机制造。1957 年 12 月 10 日，南昌飞机厂试制的新中国第一架多用途民用飞机运 5 首飞成功。1958 年 7 月 26 日，新中国自行设计制造的第一架飞机歼教 1 在沈阳首飞成功。1963 年 9 月 23 日，仿米格-19 的超音速歼击机首飞成功，这使中国成为当时少数几个能生产超音速战斗机的国家之一。1966 年后 10 年间，中国航空工业完成了"三线"建设的历史任务。到 20 世纪 70 年代后期，不仅在东北、华北、华东拥有了较强的飞机及其配套产品的生产能力，且在中南、西南、西北等地的"三线"地区建成了能够制造歼击机、轰炸机、运输机、直升机和发动机、机载设备的成套生产基地。从 20 世纪 80 年代初到 90 年代末，军用飞机开展了近 40 个型号的研制，源源不断地向部队提供了大批航空军事装备；民用飞机开始改变长期发展滞后的局面，进行了 20 多个型号的研制与改进改型，广泛应用于国民经济各领域；非航空产品生产也迅速崛起，形成了工贸结合、技贸结合、沿海与内地结合、进出口结合的新格局。1993 年，航空航天部撤销，分别组建中国航空工业总公司和中国航天工业总公司。1999 年，中国航空工业总公司一分为二，分别组建了中国航空工业第一集团公司和中国航空工业第二集团公司。作为特大型国有企业的两大集团，下属众多飞机制造公司和各种飞机设计/研究所，以市场为导向，以加速发展、实现跨越为目标昂首迈进 21 世纪。

60 余年的奋发图强，中国航空工业走过了从小到大、从弱到强的不平凡之路，逐步形成专业门类齐全，科研、试验、生产配套的高科技工业体系；中国的航空工业必将继续创造出辉煌的成就！

新中国成立后，于 20 世纪 50 年代开始研制火箭。1960 年 10 月，中国制造的第一枚近程火箭试验成功。1966 年 10 月 27 日，中国成功进行了导弹核武器试验，这标志着中国科学技术和国防力量的一个新里程碑。1970 年 4 月 24 日，中国第一颗人造地球卫星"东方红"1 号在酒泉发射上天，中国成为世界上第五个发射卫星的国家。1975 年 11 月 26 日，中国发射首颗返回式卫星，3 天后顺利返回，中国成为世界上第三个掌握卫星返回技术的国家。1980 年 5 月 18 日，中国向南太平洋海域成功地发射了新型火箭。1982 年 10 月，潜艇水下发射火箭又获成功。1984 年 4 月 8 日，用"长征"3 号运载火箭发射了地球同步试验通信卫星。1988 年 9 月 7 日，用"长征"4 号运载火箭将气象卫星送入太阳同步轨道。1990 年 4 月 7 日，中国长征-3 运载火箭成功将美国制造的"亚洲一号"卫星发射上天。1992 年 8 月 14 日，新研制的"长征"2 号 E 捆绑式大推力运载火箭又将澳大利亚的奥赛特 B1 卫星送入预定轨道。这些都表明火箭发源地的中国，在现代火箭技术领域已跨入世界先进行列，并已稳步进入国际发射服务市场。1999 年 11 月 20 日，长征二号乙火箭发射"神舟号"无人试验飞船上天，11 月 21 日飞船顺利回收，中国航天技术实现了历史性的跨越。2003 年 10 月 15 日，中国第一位宇航员杨利伟乘"神舟 5 号"飞船成功地在预定轨道上飞行了约 22 个小时，安全返回，实现了中国人的千年飞天梦。2005 年 10 月 21 日，"神舟 6 号"载着宇航员费俊龙和聂海胜安全返回地面。2007 年，中国自行研制的"嫦娥 1 号"卫星实现成功绕月飞行。随后，2010 年成功发射"嫦娥 2 号"，2013 年成功发射"嫦娥 3 号"。探测器携带有"玉兔号"月球车，首次实现月球软着陆和月面巡视勘察，并开展了月表形貌与地质构造调查等科学探测。中国的探月工程正在按计划顺利进行。

古代人希望在空中翱翔的梦想今天终于得以实现。航空已经成为快捷、舒适、安全的交通方式。作为四肢动物出身的人类，如今能高高凌驾于鸟类之上，频频穿梭于云霄之间，这是科学技术的奇迹和现代文明的礼赞。同时，人类的航天活动也在积极开展。在不到一个世纪的时间内，航天事业已经取得了巨大的成就，它极大地丰富了人类的知识宝库，也在改变人类社会的面貌。人类的航空航天之路将不会停息，只会越走越辉煌。

思考题 11

1. 开普勒定律的内容是什么？
2. 试叙述万有引力定律的内容。
3. 什么是三种宇宙速度？它们在航天器的发射中有何重要意义？
4. 观测天体的望远镜有哪些类型？
5. 地球到太阳的距离多大？太阳的质量、半径、表面温度估计值是多少？
6. 太阳大气由哪几部分组成？

7. 地球内部的构造可以分成哪几层?

8. 你知道地球上昼夜交替、四季变化的原因吗?

9. 说说日食、月食和月相的成因。

10. 组成太阳系的大行星有哪些?

11. 天文学上描写恒星的距离常采用哪些单位? 它们的关系如何?

12. 什么是视星等和绝对星等? 它们有何关系?

13. 什么是引力半径或施瓦西半径? 由此可以得出什么结论?

14. 什么是星系? 从形态看, 星系基本上可分为哪几类?

15. 什么是哈勃定律? 由哈勃定律得出的结论是什么?

16. 大爆炸宇宙学建立的依据是什么?

17. 人类首次飞行成功是在何时、何地由谁实现的?

18. 什么是航天飞机?

附录 A 常用物理和天体物理常数

物理和天体物理量	符号	数值
阿佛加德罗常数	N_A	$6.022\,136\,7 \times 10^{23} \mathrm{mol}^{-1}$
玻尔兹曼常数	k	$1.380\,658 \times 10^{-23} \mathrm{J \cdot K}^{-1}$
		$8.617\,385 \times 10^{-5} \mathrm{eV \cdot K}^{-1}$
普适气体常数	R	$8.314\,510 \mathrm{J \cdot mol}^{-1} \cdot \mathrm{K}^{-1}$
摩尔体积	v_0	$22\,414.10 \mathrm{cm}^3 \cdot \mathrm{mol}^{-1}$
（标准状态下理想气体）		
标准大气压	atm	$101\,325 \mathrm{Pa}$
洛喜密特常数	$n_0 = N_A/v_0$	$2.686\,763 \times 10^{25} \mathrm{m}^{-3}$
普朗克常数	h	$6.626\,075\,5 \times 10^{-34} \mathrm{J \cdot s}$
		$4.135\,669\,2 \times 10^{-16} \mathrm{eV \cdot s}$
约化普朗克常数	$\hbar$	$1.054\,572\,66 \times 10^{-34} \mathrm{J \cdot s}$
		$6.582\,122\,0 \times 10^{-16} \mathrm{eV \cdot s}$
斯忒藩-玻尔兹曼常数	σ	$5.670\,51 \times 10^{-8} \mathrm{W \cdot m}^{-2} \cdot \mathrm{K}^{-4}$
维恩常数	$b = \lambda_m T$	$2.897\,756 \times 10^{-3} \mathrm{m \cdot K}$
真空中光速	c	$299\,792\,458 \mathrm{m \cdot s}^{-1}$
真空磁导率	μ_0	$4\pi \times 10^{-7} \mathrm{N \cdot A}^{-2}$
真空介电常数（$1/\mu_0 c^2$）	ε_0	$8.854\,187\,817 \times 10^{-12} \mathrm{F \cdot m}^{-1}$
电子静止质量	m_e	$9.109\,389\,7 \times 10^{-31} \mathrm{kg}$
		$0.510\,999\,06 \mathrm{MeV}$
电子磁矩	μ_e	$9.284\,770\,1 \times 10^{-24} \mathrm{J/T}$
电子半径	r_e	$2.817\,940\,92 \times 10^{-15} \mathrm{m}$
电子荷质比	$-e/m_e$	$-1.758\,819\,62 \times 10^{11} \mathrm{C/kg}$
质子电荷	e	$1.602\,177\,33 \times 10^{-19} \mathrm{C}$
质子静止质量	m_p	$1.672\,623\,1 \times 10^{-27} \mathrm{kg}$
		$938.272\,31 \mathrm{MeV}$
中子静止质量	m_n	$1.674\,928\,6 \times 10^{-27} \mathrm{kg}$

		939. 565 63MeV
玻尔磁子	μ_B	9. 274 015 4 $\times10^{-24}$J $\cdot$ T^{-1}
		5. 788 382 63 $\times10^{-5}$eV $\cdot$ T^{-1}
玻尔半径	a_0	0. 529 177 249 $\times10^{-10}$m
磁通量子($h/2e$)	Φ_0	2. 067 833 72 $\times10^{-15}$Wb
电导量子($2e/h$)	G_0	7. 748 091 733 $\times10^{-5}$S
法拉第常数	F	96 485. 338 3C $\cdot$ mol^{-1}
万有引力常数	G	6. 674 2 $\times10^{-11}$m $\cdot$ kg^{-1} $\cdot$ s^{-2}
标准重力加速度	g	9. 806 65m $\cdot$ s^{-2}
原子质量单位	m_u	1. 660 538 86 $\times10^{-27}$ kg
电子伏(特)	eV	1. 602 177 33 $\times10^{-19}$J
里德佰常量	R_∞	1. 097 373 12 $\times10^{7}$m^{-1}
	R_H	1. 096 775 76 $\times10^{7}$m^{-1}
精细结构常数	$\alpha=e^2/4\pi\varepsilon_0\hbar c$	1/137. 036
电子康普顿波长	$\lambda_e=h/m_ec$	2. 426 3 $\times10^{-12}$m
太阳质量	$M_\odot$	1. 989 $\times10^{30}$kg
太阳半径	$R_\odot$	6. 96 $\times10^{5}$km
太阳光度	$L_\odot$	3. 83 $\times10^{26}$W
地球质量	$M_\oplus$	5. 98 $\times10^{24}$kg
地球赤道半径	$R_\oplus$	6 378km
地球轨道速度	$V_\oplus$	30km $\cdot$ s^{-1}
天文单位距离	AU	1. 495 98 $\times10^{8}$km
秒差距	pc	206 264. 806AU
		$= 3. 085 678 \times10^{13}$km
光年	ly	63 240AU $= 9. 460 5 \times10^{12}$km
日	d	86 400s
回归年	y(a)	365. 242 19d $= 31 556 926$s
恒星年		365. 256 36d

附录 B 常用物理单位

国际单位制(SI)

SI 是国际单位制的法文(Le Système International d'Unites)缩写。SI 基本单位共有 7 个,是相互独立最重要的 7 个基本物理量的单位,是所有单位的基本。其他单位为导出单位或组合单位。

SI 基本单位

量的名称	单位名称	单位符号	定　义	量纲
长度	米	m	米是光在真空中于 1/299 792 458 秒的时间间隔内所经路径的长度	L
质量	千克	kg	千克等于国际千克原器的质量	M
时间	秒	s	秒是铯-133 原子基态的两个超精细能级之间跃迁所对应的辐射的 9 192 631 770 个周期的持续时间	T
电流	安培	A	安[培]是放置在真空中截面积可忽略的两根相距 1m 的无限长平行圆直导线内所通过的恒定电流,它在导线间每米长度上产生的相互作用力为 2×10^{-7} 牛顿	I
热力学温度	开尔文	K	开[尔文]是水三相点热力学温度的 1/273.16	Θ
物质的量	摩尔	mol	摩[尔]是一系统的物质的量,该系统中所包含的基本单元数与 0.012 千克的碳 12 的原子数目相等(这些基本单元可以是原子、分子、离子、电子及其他粒子,或是这些粒子的特定组合)	N
发光强度	坎德拉	cd	坎[德拉]是一光源在给定方向上发出频率 540×10^{12} 赫兹的单色辐射,且在此方向上的辐射强度为每球面度 1/688 瓦的发光强度	J

SI 词头

因数	词头名称		符　号
	英　文	中　文	
10^{24}	yotta	尧[它]	Y
10^{21}	zetta	泽[它]	Z
10^{18}	exa	艾[可萨]	E
10^{15}	peta	拍[它]	P
10^{12}	tera	太[拉]	T
10^{9}	giga	吉[咖]	G
10^{6}	mega	兆	M
10^{3}	kilo	千	k
10^{2}	hecta	百	h
10^{1}	deca	十	da
10^{-1}	deci	分	d
10^{-2}	centi	厘	c
10^{-3}	milli	毫	m
10^{-6}	micro	微	μ
10^{-9}	nano	纳[诺]	n
10^{-12}	pico	皮[可]	p
10^{-15}	femto	飞[母托]	f
10^{-18}	atto	阿[托]	a
10^{-21}	zepto	仄[普托]	z
10^{-24}	yocto	幺[科托]	y

SI 导出单位

量的名称	单位名称		单位符号
	英　文	中　文	
[平面]角	radian	弧度	rad
立体角	steradian	球面度	sr
频率	hertz	赫[兹]	$Hz = 1/s$

续表

量的名称	单位名称		单位符号
	英　文	中　文	
力	newton	牛［顿］	$N = kg \cdot m/s^2$
压强	pascal	帕［斯卡］	$Pa = N/m^2$
能量、功、热量	joule	焦［耳］	$J = N \cdot m$
功率、辐射通量	watt	瓦［特］	$W = J/s$
电量、电荷	coulomb	库［仑］	$C = A \cdot s$
电势（电位）、电势差（电压）	volt	伏［特］	$V = W/A$
电阻	ohm	欧［姆］	$\Omega = V/A$
电导	siemens	西［门子］	$S = \Omega^{-1}$
电容	farad	法［拉］	$F = C/V$
磁通［量］	weber	韦［伯］	$Wb = V \cdot s$
磁感应强度	tesla	特［斯拉］	$T = Wb/m^2$
电感	henry	亨［利］	$H = Wb/A$
光通量	lumen	流［明］	$lm = cd \cdot sr$
［光］照度	lux	勒［克斯］	$Lx = lm/m^2$
［放射性］活度	becquerel	贝可［勒尔］	$Bq = s$
吸收剂量、比授能	gray	戈［瑞］	$Gy = J/kg$
剂量当量	sievert	希［沃特］	$Sy = J/kg$

非 SI 单位

量的名称	单位名称	符号	换算关系
平面角	秒	(″)	$1'' = (1/60)'$
	分	(′)	$1' = (1/60)°$
	度	(°)	$1° = (\pi/180) \, rad$
时间	分	min	$1 \, min = 60s$
	小时	h	$1h = 60min = 3\ 600s$
	天	d	$1d = 24h = 86\ 400s$
	年	a	$1a = 365d = 8\ 760h$

续表

量的名称	单位名称	符号	换算关系
长度	光年	ly	$1ly = 9.460\ 7 \times 10^{15}\,m$
	秒差距	pc	$1pc = 3.085\ 7 \times 10^{16}\,m = 3.26ly$
	天文单位	AU	$1AU = 1.495\ 978\ 7 \times 10^{11}\,m$
	海里	n mile	$1n\ mile = 1\ 852m$
	埃	Å	$1Å = 10^{-10}\,m$
体积	升	L(l)	$1L = 1dm^3 = 10^{-3}\,m^3$
质量	吨	t	$1t = 10^3\,kg$
	原子质量单位	u	$1u = 1.660\ 540\ 2 \times 10^{-27}\,kg$
力	达因	dyn	$1dyn = 10^{-5}\,N$
压强	巴	bar	$1bar = 10^5\,Pa$
能量	电子伏	eV	$1eV = 1.602\ 177\ 33 \times 10^{-19}\,J$
	尔格	erg	$1erg = 10^{-7}\,J$
	千瓦时(度)	kWh	$3.6 \times 10^6\,J$
热量	卡	cal	$4.186\ 8J$

附录 C 矢 量 运 算

一、矢量和标量

在物理学中，我们经常遇到两类变量：矢量和标量。标量的基本特征是没有方向，可以用一个数字和适当的单位来完整表示，比如质量和长度。标量遵守普通代数的运算法则。而矢量是既有大小又有方向的物理量。矢量的表示除了说明其大小以外，还要说明其方向。如力学中描述物体的运动速度，不但要说明物体运动的快慢，还要说明物体的运动方向，所以速度是矢量。矢量的运算与一般的代数不同，遵守矢量代数规则。

矢量常用黑体字母或带箭头字母来表示，比如 $\boldsymbol{a}$、$\vec{a}$。矢量在图形上常用一个带箭头的有向线段表示，线段表示矢量的大小，箭头指向表示方向。如果矢量 $\boldsymbol{a}$ 在空间中平移，矢量 $\boldsymbol{a}$ 的大小和方向都不会因平移而改变。矢量的这个性质称为**矢量的平移不变性**，它是矢量的一个重要性质。在直角坐标系中，矢量可以表示成

$$\boldsymbol{a} = a_1 \boldsymbol{e}_1 + a_2 \boldsymbol{e}_2 + a_3 \boldsymbol{e}_3$$

式中，$\boldsymbol{e}_1$，$\boldsymbol{e}_2$，$\boldsymbol{e}_3$ 分别是 x_1，x_2，x_3（即 x，y，z）轴上的单位矢量，a_1，a_2，a_3 分别是矢量 $\boldsymbol{a}$ 在 x_1，x_2，x_3（即 x，y，z）轴上的投影，称为分量。

二、矢量的运算

1. 矢量的模

矢量的大小叫做矢量的**模**。矢量 $\boldsymbol{a}$ 的模常用符号 $|\boldsymbol{a}|$ 表示。在直角坐标系中，矢量的模

$$|\boldsymbol{a}| = \sqrt{a_1^2 + a_2^2 + a_3^2}$$

2. 矢量的加法

矢量加法（或矢量合成）是最基本也是最重要的矢量运算。矢量加法的方法很多，有作图法和解析法，作图法常用**三角形法**和**平行四边形法**。为求得矢量之和 $\boldsymbol{a} + \boldsymbol{b}$，可以以 $\boldsymbol{a}$，$\boldsymbol{b}$ 为邻边作一平行四边形，这两邻边所夹的平行四边形对角线即合矢量 $\boldsymbol{a} + \boldsymbol{b}$。这种矢量相加的方法叫做平行四边形法。合矢量 $\boldsymbol{a} + \boldsymbol{b}$ 也可以由三角形法则确定，将 $\boldsymbol{a}$，$\boldsymbol{b}$ 首尾相接作一个三角形，此三角形的第三边即合矢量 $\boldsymbol{a} + \boldsymbol{b}$。这种矢量相加的方法叫做三角形法。

矢量的加法符合交换律和结合律，即

$$b + a = a + b, \quad (a + b) + c = a + (b + c)$$

矢量减法是和矢量加法相关的一种运算，我们可以利用负矢量的概念，把矢量减法看做一种特殊的加法，以求得两个矢量的差。如为求矢量 a 和矢量 b 的差 $a - b$，我们把它看做是矢量 a 与矢量 $-b$ 之和，即 $a - b = a + (-b)$。

在直角坐标系中，两个矢量的和可以表示成：

$$a + b = (a_1 + b_1)e_1 + (a_2 + b_2)e_2 + (a_3 + b_3)e_3$$

3. 矢量的乘法

矢量乘法常见的有两种：**点乘**和**叉乘**。两矢量作点乘时所得结果是一个标量，而作叉乘时所得的结果则是一个矢量。

（1）矢量的点乘

设 a，b 是任意两个矢量，它们的夹角为 θ。两矢量的点乘（标积、点积）记为 $a \cdot b$，定义为

$$a \cdot b = ab\cos\theta$$

由点乘的定义可得点乘有如下性质：

ⅰ）若两矢量平行，$\theta = 0$，$\cos\theta = 1$，这时 $a \cdot b = ab$。特别地，$a \cdot a = a^2$。

ⅱ）若两矢量垂直，$\theta = \dfrac{\pi}{2}$，$\cos\theta = 0$，这时 $a \cdot b = 0$。

ⅲ）对直角坐标系的单位矢量成立

$$e_i \cdot e_j = \delta_{ij} = \begin{cases} 1, & i = j \\ 0, & i \neq j \end{cases} \quad (i, j = 1, 2, 3)$$

ⅳ）$a \cdot b = (a_1e_1 + a_2e_2 + a_3e_3) \cdot (b_1e_1 + b_2e_2 + b_3e_3)$
$= a_1b_1 + a_2b_2 + a_3b_3$

ⅴ）矢量点乘满足交换律和分配律，即

$$a \cdot b = b \cdot a, \quad (a + b) \cdot c = a \cdot c + b \cdot c$$

（2）矢量的叉乘

设 a，b 是任意两个矢量，它们的夹角为 θ。两矢量的叉乘（矢积、叉积）记为 $a \times b$，其大小

$$|c| = |a \times b| = ab\sin\theta$$

其方向垂直于 a 和 b 所在的平面，指向由右手螺旋法则确定。即当右手四指与拇指垂直时，四指转向从 a 到 b，拇指的指向就是矢积的方向。

由点乘的定义可得点乘有如下性质：

ⅰ）若两矢量平行或反平行，$\theta = 0$，π，$\sin\theta = 0$，这时 $a \times b = 0$。特别地，$a \times a = 0$。

ⅱ）矢量叉乘遵守分配律但不遵守交换律

$$(\boldsymbol{a} + \boldsymbol{b}) \times \boldsymbol{c} = \boldsymbol{a} \times \boldsymbol{c} + \boldsymbol{b} \times \boldsymbol{c}, \qquad \boldsymbol{a} \times \boldsymbol{b} = -\boldsymbol{b} \times \boldsymbol{a}$$

ⅲ）对直角坐标系的单位矢量成立

$$\boldsymbol{e}_i \times \boldsymbol{e}_j = \boldsymbol{e}_k, \qquad (i, j, k \text{ 为 } 1, 2, 3 \text{ 的一个轮换})$$

ⅳ）$\boldsymbol{a} \times \boldsymbol{b} = (a_1 \boldsymbol{e}_1 + a_2 \boldsymbol{e}_2 + a_3 \boldsymbol{e}_3) \times (b_1 \boldsymbol{e}_1 + b_2 \boldsymbol{e}_2 + b_3 \boldsymbol{e}_3)$

$$= (a_2 b_3 - a_2 b_2) \boldsymbol{e}_1 + (a_3 b_1 - a_1 b_3) \boldsymbol{e}_2 + (a_1 b_2 - a_2 b_1) \boldsymbol{e}_3$$

利用行列式的概念，可将上式写成

$$\boldsymbol{a} \times \boldsymbol{b} = \begin{vmatrix} \boldsymbol{e}_1 & \boldsymbol{e}_2 & \boldsymbol{e}_3 \\ a_1 & a_2 & a_3 \\ b_1 & b_2 & b_3 \end{vmatrix}$$

4. ∇算符

定义

$$\nabla = \boldsymbol{e}_x \frac{\partial}{\partial x} + \boldsymbol{e}_y \frac{\partial}{\partial y} + \boldsymbol{e}_z \frac{\partial}{\partial z}$$

叫做∇算符。由∇算符构成的下列表示式

$$\text{div} \, \boldsymbol{f} = \nabla \cdot \boldsymbol{f}, \qquad \text{rot} \, \boldsymbol{f} = \nabla \times \boldsymbol{f}, \qquad \text{grad} \, \varphi = \nabla \varphi$$

分别叫做矢量 $\boldsymbol{f}$ 的散度、旋度和标量 φ 的梯度。

附录 D 太阳系行星的一些性质

	水星	金星	地球	火星	木星	土星	天王星	海王星	冥王星*
到太阳的平均距离(10^6km)	57.9	108	150	228	778	1 430	2 870	4 500	5 900
公转周期（a）	0.241	0.615	1.00	1.88	11.9	29.5	84.0	165	248
自转恒星周期(d)	58.7	243*	0.997	1.03	0.409	0.426	0.451*	0.658	6.39
轨道速率（km·s^{-1}）	47.9	35.0	29.8	24.1	13.1	9.64	6.81	5.43	4.74
轨道倾角（相对于地球）	7.00°	3.39°	0°	1.85°	1.30°	2.49°	0.77°	1.77°	17.2°
轨道偏心率	0.206	0.006 8	0.016 7	0.093 4	0.048 5	0.055 6	0.047 2	0.008 6	0.250
赤道半径（km）	2 425	6 070	6 378	3 395	71 300	60 100	25 900	24 750	3 200
质量(相对于地球)	0.055 4	0.815	1	0.107 5	317.83	95.147	14.54	17.23	0.17
密度（kg·m^{-3}）	5.60	5.20	5.52	3.95	1.31	0.704	1.21	1.67	?
表面重力加速度（m·s^{-2}）	3.78	8.60	9.78	3.72	22.9	9.05	7.77	11.0	0.3(?)
已知卫星数	0	0	1	2	16+环	17+环	15+环	2+环(?)	1

＊原来太阳系中第九大行星冥王星 2006 年被国际天文学联合会改属为矮行星。

附录 E 25 颗亮星星表

序号	星名	赤经（2000.）	赤纬（2000.）	视星等 m_v	距离 （pc）	自行 （(") · a⁻¹）	光谱型	绝对星等
1	天狼星 Sirius, α CMa	$06^h45^m09^s$	$-16°42'46".6$	-1.44	2.64	1.34	A0	$+1^m.45$
2	老人星 Canopus, α Car	06 23 57.1	$-52\ 41\ 44.6$	-0.64	95.88	0.03	F0 1	-5.53
3	大角 Arcturus, α Boo	14 15 39.7	$+19\ 11\ 13.0$	-0.05	11.25	2.28	K2Ⅲ	-0.30
4	织女星 Vega, α Lyr	18 36 56.3	$+38\ 46\ 59.0$	-0.03	7.76	0.35	A0 V Uar	$+0.58$
5	半人马座 α α Centauri	14 39 36.7	$-60\ 50\ 06.8$	-0.01	1.35	3.71	G2 V	$+4.35$
6	五车二 Capella, α Aur	05 16 41.4	$+45\ 59\ 56.3$	0.08	12.94		M1	-0.48
7	参宿七 Rigel, β Ori	05 14 32.3	$-08\ 12\ 05.9$	0.18	236.97	0.00	B8 I	-6.69

续表

序号	星名	赤经 (2000.)	赤纬 (2000.)	视星等 m_v	距离 (pc)	自行 (("·a^{-1}))	光谱型	绝对星等
8	南河三 Procyon, α CMi	07 39 18.1	+05 13 38.4	0.40	3.50	1.26	F5Ⅳ	+2.70
9	水委一 Achernar, α Eri	01 37 42.8	−57 14 12.0	0.45	44.09	0.10	B3 V	−2.77
10	参宿四 Betelgeuse, α Ori	05 55 10.3	+07 24 25.3	0.45	131.06	0.03	M2 I b	−5.13
11	半人马β β Centauri	14 03 49.4	−60 22 22.7	0.61	161.03	0.04	B1Ⅲ	−5.42
12	牛郎星 Altair, α Aql	19 50 47.0	+08 52 02.8	0.76	5.14	0.66	A7Ⅳ	+2.21
13	南十字α α Crucis	12 26 35.9	−63 05 56.6	0.77	98.33	0.04	B0Ⅳ	−4.19
14	毕宿五 Aldebaran, α Tau	04 35 55.2	+16 30 35.1	0.87	19.96	0.20	K5Ⅲ	−0.63
15	南宿一 Spica, α Vir	13 25 11.6	−11 09 40.5	0.98	80.39	0.05	B1V	−3.55
16	大火 Antarces, α Sco	16 29 24.5	−26 25 55.0	1.06	185.19	0.03	M1 I +B2.5V	−5.27
17	北河三 Pollux, β Gem	07 45 18.95	+28 0.1 34.7	1.16	10.34	0.63	K0 Ⅲ	+1.09

续表

序号	星名	赤经(2000.)	赤纬(2000.)	视星等 m_v	距离(pc)	自行(("·a⁻¹)	光谱型	绝对星等
18	北落师门 Formalhaut, α PsA	22 57 39.1	−29 37 18.5	1.17	7.69	0.37	A3 V	+1.75
19	天津四 Deneb, α Cyg	20 41 25.9	45 16 49.2	1.25	990.10	0.00	A2 I	−8.73
20	南十字β β Crucis	12 47 43.3	−59 41 19.4	1.25	108.11	0.05	B1 Ⅲ	−3.92
21	轩辕十四 Regulus, α Leo	10 08 22.3	+11 58 01.9	1.36	23.76	0.25	B7 V	−0.52
22	大犬 Canis Majoris	06 58 37.6	−28 58 19.5	1.50	132.10	0.00	B2 Ⅱ	−0.41
23	北河二 Castor, α Gem	07 34 35.9	+31 53 19.0	1.58	15.81	0.25	A2 V	+0.58
24	天蝎λ λ Scorpii	17 33 36.5	−37 06 13.5	1.62	215.52	0.03	B1.5Ⅳ	−5.05
25	参宿五 Bellatrix, γ Ori	05 25 07.9	+06 20 59.0	1.64	74.52	0.02	B2 Ⅲ	−2.72

附录 F　中国古代物理学

中国是世界文明发达最早的国家之一，物理学在中国有着悠久的历史。

中国古代物理学可以追溯到仰韶文化时期（距今约 5 000~6 000年），那时的人们利用加水后重心位置会发生变化制成了一种陶壶，它尖底、大腰、小口。用它提水时，空壶在水面会倾倒，当水注入壶的一半时，壶能自动扶正。人们学会了钻木取火，开始用冰来防腐和保存食物等。殷商时期开始出现铜制镜子，西周时的阳燧（凹面金属镜）可用于点火。古代声学的产生是与乐器的制造密切相关的。远古时代就有石制的磬、陶制的钟、芦管编排的苇篪、土制的埙，等等。夏商时期已能制作铜制的铃、钟、编钟和皮制的鼓。从编磬、编钟的乐曲中可以看出，商代人已有绝对高音的观念，出现了半音音程，具备了发明 12 律理论的前提条件。到西周，见于《诗经》记载的乐器有 29 种，出现了 12 律和七声音阶。

在春秋战国时期（前 770—前 221），以《墨经》和《考工记》两书为标志，中国古代物理学进入了它的形成阶段。

伟大的哲学家墨翟（公元前 5—前 4 世纪）和他的弟子组成的墨家是春秋战国时期物理学成就最大的学派。在其代表作《墨经》中记述了大量的物理学知识。

《墨经》中对力作了"刑（形）之所以奋"的定义。谈到杠杆时，它指出"衡……长重者下，短轻者上"。这不仅考虑了力和重物的因素，而且考虑了两端与支点距离的因素。书中指出，"凡重，上弗挈，下弗扳，旁弗劫，则下直"（若一个重物，一没有受到向上的作用力，二没有受到向下的作用力，三没有受到旁边的作用力，则它必定会垂直下落），这已涉及自由落体问题。《墨经》还讨论了平动、转动和滚动，横梁承重等力学问题。书中所说的"宇，弥异所也"（空间是不同处所的总汇），"久，弥异时也"（时间是长久、短暂的表现），一语破的，对时间、空间作了正确的定义。《墨经》的最大成就还是在光学方面。书中涉及的光学问题有：光线与物影，光的直线传播，光的反射特性，平面镜、凹面镜、凸面镜的反射现象等。书中用小孔成像的实验论述了光是直线行进的，这是我国古代独特的光学成就。关于凹面镜，它认为有两种像，一种是物体处在凹面球心以外时所成的缩小而倒立的像，一种是物体处在凹面球心以内时所成的放大而正立的像。关于凸面境，它认为只有一种正立的像，而像的大小取决于物体和球心距离的远近。此外，墨家还用"人以目见，而目以火见"的道理来解释人们能够看见物体的原因。

　　《考工记》是春秋末年齐国人的著作。书中从实践经验出发，讨论了车轮大小对牛（或马）拉力的影响，最早记述了惯性现象。

　　在声学方面，春秋末期的《管子》中总结了和声规律，阐述了标准调音频率及三分损益法。

　　在磁学方面，《管子》、《吕氏春秋》及刘安所著的《淮南子》都提到磁与磁现象。书中记述了世界上最古老的指南针——"司南"，记载了"慈石召铁"（古代慈和磁通用），即磁的吸引现象，"慈石拒碌"，即磁的排斥现象。

　　在物质构成上，古代人认为万物是由金、木、水、火、土"五行"构成的。在物质的可分性上，墨家提出了物质不能再分的"端"的观点（端，物质的始端，和原子的概念有点相似）。名家公孙龙却认为物质是无限可分的，其曰："一尺之棰，日取其半，永世不竭。"在物质结构方面，最重要的假说是元气说。它是由宋鑫和尹文在公元前 4 世纪提出的，经过不断补充和发展，到明末达到发展的顶峰。这个学说认为，宇宙万物都是由一种所谓气的物质构成的。"气"微小无形，人眼察觉不出，但它又充满宇宙太空。元气的聚集成为有形实体，有形实体的消散就还原为气。近代人们认为元气是一种像以太的东西，但近年来有人提出，它更类似于现代科学中的**场**的概念。

　　从秦、汉开始，经过三国、晋、南北朝，到隋、唐、五代的近 1 200 年（前221—960）是中国古代物理学的发展时期。

　　汉代王充著的《论衡》，记载了有关力学、热学、声学、磁学等方面的物理知识。张衡（78—139）制造了地动仪，这是世界上最早的地震仪。在其著作《灵宪》中，张衡对月光及月食现象作了解释，其曰："月光生于日之所照，魄生于日之所蔽。当日则光盈，就日则光尽。当日之冲，光常不合者，蔽于地也，是谓阍虚。"他还尝试做过指南车，它是一种用车轮、立轴、齿轮等简单机械的复合运动为基础制成的车子，在车子开始运动时若使车上木人的手指向南方，那么以后不管车子向哪个方向运动，木人的手仍将指向南方。祖冲之（429—500）改造了指南车。此外，他最早推算出圆周率（π）的精确度极高的数值，在天文学上精确编制了《大明历》。

　　在热学方面，从汉代开始，人们利用热空气上升原理使灯笼飞上空中，制成了燃气灯或走马灯。利用燃烧加热空气，造成气流，使轻小物体（如纸马）旋转。这是近代燃气轮机的始祖。

　　在光学方面，汉代人提出："取大镜高悬，盛水盆于其下，则见四邻矣。"可见，那时已能利用平面镜的组合制造开管式潜望镜。汉代《淮南子》书中探讨了阳燧的焦点问题。除阳燧外，人们还发现了许多能反射并聚焦光线的物体。五代时人谭峭在其《化书》中描述了四种透镜及其成像情形："一名圭，一名珠，一名砥，一名盂。圭视者大，珠视者小，砥视者正，盂视者倒。"圭是双凹发散透镜，珠是双凸会聚透镜，砥是平凹发散透镜，盂是平凸会聚透镜。对天空中彩虹的形成，汉代人蔡邕在其《月令章句》中就提到了它的形成条件。隋唐时人孔颖达在《〈礼记〉注疏》中解释得更清楚，其曰："若云薄漏日，日照雨滴则虹生。"此外，人们还发现了许多晶体的分光现象，晋代葛洪在《抱朴子》一书中记述了五种云母，向日举之，可以看到各种颜色的光。

在静电学方面，汉代初期，人们就发现了琥珀和玳瑁的静电吸引现象。晋代张华曾发现，用梳子梳理头发和脱丝绸毛料衣服时，可以看到静电闪光和听到放电的劈啪声。南北朝人陶宏景发现，当用布和琥珀摩擦代替用手摩擦的方法时，琥珀的静电吸引力明显增大。

到宋朝，中国古代物理学达到了它的鼎盛时期。

宋代沈括是中国古代最伟大的科学家之一。沈括生于 1031 年，祖籍杭州，自幼随父母到过许多地方，见多识广。成年后，沈括步入仕途，但一路坎坷，57 岁辞官归故里；途经江苏镇江，见一处雅园，景色怡人，流连忘返，遂决定在此定居；因园中垂柳依依，溪水潺潺，故取名为"梦溪园"。梦溪园中恬淡安宁的生活使沈括能潜心写作，给后人留下了一部科学名著《梦溪笔谈》，有科学史家称之为"中国科技史的坐标"。1979 年国际上决定用沈括的名字命名一颗新发现的星星，以表示对他的纪念。沈括的《梦溪笔谈》记载了物理学多方面的知识。如对共振现象在声学上的表现，沈括说："欲知其应者，先调其弦令声和，乃剪纸人加弦上，鼓其应弦，则纸人跃，他弦即不动。"如对物质的磁性和地磁偏角，沈括说："方家以磁石磨针锋，则能指南，然常微偏东，不全南也。"如对凹面镜成像，沈括说："离镜一二寸，光聚为一点，大如麻菽，著物则火生。"如对指南针的安放，沈括指出了四种方法：水浮法、指甲法、碗唇法和丝悬法。如对陨石，沈括从观察中得出了陨石来自天体的论断。

宋代人已经知道用一种液体比重计来测定盐水的浓度，即利用莲子、鸡蛋或桃仁在不同浓度的盐水中呈现的不同浮沉状态，以此决定盐水的浓度；一种表面张力仪来观察桐油的优劣，即把细竹篾一头扎成圆圈，蘸上桐油，若为上等桐油，竹圆圈上会有一薄层油面，若为劣等桐油，油面就不能附着在竹圆圈上。

火药是古代中国的一个重要发明。在某种意义上说来，火药的发明与炼丹术密切相关。帝王将相追求财富和长生促进了炼丹术的发展。炼丹术士在偶尔一次恰当配方中不经意地发明了火药。唐代孙思邈在所著的《孙真人丹经》和公元 9 世纪、10 世纪的一些有关炼丹的书籍中，以及曾公亮（998—1078）在其著《武经总要》中都曾记述了火药的配方：其基本成分为硫磺、硝石和木炭。随着炼丹术士发明了火药，它就被用于烟火杂戏、爆破和为军事目的而特制的各种火器中。大约在 13 世纪初火药传到阿拉伯国家，然后由阿拉伯传到欧洲，从而对整个欧洲社会产生了巨大影响。

指南针的应用也是以宋代最为兴盛。中国是最早把指南针用于航海的国家。宋代朱彧在《萍洲可谈》中对此就有记载，其曰："舟师识地理，夜则观星，昼则观日，阴晦观指南针。"中国指南针于 12 世纪末 13 世纪初由海路传入阿拉伯，然后由阿拉伯传到欧洲。

不过，自此以后，由于长期封建专制对思想的钳制，人们的创新活力逐渐消亡，对物理学的兴趣也丧失无遗，中国与西方在近代物理学上的差距越来越大，最终远离了世界科技的先进行列。

主要参考书目

1. 高崇寿，谢柏青. 今日物理. 北京：高等教育出版社，2004.

2. 戴剑锋，李维学，王青. 物理发展与科技进步. 北京：化学工业出版社，2005.

3. 倪光炯，王炎森，钱景华，方小敏. 改变世界的物理学. 上海：复旦大学出版社，2009.

4. [美]弗·卡约里. 物理学史. 戴念祖，译. 范岱年，校. 桂林：广西师范大学出版社，2008.